ASCENSÃO E REINADO DOS MAMÍFEROS

STEVE BRUSATTE

ASCENSÃO E REINADO DOS MAMÍFEROS

Tradução de
ALESSANDRA BONRRUQUER

Revisão técnica de
MARIA GUIMARÃES

1ª edição

EDITORA RECORD
RIO DE JANEIRO • SÃO PAULO
2024

CIP-BRASIL. CATALOGAÇÃO NA PUBLICAÇÃO
SINDICATO NACIONAL DOS EDITORES DE LIVROS, RJ

B924a Brusatte, Steve
Ascensão e reinado dos mamíferos : das sombras dos dinossauros até nós / Steve Brusatte ; tradução Alessandra Bonrruquer. - 1. ed. - Rio de Janeiro : Record, 2024.

Tradução de: The rise and reign of the mammals: a new history, from the shadow of the dinosaurs to us
ISBN 978-65-5587-887-5

1. Mamíferos - Evolução. 2. Mamíferos fósseis. 3. Paleontologia. I. Bonrruquer, Alessandra. II. Título.

23-87507 CDD: 569
CDU: 569

Gabriela Faray Ferreira Lopes - Bibliotecária - CRB-7/6643

Título em inglês:
The rise and reign of the mammals: a new history, from the shadow of the dinosaurs to us

Texto revisado segundo o Acordo Ortográfico da Língua Portuguesa de 1990.

Direitos exclusivos de publicação em língua portuguesa somente para o Brasil adquiridos pela
EDITORA RECORD LTDA.
Rua Argentina, 171 – Rio de Janeiro, RJ – 20921-380 – Tel.: (21) 2585-2000,
que se reserva a propriedade literária desta tradução.

Impresso no Brasil

ISBN 978-65-5587-887-5

Para Anthony, meu mamiferozinho favorito

SUMÁRIO

LINHA DO TEMPO DOS MAMÍFEROS

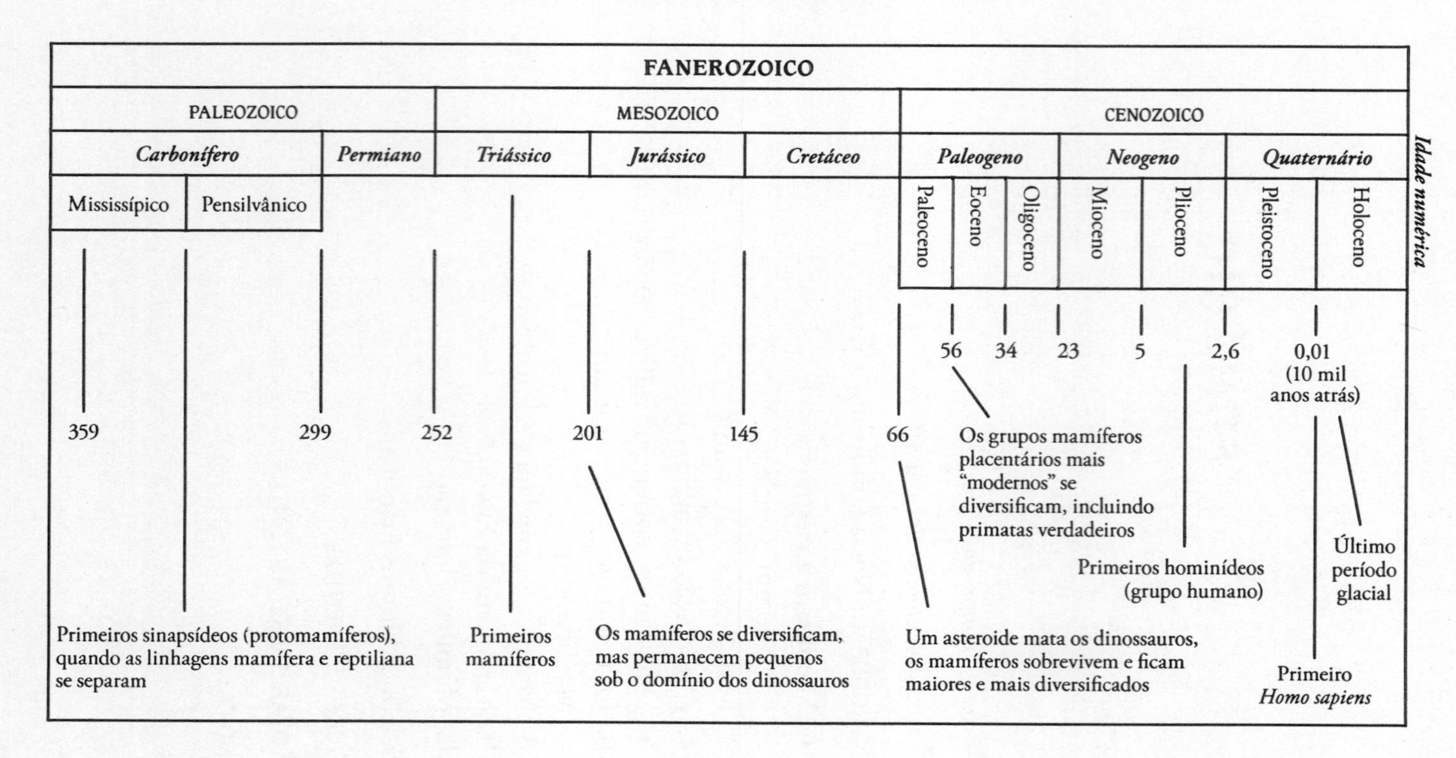

ÁRVORE GENEALÓGICA DOS MAMÍFEROS

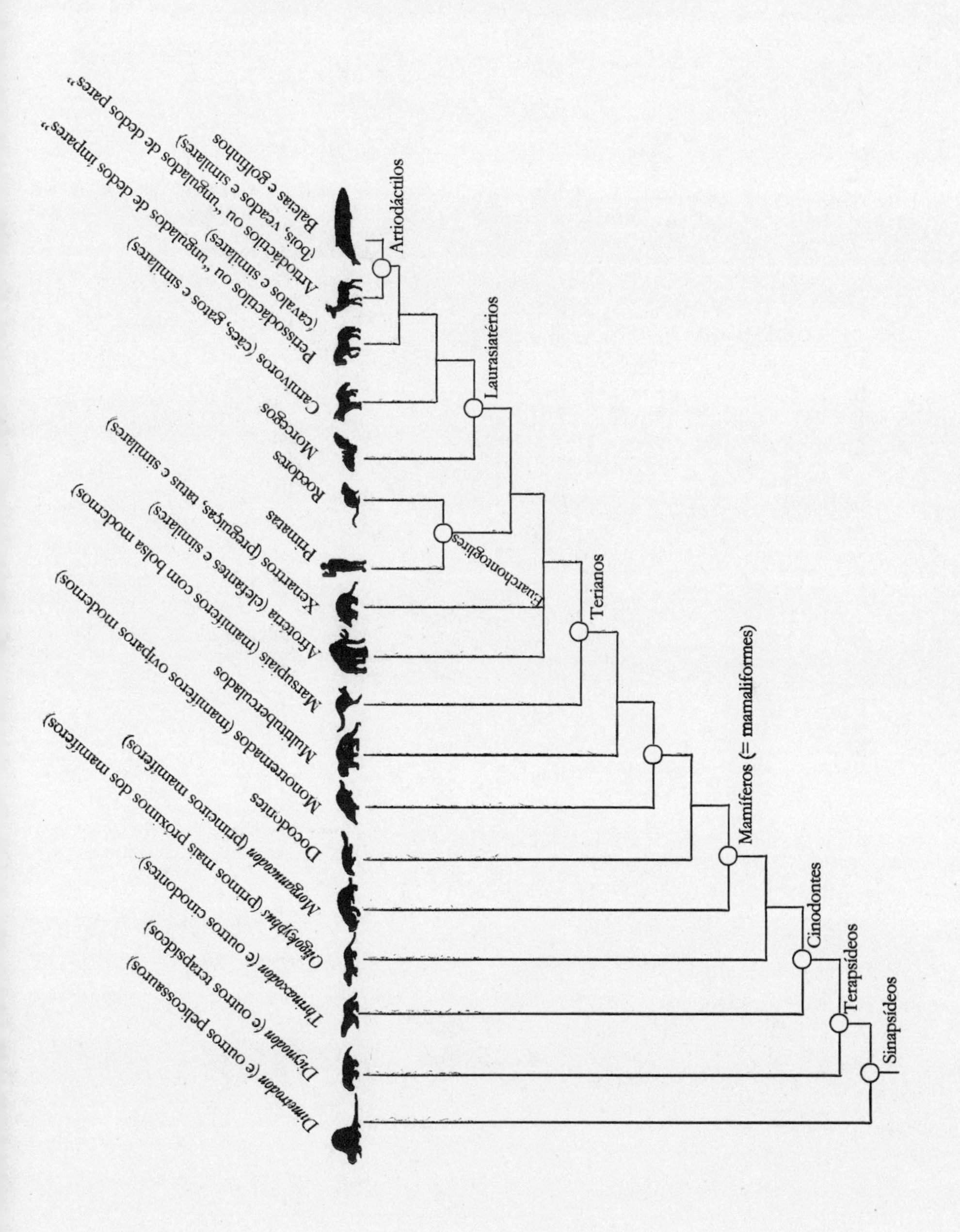

INTRODUÇÃO

NOSSA FAMÍLIA MAMÍFERA

PELA PRIMEIRA VEZ EM ANOS, a luz do Sol atravessou a escuridão. Ainda havia o vestígio da fumaça nas nuvens cinzentas que mantinham o solo nas sombras. Lá embaixo, a terra estava destruída. Era tudo poeira e lama, uma desolação sem nenhuma vegetação ou cor. O silêncio pairava no vento, pontuado apenas pelos sons de galhos, pedras e resíduos de putrefação sendo arrastados por um rio.

O esqueleto de uma fera jazia na margem. A carne e os tendões haviam desaparecido havia muito e os ossos eram de um bege embolorado. As mandíbulas estavam escancaradas em um grito, os dentes, quebrados e espalhados em frente ao rosto. Cada dente tinha o tamanho de uma banana e uma ponta afiada como a de uma faca, que a fera usara como arma para desmembrar e esmagar os ossos de suas presas.

Ele já fora um *Tyrannosaurus rex*, o lagarto tirano, rei dos dinossauros, opressor de um continente. Agora não havia restado mais nada de sua espécie. E poucas outras pareciam ter sobrevivido.

Então, em algum lugar no interior do colosso, um som baixo. Um trinado cheio de cliques, um tremular de passos. Um nariz minúsculo surgiu entre as costelas do *T. rex*, hesitante, como se tivesse medo de avançar. Seus bigodes tremeram, esperando perigo, mas não encontraram nenhum.

Hora de sair do esconderijo. Uma criatura saltou para a luz e correu entre os ossos.

Cheia de pelos, com olhos saltados, focinho cheio de dentes parecidos com cumes montanhosos e cauda capaz de dar chicotadas, não podia ser mais diferente de um *T. rex*.

Ela parou por um momento para coçar os pelos do pescoço, ergueu as orelhas e disparou sobre as quatro patas. Mãos e pés plantados firmemente sob o corpo, moveu-se rapidamente, com propósito, subindo as costelas, atravessando a coluna vertebral e chegando ao crânio do dinossauro.

Lá, na lateral da cabeça, onde houvera o olho do *T. rex* que já encarara as manadas de *Triceratops*, a bola de pelos parou. Olhou para trás, na direção da caixa torácica, e soltou um guincho agudo. Do interior do que havia sobrado da fera, saltou uma dezena de bolas de pelo menores. Correram até a mãe e se penduraram nos mamilos em sua barriga, ingerindo seu leite matinal enquanto experimentavam os primeiros minutos acima do solo.

Enquanto alimentava os filhotes, a mãe olhou para o Sol. O mundo agora pertencia a ela e sua família. A Era dos Dinossauros chegara ao fim, graças à incandescente destruição de um asteroide e ao longo e escuro inverno nuclear que cobrira o globo. Agora, a Terra começava a se recuperar. A Era dos Mamíferos começara.

MAIS OU MENOS 66 MILHÕES de anos depois, outro mamífero estava de pé no mesmo local, carregando uma picareta. Sarah Shelley foi minha primeira estudante de doutorado quando assumi o cargo de paleontólogo na Universidade de Edimburgo, na Escócia. Estávamos no Novo México caçando fósseis, procurando ossos, dentes e esqueletos que pudessem nos ajudar a entender como os mamíferos haviam sobrevivido ao asteroide e aos dinossauros e conquistado o mundo, tornando-se os animais peludos que conhecemos, amamos e, às vezes, tememos.

Os mamíferos são as criaturas mais carismáticas e amadas do planeta, com o devido respeito aos répteis, às aves e às mais de 8 milhões de espécies animais que não são mamíferas. Talvez isso aconteça porque muitos mamíferos são peludos e fofinhos, mas, em parte, acho que é devido, em um nível mais profundo, ao fato de nos identificarmos com eles, nos enxergarmos neles. Os guepardos e as gazelas correndo na tela da televisão enquanto David Attenborough narra o drama com um tom de voz suave. A lontra brincando com os filhotes na capa da revista sobre natureza. Os elefantes e hipopótamos que fazem as crianças implorarem aos pais que as levem ao zoológico, e os pandas e rinocerontes em risco de extinção que nos comovem quando tantos outros pedidos de doação podem nos irritar. As raposas e os esquilos que toleram nossas cidades, os cervos que invadem nossos bairros. Baleias com corpos mais compridos que quadras de basquete, emergindo do abismo para espirrar gêiseres de vários metros de altura. Morcegos-vampiros que literalmente bebem sangue, leões e tigres que arrepiam os cabelos em nossa nuca. Nossos carinhosos animais de estimação, felinos, caninos ou de alguma variedade mais exótica. Para muitos de nós, a comida: hambúrgueres de gado, linguiças de porco, costeletas de cordeiro. E, é claro, nós mesmos. Somos mamíferos, da mesma maneira que um urso ou um camundongo.

Enquanto um porco-espinho se protegia do Sol da tarde do Novo México à sombra de um choupo-do-canadá e uma colônia de cães-da-pradaria piava a distância, Sarah usava sua picareta. Cada golpe na rocha liberava uma névoa fedorenta de poeira sulfúrica. E a cada golpe ela esperava que a poeira baixasse, para ver se algo interessante se soltara da terra. Durante pelo menos uma hora, isso produziu somente mais rochas. Até que, com uma pancada, algo com forma, textura e cor diferentes se revelou. Ela se ajoelhou para dar uma olhada. E então gritou "vitória" de maneira tão alta e alegremente profana que não posso repetir suas palavras aqui.

Sarah havia encontrado um fóssil, sua primeira grande descoberta como estudante.

Corri para ver seu prêmio e ela me entregou um par de mandíbulas presas pela ponta. Os dentes estavam recobertos de gipsita e, ao brilharem sob o sol do deserto, vi caninos afiados na frente e grandes molares trituradores ao fundo. Mamífero! E não era mamífero qualquer, mas uma das espécies que assumiram o poder após os dinossauros.

Comemoramos com um *high five* e retornamos ao trabalho.

As mandíbulas que Sarah encontrara pertenciam a uma espécie chamada *Pantolambda*, um animal grande, mais ou menos do tamanho de um pônei Shetland. Ele viveu por volta de dois milhões de anos após a extinção dos dinossauros, algumas gerações depois que a mãezinha espiou pela caixa torácica do *T. rex* em minha história fictícia, mas plausível. O *Pantolambda* já era considerado maior do que qualquer mamífero que vira um *T. rex* ou um *Brontosaurus*. Algumas dessas tímidas criaturas — nenhuma delas maior que um texugo — sobreviveram ao asteroide em função de seu tamanho diminuto e sua adaptabilidade, e, subitamente, viram-se em um mundo livre de dinossauros. Elas cresceram, migraram e se diversificaram, formando complexos ecossistemas e substituindo os dinossauros, que haviam dominado a Terra por mais de cem milhões de anos.

Esse *Pantolambda* em particular vivera em uma selva na beira de um pântano (daí o odor desagradável de sua tumba rochosa) e era o maior herbívoro de seu hábitat. Enquanto vagava pelas águas cada vez mais frias após um almoço de folhas e vagens, teria visto ou ouvido uma abundância de outros mamíferos. Acima, acrobatas do tamanho de gatinhos agarravam-se aos galhos das árvores. Na beira do pântano, vira-latas com cara de gárgula escavavam a lama, usando as garras para procurar raízes e tubérculos nutritivos. Nas partes menos arborizadas da floresta, bailarinas esguias corriam pelos prados sobre os dedos ungulados das patas. O tempo todo, camuflado na vegetação mais espessa dessa selva do Período Paleoceno, um terror estava à espreita: o maior predador da época, com o corpo de um cachorro grande e dentes capazes de dilacerar carne.

A morte dos dinossauros permitira que esses mamíferos — no antigo Novo México e em todo o mundo — ascendessem. Mas a história dos mamíferos é muito mais complexa. Eles, ou melhor, nós nos originamos por volta da mesma época que os dinossauros, mais de duzentos milhões de anos atrás, quando os continentes ainda estavam unidos em um supercontinente repleto de vastos desertos. O legado desses primeiros mamíferos é ainda mais longo, mais de 325 milhões de anos atrás, em um reino úmido de pântanos de carvão, quando a linhagem mamífera ancestral se dividira da linhagem dos répteis na grande árvore genealógica da vida. Ao longo dessas imensas extensões de tempo geológico, os mamíferos desenvolveram as características que são sua marca registrada: pelos, olfato e audição aguçados, cérebros grandes e inteligentes, crescimento rápido e metabolismo de sangue quente, alinhamento distinto de dentes (caninos, incisivos, pré-molares, molares) e glândulas mamárias com as quais as fêmeas fornecem leite aos filhotes.

Desta longa e rica história evolutiva surgiram os mamíferos de hoje. Neste momento, há mais de 6 mil espécies de mamíferos compartilhando nosso mundo, nossos primos mais próximos entre os milhões de espécies que já viveram na Terra. Todos os mamíferos modernos pertencem a um destes três grupos: monotremados ovíparos, como o ornitorrinco; marsupiais, como cangurus e coalas, que criam seus minúsculos bebês em bolsas; e placentários, como nós, que dão à luz filhotes bastante desenvolvidos. Mas esses três tipos de mamíferos são simplesmente os poucos sobreviventes de uma árvore genealógica outrora verdejante, que foi podada pelo tempo e pelas extinções em massa.

Em vários momentos do passado, houve legiões de carnívoros dentes-de-sabre (não somente os famosos tigres, mas também marsupiais que usavam seus caninos como lanças), lobos-terríveis, elefantes-lanosos gigantescos e cervos com galhadas incrivelmente enormes. Além de rinocerontes colossais sem chifres, mas com pescoços muito longos para alcançar as folhas no topo das árvores, a fim de sustentar seus corpos de quase vinte toneladas — mamíferos que imitavam o *Brontosaurus*, estabelecendo o recorde de feras peludas mais pesadas a viver em terra. Muitos desses fósseis são familiares: eles são grandes ícones da pré-história, astros de desenhos animados e exibições em qualquer museu de história natural digno de nota.

Ainda mais fascinantes são alguns mamíferos extintos que nunca chegaram ao estrelato da cultura popular. Já houve espécies que planavam sobre as cabeças dos dinossauros, outras que comiam seus filhotes no café da manhã, tatus do tamanho de fuscas, preguiças tão altas que seriam capazes de fazer enterrar uma bola de basquete e "bestas-trovão" com chifres-aríetes de 90 centímetros. Houve também os esquisitões chamados *Chalicotheriidae* que pareciam um híbrido profano entre cavalos e gorilas, que se locomoviam apoiados nos nós dos dedos e puxavam galhos com as garras estendidas. Antes de se unir à América do Norte, a América do Sul foi um continente insular por dezenas de milhares de anos e abrigou toda uma família de espécies excêntricas de casco cujas características anatômicas *à la* Frankenstein atordoaram Charles Darwin — e cujo verdadeiro relacionamento com outros mamíferos acabou de ser revelado pela chocante descoberta do DNA antigo. Elefantes já foram do tamanho de poodles; camelos, cavalos e rinocerontes já galoparam pela savana americana; e baleias já tiveram pernas e puderam andar.

Claramente, a história dos mamíferos é muito extensa do que os mamíferos que vemos hoje, e trata de muito mais que das origens humanas e migrações nos últimos milhões de anos. Todos os mamíferos fantásticos que acabei de mencionar serão encontrados nestas páginas.

Comecei minha carreira científica estudando dinossauros. Tendo crescido no centro-oeste americano, o *T. rex* era o que mais me fascinava, e fiz faculdade e doutorado para escavar meu lugar como especialista em dinossauros. Alguns anos atrás, contei a história de sua evolução, das origens humildes à extinção apocalíptica, em meu livro *Ascensão e queda dos dinossauros*. Sempre amei dinossauros e continuarei a estudá-los. Mas, desde que me mudei para Edimburgo e me tornei professor, comecei a me afastar dessa área. Talvez tenha sido lógico: tendo estudado a extinção dos dinossauros, fiquei obcecado com o que aconteceu depois. Fiquei obcecado pelos mamíferos.

Às vezes, as pessoas me perguntam por quê. Crianças por toda parte sonham em crescer e desenterrar dinossauros. Então por que fazer algo diferente? E por que mamíferos? Minha resposta é simples: dinossauros são incríveis, mas não são como nós. A história dos mamíferos é *nossa* história e, ao estudar nossos ancestrais, podemos entender o que há de mais profundo na nossa natureza. Por que temos essa aparência, crescemos dessa maneira, criamos nossos bebês como fazemos, por que temos dor nas costas e precisamos de caros tratamentos odontológicos ao quebrar um dente, por que somos capazes de contemplar e transformar o mundo a nossa volta.

E, se isso não for suficiente, considere o seguinte. Alguns dinossauros eram tão grandes quanto um Boeing 737. Os maiores mamíferos — como as baleias-azuis — são ainda maiores que aeronaves. Imagine um mundo no qual os mamíferos estão extintos e tudo que restam são fósseis. Sem dúvida eles seriam tão famosos e icônicos quanto os dinossauros.

Estamos aprendendo cada vez mais sobre a história dos mamíferos, a uma velocidade de tirar o fôlego. Cada vez mais fósseis são encontrados como nunca antes, e podemos estudá-los com uma grande variedade de tecnologias — tomografias computadorizadas, microscópios ópticos, programas de animação computadorizada —, a fim de revelar como eram quando viviam, respiravam, moviam-se, alimentavam-se, reproduziam-se e evoluíam. Podemos até mesmo obter DNA de alguns fósseis, como aqueles estranhos mamíferos sul-americanos que tanto fascinaram Darwin, e revelar, como em um teste de paternidade, seu parentesco com as espécies modernas. O campo da paleontologia mamífera foi fundado por homens vitorianos, mas agora é cada vez mais diversificado e internacional. Tive o privilégio de ter mentores que me acolheram — só mais um estudante de dinossauros — em seu território de pesquisa sobre mamíferos, e agora minha maior alegria é ser mentor da próxima geração, como Sarah Shelley (cujas ilustrações embelezam estas páginas!) e muitos outros excelentes alunos que continuarão a escrever a história dos mamíferos com suas descobertas.

Neste livro, contarei a história da evolução dos mamíferos como a conhecemos hoje. A primeira metade do livro cobre os estágios iniciais da linhagem mamífera, da época em que eles se separam dos répteis até a extinção dos dinossauros. Foi então que os mamíferos adquiriram quase todas as suas marcas registradas — pelos, glândulas mamárias e assim por diante — e se transformaram, pouco a pouco, de um ancestral que se parecia com um lagarto em algo que reconhecemos como mamífero. A segunda parte do livro expõe o que aconteceu depois que os dinossauros morreram: como os mamíferos aproveitaram a oportunidade e se tornaram a espécie dominante, adaptaram-se a climas em constante mutação, acompanharam os continentes à deriva e desenvolveram a incrível riqueza atual de espécies: corredores, cavadores, voadores, nadadores — e leitores de livro com cérebros grandes. Ao contar a história dos mamíferos, quero explicar como chegamos a ela usando as dicas fornecidas pelos fósseis e dar a você uma noção do que é ser paleontólogo. Eu o apresentarei a meus mentores, meus alunos e às pessoas que me inspiraram e cujas descobertas forneceram as evidências que me permitem narrar a história dos mamíferos.

Este livro não foca obsessivamente nos humanos; muitos outros fazem isso. Discutirei as origens humanas: como emergimos dos antecedentes primatas, nos erguemos sobre duas pernas, inflamos nosso cérebro e colonizamos o mundo — após vivermos ao lado de muitas outras espécies humanas iniciais. Mas farei isso em um único capítulo, e darei aos humanos a mesma atenção que dou a cavalos, baleias e elefantes. Afinal, somos somente um dos muitos feitos assombrosos da evolução mamífera.

Todavia, nossa história precisa ser contada porque, embora sejamos somente uma das espécies mamíferas e só estejamos presentes há uma fração da história, temos mais impacto sobre o planeta que qualquer mamífero antes de nós. Nosso sucesso fenomenal em construir cidades, plantar sementes e conectar o globo com rodovias e rotas aéreas está tendo efeitos adversos em nossos parentes mais próximos. Mais de 350 mamíferos foram extintos desde que o *Homo sapiens* saiu das florestas e se espalhou pelo mundo, e muitas espécies estão em alto risco de extinção (pense em tigres, pandas, rinocerontes-negros e baleias-azuis). Se as coisas continuarem no ritmo atual, metade de todos os mamíferos pode sucumbir ao mesmo destino dos mamutes-lanosos e dos tigres-dentes-de-sabre: morrer e desaparecer, com somente fósseis fantasmagóricos para nos lembrar de sua majestade.

Os mamíferos estão em uma encruzilhada, no ponto mais precário de sua — nossa — história desde que sobreviveram ao asteroide que matou os dinossauros. E que história! Durante nossa longa corrida evolutiva, houve épocas nas quais os mamíferos se encolheram nas sombras e outras nas quais foram dominantes. Períodos nos quais floresceram e outros nos quais foram reprimidos e quase eliminados por extinções em massa. Eras nas quais foram controlados pelos dinossauros e outras nas quais exerceram o controle; épocas em que nenhum deles era maior que um camundongo e outras nas quais eram as maiores criaturas a já ter vivido na Terra; períodos nos quais sofreram com ondas de calor e outros nos quais enfrentaram geleiras de quase dois quilômetros de espessura, durante a Era do Gelo. Houve vezes nas quais ocuparam somente os níveis mais baixos da cadeia alimentar, e outras nas quais alguns deles — nós — se tornaram conscientes e capazes de modelar toda a Terra, para o bem ou para o mal.

Toda essa história forma a fundação do mundo de hoje, para nós e para nosso futuro.

STEVE BRUSATTE
Edimburgo, Escócia,
19 de janeiro de 2022

1

MAMÍFEROS ANCESTRAIS

EM ALGUM MOMENTO, há mais ou menos 325 milhões de anos, um grupo de criaturas escamosas se agarrou a um emaranhado flutuante de samambaias e troncos quebrados. Costumavam ser solitárias e preferiam se camuflar na densa vegetação da floresta, emergindo ocasionalmente para capturar insetos antes de retornar ao anonimato. Mas momentos desesperadores as haviam unido. Seu mundo mudava rapidamente. Seu paraíso pantanoso, no limite entre água e terra, estava sendo engolfado pelo mar.

As pequenas criaturas — a maior mal chegava a 30 centímetros — olharam nervosamente em torno. Elas se pareciam com uma lagartixa ou uma iguana, com braços e pernas laterais ao corpo e a cauda fina e longa se arrastando atrás. Algumas das menores andavam lentamente pela vegetação em decomposição, se agarrando a ela com dedos magricelas. Os animais mais velhos apenas contemplavam a vastidão do mar, com as línguas dardejando enquanto balançavam com as ondas e recebiam respingos de água.

Algumas semanas antes, tudo parecia normal. De suas tocas bem escondidas, eles teriam espiado a floresta gotejando umidade. Todos os tons imagináveis de verde os cercavam. As samambaias abarrotavam o chão da floresta, com seus esporos dançando no ar úmido a cada rajada bem-vinda de vento. Arbustos maiores com sementes, alguns deles ancestrais distantes das árvores perenes de hoje, formavam o estrato médio. Sempre que chovia — ou seja, na maior parte do tempo —, as sementes, do tamanho de bolas de gude, caíam com a água, cobrindo o solo com esferas e que tornavam a locomoção um desafio.

Com seus olhos minúsculos, as criaturas escamosas não conseguiam ver o topo da floresta, que parecia se estender interminavelmente na direção do céu. Dois tipos de árvores formavam a maior parte da cobertura, ambos chegando a mais ou menos 30 metros de altura. Um deles era chamado de *Calamites*, e lembrava uma árvore de Natal depenada, com um tronco reto parecido com bambu que se dividia em grupos intermitentes de galhos com folhas em forma de agulhas dispostas em espirais. O outro tipo era o *Lepidodendron*, cujo tronco de 1,80 metro de espessura era nu, com exceção de uma touça de galhos e folhas no topo — um esfregão verde na ponta de um cabo gigante. Essas árvores cresciam notavelmente rápido, indo de esporos para mudas e até o ápice do dossel em dez ou quinze anos, antes de morrerem, ser enterradas, transformar-se em carvão e ser substituídas pela geração seguinte.

As criaturas escamosas faziam parte das centenas de espécies animais que chamavam a floresta pantanosa de lar. Elas iam do banal ao fantástico. Insetos eram comuns, o que os tornava fontes perfeitas de alimento. Aranhas e escorpiões escalavam a serrapilheira e os troncos das árvores. Anfíbios primitivos se reuniam ao longo dos riachos, cheios de peixes e patrulhados por euriptéridos: brutamontes de armadura que lembravam escorpiões gigantescos, alguns do tamanho de seres humanos, que agarravam as presas com garras fortes como quebra-nozes. Em tempos mais calmos, os riachos corriam lentamente até o rio, que se espalhava em um delta e levava às águas quietas e salobras da baía.

Às vezes, um rastejar repulsivo rompia a quietude. Era *Arthropleura*, um monstruoso milípede de mais de 2 metros que sorvia esporos e sementes. Às vezes, um som aterrorizante ecoava pelo pântano: o bater das asas da *Meganeura*, uma libélula do tamanho de um pombo com quatro enormes asas translúcidas que zumbiam enquanto ela buscava insetos. Se estivesse com fome suficiente, podia atacar até mesmo uma das criaturas escamosas — outra razão pela qual elas preferiam permanecer escondidas.

Enquanto o grupo de criaturas escamosas se agarrava à jangada improvisada de folhas e gravetos, o medo de serem atacadas por uma *Meganeura* parecia algo bem distante. O perigo agora era muito maior. Elas estavam cercadas de água, e as correntes ficavam cada vez mais fortes. Ao sul, uma maciça calota de gelo estava derretendo, derramando água nos oceanos e fazendo subir o nível do mar. Em todo o mundo, as costas eram inundadas, afogando os manguezais de *Calamites* e

Lepidodendron e seus habitantes animais. As criaturas escamosas não tinham como saber disso. Tudo que sentiam — conforme os redemoinhos espumosos de camarões e águas-vivas mortos as atingiam — era que sua floresta já não existia mais.

Então houve relâmpagos. Enquanto os trovões retumbavam, uma rajada de vento lançou um muro de água contra a jangada, fazendo com que virasse e se partisse ao meio. Algumas das criaturas escamosas foram arrancadas pela onda e seus corpos flácidos se uniram aos dos camarões e águas-vivas apodrecidos. A maioria, porém, conseguiu se agarrar a uma das metades da jangada. Conforme a chuva bombardeava a baía e os ventos uivavam, as correntes se dividiram, uma levando para oeste e a outra para leste. As agora duas jangadas — e sua carga escamosa — foram em direções opostas.

Alguns dias depois, quando a tempestade amainou, as jangadas acabaram em praias diferentes. Quando os dois grupos de criaturas se aventuravam em seus novos lares, eles encontraram diferentes desafios — hábitats, climas e predadores distintos. Ao longo de muitas gerações, os dois grupos se adaptaram a seus novos ambientes, a ponto de se tornarem novas espécies. Ambas as espécies então deram origem a outras espécies, e duas grandes linhagens nasceram. Uma delas desenvolveu duas aberturas como janelas atrás da órbita ocular, criando espaço para músculos maiores e mais fortes para a mandíbula inferior. A outra desenvolveu uma única e grande abertura.

O primeiro grupo, com duas aberturas no crânio, era o dos diapsídeos. Eles evoluiriam e se transformariam em lagartos, cobras, crocodilos, dinossauros, aves e tartarugas (nas quais essas aberturas foram fechadas). O segundo grupo daria origem a uma espantosa diversidade de espécies, incluindo — mais de 100 milhões de anos depois — os mamíferos.

ISSO É APENAS uma reconstituição, e é provável que a sequência de eventos não tenha sido exatamente assim. Mas é verdade que, há uns 325 milhões de anos — durante um período da história da Terra chamado de Pensilvânico (também conhecido como Carbonífero Superior) —, existiu um grupo ancestral de pequenas criaturas cobertas de escamas que vivia em vicejantes florestas pantanosas em geral inundadas pelo mar. Elas se dividiram, com um lado da árvore genealógica levando aos répteis e o outro aos mamíferos.

Como sabemos? Os paleontólogos — cientistas como eu, que estudam a vida ancestral — têm duas linhas principais de evidências. Serão essas evidências que exporei ao longo deste livro para contar a história da evolução dos mamíferos.

Primeiro, há fósseis e as rochas que lhes servem de tumba. Fósseis são evidências diretas de espécies que costumavam existir; são as dicas em busca das quais os paleontólogos viajam pelo mundo, enfrentando calor, frio, umidade, chuva, falta de dinheiro, mosquitos, zonas de guerra e outros obstáculos. Muitos de nós gostam de se descrever como detetives do passado e, nessa analogia, os fósseis equivalem aos cabelos ou digitais deixados em uma cena de crime. Eles nos dizem o que viveu, onde e quando, e, em alguns casos, revelam dramas pré-históricos de predadores retalhando presas, vítimas sendo arrastadas por enchentes e sobreviventes de sombrias extinções. Os fósseis mais familiares são os somatofósseis: partes de um organismo que já esteve vivo, como ossos, dentes, conchas ou folhas. Outros são icnofósseis: registros do comportamento de um organismo ou algo que ele deixou para trás, como pegadas, buracos, ovos, mordidas ou coprólitos (fezes fossilizadas).

Não encontramos fósseis nas ruas ou na terra de nossos jardins, mas no interior de rochas como arenito e lamito. Diferentes rochas se formaram em diferentes ambientes, e algumas podem ser datadas usando técnicas químicas. Elas contam a quantidade de isótopos-pais e isótopos-filhos radioativos para calcular a idade, com base nas taxas conhecidas de decaimento radioativo determinadas em experimentos laboratoriais. Isso tudo fornece contexto crítico para entender quando e em quais hábitats as criaturas fossilizadas viveram.

O segundo tipo de evidência está a nossa volta e não requer qualquer habilidade especial (ou sorte) para ser encontrado. É o DNA, que nós, assim como todos os outros organismos vivos, carregamos em nossas células. O DNA é o projeto que nos torna quem somos, o código genético que controla a aparência de nosso corpo, nossa fisiologia e nosso crescimento, e como produzimos as futuras gerações. O DNA também é um arquivo: a história da evolução está escrita nos bilhões de pares de bases que constituem nosso genoma. Quando as espécies mudam ao longo do tempo, seu DNA muda também. Os genes sofrem mutações, movem-se e são ativados ou desativados. Porções de DNA são duplicadas ou apagadas. Novas porções são inseridas. Consequentemente, quando duas espécies divergem de um ancestral comum, seu DNA se torna cada vez mais diferente ao longo do tempo, conforme cada espécie segue seu caminho e se adapta a suas próprias condições. Assim, você pode pegar as sequências de DNA das espécies modernas, alinhá-las e compará-las, a fim de construir uma árvore genealógica ao agrupar as espécies com DNA mais similar. Também há outro truque muito bom. Você pode pegar duas espécies quaisquer, contar o número de diferenças em seu DNA e então, conhecendo a taxa de mudanças de DNA em experimentos laboratoriais, calcular quando elas se separaram.

Usei os dois tipos de evidências ao reconstituir o cenário do pântano inundado. Estudos de DNA calcularam que as linhagens réptil e mamífera se separaram há cerca de 325 milhões de anos. Fósseis e rochas nos dizem como era aquele mundo perdido, um panorama muito diferente do de hoje.

Um mapa da Terra durante o Período Pensilvânico dificilmente seria reconhecível. Havia somente duas grandes massas de terra, uma chamada Gondwana, centrada no Polo Sul, e outra chamada Laurásia, que circulava o equador, com uma série de ilhas menores a leste. Ao longo de milhares de anos, Gondwana deslizou para o norte, mais ou menos na mesma velocidade em que nossas unhas crescem, antes de colidir com Laurásia. Esse foi o início do nascimento de Pangeia, o supercontinente onde mais tarde ocorreriam os primeiros estágios da evolução dos mamíferos e dos dinossauros. Quando colidiram, as duas placas se deformaram, gerando uma longa extensão de montanhas paralelas ao equador, similares, em escala, aos Himalaias de hoje. Nossa modesta cordilheira dos Apalaches é um remanescente dessa outrora gigantesca cadeia de montanhas.

As regiões tropical e subtropical de ambos os lados da cordilheira equatoriana eram paraísos para a vida. Havia pântanos de carvão, assim chamados porque grande parte do carvão que alimentou a Revolução Industrial — particularmente o minerado na Europa e no centro-oeste e leste dos Estados Unidos — formou-se nesses pântanos. Esse carvão era composto dos remanescentes mortos, enterrados e comprimidos das gigantescas árvores *Lepidodendron* e *Calamites*. Não eram em nada similares aos carvalhos, palmeiras e magnólias tão comuns nos ambientes verdejantes de hoje. Na verdade, as árvores antigas não exibiam flores nem produziam frutos ou nozes. Elas eram parentes próximas do musgo e da cavalinha, plantas primitivas que persistem hoje como partes raras do sub-bosque, um triste remanescente do que outrora foram. As árvores pensilvânicas — e as libélulas gigantescas que zuniam em torno de seus galhos, bem como os milípedes que corriam por seus troncos — cresciam tanto graças à quantidade de oxigênio no ar, cerca de 70% a mais que hoje.

As árvores formavam as vastas florestas úmidas que se agarravam às margens dos mares rasos que invadiam o supercontinente e dos muitos riachos, rios, deltas e estuários que as alimentavam. Uma visão aérea desses pântanos provavelmente lembraria os *bayous* do rio Mississippi na atual Louisiana: uma densa camada de árvores e plantas menores, todas entrelaçadas, algumas encarapitadas em ilhas de lama entre redes de riachos, outras com raízes finas e longas se estendendo até a água, com todo tipo de criatura escalando, saltando e voejando em torno. Mas sem aves, mosquitos, castores, lontras ou nenhum mamífero peludo. Essas espécies surgiriam muito depois, em um mundo muito diferente, embora seus ancestrais habitassem os pântanos de carvão.

Por que tantas árvores eram enterradas e transformadas em carvão? Porque os pântanos eram inundados constantemente. O nível do mar subia e descia, em um ritmo pulsante. O mundo pensilvânico era glacial;

na verdade, essa foi a penúltima grande Era do Gelo antes da derradeira, quando mamutes e tigres-dentes-de-sabre reinaram (uma história que contaremos depois). Nem todo o planeta era frio; os pântanos de carvão certamente não eram. Mas no polo sul de Gondwana e, depois, no sul de Pangeia, havia uma enorme calota de gelo. Sua existência se devia aos pântanos de carvão: o crescimento de tantas árvores gigantescas removia dióxido de carbono da atmosfera e, com menos desse gás de efeito estufa para isolar o planeta, as temperaturas caíam. Ao longo de milhões de anos, o tamanho da calota de gelo oscilou, controlando o nível global dos mares. O gelo derretia, o nível dos mares subia, os pântanos eram inundados, as árvores morriam e eram enterradas. Então o gelo se expandia, sugando água dos mares, fazendo baixar seu nível e abrindo espaço para o crescimento dos pântanos. Ele ia e voltava. Sabemos disso porque as rochas pensilvânicas costumam formar sequências em formato de código de barras chamadas ciclotemas, séries repetidas de finas camadas de sedimentos formadas na terra e na água, com veios de carvão entre elas.

Os fósseis desse período são abundantes, especialmente onde cresci, no norte de Illinois. Eles estão incrustados nos ciclotemas, acima e abaixo do carvão. Os melhores são encontrados ao longo das margens de Mazon Creek, um gentil afluente do rio Illinois, e nas minas de superfície no leste. Durante o Pensilvânico, era ali que o mar encontrava o pântano, onde os habitantes das florestas úmidas eram levados para a água, puxados até o fundo e enterrados em tumbas de siderita — nódulos ovais, achatados e da cor de ferrugem que podem ser arrancados do leito do riacho ou dos rejeitos das minas. Quando era adolescente, eu procurava esses nódulos perto da minúscula cidade de Wilmington, na Rota 66, onde minha mãe fora criada. Vasculhava as pilhas de rejeitos das minas havia muito fechadas, que mais de um século antes tinham atraído meus bisavós italianos para uma nova vida no coração dos Estados Unidos. Eu colocava os nódulos em um balde, levava-os para casa, deixava-os do lado de fora, no brutal inverno de Chicago, e esperava que repetidamente congelassem e descongelassem seguindo as variações de temperatura. Quando parecia que um deles estava prestes a rachar, eu terminava o serviço com um martelo.

Se tivesse sorte, o nódulo se abria e um tesouro era revelado: um fóssil de um lado, sua impressão do outro. Em todas as vezes, a experiência era mística, pois eu tinha consciência de que seria a primeira pessoa a ver uma coisa — que já estivera viva! — que morrera havia mais de 300 milhões de anos. Muitos dos nódulos partidos continham plantas: folhas de samambaia, cascas de *Calamites*, pedaços de raízes de *Lepidodendron*. Eu gostava particularmente das águas-vivas — o que os caçadores de fósseis veteranos de Mazon Creek chamavam desdenhosamente de "bolhas" — e era sempre bom avistar um camarão ou um verme.

Mas o que realmente queria, e nunca tive a sorte de encontrar, era um tetrápode, um vertebrado terrestre. Eu sabia, em função dos livros que devorava após a escola e nas tardes silenciosas dos fins de semana, que os tetrápodes haviam evoluído dos peixes e rastejado para a terra há cerca de 390 milhões de anos, antes do Período Pensilvânico. Os primeiros tetrápodes eram anfíbios e precisavam retornar à água para pôr ovos. Alguns esqueletos de anfíbios primitivos — parentes remotos das rãs e das salamandras — haviam sido encontrados em Mazon Creek.

Em algum momento do Período Pensilvânico, surgira um novo grupo desses anfíbios, os chamados amniotas, tetrápodes mais especializados nomeados em função de seus ovos amnióticos, cujas membranas internas cercam o embrião para protegê-lo e evitar que resseque. Os novos ovos revelaram um grandioso potencial: os amniotas já não estavam acorrentados à água, podendo pôr seus ovos em terra e tendo acesso a novas possibilidades. Topos de árvores, buracos, prados, montanhas, desertos. Somente com o advento do ovo amniótico os tetrápodes realmente se divorciaram dos mares e conquistaram a terra firme.

Foi dos amniotas que surgiram as linhagens dos répteis e dos mamíferos — os diapsídeos e sinapsídeos —, ao se separarem uma da outra como dois irmãos de seus pais. Essa não é simplesmente uma analogia; é assim que a evolução produz novas espécies, famílias e dinastias. As espécies sempre mudam com seus ambientes — essa é a evolução por seleção natural de Darwin. Às vezes, populações de uma única espécie são separadas, talvez por uma inundação, um incêndio ou o surgimento de uma cordilheira. Cada população continua a mudar por meio da seleção natural; se permanecem separadas por muito tempo, elas mudam à sua própria maneira, adaptando-se a circunstâncias específicas, a ponto de já não ter a mesma aparência, comportar-se da mesma maneira ou ser capazes de acasalar uns com os outros. Nesse ponto, uma espécie se divide em duas. As duas novas espécies podem se dividir novamente, com duas se tornando quatro, e assim por diante. A vida está sempre se diversificando, ramificando-se como uma árvore que vem crescendo há mais de 4 bilhões de anos. É por isso que usamos árvores para visualizar genealogias — tanto para espécies extintas quanto para nossas famílias —, em vez de redes, mapas, triângulos ou algum outro tipo de acessório visual.

A divisão diapsídeos-sinapsídeos — que *realmente* começou de maneira imperceptível, com uma pequena e escamosa espécie ancestral se dividindo em duas — foi um dos momentos-chave da evolução dos vertebrados. E eu sabia que diapsídeos e sinapsídeos — cada um caracterizado por um sistema único de furos no crânio e músculos maxilares — haviam surgido mais ou menos na mesma época em que os nódulos do Mazon Creek se formaram. Com cada golpe do martelo, eu esperava encontrar o Santo Graal dos fósseis, aquele que me ajudaria a contar esta história. Mas infelizmente nunca encontrei.

Contudo, outros caçadores de fósseis, em outras partes da América do Norte, tiveram mais sucesso. Uma importante descoberta foi feita em 1956, quando uma equipe de Harvard liderada pelo lendário paleontólogo Alfred Romer analisou uma mina de carvão abandonada em Florence, Nova Escócia, perto da costa atlântica. Um dos técnicos, Arnie Lewis, notou vários tocos fossilizados de uma árvore chamada *Sigillaria*, uma parente próxima da *Lepidodendron*, cuja coroa de folhas se bifurcava no topo, dando a impressão de um pincel gigante. Os tocos, ainda na posição de quando viviam, pareciam ter acabado de ser recobertos pelos mares, e não há 310 milhões de anos, sua verdadeira idade.

Percorrendo os poços estreitos da mina inundada, a equipe conseguiu coletar cinco cepos. Quando olharam do lado de dentro, tiveram uma surpresa: dezenas de esqueletos fossilizados! As pobres criaturas deviam ter se abrigado nas árvores quando os mares subiram, sem perceber que entravam em seus túmulos. Uma árvore, em particular, continha mais de vinte animais, incluindo anfíbios, diapsídeos e sinapsídeos: a trifeta de tetrápodes terrestres.

Mais tarde, os sinapsídeos foram descritos como duas novas espécies, *Archaeothyris* e *Echinerpeton*, pelo estudante de mestrado Robert Reisz, que acabara de emigrar da Romênia para o Canadá. Hoje um dos maiores paleontólogos do mundo, Reisz começou com esses sinapsídeos. Ele escolheu o nome *Archaeothyris* — que significa "janela antiga" — para enfatizar a característica mais importante do animal: a grande abertura atrás do olho, parecida com uma escotilha, que abrigava músculos maiores e mais fortes que os de seus ancestrais. É essa única abertura, tecnicamente chamada de fenestra latero-temporal, que define os sinapsídeos. Todos eles — dos pioneiros dos pântanos de carvão aos morcegos, musaranhos e elefantes de hoje — possuem essa janela ou uma versão modificada dela. Nós também, como podemos sentir toda vez que fechamos as mandíbulas. Posicione os dedos no osso zigomático, morda com força e sinta os músculos da bochecha se contraindo. Esses músculos passam pelo remanescente da janela, que, nos mamíferos modernos, fundiu-se mais ou menos à órbita ocular, mas ainda ancora os músculos temporais que se estendem da lateral da cabeça ao topo da mandíbula, dando força a nossas mordidas. Essa abertura única se desenvolveu bem no início da história dos sinapsídeos, logo depois que eles se separaram dos diapsídeos, que depois desenvolveram duas aberturas similares atrás de seus olhos.

Se você o visse correndo pelos pântanos de carvão, o *Archaeothyris* não lhe teria parecido nada excepcional. Ele tinha uns 50 centímetros do focinho à cauda, com uma cabeça pequena na ponta de um corpo esguio. Não existe muito material a respeito de seus membros, mas os ossos preservados não deixam dúvida de que eram laterais ao corpo, como os de um lagarto ou crocodilo. Ou seja, não era veloz, mas em uma inspeção mais atenta se mostrava excepcional de outras maneiras. Não somente seus músculos maxilares eram maiores e ficavam ocultos no interior do crânio, como seu focinho tinha uma série de dentes curvados e pontudos. Um dos dentes frontais era notavelmente maior que os outros, parecendo um minicanino. Anfíbios, lagartos e crocodilos não possuem caninos. Esses animais apresentam dentes uniformes, com a mesma aparência por toda a mandíbula. Mas os mamíferos têm uma dentição muito mais variada, separada em incisivos, caninos, pré-molares e molares — uma divisão de trabalho que nos permite ao mesmo tempo segurar, morder e triturar. A dentição mamífera completa surgiria mais tarde, após muitos passos evolutivos, mas os pequenos caninos do *Archaeothyris* foram sussurros de uma revolução dentária.

Juntos, os músculos maxilares grandes, os dentes afiados e os caninos do *Archaeothyris* formavam um arsenal para consumir insetos grandes e talvez outros tetrápodes, como o *Echinerpeton*. Esse segundo sinapsídeo da Nova Escócia poderia muito bem ter se enrodilhado entre as páginas deste livro. Mas seus fósseis fragmentários mostram uma característica peculiar que lhe dá nome: "réptil espinhoso." Os espinhos no pescoço e nas vértebras das costas — os ossos individuais que formam a coluna vertebral — se expandiam para cima, como abas alongadas. Quando se alinhavam, formavam uma pequena vela ao longo das costas, que podia ser usada como exibição, como painel solar para aquecer o corpo em dias frios ou como leque para dispersar o calor em dias quentes — ou então como algo totalmente diferente.

Outro animal extinto, muito mais famoso, tinha uma vela ainda maior nas costas: o *Dimetrodon*, que viveu no intervalo após o Período Pensilvânico, o Período Permiano. É muito confundido com um dinossauro, dividindo espaço com o *T. rex* em pôsteres de dinossauros e lutando contra *Brontosaurus* ou *Stegosaurus* de brinquedo. Mas ele não é um dinossauro; é um sinapsídeo. Mais especificamente, um tipo de sinapsídeo primitivo chamado pelicossauro.

Os pelicossauros foram a primeira grande onda evolutiva na linhagem sinapsídea; foram os primeiros a se diversificar e se espalhar pelo supercontinente Pangeia, que ficava cada vez maior, além de os primeiros a desenvolver algumas características únicas que, cerca de 300 milhões de anos depois, ainda diferenciam mamíferos de anfíbios, répteis e aves, como abertura temporal para os músculos e dentes caninos, que já vimos no *Archaeothyris* e no *Echinerpeton*. Isso porque essas duas espécies da Nova Escócia são os mais antigos pelicossauros, os fundadores da primeira grande dinastia na jornada em direção ao *Dimetrodon* e aos mamíferos.

QUANDO O PERÍODO PENSILVÂNICO chegou ao fim, havia pelicossauros sinapsídeos vivendo nas regiões equatoriais da Pangeia, em ambos os lados da cadeia montanhosa ainda em ascensão. Alguns comiam insetos, outros pequenos tetrápodes e peixes, e uns poucos começaram a experimentar um tipo de alimento até então ignorado: folhas e talos. Eles estavam se diversificando, mas permaneciam sendo peças de pouco destaque em seus ecossistemas, dominados por anfíbios que podiam se reproduzir facilmente e prosperar nas úmidas florestas de carvão.

Então, entre 303 e 307 milhões de anos atrás, o mundo mudou drasticamente durante um espasmo chamado de colapso das florestas do Carbonífero. O clima ficou mais seco, as temperaturas oscilaram e as calotas de gelo derreteram, desaparecendo totalmente no período seguinte, o Permiano. Os pântanos de carvão foram destruídos porque as altas árvores *Calamites*, *Lepidodendron* e *Sigillaria* tiveram dificuldades para crescer em condições mais áridas. Elas foram substituídas por coníferas, cicadáceas e outras plantas produtoras de sementes, mais resistentes à seca. As sempre úmidas florestas ombrófilas deram lugar às mais sazonais e semiáridas terras secas dos trópicos. Outras partes da Pangeia se tornaram desertos ressequidos. Isso se reflete no registro rochoso pela súbita mudança, nos ciclotemas, do carvão para os "leitos vermelhos", cheios de ferro oxidado formado nos climas áridos.

Essas mudanças tiveram impacto impressionante na biodiversidade. As plantas foram especialmente atingidas. Não somente houve uma mudança da vegetação dos pântanos de carvão do Período Pensilvânico para as plantas espermatófitas mais resistentes ao clima seco, como ocorreu uma extinção. Muitas espécies pensilvânicas desapareceram, algumas não deixaram descendentes próximos, outras somente primos menores e muito menos impressionantes. De modo geral, cerca de metade das famílias vegetais do Período Pensilvânico foi extinta. Essa é uma das duas únicas extinções em massa reconhecidas no registro fóssil. A outra ocorreu no fim do Período Permiano, um evento ao qual chegaremos em breve. Isso significa que o colapso das florestas do Carbonífero foi responsável por uma catástrofe botânica maior que o impacto do asteroide que matou os dinossauros no fim do Período Cretáceo.

E quanto aos animais que viviam nas florestas de carvão? Os estudos da jovem pesquisadora Emma Dunne contam essa história. Emma, que cresceu na Irlanda e fez doutorado na Inglaterra, é a líder da nova geração de paleontólogos. Ela coleta fósseis, como legiões de caçadores de ossos antes dela, mas também se especializou em megadados e métodos estatísticos avançados. É sempre tentador bolar histórias sucintas com base em um ou dois novos fósseis, mas, para realmente entender os padrões e processos da evolução, a geração de Emma pensa como os analistas de ações ou os bancos de investimento: eles coletam toneladas de dados, usam modelos estatísticos para levar a incerteza em conta e explicitamente testam hipóteses umas contra as outras usando números, não a intuição.

Nesse espírito, Emma construiu uma base de dados com mais de mil fósseis de tetrápodes dos períodos Carbonífero e Permiano, pontuando os grupos aos quais pertenciam e onde foram encontrados. Ela usou ferramentas estatísticas para remover o viés de amostragem que, inevitavelmente, infesta os estudos paleontológicos baseados em descobertas casuais de fósseis nos poucos e afortunados locais que preservam ossos e dentes por centenas de milhares de anos. Por fim, construiu modelos estatísticos para testar como a diversidade e a distribuição geral dessas espécies — incluindo anfíbios, diapsídeos e sinapsídeos — mudou após o colapso das florestas úmidas.

Os resultados foram preocupantes. Houve uma grande queda na diversidade durante a transição do Carbonífero para o Permiano, e muitos tetrápodes das florestas de carvão foram extintos. Isso provavelmente não aconteceu de uma única vez, mas sim ao longo de vários milhares de anos, conforme as terras secas substituíam gradualmente as florestas de carvão nos trópicos, em uma marcha de oeste para leste. Essa mudança de hábitat — aparentemente, mais uma transição que um colapso — produziu cenários mais abertos, que favoreciam a migração. Os tetrápodes que conseguiam tolerar os climas mais secos podiam se mover para mais longe. Eles não eram como os anfíbios, capazes de dominar o mundo úmido do Pensilvânico por tanto tempo, porque suas estratégias reprodutivas estavam ligadas à água. Mas os diapsídeos e sinapsídeos descobriram um superpoder perfeito para a nova realidade: ovos amnióticos, com membranas para nutrir e proteger os embriões, além de mantê-los úmidos. Eles podiam se mover livremente em terra, estabelecendo conexões entre regiões previamente isoladas e, com isso, criando novas espécies, de tamanho maior e com novos tipos corporais, dietas e comportamentos.

Quando os pântanos de carvão se tornaram terras secas e abertas durante o Período Permiano, a Terra se tornou o planeta dos pelicossauros. Nada representa a nova era de dominância dos pelicossauros melhor que o *Dimetrodon*, o ícone com vela nas costas identificado a partir de dezenas de esqueletos encontrados no Texas. Há uma razão para o *Dimetrodon* ser frequentemente confundido com um dinossauro: seu corpo parecia, por falta de um termo melhor, reptiliano. Ele era grande e pesadão, com cauda longa e dentes afiados, e não se movia com muita rapidez sobre os membros atarracados e esparramados. Até mesmo seu cérebro era parecido com o dos dinossauros, ou seja, pequeno e em formato de tubo, diferentemente do cérebro dos mamíferos, que tem textura de espaguete e é altamente expandido, além de mais inteligente e com sentidos mais apurados. Nessas características, o *Dimetrodon* provavelmente não era muito diferente das pequenas e escamosas criaturas que haviam se dividido em sinapsídeos e diapsídeos no Pensilvânico.

Em outras características, no entanto, era muito diferente de seus ancestrais. Em nenhum lugar isso é mais aparente que na boca, onde os dentes não se parecem em nada com a série uniforme de lâminas ou cavilhas encontradas na maioria dos anfíbios e diapsídeos. A frente do focinho tinha incisivos grandes e arredondados, seguidos por grandes caninos e terminando em um conjunto de pós-caninos menores e curvos ao longo da lateral do rosto. Esse foi outro passo da evolução da dentição mamífera clássica, seguindo o desenvolvimento de caninos nos primeiros pelicossauros, como os *Archaeothyris* escondidos nos cepos das árvores.

Paralelamente às mudanças na dentição, houve alterações nos músculos maxilares, que ficaram maiores e se ligaram a uma mandíbula mais forte e profunda, permitindo uma mordida ainda mais vigorosa. Mudanças também ocorreram na espinha dorsal, na qual as vértebras individuais passaram a ser conectadas de uma maneira que limitava a estranha ondulação lateral característica de répteis e anfíbios.

O *Dimetrodon*, consequentemente, apresentava uma mistura de características primitivas e avançadas. Era uma criatura Frankenstein que combinava traços ancestrais de répteis com as marcas registradas mais derivadas de mamíferos. E isso é exatamente o que se poderia esperar, dada sua posição na árvore genealógica. Nos livros mais antigos, o *Dimetrodon* e animais similares eram chamados de "répteis mamalianos", um termo altamente evocativo, mas ultrapassado. Isso porque, a despeito da aparência, o *Dimetrodon* não era um réptil e não evoluiu a partir de um — os próprios répteis derivaram do grupo dos diapsídeos. Suas características "reptilianas" eram simplesmente traços primitivos que ainda não tinham sido abandonados. No linguajar da classificação científica, ele e outros pelicossauros eram "protomamíferos": espécies extintas da linhagem evolutiva na direção dos mamíferos modernos, mais próximos dos mamíferos que de qualquer outro grupo ainda vivo. Foi a partir dessa protolinhagem que o plano corporal dos mamíferos foi construído, pedaço por pedaço, ao longo de milhões de anos de evolução. Ao longo da protolinhagem mamífera, criaturas que começaram parecendo répteis — mesmo não sendo répteis! — se transformaram em mamíferos pequenos e peludos, com cérebro grande e sangue quente.

E você sabe o que isso significa? Que o *Dimetrodon* é mais aparentado a você ou a mim que ao *T. rex* ou ao *Brontosaurus*.

Durante o apogeu do *Dimetrodon* no início do Período Permiano — entre 299 e 273 milhões de anos atrás —, os mamíferos ainda eram um conceito não realizado, cuja evolução não ocorrera. Sim, o *Dimetrodon* e assemelhados estavam aos poucos desenvolvendo as características que hoje reconhecemos como marcas registradas dos mamíferos, mas não *para se tornar* mamíferos. A seleção natural não planeja o futuro; ela só trabalha no presente, adaptando os organismos a suas circunstâncias imediatas. No grande esquema da história da Terra ocorrem coisas triviais: mudanças no clima ou na topografia, chegada de predadores a um bolsão de floresta, súbita disponibilidade de um novo tipo de alimento. No caso do *Dimetrodon* e de outros tipos de pelicossauro, a dieta provavelmente motivou grande parte da evolução e do desenvolvimento dessas primeiras características mamíferas.

Era melhor não mexer com o *Dimetrodon*. Ele era o principal predador de seu ecossistema, as verdejantes florestas de terras baixas, pontilhadas por lagos e atravessadas por rios. Os pântanos de carvão tinham desaparecido havia muito, mas esses ecossistemas ainda continham um componente pantanoso, aquático. Com cerca de 4,5 metros e pesando até 250 quilos, o *Dimetrodon* comia tudo que queria. No seu cardápio estavam outros tetrápodes terrestres, incluindo sinapsídeos e diapsídeos, além dos anfíbios que se moviam pelas margens dos riachos e dos tubarões de água doce que nadavam nos rios. A ameaça com vela nas costas caminhava por arvoredos perenes e praias, usando os recém-evoluídos incisivos para agarrar suas vítimas, os caninos em forma de foice para dar a mordida fatal e os dentes laterais para romper músculos e tendões antes de deglutir. Se a presa tentasse escapar, *snap!*, os enormes músculos maxilares se contraíam. Devido a esse comportamento, o *Dimetrodon* foi o primeiro predador realmente poderoso a viver em terra: um fundador do nicho que tantos de seus distantes herdeiros mamíferos — como leões e tigres-dentes-de-sabre — mais tarde ocupariam.

Se o *Dimetrodon* se sentisse especialmente aventureiro ou faminto, podia atacar outra espécie de pelicossauro, um sósia chamado *Edaphosaurus*. Essa criatura, com uma vela similar, era pouco menor que o *Dimetrodon*, mas ligeiramente mais pesada, com barriga redonda e cabeça pequena. Quando abria a boca, no entanto, era possível dizer imediatamente não só que o *Edaphosaurus* pertencia a uma espécie diferente, mas também que tinha uma dieta diferente. Em vez de incisivos e caninos, tinha uma fileira mais padronizada de dentes afiados em formato de triângulo, e outra de dentes peculiares, mais achatados, no palato e nas superfícies internas da mandíbula inferior. Essa composição era perfeita para ingerir plantas: os dentes laterais das mandíbulas trabalhavam juntos, como uma tesoura de jardinagem, cortando folhas e talos, e os dentes internos esmagavam e trituravam.

Comer plantas pode não parecer muito especial, já que é uma maneira comum de os animais sobreviverem hoje em dia. Durante o Período Permiano, no entanto, era uma novidade. O *Edaphosaurus* foi um dos primeiros tetrápodes a se especializar em vegetação. Seus ancestrais do Pensilvânico haviam começado a testar essa dieta antes do colapso das florestas tropicais, mas foi no mundo mais árido e sazonal que veio depois, rico em plantas com sementes, que isso se tornou um estilo de vida normal. De fato, diferentes grupos de pelicossauros desenvolveram, de modo independente, um gosto pelo verde, um sinal de que a dieta estava deixando de ser modismo e se tornando tendência. Um desses grupos, o dos caseídeos, talvez contivesse os sinapsídeos mais estranhos de todos. Com suas cabeças minúsculas e corpos com tórax em forma de tonel, eles se pareciam mais com personagens de *Star Wars* que com animais funcionais produzidos pela evolução. Mas eram muito reais, e muito bons em comer plantas, e alguns se tornaram os maiores sinapsídeos de sua época, como o *Cotylorhynchus*, de meia tonelada. Ele precisava dessa barriga imensa para digerir todos os gravetos e folhas que engolia. Juntos, os grupos dos *Edaphosaurus* e dos caseídeos inauguraram o grande nicho herbívoro, na base da cadeia alimentar, que tantos mamíferos — de cavalos e cangurus a cervos e elefantes — ocupariam mais tarde.

O comedor de carne *Dimetrodon*, o aspirador de plantas *Edaphosaurus* e os gorduchos caseídeos foram somente alguns dos muitos pelicossauros que floresceram no início do Permiano. Durante dezenas de milhões de anos, o mundo — particularmente os trópicos, mais úmidos e menos sazonais que outras partes da Pangeia — pertenceu a eles. Mas, quando pareciam estar no auge, os pelicossauros entraram em declínio. As razões não são claras, mas provavelmente estão relacionadas ao ápice do aquecimento e ressecamento que começou com o colapso das florestas do Carbonífero e o desaparecimento da calota de gelo no Polo Sul. Mais ou menos no meio do Permiano, cerca de 273 milhões de anos atrás, os pelicossauros que viviam nos trópicos perderam diversidade quando essas áreas se tornaram mais áridas. Novamente, não foi um cataclisma súbito, mas uma marcha da morte que se prolongou por milhões de anos. Houve grandes mudanças também nas regiões temperadas das latitudes mais altas, com uma rotação quase total de espécies. Tanto nos trópicos quanto nas zonas temperadas, um novo tipo de sinapsídeo surgiu e logo se diversificou em novas espécies, entre elas carnívoros e herbívoros, habitantes das sombras e gigantes.

Eles eram os terapsídeos, que evoluíram de pelicossauros, como o *Dimetrodon*, e desenvolveram muitas características avançadas ligadas a crescimento e metabolismo mais rápidos, sentidos mais aguçados, locomoção mais eficiente e mordida mais forte. Eles foram o grande passo seguinte na linhagem dos mamíferos.

O KAROO, NA África do Sul, é um lugar bonito, mas difícil. Os céus eternamente azuis transmitem um ar de tranquilidade, mas a ausência de nuvens significa pouca chuva. Trata-se de um deserto clássico, escaldante durante o dia, gelado à noite, com um ar seco que mal balança as babosas e os arbustos adaptados ao calor que despontam entre a areia e as rochas. Os primeiros invasores europeus fizeram muitas tentativas de se estabelecer, sem sucesso. Os nativos eram capazes de viver no Karoo, é claro, mas holandeses e britânicos não prestavam muita atenção a eles. Eles estiveram a salvo por algum tempo, até que os colonizadores construíram estradas e ferrovias e importaram moinhos de vento para extrair água do solo. Logo o Karoo se tornou uma região de fazendas, o centro da indústria de carneiro e lã da África do Sul.

Construir estradas foi complicado. Os funcionários que trabalharam nas obras tiveram de suportar o clima cruel e explodir muitas rochas. Há rochas por toda parte no Karoo; nas montanhas, nos vales e no solo do deserto. São camadas e camadas de rochas — na maioria arenitos e lamitos formados em antigos rios, lagos e dunas —, sobrepostas como em um gigantesco bolo, algumas com 10 quilômetros de espessura. Nos períodos Carbonífero, Permiano, Triássico e Jurássico, o Karoo era uma espaçosa bacia — repleta de plantas e animais — que acumulava lama e areia enquanto os rios lavavam as montanhas em torno. Era uma bacia faminta, nunca saciada, porque, mesmo enquanto os rios esvaziavam suas cargas, os movimentos tectônicos provocavam rachaduras no fundo. Quando esse impasse chegou ao fim, o Karoo tinha um registro de mais de 100 milhões de anos de história da Terra, uma sequência de rochas registrando o colapso das florestas do Carbonífero, a aridificação do solo durante o Permiano, a transição de fábrica de gelo glacial para estufa e a consolidação do supercontinente Pangeia.

Bons engenheiros eram necessários para escavar estradas nessas rochas, e um dos melhores era Andrew Geddes Bain. Nascido no planalto da Escócia, Bain se mudara para a África do Sul durante a adolescência, quando seu tio, um coronel, fora designado para Cape Colony, então parte do Império Britânico. Após experimentar muitas carreiras — seleiro, escritor, capitão do Exército, fazendeiro —, ele recebeu dos militares a tarefa de construir estradas no Karoo. A cada quilômetro que construía, mais familiarizado com as rochas ele ficava. Finalmente, acrescentou "geólogo" a sua impressionante lista de carreiras, quando desenhou o primeiro mapa geológico detalhado da África do Sul. Bain também começou a coletar curiosidades encontradas no interior das rochas, incluindo crânios do Período Permiano de animais com presas, do tamanho de cães, que não se pareciam em nada com a fauna moderna da savana sul-africana. Descobriu o primeiro deles em 1838, enquanto trabalhava perto de Fort Beaufort, um pequeno vilarejo fundado por uma missão religiosa e mais tarde transformado em acampamento militar. Não havia museu local para exibir os fósseis, então ele enviou alguns para Londres e passou a fornecê-los com regularidade quando a Sociedade Geológica ofereceu um pagamento por eles.

Na capital britânica, os fósseis de Bain chegaram ao anatomista e naturalista Richard Owen. Então com pouco mais de 40 anos, Owen era um titã da sociedade científica da Grã-Bretanha vitoriana. Alguns anos antes, cunhara o termo "dinossauro" para descrever os esqueletos de antigos gigantes descobertos no sul da Inglaterra. Alguns anos depois, seria diretor de história natural do Museu Britânico e, perto do fim da vida, ajudaria a criar o Museu de História Natural, no elegante distrito de South Kensington, em Londres. Era muito estimado pela família real e fora tutor dos filhos de Vitória e Albert, o que, juntamente com sua obra científica, rendera-lhe o título de cavaleiro. Se houvesse medalha ou prêmio por realizações científicas no reinado vitoriano, em algum ponto de sua longa carreira Owen o teria obtido — o que dá conta de sua genialidade, já que ele era um egomaníaco acerbo, paranoico e hipócrita que adorava disputas e tinha muito mais adversários que amigos.

Em 1845, Owen publicou a descrição de alguns dos fósseis de Bain, um dos quais chamou de *Dicynodon*. Tratava-se de um animal intrigante, com cabeça reptiliana terminada em bico, mas também dois caninos longos e protuberantes — daí seu nome, que significa "cão de dois dentes". Outra espécie, descrita em uma publicação subsequente, foi chamada de *Galesaurus*, "lagarto-doninha". Para Owen, o nome refletia o que ele vira nos fósseis: uma incomum mistura das características de lagartos e mamíferos. Ele ficou particularmente encantado pelos dentes dos muitos crânios de Bain, que se dividiam nos familiares incisivos, caninos e dentes laterais dos mamíferos. Mas, com exceção dos dentes, esses animais pareciam répteis em termos de estrutura física e proporções — tanto que Owen incorretamente classificou alguns deles como dinossauros.

Owen encorajou Bain a coletar mais fósseis, que continuou a estudar e nomear conforme chegavam da distante colônia. Ele até mesmo recrutou o então adolescente príncipe Alfred — quarto filho de Vitória e Albert e segundo na linha de sucessão — para obter espécimes adicionais durante uma visita à África do Sul em 1860. O príncipe colaborou, trazendo de volta dois crânios de *Dicynodon*. Mesmo com o crescente inventário de fósseis de Karoo, Owen não conseguia entendê-los. De muitas maneiras, pareciam similares aos mamíferos, o que ele admitiu em artigos e palestras, e, mais tarde, em seu emblemático catálogo de fósseis sul-africanos de 1876. Mesmo assim, não os considerou ancestrais dos mamíferos, elos perdidos da cadeia evolutiva entre animais primitivos parecidos com répteis e mamíferos modernos. Isso porque estava envolvido em uma contenda com Charles Darwin sobre a própria evolução. Conservador social severo e grande defensor do *status quo*, Owen não aceitava a teoria da evolução por seleção natural, escrevendo uma cáustica crítica de *A origem das espécies* que foi uma das maiores refutações fracassadas da história da ciência. Não é que Owen não acreditasse que as espécies eram capazes de mudar; ele achava que as ideias de Darwin sobre o mecanismo por meio do qual faziam isso estavam erradas. E, além de tudo, nutria ressentimentos.

Não surpreende, portanto, que o mais fervoroso defensor de Darwin — Thomas Henry Huxley, naturalista e criador do termo "agnóstico", que descrevia suas visões religiosas — não reconhecesse as características mamíferas nos répteis de Karoo ou a possibilidade de que os mamíferos tivessem evoluído a partir deles. Em vez disso, Huxley apresentou um argumento que, pensando agora, parece cômico: o de que os mamíferos haviam evoluído a partir de anfíbios parecidos com salamandras. Ao longo dos anos, Owen e Huxley mantiveram a rusga.

Quando ambos morreram, na década de 1890, o debate ainda não havia sido solucionado — embora a maioria das evidências favorecesse Owen. Entre elas, um recém-descoberto "réptil" com vela nas costas: o *Dimetrodon*. Ao descrever o *Dimetrodon* e outros fósseis da América do Norte, o paleontólogo Edward Drinker Cope — guarde esse nome, pois o reencontraremos em um cenário mais aventureiro — defendeu um elo entre os pelicossauros "reptilianos", os fósseis de Karoo de Owen e os mamíferos de hoje.

Owen e Cope finalmente foram vindicados algumas décadas depois por outro escocês, que seguiu o caminho de Bain e emigrou para a África do Sul. Robert Broom nascera em Paisley, famosa por suas tecelagens, e estudara Medicina em Glasgow. Durante alguns anos, fora obstetra na Maternidade de Glasgow, mas, com medo de contrair tuberculose, mudou-se para o exterior, primeiro para a Austrália, depois para a África do Sul. Mas não fora somente o medo que forçara essa mudança; também havia sua obsessão por descobrir a origem dos mamíferos. Broom fora um ávido naturalista quando criança e tivera aulas de anatomia comparada na faculdade, o que o atraíra para a paleontologia. Depois de seu tempo na Austrália, onde estudara a excêntrica fauna marsupial do continente, mudou-se para a África do Sul especificamente para coletar e estudar os "répteis mamalianos" de Karoo. Durante várias décadas, trabalhou como médico em cidades provincianas enquanto caçava fósseis como passatempo e, ocasionalmente, ocupava o cargo de prefeito.

Durante a primeira metade do século XX, Broom foi um dos cientistas de mais destaque da África do Sul. Escreveu mais de quatrocentos artigos sobre os fósseis de Karoo e apresentou mais de trezentas espécies de "répteis mamalianos". Antes de sua chegada, a maioria dos fósseis de Karoo era estudada sem muito propósito, mesmo por Owen, que lhes dava pouca importância em comparação com os dinossauros, dissecções de mamíferos modernos, compromissos sociais vitorianos e discussões com Darwin. Broom, em contrapartida, transformou os fósseis em sua missão de vida e se debruçou sobre eles como um daqueles colecionadores neuróticos de histórias em quadrinhos. Ele pesquisava sistematicamente o deserto de Karoo, fazendo amizade com fazendeiros e construtores de estradas e "treinando-os" para reconhecer esqueletos fossilizados. Em um notável testamento de seu legado, os descendentes de um desses construtores de estradas (o filho de Croonie Kitching, James) e de um desses fazendeiros (o neto de Sidney Rubidge, Bruce) abandonaram os negócios familiares e se tornaram dois dos mais importantes paleontólogos da África do Sul. Hoje, Rubidge e seus colegas na Universidade de Witwatersrand retribuem o favor trabalhando com as comunidades locais e os estudantes nativos.

O maior feito de Broom foi provar, de uma vez por todas, o hipotético elo defendido por Cope entre os pelicossauros, os fósseis do Período Permiano de Karoo e os mamíferos. Em 1905, Broom inventou o termo "terapsídeos" para categorizar muitos dos "répteis mamalianos" de Karoo e argumentou vigorosamente que os mamíferos haviam evoluído deles. Então, em 1909 e 1910, visitou os Estados Unidos, onde estudou fósseis de *Dimetrodon* e outros pelicossauros. Ele encontrou similaridades inconfundíveis entre pelicossauros e terapsídeos e, em um estudo histórico, defendeu que tinham parentesco próximo. Ao fazer isso, juntou as peças e defendeu uma conexão pelicossauros-terapsídeos-mamíferos. Chegou à conclusão de que os terapsídeos eram mais avançados que os pelicossauros, particularmente nos membros mais desenvolvidos e mais verticais, o que permitia que ficassem mais eretos, com a barriga mais distante do solo. Nesse sentido, eram progressivamente mais mamíferos. Assim, os pelicossauros vieram primeiro, e os terapsídeos foram o passo seguinte na linhagem dos mamíferos.

Como eram esses terapsídeos? Havia centenas de espécies, e sua variedade era desconcertante. Já conhecemos o *Dicynodon* de Owen, o homônimo do mais diversificado subgrupo permiano de terapsídeos: os dicinodontes. Quando nomeou o *Dicynodon*, Owen se tornou uma espécie de celebridade, assumindo seu lugar ao lado dos recém-descobertos dinossauros *Iguanodon* e *Megalosaurus* na famosa exposição do Palácio de Cristal de 1854, em Londres. As duas esculturas de *Dicynodon* na exposição — que ainda podem ser vistas hoje em dia, embora ligeiramente deterioradas — ajudaram a apresentar às massas vitorianas o mundo pré-histórico. Essa fama também teve um lado negativo: como primeiro representante do grupo dos dicinodontes a ser descoberto, o *Dicynodon* se tornou um despejo taxonômico para legiões de novos fósseis. No século e meio seguinte, 168 novas espécies foram designadas ao grupo *Dicynodon*, fazendo com que Broom lamentasse "o mais problemático gênero com o qual precisamos trabalhar", que o deixava "profundamente confuso".

Essa confusão só foi solucionada em 2011, por um paleontólogo tão obsessivo e detalhista quanto Broom: Christian Kammerer. Conheci Christian quando ele fazia doutorado e eu estava na graduação na Universidade de Chicago. Era um dos caras importantes do campus; todo mundo sabia quem ele era e contava histórias sobre suas proezas. Em universidades normais, isso significaria conquistas atléticas ou histórias loucas em repúblicas, mas a Universidade de Chicago — que, como diz o slogan, é onde a diversão morre — não é normal.

Christian obtivera sua reputação na lendária caça ao tesouro de Chicago, uma festa nerd de quatro dias dedicada à coleta de itens estranhos, maravilhosos e impossíveis, como reatores nucleares caseiros (com direito a pontos extras no boletim se fossem funcionais). Essa mentalidade de coleta foi bem útil para Christian quando chegou a hora de desfazer o nó górdio chamado *Dicynodon*. Anos de uma pesquisa cuidadosa culminaram em sua revisão monográfica sobre o *Dicynodon*, elaborada em nosso escritório no Museu Americano de História Natural, o passo seguinte de nossas entremeadas jornadas acadêmicas. No estudo, ele só reconheceu duas espécies válidas de *Dicynodon*. Todas as outras pertenciam a uma variedade de linhagens dicinodontes distintas, constituídas por espécies de vários tamanhos e formatos, compondo uma complexa árvore genealógica. Durante anos, o cesto de lixo do *Dicynodon* escondera uma diversidade incrível.

Em todo o mundo, os dicinodontes foram os sinapsídeos e, em geral, os vertebrados mais numerosos na maior parte dos ecossistemas terrestres do meio e do fim do Período Permiano. Comiam plantas e provavelmente viviam em grandes grupos. A maioria não tinha dentes, com exceção de dois longos caninos, e usava o bico para coletar folhas e talos, pulverizados pela poderosa mordida inclinada para trás. Com suas pernas curtas, barrigas redondas e caudas incrivelmente curtas, exibiam uma silhueta inconfundível enquanto arrancavam folhas dos galhos ou usavam as presas e os braços curtos para desenterrar tubérculos.

Por um breve período, os dicinodontes dividiram o nicho herbívoro com outro subgrupo de terapsídeos, os dinocefálios. Esses brutos de "cabeças horrendas" foram batizados em função de seus crânios feiosos, grandes, pesados e quase sempre recobertos de saliências nodosas, calombos ou chifres. Os ossos do crânio eram excepcionalmente grossos e densos. Uma espécie, o *Moschops*, tinha ossos cranianos de quase 12 centímetros de espessura, provavelmente usados para bater cabeça com os rivais em disputas por fêmeas ou território. É uma cena terrível de conjurar: dois machos alfa *Moschops* — com cabeças grotescas, corpo gigantesco e costas arqueadas, fazendo com que parecessem personagens de *Onde vivem os monstros* — tentando esmagar o crânio um do outro enquanto o restante do grupo se reunia em torno. A cena é ainda mais terrível quando consideramos que, embora alguns fossem herbívoros, outros dinocefálios eram carnívoros selvagens. Um deles, o *Anteosaurus*, chegava a 5 metros de altura e pesava meia tonelada, mesmo tamanho de um urso-polar. Estava entre os maiores predadores sinapsídeos até então, antes do advento dos mamíferos modernos.

Havia outro tipo de predador terapsídeo, um pouco menor, mas provavelmente mais feroz. Tratava-se dos gorgonopsídeos, o terror do meio e do fim do Período Permiano. Seu tamanho variava entre um cão de pequeno porte a monstros como o *Inostrancevia*, com 3,5 metros, cerca de 300 quilos e cabeça de 60 centímetros de comprimento. Suas armas mais violentas eram os longos caninos, ao estilo dentes-de-sabre. Suas mandíbulas podiam se abrir de modo incrivelmente amplo, criando espaço suficiente para que os caninos perfurassem o couro e a traqueia de suas presas. Mas, ao contrário dos tigres-dentes-de-sabre — que são mamíferos como nós —, os gorgonopsídeos trocavam de dentição durante toda a vida, significando que podiam atacar suas vítimas com a confiança de que um canino quebrado simplesmente cresceria de novo se algo desse errado. Completando sua armadura, havia incisivos afiados para manipular as presas enquanto se debatiam e grandes músculos maxilares que se projetavam mais para trás e para os lados, em comparação com outros terapsídeos. Mas não eram muito inteligentes, pois ainda tinham o mesmo tipo de cérebro pouco notável e em forma de tubo de seus ancestrais, os pelicossauros.

Esses e outros terapsídeos triunfaram. O mundo do meio e do fim do Período Permiano pertenceu a eles — da mesma maneira como seria dominado mais tarde por dinossauros e mamíferos. Juntos, vários terapsídeos formavam ecossistemas complexos, que, pela primeira vez na história da Terra, não estavam mais ligados à água. Você deve lembrar que os pelicossauros foram um ponto intermediário dessa jornada no início do Período Permiano, mas eles ainda viviam perto de lagos e riachos e faziam parte de cadeias alimentares que incluíam tubarões e outros peixes. Os terapsídeos de Karoo, porém, formavam uma comunidade não muito diferente — em termos de estrutura ecológica geral — da fauna da savana africana moderna. Manadas de dicinodontes comedores de arbustos formavam a base da pirâmide alimentar, sendo dez vez mais numerosos que os carnívoros gorgonopsídeos. As plantas terrestres eram as produtoras primárias; os terapsídeos herbívoros eram os consumidores primários; e os terapsídeos carnívoros eram os predadores de topo. Nada muito diferente da tríade capim-gnu-leão das savanas atuais.

Toda essa diversidade de terapsídeos — dos dicinodontes aos dinocefálios, dos gorgonopsídeos a muitos outros subgrupos que nem sequer mencionei — evoluiu a partir de um ancestral comum, um pelicossauro carnívoro de tamanho médio, pesando algo entre 50 e 100 quilos, que viveu até meados do Período Permiano. Parece que esse ancestral, assim como os terapsídeos iniciais derivados dele, veio de regiões temperadas — distantes dos trópicos úmidos, onde sempre era verão.

Esses primeiros terapsídeos passaram a fazer algo incomum: aceleraram seu metabolismo e desenvolveram maior controle sobre sua temperatura corporal. Ainda não está claro por quê. Talvez as latitudes mais altas os tenham forçado a lidar com climas mais sazonais e, ao regular finamente suas fornalhas internas, eles sobrevivessem melhor tanto ao frio quanto às ondas de calor. Ou talvez a mudança tenha sido motivada pela fome. Os ancestrais dos terapsídeos, os pelicossauros, com membros laterais e movimentos lentos, deviam ser predadores de tocaia, movendo-se com lentidão na maior parte do tempo e, ocasionalmente, dando pequenas arrancadas para capturar suas presas. Alguns terapsídeos, porém, adotaram o forrageamento, caminhando por áreas mais amplas para procurar presas. Esse método de caça teria exigido mais energia e, consequentemente, um metabolismo mais acelerado. O debate permanece. Mas não há dúvida de que a fisiologia dos terapsídeos começou a mudar no Período Permiano. Independentemente da razão, esses animais deram os primeiros passos críticos no desenvolvimento de uma das habilidades mais características dos mamíferos: o metabolismo de sangue quente — ou, em linguagem científica, metabolismo endotérmico.

Algumas evidências sugerem que os terapsídeos — embora ainda não fossem completamente de sangue quente — cresciam com mais rapidez e tinham metabolismo mais ativo que seus ancestrais pelicossauros. As melhores pistas são encontradas ao cortar ossos em fatias ultrafinas, colocá-las em lâminas e analisar sua textura ao microscópio. Diferentes texturas indicam taxas de crescimento distintas e alguns ossos apresentam até linhas anuais de crescimento — como os anéis no tronco de uma árvore —, informando a idade do animal ao morrer. A paleontóloga sul-africana Anusuya Chinsamy-Turan é uma das pioneiras desse campo, chamado de histologia óssea.

Anusuya cresceu em Pretória na época do apartheid. Sonhava ser professora de Ciências, mas as opções de ensino superior eram muito limitadas para jovens com sua origem. Em vez de abandonar suas aspirações, contou o que chamou de mentirinha ao se candidatar à Universidade de Witwatersrand, que exigia que os estudantes racializados fornecessem uma razão persuasiva para frequentar uma instituição majoritariamente branca. Alegou que desejava estudar paleoantropologia, um campo em que a Witwatersrand se destacava, em razão do rico registro de fósseis hominídeos na África do Sul. Isso fez com que tivesse aulas de paleontologia e, para sua grande surpresa, a mentirinha se tornou uma paixão. Ela fez doutorado, tornou-se especialista mundial em decifrar a estrutura de ossos fósseis para determinar taxas de crescimento e, em 2005, foi considerada Mulher Sul-Africana do Ano em reconhecimento a suas contribuições científicas.

Anusuya e suas colegas Sanghamitra Ray e Jennifer Botha cortaram muitos ossos de terapsídeos, particularmente das costelas e dos membros de dicinodontes e gorgonopsídeos. Elas descobriram que esses ossos predominantemente apresentam um tipo de textura chamada de fibrolamelar, organizada ao acaso em um padrão entrelaçado. O arranjo caótico é resultado do crescimento rápido: o osso foi depositado tão rapidamente que o colágeno e os minerais se assentaram em um padrão aleatório. Isso difere dos ossos lamelares e mais regulares dos animais de crescimento lento, que formam camadas ordenadas de minerais cristalizados. A presença disseminada de ossos fibrolamelares significa que os terapsídeos cresciam rapidamente, ao menos durante certas partes do ano. Como os ossos também apresentam linhas, o crescimento devia ser esporadicamente interrompido, talvez durante o inverno ou a estação seca. Assim, esses terapsídeos tinham uma taxa de crescimento elevada, quando comparada à das espécies "reptilianas" típicas, e certo controle sobre a temperatura corporal, mas provavelmente não eram capazes de manter temperaturas altas e constantes, como os mamíferos de sangue quente.

Há outra pista de que os terapsídeos estavam acelerando seu metabolismo e controlando melhor seu calor corporal.

Pelos.

Parece que os terapsídeos "inventaram" os pelos. Coprólitos — fezes fossilizadas — contendo ossos de terapsídeos também incluem massas emaranhadas de estruturas parecidas com pelos. O assunto é controverso, mas, se essas estruturas forem pelos, as chances são de que tenham pertencido aos terapsídeos. De qualquer modo, há forte evidência de pelos: muitos fósseis de terapsídeos são marcados por buracos e sulcos nos ossos faciais, similares à rede de canais que levam sangue e nervos aos bigodes dos mamíferos atuais. Isso não significa que os terapsídeos fossem peludos; talvez até fossem, mas o mais provável é que tivessem pelos esparsos ou restritos a pequenas regiões, como a cabeça e o pescoço. O ponto é que, aparentemente, os pelos se originaram com eles.

O pelo está entre as mais essenciais novidades dos mamíferos. É um componente fundamental de nossa pele carnosa e glandular, tão diferente do tegumento escamoso de nossos ancestrais tetrápodes que é mantido nos répteis de hoje. Os pelos provavelmente começaram como acessório sensorial (como os bigodes), uma estrutura de exibição ou parte de um sistema de impermeabilização com base em glândulas, mais tarde reaproveitadas como cobertura corporal para armazenar calor. Quando um animal apresenta muitos pelos no corpo é um sinal de que produz algum calor corporal internamente e faz todo o possível para evitar que se dissipe. Gerar calor custa caro. Quando coloca o aquecedor no máximo, você fecha as janelas, ou sua conta de luz se torna insustentável. Para os mamíferos, os pelos são janelas fechadas.

As taxas de crescimento mais altas e o metabolismo mais elevado dos terapsídeos foram aquisições muito importantes para a evolução e ocorreram paralelamente a uma série de outras mudanças em sua anatomia e biologia. Os membros ficaram posicionados debaixo do corpo, resultando em uma postura mais empinada — como reconheceu Broom ao comparar os terapsídeos com seus ancestrais pelicossauros. Os dicinodontes tinham membros de trás eretos, mas membros dianteiros para os lados, evidentes não somente no formato das articulações dos ombros e da pelve, mas também nos rastros fossilizados de pegadas mais juntas se seguindo a pegadas mais afastadas. Os gorgonopsídeos, no entanto, tinham todos os membros mais eretos e também se tornaram mais flexíveis. Os terapsídeos perderam as desajeitadas articulações de ombro em forma de parafuso, que restringiam os membros dos pelicossauros a marchas lentas e esparramadas, liberando os membros dianteiros para fazer todo tipo de coisa: correr, cavar e escalar.

Essas mudanças ocorreram paralelamente e, em muitos casos, é difícil descobrir o que motivou o quê. O renomado especialista em mamíferos primitivos Tom Kemp chama isso de "progressão correlata": muitos aspectos anatômicos, funcionais e comportamentais dos terapsídeos mudaram em uníssono e, com isso, esses animais desenvolveram — passo a passo — as características distintivas dos mamíferos de hoje. Dito de outro modo, tornaram-se, aos poucos, mais parecidos com mamíferos conforme o Período Permiano avançava.

Ao fim desse período, a longa marcha de progressão correlata produzira um novo tipo de terapsídeo, de tamanho menor, com membros ainda mais eretos, crescimento mais rápido e metabolismo mais acelerado que seus antecedentes dicinodontes e gorgonopsídeos. Seus dentes, músculos mandibulares, cérebros e sistemas sensoriais também mudaram. Essas criaturas — entre elas o "lagarto-doninha" *Galesaurus* de Owen — eram os cinodontes, o próximo grande passo na linhagem dos mamíferos.

2

CRIANDO UM MAMÍFERO

QUANDO O TROVÃO RESSOOU A distância e a chuva começou a cair, um animal espichou a cabeça para fora da toca. Ele mexeu o nariz e sentiu o vento com os bigodes. Estava na hora de ir embora, rápido. Quando essa criatura do tamanho de uma doninha — um *Thrinaxodon* — cavara sua toca meses antes, a terra estava ressequida. Não chovia havia meses. O rio estava quase seco, e as samambaias e os musgos que outrora se agarravam às margens haviam sido reduzidos a cascas murchas. Redemoinhos de poeira varreram o vale, enterrando manadas de herbívoros barrigudos em uma busca desesperada pelas últimas folhas e raízes comestíveis. Alguns se projetavam das dunas de areia, mortos e mumificados, com as presas afiadas dando à cena distópica um ar ainda mais sinistro.

Àquela altura, estava claro que não sobrara comida em lugar algum. Não havia sinal de insetos ou anfíbios saborosos, e as carcaças só ofereciam carne ressequida. Assim, a criatura peluda não teve escolha a não ser cavar um buraco, esconder-se por algum tempo e preservar sua preciosa energia até que as condições melhorassem.

Nesse momento, como se um mecanismo tivesse sido acionado, o vale estava sendo atingido pelas chuvas de monções. O rio extravasara das margens e a água começara a entrar na toca, enchendo lentamente a câmara bulbosa onde o *Thrinaxodon* estivera descansando. Do lado de fora, brotos verdes começavam a surgir na lama que o rio espalhara pelas dunas, cobrindo as múmias assustadoras. Aparentemente, tratava-se de um recomeço. A vida retornava, e os meses secos eram uma memória distante. Mas, nesse mundo bipolar, as chuvas não duravam muito, e o *Thrinaxodon* precisava agir rápido.

Primeiro, ele precisava comer e reiniciar seu metabolismo. O *Thrinaxodon* era guloso. Seu apetite voraz alimentava seu rápido crescimento e lhe dava as reservas de energia necessárias para se esconder em uma toca e manter sua temperatura corporal alta e constante durante os meses de torpor. O jejum o tornara ainda mais faminto que o habitual, e ele salivava à ideia de enfiar os dentes afiados e cheio de cúspides no exoesqueleto de insetos ou na pele gosmenta dos pequenos anfíbios que se reuniam perto do rio.

Então, com a barriga cheia, ele podia passar à próxima tarefa importante: encontrar uma fêmea. O *Thrinaxodon* nascera menos de um ano antes, perto do fim da última estação chuvosa. Durante algumas semanas, ficara agarrado à mãe e aos irmãos, enchendo a barriga de insetos e aprendendo a topografia do vale antes de partir, encontrar um belo trecho de lama para escavar na planície aluvial e se enrodilhar em sua toca quando já não conseguisse suportar o calor. Agora que as chuvas haviam retornado, essa provavelmente seria sua chance de acasalar — uma única oportunidade em uma curta e estranha vida de nascimento, inércia e um frenesi final de voracidade e reprodução.

Ao menos havia muitas parceiras em potencial, já que as tocas de *Thrinaxodon* salpicavam as áreas planas de ambos os lados do rio. Seus quartos subterrâneos se abriam para a superfície em pequenos buracos, em um padrão parecido com o das crateras da Lua. Por toda parte, nosso *Thrinaxodon* via seus muitos compatriotas pondo a cabeça para fora da toca, retorcendo o nariz, com a chuva escorrendo pelo rosto peludo e bigodes, tentando sentir o que estava acontecendo. Todos consideravam a mesma possibilidade: ficar ou partir?

Nosso *Thrinaxodon* fez sua escolha. Ele se esgueirou para fora da toca, apertando os membros sob o corpo para conseguir passar pelo buraco. Então, ao caminhar lentamente pela lama densa, plana e suja, esticou braços e pernas para se equilibrar melhor. Ao ver sua toca se encher de água, correu para um futuro incerto. Alimentos e uma fêmea podiam ou não esperar por ele. De qualquer modo, tudo terminaria em breve.

Esse *Thrinaxodon* em particular não sabia disso, mas vivia tempos interessantes. É verdade que não tinha a capacidade mental necessária para refletir sobre sua posição na história da vida, da evolução, da Terra. Mas pessoas que vivem tempos interessantes tampouco percebem, envolvidas demais no momento, focadas na próxima refeição, em suas famílias ou em uma miríade de outras coisas. Não percebemos ter vivido momentos tumultuados até as coisas se resolverem e podermos olhar para trás. Aqueles *Thrinaxodon* passavam pelo maior cataclismo da história da Terra: um curto período de dezenas ou centenas de milhares de anos que começou com uma extinção catastrófica; viu o início de uma hesitante recuperação; e ajudou a forjar os mamíferos a partir de seus ancestrais terapsídeos.

O THRINAXODON é um cinodonte que viveu há cerca de 251 milhões de anos, no início do Período Triássico. Os cinodontes fazem parte da "protolinhagem" dos mamíferos. São membros do grupo dos terapsídeos, com os dicinodontes de longas presas (as "múmias" da reconstituição anterior), os dinocefálios batedores de cabeças e os gorgonopsídeos de dentes-de-sabre. Os terapsídeos evoluíram dos pelicossauros, que surgiram daquelas "criaturas escamosas" que se dividiram nas linhagens de sinapsídeos e diapsídeos durante a época das florestas de carvão e que, por sua vez, traçam suas origens até os tetrápodes, que evoluíram dos peixes, rastejaram para terra firme e desenvolveram ovos amnióticos.

Aprendemos tudo isso no capítulo anterior. Mas a vida é muito, muito mais antiga: os peixes evoluíram dos primeiros vertebrados, nadadores minúsculos que começaram a reforçar seus corpos com ossos durante o turbilhão de mudanças evolutivas chamado de explosão cambriana, entre 540 e 520 milhões de anos atrás. Foi mais ou menos nessa época que a maioria das espécies oceânicas atuais "inventou" seus esqueletos e começou a prosperar: moluscos como mexilhões e mariscos, equinodermos como ouriços-do-mar e estrelas-do-mar, artrópodes como camarões e siris. Esses animais tinham ancestrais de corpo mole que viveram durante os tempos ediacaranos, com início há 600 milhões de anos, e deixaram impressões espectrais em forma de bolha nos arenitos. Eles foram os primeiros animais e evoluíram de bactérias capazes de se reunir em formas multicelulares, maiores e mais complexas. Isso aconteceu há uns 2 bilhões de anos, ou seja, 2 bilhões de anos depois que a primeira bactéria unicelular evoluiu, o que ocorreu somente meio bilhão de anos depois de a Terra ter se formado a partir de uma nuvem de gás e poeira.

A vida é um espetáculo evolutivo de 4 bilhões de anos que, é claro, continua até hoje. Durante todo esse tempo, o mais perto que jamais chegou de ser extinta — completamente destruída, transformando a Terra em um planeta estéril — foi durante a transição entre os períodos Permiano e Triássico, entre 252 e 251 milhões de anos atrás. Isso aconteceu não muito antes de os primeiros *Thrinaxodon* começarem a se esconder em suas tocas — durante a torturante fase de recuperação da catástrofe — no que hoje é o Karoo, na África do Sul.

No fim do Período Permiano, ocorreu a maior das extinções em massa, destruindo 90% ou mais de todas as espécies. Aqui, ao contrário de muitas outras mortes em massa no registro fóssil, não há mistério: os "culpados" foram os chamados megavulcões, alimentados por uma massa de magma nas profundezas do manto da Terra que estacionou sob o que hoje é a Sibéria mas era, então, a extremidade norte do supercontinente Pangeia. Essas erupções foram diferentes de qualquer coisa que os seres humanos já tenham testemunhado, felizmente. Seu tamanho e sua escala foram absurdos. Durante várias centenas de milhares de anos, a lava espirrou de rachaduras gigantescas no solo — uma ampla rede de chaminés vulcânicas, cada uma com vários quilômetros de extensão, sangrando lava como se a Terra tivesse sido retalhada por um enorme facão. Havia explosões de fogo e períodos mais calmos e, no fim, vários milhões de metros quadrados do norte de Pangeia estavam recobertos de basalto, a lava endurecida. Hoje, mesmo após 250 milhões de anos de erosão, o basalto cobre cerca de 2,6 milhões de quilômetros quadrados — mais ou menos a mesma área da Europa Ocidental.

Os vulcões destruíram a paz no mundo dos terapsídeos, um tempo em que esses primeiros antecessores dos mamíferos desfilavam por todo o arco da Pangeia. Havia inúmeras espécies, com formatos e tamanhos espantosos, com presas, bicos, domos bons para cabeçadas e caninos penetrantes, comendo muitas coisas e preenchendo muitos nichos, de predadores rosnadores a apreciadores de plantas. Do ponto de vista do fim do Permiano, logo antes de os primeiros vulcões entrarem em erupção, parecia que os terapsídeos continuariam a exercer seu domínio, mas não era para ser.

No fim do Permiano, muitos terapsídeos viviam no que agora é a Rússia, não muito longe dos vulcões. Os gorgonopsídeos cravavam seus dentes-de-sabre nos dicinodontes, e os cinodontes espreitavam nas florestas de samambaias com sementes [pteridospérmicas]. Eles teriam sido as vítimas imediatas das erupções, e muito provavelmente foram engolidos pela lava, como em um filme ruim de desastre. Mas não foram as únicas perdas, porque os vulcões eram muito mais letais do que pareciam. Borbulhando na lava, vinham os assassinos silenciosos, gases tóxicos como dióxido de carbono e metano, que entravam na atmosfera e se espalhavam pelo mundo. Esses são gases de efeito estufa, que prendem o calor na atmosfera quando absorvem radiação e a devolvem a Terra, causando um vertiginoso aquecimento global. As temperaturas subiram entre 5 e 8ºC em poucas dezenas de milhares de anos — de modo similar ao que acontece hoje, embora em um ritmo *mais lento* que o atual (algo que deveria causar reflexão). Mesmo assim, foi mais que suficiente para acidificar os oceanos e privá-los de oxigênio, disseminando a morte generalizada de invertebrados com carapaça e outras formas de vida marinha.

Em terra, as coisas também foram ruins, e o melhor registro do que aconteceu — o que morreu, o que viveu, quão rapidamente as coisas se recuperaram — vem do Karoo. Quando os vulcões entraram em erupção e a atmosfera esquentou, o clima do Karoo se tornou mais quente e seco no início do Período Triássico. As estações se tornaram mais pronunciadas, assim como as flutuações de temperatura durante o dia. Com efeito, o Karoo se tornou um deserto, bastante parecido com o que é hoje, com uma notável exceção: ocasionalmente estava sujeito às chuvas de monções, que atingiam toda a Pangeia. As diversas florestas permianas, dominadas pelas samambaias com sementes *Glossopteris* e por gimnospermas perenes, entraram em colapso, e as plantas sofreram sua segunda e final extinção em massa — a única após o colapso das florestas úmidas do Carbonífero 50 milhões de anos antes. Elas foram substituídas por samambaias e musgos — parentes muito menores das árvores *Lepidodendron* dos pântanos de carvão —, que cresciam rapidamente de esporos, não de sementes, permitindo que lidassem melhor com a intensa sazonalidade e as variações na frequência das chuvas. Quando a vegetação mudou, os amplos e sinuosos sistemas fluviais do Período Permiano deram lugar às águas rápidas e entrelaçadas do Período Triássico. Sem as raízes das grandes árvores para estabilizar suas margens, esses rios lavavam a terra durante a estação chuvosa, mas reduziam-se a nada durante os meses áridos.

Esse efeito cascata ambiental teve resultados desastrosos para os animais que viviam no Karoo, particularmente os terapsídeos. Antes da extinção, havia no local uma próspera comunidade, com vários dicinodontes herbívoros na base da cadeia alimentar, caçados por carnívoros menores chamados biarmosuquianos — outro tipo de terapsídeo, com espalhafatosos calombos e chifrinhos na cabeça — e pelos caçadores supremos, os gorgonopsídeos. Raros cinodontes, como o *Charassognathus* — o mais antigo integrante conhecido do grupo, do tamanho de um esquilo —, comiam insetos, compartilhando o nicho de pequenos vertebrados com uma variedade de répteis e anfíbios, alguns dos quais também comiam insetos, ao passo que outros comiam peixes. Porém, quando o clima mudou, as florestas declinaram e entre 70% e 90% da vegetação de superfície desapareceu. Isso fez com que todo o ecossistema desabasse como um castelo de cartas. As redes alimentares foram simplificadas — com somente alguns poucos herbívoros e carnívoros — no início do Período Triássico e, por uns 5 milhões de anos, sofreram ciclos de abundância e escassez antes de enfim estabilizarem, quando os vulcões adormeceram e as temperaturas se normalizaram.

Se fosse um terapsídeo, você tinha três destinos possíveis. O primeiro era a extinção — foi o que aconteceu aos gorgonopsídeos, que jamais aterrorizariam presas do Triássico com seus caninos-de-sabre e suas mordidas de boca escancarada. O segundo era a sobrevivência seguida de degeneração — foi o que aconteceu com os dicinodontes, que escaparam da destruição e se diversificaram, mas não foram capazes de reproduzir seu sucesso no Permiano antes do declínio, sendo exterminados pela extinção em massa seguinte, no fim do Período Triássico. O terceiro era a sobrevivência seguida de domínio — foi o caminho dos cinodontes, que perseveraram durante vulcões, aquecimento global, aridificação, monções, colapso das florestas, implosão do ecossistema e a dura recuperação, ficando ainda mais fortes. Eles continuaram a se diversificar durante os 50 milhões de anos remanescentes do Triássico, gerando uma grande variedade de espécies — grandes, pequenas, carnívoras, herbívoras. Uma dessas linhagens de cinodontes levou aos mamíferos, que adquiriu características mais "mamíferas" ao longo do tempo.

Por que os cinodontes — com alguns de seus primos dicinodontes — conseguiram sobreviver? Eu me lembro claramente de quando soube a resposta. Foi durante uma reunião anual da Sociedade de Paleontologia de Vertebrados, realizada em Los Angeles em 2013. Eu tinha acabado de terminar meu doutorado, começara a dar aulas em Edimburgo e apresentava minha pesquisa de doutorado para a banca do Prêmio Alfred Sherwood Romer — batizado em homenagem ao lendário paleontólogo de Harvard que liderou a expedição à Nova Escócia e descobriu os tocos de árvores cheios de sinapsídeos primitivos que conhecemos no capítulo anterior. O Romer é a principal premiação para estudantes de pós-graduação na minha área de atuação, e eu esperava conquistar os juízes com meu trabalho sobre a origem das aves a partir dos dinossauros. Infelizmente, não ganhei o prêmio, mas ele não poderia ter ido para um colega mais merecedor: Adam Huttenlocker. Sua palestra, um pouco depois da minha, conquistou a plateia ao explicar o mistério da sobrevivência dos cinodontes no fim do Período Permiano. Quando ele se sentou, eu estava conformado com meu destino. Novamente, os mamíferos (ou, nesse caso, os protomamíferos) haviam levado a melhor sobre os dinossauros.

Adam descreveu o peculiar fenômeno evolutivo que ocorreu durante e após a extinção: o efeito Lilliput. Nomeado em homenagem à ilha fictícia de *As viagens de Gulliver*, habitada por seres humanos minúsculos, o efeito Lilliput é um decréscimo no tamanho corporal dos animais que sobrevivem a uma extinção em massa e prosperam em seguida. Não é algo muito comum, mas aconteceu no caso dos cinodontes e seus parentes próximos e respondeu por grande parte de sua resistência. Adam reuniu uma enorme base de dados sobre fósseis de terapsídeos no Karoo e descobriu pronunciado decréscimo no tamanho corporal máximo e médio dos terapsídeos do início do Período Triássico em comparação com seus precursores do fim do Período Permiano. A diferença se devia à pronunciada extinção das espécies maiores quando os vulcões entraram em erupção e a temperatura disparou. Parece que ser grande era um problema durante esse período instável. Os cinodontes, menores que a maioria dos outros terapsídeos, tiveram uma chance maior de sobreviver ao caos.

Por que o tamanho reduzido era benéfico? Para começar, animais menores conseguiam se esconder mais facilmente e esperar em suas tocas pela passagem do mau tempo, das oscilações de temperatura e das tempestades de areia. E era o que faziam. As rochas do Karoo acima da camada da extinção — lamitos formados nas planícies aluviais intercalados com múmias enterradas pela areia soprada pelo vento — estão cheias de tocas fossilizadas, algumas com esqueletos em seu interior. Esqueletos do próprio *Thrinaxodon*, o herói da história que deu início a este capítulo. A mais notável dessas tocas-túmulos contém um *Thrinaxodon* ao lado de um anfíbio ferido. O pequeno parente da salamandra sofrera um trauma nas costelas, mas estava se recuperando, descansando ao lado do adormecido *Thrinaxodon*. Como a toca era apertada e o *Thrinaxodon* era um predador de dentes afiados, parece estranho que outra criatura pudesse se recuperar ali, sem ser notada. A única explicação satisfatória é que o *Thrinaxodon* estava hibernando, talvez por várias semanas ou meses, a fim de conservar energia e sobreviver à estação seca.

O tamanho reduzido também está ligado a muitos outros aspectos do crescimento e do metabolismo. Jennifer Botha, trabalhando com Adam e um grupo de colegas, explicou esses aspectos em um importante estudo de 2016. Os cinodontes do início do Período Triássico — como o *Thrinaxodon* — cresciam rapidamente, começavam a se reproduzir ainda jovens e tinham vidas muito curtas, provavelmente dois anos, no máximo. Como sabemos disso? A histologia óssea — o exame de finas fatias de ossos sob o microscópio — é a chave. Em sua maioria, os terapsídeos do Permiano apresentam muitas linhas de crescimento em seus ossos, ou seja, levavam muitos anos para chegar ao tamanho adulto. Os cinodontes do início do Triássico, no entanto, apresentam menos marcas. O *Thrinaxodon*, aliás, não apresenta nenhuma. Eles deviam crescer a uma velocidade frenética, talvez amadurecendo, se reproduzindo e morrendo em um único ano. Devido a isso, eles se reproduziam jovens para compensar o fato de morrer jovens. Embora nenhum indivíduo chegasse à velhice, essa estratégia de crescimento era a melhor para perpetuar a espécie. Ao crescer e se reproduzir rapidamente, tinham uma chance maior de chegar à temporada de acasalamento, assegurando que passariam seus genes para a próxima geração naquele mundo duro e imprevisível.

Parece que o *Thrinaxodon* e outros cinodontes receberam uma mão de cartas muito boa, que os poupou da extinção. Os esqueletos de *Thrinaxodon* começam a aparecer aos montes cerca de 30 metros acima do horizonte de extinção, significando que proliferaram na bacia do Karoo em algumas poucas dezenas de milhares de anos. Eles podem ter evoluído a partir de raros ancestrais do Período Permiano presentes nos ecossistemas pré-extinção do Karoo ou, o que é mais provável, imigrado das regiões intertropicais da Pangeia, onde os climas permianos mais penosos os haviam preparado para lidar com a seca. Há tantos esqueletos de *Thrinaxodon* nas rochas do início do Triássico que, assim como um dicinodonte similarmente abundante chamado *Lystrosaurus*, ele é considerado uma "espécie talhada para o desastre". Essas espécies estavam particularmente bem adaptadas às terríveis condições da estufa pós-extinção, com as quais a maioria das outras espécies não conseguia lidar. Elas pareciam *gostar* dessas condições, até prosperar nelas. O *Thrinaxodon* e o *Lystrosaurus*, portanto, foram os ratos e baratas do início do Período Triássico.

Mas a comparação com as pragas modernas não faz jus ao *Thrinaxodon*. Ele realmente foi um campeão, um dos poucos animais destemidos a sobreviver à noite escura do pior massacre da pré-história, impedindo que a linhagem mamífera fosse extinta muito antes de os mamíferos terem a chance de evoluir.

O *Thrinaxodon* era um herói improvável. Não chegava a 60 centímetros; provavelmente tinha bigodes e era recoberto por ao menos uma camada irregular de pelos; decerto passava muito tempo escondido, enrodilhado em sua toca. Mas saía para comer, e gostava de insetos e pequenas presas. Como seus ancestrais terapsídeos, apresentava um conjunto de incisivos, caninos e molares. A diferença — que aliás lhe deu nome, significando "dente em forma de tridente" — é que os molares pareciam montanhas de uma cordilheira, com um pico central flanqueado por um pico menor de cada lado. Essas três pontas afiadas — chamadas cúspides — eram perfeitas para perfurar o exoesqueleto dos insetos e retalhar sua carne. Esses dentes com cúspides eram constantemente substituídos durante a curta vida do *Thrinaxodon*, como os de um réptil ou anfíbio.

Em muitos aspectos, no entanto, o *Thrinaxodon* era muito mais mamífero que seus antepassados terapsídeos. Caminhava ainda mais ereto, com a barriga mais distante do solo, em uma postura semiespalhada. Isso lhe permitia correr mais, ser mais atlético e se acomodar mais confortavelmente em sua toca. Sua coluna vertebral não era uniforme, sendo dividida em algumas seções com costelas e outras sem, o que lhe dava mais flexibilidade e permitia que se enrodilhasse ao hibernar. Seus músculos maxilares eram enormes, ancorados a uma placa óssea que se projetava do crânio, chamada crista sagital. Conforme o *Thrinaxodon* crescia rapidamente, de filhote para adulto, a crista se expandia, dando-lhe uma mordida cada vez mais poderosa. Fósseis excepcionais preservaram vários *Thrinaxodon* juntos, mostrando que eram animais sociais que se reuniam em grupos. Em alguns casos, os adultos foram fossilizados com indivíduos menores e mais jovens — evidência de cuidado parental.

Há um último aspecto importante a respeito do *Thrinaxodon*: ele não se limitava à bacia de Karoo. Fósseis também foram encontrados na Antártida, um sinal de que estava tão bem adaptado ao difícil mundo do início do Triássico que começara a se dispersar pela Pangeia. As terras estavam agora completamente unificadas, cercadas por um único e vasto oceano, e, conforme os vulcões esfriavam e os ecossistemas se recuperavam da extinção, os cinodontes se preparavam para se tornar os personagens mais importantes desse novo estágio.

COMO MUITOS ESCRITORES, Walter Kühne escreveu as melhores partes de sua obra na prisão. Como ele — um paleontólogo com uma queda por ossos microscópicos — acabou na prisão é uma história e tanto.

Kühne nasceu em Berlim, em 1911, filho de um professor de desenho. Enquanto estudava Paleontologia na Universidade Friedrich-Wilhelm, em Berlim e, mais tarde, na Universidade de Halle, ele se notabilizou por duas coisas: seu interesse pelos sinos das igrejas medievais, sobre os quais escreveu um efusivo artigo em uma revista de viagens, e sua simpatia pelo comunismo. Esta última causou grande preocupação às autoridades nazistas, que à época estava no início de seu governo de terror. O jovem Kühne foi enviado para a prisão por nove meses — sua primeira experiência atrás das grades — e então forçado a emigrar para a Grã-Bretanha em 1938.

Como um pobre refugiado político podia sustentar a si mesmo e à jovem esposa em uma terra estrangeira? Coletando fósseis, naturalmente. Kühne ouvira falar de um punhado de dentes de mamíferos do Período Triássico descobertos em uma caverna perto de Holwell, um vilarejo com algumas centenas de habitantes, em meados do século XIX. Deveria ter sido uma descoberta monumental; no entanto, foi amplamente ignorada. Parecia que poucos paleontólogos estavam dispostos a passar meses vasculhando cestos de cascalho na esperança de encontrar dentes minúsculos. Mesmo assim, um curador do Museu Britânico lhe disse para não se dar ao trabalho: "Todos os depósitos de fósseis ingleses são conhecidos. Seria absurdo sonhar com alguma nova grande descoberta."

Kühne não se deixou abater. Ele estava, sim, desesperado por dinheiro mas ao mesmo tempo obcecado pelos mamíferos. E também tinha alguns truques na manga. Ele desenvolvera um olho clínico para fósseis quando era estudante e tinha uma qualidade ainda mais importante: paciência. Ele foi para Holwell e alegremente coletou, lavou e analisou mais de 2 toneladas de barro do interior de uma caverna — uma tarefa que ficou mais fácil com a ajuda de sua esposa, Charlotte, cujo amor (ou não) por dentes minúsculos não foi registrado pela história. A diligência dos Kühne deu resultado: eles encontraram dois pré-molares. Walter foi até a Universidade de Cambridge e orgulhosamente os mostrou ao paleontólogo Rex Parrington, que ficou tão impressionado que o contratou imediatamente. Dali em diante, cada dente de mamífero valeria 5 libras.

Transbordando autoconfiança, Walter e Charlotte expandiram sua busca para outras cavernas e fissuras no sul da Grã-Bretanha. Logo depois, em agosto de 1939, encontraram novos fósseis na colina de Mendip, uma região bucólica ao sul de Bristol, na área rural de Somerset. Eles coletaram dezenas de dentes e ossos isolados pertencentes a um cinodonte muito parecido com um mamífero, chamado *Oligokyphus*, nomeado algumas décadas antes a partir de alguns pares de dentes encontrados na Alemanha. Eles seguiram adiante, em busca da próxima grande descoberta. Em setembro, com martelo e mapa geológico na mão, Walter foi até a costa do Atlântico, onde começou a escrutinar algumas falésias de calcário. Não está claro se àquela altura ele se dera conta de que sua antiga pátria invadira a Polônia.

Os soldados britânicos patrulhando a costa certamente sabiam que a guerra começara. Eles acharam peculiar que um alemão vagasse ao longo da costa inglesa com um punhado de mapas na mão, e então o prenderam. Foi assim que Walter se viu encarcerado uma segunda vez, agora num campo de detenção na ilha de Man, um pontinho no mar entre a Grã-Bretanha e a Irlanda. De 1941 a 1944, o campo seria sua casa.

Se nessa situação houve um lado positivo foi que, naquela época, Walter já conquistara o respeito da sociedade científica inglesa. Não muito depois de Londres ser bombardeada, os curadores e cientistas do Museu Britânico — que haviam desencorajado o entusiástico alemão a coletar fósseis britânicos — organizaram novas excursões às cavernas da colina de Mendip, que renderam dezenas de ossos e dentes. E então lhe enviaram 2 mil deles para o campo de detenção.

Em suas próprias palavras, Walter dissera ter "um tempo considerável a minha disposição". Assim, ele espalhou os fósseis sobre uma superfície plana, organizou os ossos e montou grande parte do esqueleto de um *Oligokyphus*. Descrever meticulosamente os fósseis o manteve ocupado. Após ser liberado do campo de detenção, nos dias finais da guerra, logo começou a escrever sobre suas descobertas, que em 1956 culminariam em uma monografia sobre o *Oligokyphus*. Ela ainda é uma das obras de referência sobre aqueles cinodontes que estavam no limiar de se tornar mamíferos.

O *Oligokyphus* — do tamanho e formato de um minúsculo dachshund — não era um mamífero, tampouco ancestral direto dos mamíferos. Pense nele como um parente muito próximo; um primo, talvez. Ele era membro de um subgrupo de cinodontes herbívoros avançados chamados tritilodontes, próximos dos mamíferos na árvore genealógica. Como quaisquer primos próximos, os tritilodontes e os primeiros mamíferos eram extremamente similares em termos de forma corporal e comportamento. Por exemplo, ambos tinham membros posicionados diretamente sob o corpo, totalmente eretos ao caminhar, ao contrário dos outros cinodontes, cujos membros ainda eram um pouco espalhados. Tanto os tritilodontes quanto os mamíferos faziam parte de um impulso de diversificação dos cinodontes que ocorrera no fim do Triássico, começando por volta de 220 milhões de anos atrás. Isso se dera uns 30 milhões de anos depois que o *Thrinaxodon* sobrevivera à extinção em massa do fim do Permiano e conduzira a linhagem mamífera por seu momento mais vulnerável — até então. Durante esses 30 milhões de anos, muita coisa mudara: a "protolinhagem" continuara a acumular características "mamíferas", como os membros eretos, conforme os cinodontes navegavam um labirinto de clima difícil e competição acirrada.

A maior mudança fora... pequena. O tamanho diminuto já ajudara os cinodontes no fim do Permiano, e eles o mantiveram. Durante o Triássico, a linhagem mamífera se tornara progressivamente menor. O que começara com espécies do tamanho de uma doninha, como o *Thrinaxodon*, no fim do Triássico se tornou uma variedade de animais do tamanho de camundongos ou ratos, no máximo. Houve algumas exceções, pois ramos laterais da árvore genealógica ocasionalmente geravam espécies maiores, como o *Oligokyphus* e seus irmãos tritilodontes, que precisavam de intestinos grandes para digerir plantas. Mas, em termos gerais, a evolução dos cinodontes durante o Triássico foi uma marcha de miniaturização.

Por que os cinodontes encolheram? Para começar, não estavam sozinhos no admirável mundo novo do Triássico. Outros animais haviam sobrevivido à calamidade do fim do Permiano, e todos buscavam espaço enquanto Pangeia se recuperava. Desse cadinho evolutivo, surgiram não somente mamíferos, mas também muitos dos animais mais familiares que convivem com eles até hoje: tartarugas, lagartos e crocodilos. Além disso, algo ainda mais aterrorizante se espalhava pelo supercontinente, expandindo-se e diversificando-se a partir de um humilde ancestral do tamanho de um gato que sobrevivera aos vulcões.

Dinossauros.

Os primeiros dinossauros lutavam contra seus primos crocodilos pela supremacia, e ambos ficavam cada vez maiores. No fim do Triássico, havia dinossauros de 9 metros de comprimento e pescoço comprido como os *Lessemsaurus* — parentes primitivos dos saurópodes colossais como o *Brontosaurus* —, caçados por uma variedade de carnívoros com dentes afiados como facas. Quando os dinossauros cresceram, os ancestrais dos mamíferos encolheram. Este foi o início de uma história recorrente: o destino entrelaçado de mamíferos e dinossauros.

Paralelamente à diminuição do tamanho corporal, muitos cinodontes da linhagem mamífera também se tornaram noturnos. Rastejar no meio da noite, para comer e socializar, era uma boa tática para evitar as bocarras e os pés esmagadores dos dinossauros, provavelmente criaturas diurnas. Mover-se para o nicho noturno não teria sido muito difícil; aparentemente muitos dos primeiros sinapsídeos na linhagem dos mamíferos — pelicossauros e terapsídeos do Permiano — experimentaram esse estilo de vida. Todavia, a escuridão tinha consequências. Os mamíferos ancestrais essencialmente desistiram da visão aguçada, investindo em olfato, tato e audição. A maioria dos mamíferos não enxerga cores, e é por isso que quase todos têm pelos escuros, marrons, castanhos ou cinzentos. Por que usar cores exuberantes — como muitas aves e répteis diurnos e de olhos aguçados — se suas parceiras e seus rivais não podem vê-las? Isso pode parecer estranho; afinal, nós enxergamos cores! Mas somos mamíferos altamente incomuns, uma das poucas espécies modernas a perceber cores, com nossos parentes primatas mais próximos. Quando um toureiro agita sua capa vermelha na arena, o que o touro vê é apenas um pano preto.

Como se evitar os dinossauros não fosse razão suficiente, o tamanho pequeno também pode ter concedido outros benefícios aos mamíferos ancestrais. Pangeia era um continente unificado, mas não um lugar seguro para chamar de lar. Era quente, não havia calotas de gelo nos polos e grande parte do interior era um grande vazio. Violentas correntes de ar varriam o equador, alimentando intensos sistemas climáticos chamados de megamonções, que, como implicado no nome hiperbólico, eram versões gigantescas das tempestades tropicais de hoje. Embora, teoricamente, um protomamífero pudesse caminhar de um polo ao outro, fazer isso seria tolice. As megamonções ajudavam a dividir Pangeia em províncias climáticas, com diferentes temperaturas, precipitações e ventos. As regiões equatorianas eram um inferno fervilhante e úmido, limitadas dos dois lados por desertos intransponíveis. As latitudes médias, no entanto, eram ligeiramente mais frias e muito mais úmidas que os desertos, e era lá que viviam muitos dos animais em rápida evolução de Pangeia. O tamanho pequeno também pode ter sido uma estratégia de sobrevivência em um mundo perigoso. Quanto menor fosse, mais facilidade você teria para se esconder, cavar tocas e esperar pela passagem das megamonções e da destruição que causavam.

Quaisquer que tenham sido as razões para os cinodontes diminuírem de tamanho, isso transformou inteiramente sua biologia e sua trajetória evolutiva. Quando encolheram, também modificaram muitos aspectos de seu crescimento, metabolismo, dieta e estilo alimentar. Eles já tinham temperaturas elevadas e metabolismos acelerados herdados de seus ancestrais terapsídeos, e nesse momento desenvolveram integralmente o sangue quente. Também já contavam com músculos mandibulares fortes e mordidas poderosas, um legado de seus ancestrais ainda mais longínquos, os pelicossauros, mas agora evoluíram novas maneiras de comer muito e com rapidez, e ao mesmo tempo respirando continuamente — comendo enquanto se moviam.

Essa foi uma continuação da "progressão correlata" da evolução que Tom Kemp descreveu no caso dos terapsídeos do Permiano. Muitas coisas mudaram de forma harmônica, e é difícil estabelecer o que motivou o quê. Talvez o tamanho pequeno necessitasse de temperaturas corporais mais altas como proteção contra as súbitas mudanças climáticas ou exigisse maneiras mais eficientes de coletar e processar pequenas parcelas de alimento. Talvez o sangue quente exigisse que os cinodontes fizessem refeições maiores para ter combustível suficiente, ou possivelmente fosse o contrário: as mudanças nas mandíbulas e nos músculos vieram primeiro, permitindo que comessem mais e fornecendo mais energia para que a fisiologia de sangue quente pudesse se desenvolver. Não sabemos a resposta. O que sabemos é que o tamanho pequeno, o metabolismo de sangue quente e as mordidas mais fortes e eficientes se desenvolveram juntos, como parte de um pacote.

E como sabemos que isso aconteceu? O espantosamente rico registro fóssil de cinodontes do Triássico — ligando o *Thrinaxodon* ao *Oligokyphus* e aos mamíferos — é nosso guia.

Primeiro, consideraremos a fisiologia e o metabolismo. Abordamos esse assunto no capítulo anterior, mas ele merece uma explicação mais detalhada. O termo "sangue quente" é uma expressão conveniente para uma grande variedade de sofisticados mecanismos de controle da temperatura corporal. Não é que animais de sangue quente tenham sangue quente e animais de sangue frio tenham sangue frio. Use um termômetro em um mamífero comum de sangue quente e em um lagarto comum de sangue frio e você provavelmente obterá leituras similares. Ou poderá até mesmo obter uma leitura mais alta no lagarto, particularmente em um dia ensolarado. Isso porque os animais de sangue frio dependem do ambiente para aquecer seus corpos, significando que estão à mercê das mudanças no tempo e nas estações e até mesmo nas mudanças de temperatura entre o dia e a noite ou entre a luz e a sombra. Animais de sangue quente — chamados tecnicamente de endotérmicos — se livraram dessa dependência. Eles produzem seu próprio calor, em geral armazenando mais mitocôndrias produtoras de energia em suas células, e podem manter uma temperatura corporal mais alta que a do ambiente. É o que experimentamos todas as vezes em que caminhamos sob a geada do inverno e literalmente não congelamos.

Para todos os efeitos, animais de sangue quente têm sua própria fornalha interna, que está sempre ligada e aquecida. Isso permite metabolismos acelerados, crescimento mais rápido, estilo de vida mais enérgico, maior resistência e comportamentos mais atléticos. Mamíferos podem sustentar velocidades oito vezes maiores que lagartos, por exemplo, e procurar comida em áreas mais amplas. Esses superpoderes têm um custo, porém. Animais de sangue quente têm taxas de metabolismo em repouso mais altas, significando que queimam mais calorias que os animais de sangue frio enquanto descansam. E, é claro, eles queimam *muito mais* calorias quando estão ativos — correndo, saltando, perseguindo presas, fugindo de predadores, subindo em árvores, cavando tocas e fazendo as muitas outras coisas que um metabolismo de sangue quente tornou mais fáceis. Assim, precisam ingerir muito mais calorias que animais de sangue frio de tamanho corporal similar e respirar muito mais oxigênio.

Os animais não são necessariamente de sangue quente ou frio. Há intermediários. Os mamíferos e as aves de hoje têm sangue quente, o que significa que *controlam* internamente sua temperatura corporal, que é *alta* e *constante*, independentemente do ambiente externo. Esse tipo de sistema não evoluiu de uma hora para outra, mas ao longo do tempo, por meio de estágios de transição nos quais seus ancestrais se tornaram cada vez melhores em produzir calor e controlar a temperatura de suas fornalhas. Para os mamíferos, esse processo começou com os terapsídeos durante o Período Permiano, conforme lidavam com os climas sazonais de seus lares de alta latitude. O controle ampliado sobre a temperatura corporal e o crescimento mais rápido provavelmente foram centrais para sua sobrevivência — em particular no caso de cinodontes como o *Thrinaxodon* — no fim do Permiano. Então, durante o Triássico, esses cinodontes continuaram a se mover na direção do sangue quente. Há muitas evidências de que se tornaram integralmente de sangue quente no Triássico. Os ossos fibrolamelares — com uma textura caótica indicando crescimento rápido — se tornaram cada vez mais prevalentes na linhagem dos mamíferos. As células ósseas e os vasos sanguíneos no interior dos ossos diminuíram ao longo da evolução dos cinodontes, um sinal de que seus glóbulos vermelhos ficavam menores — outra característica mamífera, que permite que as células obtenham mais oxigênio em menos tempo. E um estudo muito inteligente mensurou a composição do oxigênio de várias espécies do Permiano e do Triássico ao triturar seus ossos e dentes. A proporção entre os dois tipos mais estáveis — o mais leve e mais comum oxigênio-16 e os mais pesados e raros oxigênio-18, que diferem no número de nêutrons — depende da temperatura em que ossos e dentes cresceram. Para todos os efeitos, essa proporção de oxigênio é um paleotermômetro e seu sinal é claro: os cinodontes do Triássico tinham temperaturas corporais mais altas e constantes que os animais com os quais conviviam, incluindo a maioria dos outros terapsídeos.

Como esses cinodontes pagavam a conta de energia? Da mesma maneira que qualquer animal de sangue quente: absorvendo muito oxigênio e muitas calorias. Paralelamente à linhagem dos mamíferos, os cinodontes adquiriram muitas características anatômicas que lhes permitiram o aumento do consumo de ambos.

De modo crítico, os cinodontes se libertaram de um problema espinhoso chamado restrição de Carrier, que afeta anfíbios e répteis que se movem lateralmente, da esquerda para a direita, durante suas caminhadas esparramadas. Essa flexão lateral significa que um pulmão está sempre expandido enquanto o outro está comprimido, tornando difícil mover-se e respirar ao mesmo tempo e limitando imensamente a velocidade e a agilidade desses animais. Os cinodontes desenvolveram uma postura mais ereta, como vimos, e também freios ósseos em suas vértebras, que impediam a coluna de se mover demais de um lado para o outro. Essas modificações no esqueleto mudaram completamente a maneira como caminhavam: seus membros agora se moviam para a frente e para trás, e não de um lado para o outro, e sua espinha dorsal se dobrava para cima e para baixo (como uma gazela saltitando), em vez de da esquerda para a direita (como uma cobra serpenteando). Eles agora podiam respirar confortavelmente enquanto se moviam.

A coluna vertebral também mudou de outra maneira: enquanto a espinha dorsal de anfíbios e répteis é praticamente igual em toda a extensão, os cinodontes dividiram a sua em diferentes regiões, cada uma com função específica. Ao longo do torso, as vértebras abruptamente perderam as costelas onde a região torácica fazia a transição para a região lombar. É um sinal revelador da presença de diafragma, o poderoso músculo que capta ar para os pulmões.

Também houve mudanças no crânio. Os cinodontes desenvolveram um segundo palato — a parte dura do céu da boca —, separando a boca da passagem nasal. O ar agora tinha seu próprio caminho na direção dos pulmões, e os cinodontes podiam comer e respirar ao mesmo tempo. No interior da recente passagem nasal, havia novas e excêntricas estruturas chamadas conchas: rolos convolutos e enrolados de cartilagem ou osso que se projetavam no meio da passagem de ar. Elas podem parecer um incômodo, mas, na verdade, eram fundamentais para manter a temperatura corporal constante ao inspirar. Algumas conchas eram recobertas por vasos sanguíneos, que aqueciam e umedeciam o ar antes que ele chegasse aos pulmões. Nós também as possuímos no interior de nosso crânio, entre as narinas e o fundo da garganta. Elas asseguram que, mesmo nos piores dias de inverno, quando respiramos ar muito frio e seco, ele é rapidamente aquecido e umidificado até atingir as condições de uma floresta tropical. As conchas também funcionam ao contrário, reabsorvendo a preciosa água quando expiramos.

Todas essas mudanças anatômicas aparentemente sutis resultaram em algo importante: pulmões que podiam absorver muito mais oxigênio. Ao mesmo tempo, os cinodontes também aumentaram sua ingestão de calorias a partir de novas maneiras de morder.

Aparentemente, o primeiro passo foi dividir os músculos que fechavam as mandíbulas em um conjunto de feixes separados que permitiam movimentos muito mais poderosos e complexos. Esses músculos divididos — o característico sistema de músculos temporal, masseter e pterigoideo dos mamíferos — também cresceram, precisando de mais espaço e âncoras mais fortes. Os ossos do crânio superior foram simplificados e solidificados no que essencialmente se tornou uma estrutura única — a razão pela qual temos um osso craniano em vez de dezenas de ossos individuais, separados e frouxamente articulados, como anfíbios e répteis. A fenestra latero-temporal — o buraco que evoluiu na época dos pântanos de carvão e definiu a linhagem sinapsídea — se uniu à órbita ocular, criando uma câmara única para os músculos.

As mudanças mais extraordinárias, contudo, ocorreram na mandíbula inferior. Os ancestrais dos mamíferos tinham complicadas mandíbulas formadas por vários ossos, com uma variedade de nomes. Havia o dentário, que sustentava os dentes, e o articular, que formava com o crânio superior uma articulação que permitia fechar a boca, além de muitos outros: angular, supra-angular, pré-articular, esplênico, coronoide. Mas nós — e todos os mamíferos — temos somente um: o dentário. Tudo isso devido ao que aconteceu aos cinodontes durante o Triássico. Quando seus músculos mandibulares cresceram, eles se deslocaram e se ligaram exclusivamente ao osso dentário. E isso fazia muito sentido: como o dentário era o único osso que tinha dentes, rearranjar os músculos dessa maneira produzia mordidas mais fortes e mais precisas para otimizar as forças em diferentes partes da dentição durante o ciclo de mordida.

Mas isso exigiu a completa reestruturação dos próprios ossos. O dentário ficou maior e muito mais profundo. Ele desenvolveu um grande processo coronoide — uma aba para ligação muscular — bem acima da linha dentária. Entrementes, agora que já não ancoravam músculos, os outros ossos da mandíbula começaram a atrofiar. Eles ficaram menores e recuaram, a ponto de só estarem frouxamente ligados ao osso dentário. Alguns deles até mesmo se ligaram aos estribos e, agora que estavam aposentados de suas funções de fechamento das mandíbulas, começaram a ajudar a levar sons para os ouvidos.

Havia, porém, um grande problema: a articulação com o crânio superior ainda estava localizada no osso articular, que se reduzia à obsolescência. O osso do crânio superior ao qual ele se conectava, o quadrático, também estava diminuindo. Alguns cinodontes desenvolveram uma escora no osso supra-angular da mandíbula para fortalecer o contato com o crânio superior, mas, como o supra-angular também estava encolhendo, isso não ajudou muito. Nenhum engenheiro projetaria dessa forma um sistema de fechamento de mandíbulas, e a única razão pela qual ele funcionou foi o fato de os cinodontes serem agora tão pequenos que não precisavam enfrentar o trauma das ferozes mordidas de seus ancestrais maiores.

De algum modo, os cinodontes precisavam encontrar uma solução. E eles encontraram — é o que define os mamíferos.

A CLASSIFICAÇÃO É UM exercício humano. A natureza não põe rótulos nas coisas; as pessoas fazem isso. O camundongo é um mamífero, a cobra é um réptil, o *T. rex* é um dinossauro.

Mamíferos, répteis, dinossauros. Cada um deles representa um grupo na árvore genealógica da vida. Mas como esses grupos são definidos?

É fácil definir um mamífero olhando somente para o mundo moderno: camundongos, elefantes, seres humanos, morcegos, cangurus e milhares de outras espécies partilham um conjunto único de características: todos nós temos pelos, metabolismo de sangue quente, cérebros grandes, dentes diferenciados (incisivos, caninos, pré-molares e molares), alimentamos nossas crias com leite e assim por diante. Mas, como vimos, esses atributos "mamíferos" evoluíram aqui e ali, ao longo de mais de 100 milhões de anos, conforme os pelicossauros dos pântanos de carvão davam origem aos terapsídeos, os terapsídeos sobreviviam à extinção do fim do Permiano como pequenos cinodontes e os cinodontes encolhiam ainda mais durante o Triássico. Onde, ao longo dessa linhagem evolutiva, devemos colocar a linha divisória entre não mamíferos e mamíferos?

Diante de uma abundância de novos fósseis de sinapsídeos do Permiano e do Triássico em meados do século XX, os paleontólogos chegaram a uma decisão coletiva. Os mamíferos seriam todos os animais que evoluíram da primeira criatura a desenvolver uma inovação fundamental: a nova articulação para fechar as mandíbulas entre o osso dentário da mandíbula e o osso esquamosal do crânio superior. Essa nova articulação foi a simples, mas elegante, solução para o problema dos ossos cada vez menores nos fundos da mandíbula. O *Oligokyphus* de Walter Kühne não tinha uma conexão dentário-esquamosal; portanto, não era um mamífero. Mas em um ramo mais acima na árvore genealógica, espécies como o *Morganucodon* — outra descoberta de Kühne, dessa vez em uma caverna no País de Gales —, tinham essa conexão. Então, por convenção, essas espécies eram mamíferas. Assim como todos os animais — os que viveram no Triássico e os que evoluíram mais tarde, como nós — cuja genealogia os liga a esse ancestral que tinha uma nova articulação na mandíbula.

Isso pode soar pouco satisfatório e meio subjetivo. Em certo sentido, realmente é. Mas os paleontólogos não escolheram uma característica ao acaso, mas sim uma das marcas registradas dos mamíferos modernos, que nos separa claramente de anfíbios, répteis e aves. O desenvolvimento da nova e mais forte articulação dentário-esquamosal também foi um grande divisor de águas evolutivo e, como veremos, iniciou uma cadeia de mudanças na alimentação, na inteligência e na reprodução dos mamíferos. E esses foram os toques finais da criação dos mamíferos após um longo processo de desenvolvimento evolutivo, as últimas peças de Lego para completar o castelo.

Neste ponto, devo reconhecer que a definição que acabei de apresentar não é usada pela maioria dos paleontólogos modernos. Nas duas últimas décadas, houve um movimento para definir os mamíferos de outra forma, usando o conceito de grupo coroa. Essa abordagem agrupa todos os mamíferos que ainda sobrevivem — as mais de 6 mil espécies de monotremados, marsupiais e placentários — e retorna a seu ancestral comum mais recente na árvore genealógica. Esse ancestral é considerado a linha divisória, a bifurcação que leva dos não mamíferos aos mamíferos. A definição "coroa" tem suas vantagens, particularmente a simplicidade. Mas também tem desvantagens: muitas centenas de espécies fósseis que se pareciam, se comportavam, metabolizavam, se alimentavam, davam de mamar e cuidavam de seus pelos como os mamíferos de hoje evoluíram antes que o ancestral comum dos mamíferos modernos formasse uma ramificação na árvore genealógica, tornando todos esses fósseis não mamíferos. Como o *Morganucodon*, por exemplo.

Com toda a sinceridade, em meus textos científicos também uso essa definição. Em um artigo de pesquisa, não chamo o *Morganucodon* de "mamífero", mas sim de "mamaliforme basal" ou "mamaliforme não mamífero". Como você pode ver, a terminologia rapidamente se torna incômoda. Para não esbarrar em todos os nomes desses quase-mamíferos que não fazem parte do grupo coroa, por uma questão de simplicidade, chamarei de mamífero todos os que tiverem uma articulação maxilar dentário-esquamosal — torcendo para que meus colegas me perdoem.

Definições à parte, o mais importante é que, durante o fim do Período Triássico, cinodontes como o *Morganucodon* encontraram uma resposta para seu dilema mandibular. Seu osso dentário se tornara tão grande e profundo que, provavelmente, de maneira inevitável, entrara em contato com o crânio superior. Uma articulação de bola e soquete foi formada e, consequentemente, uma nova dobradiça no maxilar. A outrora muito fraca articulação entre o crânio e a mandíbula foi fortalecida, e agora não havia somente um único ponto de conexão entre os cada vez mais fracos ossos articular e quadrático, mas um segundo fulcro entre os ossos dentário e esquamosal. Durante algum tempo, ambas as articulações coexistiram, com a dentário-esquamosal na parte externa da quadrático-articular. Finalmente, os ossos quadrático e articular ficaram tão pequenos que já não tinham papel na abertura da boca e então encolheram ainda mais e se desligaram da mandíbula. Em vez de desaparecer, no entanto, assumiram uma surpreendente nova função, que veremos no próximo capítulo.

A articulação dentário-esquamosal mudou as regras do jogo. Subitamente, as mandíbulas, antes tão tenuamente ligadas ao crânio, estavam firmes no lugar. Essa nova articulação — operada pelos músculos mandibulares que haviam crescido no início da evolução dos cinodontes — era capaz de gerar mordidas muito mais fortes. Também podia fornecer mordidas muito mais controladas, orquestradas pela divisão entre os músculos temporal, masseter e pterigoideo, as três cordinhas do marionetista. Assim, essas mandíbulas podiam concentrar as forças das mordidas em dentes específicos, em momentos específicos. Isso deu origem a uma maneira completamente nova de comer, que achamos natural, mas é extremamente rara entre os animais: a mastigação. Ao mastigar a comida e reduzi-la a uma pasta, esses primeiros mamíferos podiam fazer a maior parte do processamento na boca, essencialmente iniciando a digestão antes que o alimento chegasse ao estômago. Era mais uma maneira de ingerir mais calorias, de um jeito mais eficiente.

Os ancestrais dos mamíferos — os vários pelicossauros, terapsídeos e cinodontes que encontramos até agora — tinham mordidas muito simples. Eles eram como lagartos ou dinossauros carnívoros: fechavam as mandíbulas e pronto. Um golpe de cima e de baixo. Era uma maneira de comer agarrando e retalhando; a comida era rasgada e engolida, sem muito processamento na boca. Alguns cinodontes avançados, como o *Oligokyphus*, eram exceção, pois tinham encontrado maneiras de mover a mandíbula inferior para trás quando fechavam a boca, a fim de triturar plantas. Mas era algo raro.

Os mamíferos do Triássico, no entanto, tornaram-se processadores de alimentos. Suas mandíbulas podiam se mover para cima e para baixo, para a frente e para trás e também para os lados. Desenvolveram o movimento de mastigação, que consiste em três ações em sequência, como os passos coordenados do nado de peito. Primeiro a mandíbula se movia para cima e para dentro, se aproximando da maxila (potência) quando a boca se fechava; então para baixo, quando a boca se abria (recuperação); e depois ligeiramente para fora (preparação), antes de repetir o processo novamente. Tudo isso era possível por conta da habilidade única da mandíbula de "rolar" para fora e para dentro quando a boca se abria e fechava. Observe como suas mandíbulas podem se mover em todas as direções e experimente os movimentos de mastigação inaugurados por nossos distantes ancestrais do Triássico.

Os movimentos complexos e coordenados das mandíbulas foram somente parte da equação. Para haver mastigação, os dentes superiores e inferiores dos mamíferos precisavam se unir. Isso é chamado de oclusão e difere da condição dos dinossauros ou répteis, nos quais os dentes superiores costumam se fechar à frente dos dentes inferiores ou se encaixam em zigue-zague, mas sem realmente se encostar quando as mandíbulas estão fechadas. Os mamíferos são drasticamente diferentes, como podemos ver ao fechar a boca. Enquanto nossos dentes frontais tenham uma ligeira sobremordida, os dentes laterais se fecham com firmeza, superiores se encaixando sobre os inferiores. A oclusão é tão forte que, quando mordemos com tudo, as mandíbulas estão efetivamente travadas. É esse contato amplo e esse encaixe justo entre dentes inferiores e superiores que fornecem a superfície necessária para mastigar. Isso se desenvolveu em mamíferos do Triássico como o *Morganucodon*, quando deram o último passo na criação da dentição mamífera clássica: a divisão dos dentes laterais em pré-molares e molares.

Mas a oclusão introduz um problema. Os dentes superiores e inferiores precisam combinar precisamente, com as cúspides de um correspondendo aos vales do outro. Caso contrário, não encaixam e mastigar se torna ineficiente, no melhor dos casos, ou impossível, no pior. Seria o que aconteceria se animais que trocam de dentes durante toda a vida — como os ancestrais dos mamíferos — tentassem mastigar. Mesmo que seus dentes inferiores e superiores se encaixassem com perfeição, se um dente superior caísse, o dente inferior oposto não teria um parceiro para a oclusão. O dente superior cresceria novamente, é claro, mas isso levaria tempo e ele mudaria de forma ao crescer, só se encaixando perfeitamente no dente inferior ao chegar a seu tamanho final. Claramente, isso não funcionaria para um mastigador e, mais uma vez, os mamíferos criaram uma solução engenhosa. Pararam de produzir dentes a vida toda, trocando as gerações ilimitadas de dentes de seus ancestrais por meros dois conjuntos que precisam durar a vida inteira: uma série de dentes decíduos [dentes de leite] durante os anos formativos e uma série permanente de dentes adultos. Isso é chamado de difiodontia. Da próxima vez que você quebrar (ou perder) um dente e precisar de um tratamento caro, fique à vontade para xingar seus ancestrais triássicos.

Como sabemos que isso aconteceu aos primeiros mamíferos? Novamente, os fósseis contam a história. Para começar, podemos simplesmente ver que os dentes superiores e inferiores se encaixam — os pré-molares e molares essencialmente se integram — nos crânios do *Morganucodon* e outros mamíferos primitivos. Além disso, o molar com três pontas do *Morganucodon* e de outros mamíferos triássicos têm facetas de desgaste:

superfícies achatadas e estriadas formadas pelo contato repetido com o dente oposto. Ao desgastar seus dentes, esses mamíferos buscavam um equilíbrio delicado. Se houvesse desgaste excessivo, seus dentes se reduziriam a tocos — uma catástrofe para um animal cujos dentes já não cresciam à vontade. Mas desgaste na medida certa esculpia painéis planos com pontas afiadas que, juntos, funcionavam como as lâminas de uma tesoura quando as mandíbulas se uniam, adicionando um componente de corte à mastigação.

Os fósseis desses primeiros mamíferos mastigadores, com mandíbulas estáveis e dentes oclusivos, são dignos de nota por outra razão. Têm imensas cavidades cranianas que acomodavam cérebros muito maiores que os de seus ancestrais pelicossauros, terapsídeos e cinodontes. A maior parte do crescimento se deu na parte frontal, transformando o cérebro ancestral em forma de tubo no cérebro mais globular dos mamíferos modernos, com hemisférios bulbosos. O cérebro do *Morganucodon* foi reconstruído digitalmente com base em tomografias computadorizadas e, além de ser maior e mais rotundo, exibe duas características-chave dos mamíferos. Os bulbos olfativos — que orquestram o olfato — são enormes. E o topo do cérebro apresenta uma nova estrutura: uma massa de tecido nervoso em seis camadas chamada neocórtex, uma das mais sublimes invenções mamíferas. Os neurologistas saúdam o neocórtex como peça fundamental da integração sensorial, do aprendizado, da memória e da inteligência dos mamíferos. Os primeiros mamíferos triássicos, consequentemente, ficaram mais cerebrais quando começaram a mastigar melhor. Talvez a maior ingestão de alimentos tenha ajudado a desenvolver cérebros maiores e mais complexos, ou talvez a expansão do cérebro tenha forçado mudanças na posição dos músculos mandibulares, permitindo mordidas mais fortes e movimentos mais sofisticados da mandíbula. De qualquer modo, essas mudanças monumentais tanto na alimentação quanto na inteligência ocorreram paralelamente nos primeiros mamíferos do Período Triássico.

O *Morganucodon* é o mais conhecido dessa primeira onda de mamíferos, um exemplo dos mamaliformes basais que surgiram no Triássico e persistiram no Jurássico. Ele foi batizado em 1949 por Kühne — que, em uma notável reviravolta, tornara-se palestrante da Universidade de Londres após ser libertado do campo de detenção —, com base em um único dente quebrado, com menos de 1 milímetro, encontrado em um saco de 9 quilos de cascalho de uma caverna no País de Gales. Pesquisas posteriores em Gales do Sul, realizadas pelo casal Kenneth e Doris Kermack depois que Kühne retornou à Alemanha, em 1952, para dar aulas em Berlim, resgataram centenas de ossos e dentes adicionais.

Entrementes, na China, um grupo de padres-paleontólogos da Universidade Católica Fu Jen, em Beijing, estava em sua própria busca por mamíferos primitivos. Um deles, o padre Edgar Oehler, foi para oeste, até a província de Yunnan, onde encontrou um crânio de 2,6 centímetros, incluindo a mandíbula. Ele enviou o fóssil a Beijing, para seu colega de clero, o padre Rigney. Harold Rigney estudava o fóssil quando a polícia secreta comunista — criada pelo novo governo de Mao Tsé-tung — bateu à porta e o jogou na prisão por quatro anos. Rigney não teria a mesma sorte de Kühne. Não haveria paleontologia na prisão para ele, pois os comunistas tinham a séria intenção de purgar a China das instituições religiosas. Por meio de muita diplomacia nos bastidores, Rigney foi libertado e retornou aos Estados Unidos, onde se reuniu novamente com o crânio, que fora escondido dos comunistas. Ele o deixou de lado por alguns anos, enquanto escrevia sua biografia — graciosamente intitulada *Four years in a red hell* [Quatro anos em um inferno vermelho] —, e então o descreveu em um famoso artigo de 1963, anunciando-o como pertencente a uma nova espécie de *Morganucodon*. Com o crescente registro de ossos e dentes no País de Gales, esse deslumbrante fóssil transformaria o *Morganucodon* em representante dos primeiros mamíferos.

Mas houve outros, toda uma variedade de espécies vivendo nos períodos Triássico e Jurássico. Muitos eram britânicos e, como o *Morganucodon*, foram encontrados em cavernas na Inglaterra e no País de Gales. Esses escavadores podiam viver no subterrâneo, mas o mais provável é que tenham sido levados pela água durante enchentes ou caído em rachaduras e fissuras, acumulando-se ao longo do tempo e formando ossuários pré-históricos. Um deles foi encontrado por Kühne, embora ele não tenha se dado conta na época. Tratava-se dos dois dentes que ele encontrara logo após seu exílio na Grã-Bretanha e vendera a Rex Parrington em Cambridge, e que Parrington considerara uma nova espécie: o *Eozostrodon*. Outro foi encontrado em uma caverna no País de Gales e chamado de *Kuehneotherium* por Diane Kermack, em homenagem a Kühne.

E houve alguns não relacionados a Kühne. Na África do Sul, a arqueóloga amadora Ione Rudner — que, após estudar na Universidade do Cabo, tornou-se assistente de pesquisa do diretor do Museu da África do Sul — descobriu um notável conjunto de crânio e esqueleto que chamou de *Megazostrodon*. Do outro lado do globo, o professor de Harvard e ex-fuzileiro naval americano Farish Jenkins — que levava armas para o campo a fim de afugentar ursos-polares e conduzia seu acampamento como um quartel — encontrou mandíbulas e dentes de mamíferos parecidos com o *Morganucodon* na Groenlândia. Houve também descobertas mais recentes, como o superlativo *Hadrocodium*, na China. Com uma cabeça proporcional a uma unha e um corpo do tamanho de um clipe de papel, ele era tão pequeno quanto o menor mamífero de hoje, o morcego-nariz-de-porco-de-kitti, da Tailândia, que pesa entre 0,5 e 2 gramas.

Os primeiros mamíferos prosperavam. Eles se diversificavam em um ritmo vertiginoso, tirando vantagem de seus grandes cérebros e de sua nova licença para mastigar. Espalharam-se pela Pangeia e logo se tornaram um fenômeno global. Os mamíferos foram somente um dos primeiros grandes grupos a se dispersar pelo supercontinente, já não limitados por megamonções e desertos. A maioria provavelmente era insetívora, com suas mordidas pequenas, fortes e precisas, perfeitamente adequadas para o ágil nicho de capturar insetos. Mas nem todos comiam os mesmos insetos. Pam Gill e seus colegas compararam o desgaste dos dentes do *Morganucodon* e do *Kuehneotherium* e concluíram que essas duas espécies, que coexistiram no País de Gales no início do Jurássico, haviam se especializado em alimentos diferentes. O *Morganucodon* comia insetos de carapaça mais dura, como besouros, ao passo que o *Kuehneotherium* preferia presas mais macias, como borboletas. Este foi o primeiro indício de uma tendência que se repetiria ao longo da evolução mamífera: quando surgia uma nova onda de mamíferos, ela costumava ter início com minúsculos comedores de insetos se diversificando nas sombras.

QUANDO NÃO ESTAVA coletando mandíbulas de mamíferos com um rifle pendurado nas costas, Farish Jenkins era um charmoso professor da Ivy League que lecionava de terno. Era um showman nato, que divertiu gerações de estudantes com sua espirituosidade irônica e seus adereços, mais notoriamente uma perna prostética do capitão Ahab, que ele usava para demonstrar as diferentes maneiras de locomoção humana. Mais que tudo, no entanto, seus ex-alunos lembram de seus meticulosos desenhos de crânios e esqueletos, sua principal ferramenta de ensino naqueles dias antes do PowerPoint. Ele chegava muitas horas antes da aula, às vezes quando ainda estava escuro — e os mamíferos noturnos de Harvard Yard estavam à caça de insetos — para desenhar suas obras-primas na lousa.

Seu desenho mais famoso é do *Megazostrodon*. Ele foi publicado em 1976, aperfeiçoado por um artista profissional, em sua descrição do esqueleto que Ione Rudner encontrara uma década antes. Tornou-se uma das imagens clássicas da ciência, surgindo com frequência em livros didáticos e, sim, nas palestras em PowerPoint adotadas pela maioria de nós. Como a icônica imagem de Che Guevara, ele significa algo maior que um único indivíduo. É o retrato de uma revolução, dos primeiros mamíferos se movendo pela Pangeia e dando início a uma dinastia.

O minúsculo *Megazostrodon*, do tamanho de um musaranho ou camundongo, está alarmado. Ele permanece alerta na base de uma árvore, com os membros orgulhosamente eretos sob o corpo ágil. Um momento de indecisão. Os pés apontam para a frente, como se ele fosse disparar árvore acima e desaparecer entre os galhos. Mas as mãos apontam para fora, dando-lhe a chance de correr pelo chão. Ele percebe algo — talvez algum perigo, talvez um inseto saboroso —, porque suas mandíbulas estão abertas, exibindo um conjunto de incisivos, caninos, pré-molares e molares. Os dentes são minúsculos, mas afiados, e parecem prontos para se fechar uns sobre os outros em um milissegundo. As órbitas oculares são pequenas, então o animal deve se basear em outros sentidos para avaliar o entorno. O que quer que tenha chamado sua atenção, foi ouvido ou farejado.

Esse esqueleto é algo que reconheceríamos hoje, se o víssemos como animal vivo. Ele era claramente, inequivocamente, mamífero. Era coberto de pelos, caminhava com os membros eretos movendo-se para a frente e para trás, e tinha um conjunto completo de dentes mamíferos, usados para mastigar e que só seriam trocados uma vez durante a vida. Ele era ágil, capaz de escalar árvores e se mover pelo chão, e tinha sangue quente, ou quase, capaz de manter uma temperatura corporal confortável enquanto caçava insetos durante a noite. Dentro de sua cabeça, havia um cérebro grande, que o dotava de inteligência e olfato aguçado. Sua audição também era boa.

Se estivesse caminhando por uma floresta ou correndo para pegar o metrô e essa criaturinha cruzasse seu caminho, tenho certeza de que você pensaria ter visto um camundongo.

Os mamíferos haviam chegado, herdeiros de tantas adaptações notáveis acumuladas por seus ancestrais pelicossauros, terapsídeos e cinodontes durante mais de 100 milhões de anos de evolução. Esses novos mamíferos se espalharam pelo mundo e estavam prontos para assumir o controle da Pangeia — para retomar o que seus predecessores terapsídeos haviam perdido durante a fúria do vulcanismo do fim do Período Permiano.

Mas será que estavam mesmo prontos?

O supercontinente começava a se partir, e os dinossauros ficavam maiores e mais ferozes. Os novos mamíferos — a despeito de todas as suas inovações evolutivas — tinham opções limitadas.

Eles teriam de se tornar realmente bons em viver no anonimato.

3

MAMÍFEROS E DINOSSAUROS

WILLIAM BUCKLAND SABIA como conquistar a plateia.

Na Universidade de Oxford, durante as primeiras décadas do século XIX, ele era um professor excêntrico cujas aulas de Geologia e Anatomia eram divertimento obrigatório. Com trajes acadêmicos formais, ele circulava pela sala de aula gritando perguntas para os alunos enquanto distribuía partes de vários animais.

Sua casa era tomada por ossos, animais empalhados, conchas e outras curiosidades, e, durante algum tempo, ele manteve um zoológico pessoal. Durante os jantares, exibia seu urso de estimação — usando beca acadêmica, como o dono — enquanto servia aos convidados carnes misteriosas vindas de todo o Império Britânico. Canapés de camundongos eram comuns, assim como carne de pantera e boto. Ocasionalmente, seus amigos tinham sorte e só precisavam consumir avestruz ou crocodilo, que Buckland certamente considerava tediosos.

Seu propósito era consumir todo o reino animal. Valia de tudo, inclusive seres humanos, se for verdadeira a história de que o arcebispo de York lhe mostrou um coração conservado em uma caixa de prata, que supostamente pertencera a Luís XVI. "Eu já comi muitas coisas estranhas", teria dito Buckland, "mas nunca o coração de um rei." Ele o agarrou e engoliu, enquanto a plateia observava, horrorizada. Deve ter sido um grande espetáculo.

Mas sua maior performance ainda estava por vir.

Em uma noite de início de inverno em 1824, Buckland falou à Sociedade Geológica de Londres. Ele acabara de ser eleito presidente da sociedade, que funcionava como um clube fechado cujos membros eram naturalistas, teólogos e aristocratas colecionadores de rochas da sociedade pré-vitoriana. Amante do espetáculo, Buckland queria que seu discurso inaugural fosse memorável e, para isso, guardava um ás na manga. Durante anos, houvera rumores de que ele adquirira ossos fossilizados gigantescos, descobertos por trabalhadores de uma pedreira de calcário na zona rural inglesa, perto do pitoresco vilarejo de Stonesfield. As camadas planas eram perfeitas para telhas, mas ocasionalmente continham ossos e dentes — se os boatos fossem verdadeiros. Agora, após quase uma década de estudos, Buckland estava pronto para fazer seu anúncio.

Com um floreio dramático, ele disse à plateia que realmente havia ossos entre as pedras, e eram grandes, muito maiores que os ossos de qualquer animal vivo na Inglaterra moderna. Tinham formas e proporções reptilianas, como se tivessem pertencido a algum lagarto gigantesco, uma criatura que se parecia mais com o dragão dos mitos que qualquer outra coisa que os membros da plateia já tivessem visto ou experimentado. Era algo radicalmente novo e Buckland criou um nome perfeito para descrevê-lo: *Megalosaurus*.

A cativada plateia ainda não entendera, mas Buckland acabara de revelar o primeiro dinossauro.

Aquela noite foi um momento seminal da história científica, dando início ao duradouro fascínio da humanidade pelos dinossauros. Essa história foi recontada várias vezes, mas as versões não costumam mencionar que Buckland fez outro anúncio naquela noite, de uma descoberta muito menor em termos de tamanho, mas igualmente revolucionária. Entre os grandes ossos, as camadas de calcário haviam sepultado outro tipo de fóssil, que Buckland — com incomum sutileza — considerou "muito notável".

Duas mandíbulas minúsculas, com menos de 2,5 centímetros cada, contendo uma série de dentes com cúspides.

Tratava-se inequivocamente de mandíbulas de mamíferos, mais ou menos do tamanho de camundongos ou musaranhos. Na opinião de Buckland, os dentes eram muito similares aos de um gambá, um animal que ele provavelmente conhecia bem em função de seus banquetes. Como haviam sido encontradas entre ossos do *Megalosaurus*, as mandíbulas eram evidência de que sáurios gigantescos e mamíferos primitivos viveram lado a lado. Eles foram o primeiro sinal de que os mamíferos tinham uma história muito mais profunda do que se imaginava.

Por algum tempo, as minúsculas mandíbulas foram motivo de controvérsia — e não os dinossauros de Buckland — durante os anos formativos nos quais a paleontologia deixou de ser passatempo de cavalheiros e se tornou uma disciplina científica. Muitas das figuras-chave da paleontologia de meados do século XIX pontificaram sobre eles, incluindo Richard Owen, o irascível anatomista que mais tarde descreveu os primeiros "répteis parecidos com mamíferos" do Karoo e cunhou o termo "dinossauros" para classificar o *Megalosaurus* de Buckland e outros répteis gigantescos que emergiram na Inglaterra vitoriana. Buckland, Owen e outros discutiram durante décadas sobre a identificação das mandíbulas, mais uma batalha na grande guerra sobre se as espécies tinham realmente evoluído ao longo do tempo.

Mas, no fim das contas, os dinossauros venceram a disputa por popularidade. *T. rex*, *Triceratops* e *Brontosaurus* se tornaram nomes célebres, ao passo que as minúsculas mandíbulas de Buckland — pertencentes a espécies chamadas *Phascolotherium* e *Amphitherium* — foram relegadas ao léxico dos cientistas. Essa é a dura e fria realidade das descobertas. Durante o século XIX, grandes ossos de dinossauros continuaram a aparecer na Inglaterra e em outros lugares da Europa. Mais tarde, esqueletos colossais foram achados nas terras baldias do oeste americano por rufiões financiados por industriais ávidos por fama, como Andrew Carnegie. Entrementes, os fósseis de mamíferos desse intervalo temporal — os períodos Jurássico e Cretáceo — eram raros e sem graça, limitados quase sempre a dentes individuais ou pedacinhos de mandíbulas. Não havia esqueletos complexos e, mesmo que houvesse, sua diminuta estatura certamente não inspiraria o público da mesma maneira que um *Diplodocus* do tamanho de um avião.

Não admira, portanto, que os mamíferos dos períodos Jurássico e Cretáceo tivessem uma reputação morna. Eram considerados enfadonhos, generalistas sem especialização, com aparência e comportamento de camundongos, limitados a viver uma existência miserável sob a longa sombra dos dinossauros. Mal chegavam a ser personagens; eram mais figurantes no drama dos dinossauros.

E não admira que a maioria dos jovens que se encantam por fósseis — me incluindo — seja atraída pelos dinossauros, não pelos mamíferos do Jurássico. Minha obsessão adolescente se tornou uma carreira, e foi assim que me vi no extremo nordeste da China há alguns anos, saltando entre museus para estudar os dinossauros emplumados de Liaoning. Esses fósseis maravilhosos — esqueletos cobertos por penugens macias e ostentando asas emplumadas — foram formados por erupções vulcânicas durante o Jurássico e o Cretáceo. Foi um azar para os dinossauros, mortos e enterrados por cinzas e sedimentos enquanto cuidavam de suas vidas, mais ou menos no estilo de Pompeia. Sorte para os paleontólogos, pois os fósseis foram preservados com incríveis detalhes, incluindo os melanossomos, portadores de pigmentos que davam cor às penas. Minha missão naquela viagem particular era recolher minúsculas amostras — tão delicadas quanto um floco de caspa — das penas e levá-las para meu laboratório, onde eu e meus estudantes poderíamos analisá-las sob microscópios óticos, identificar os melanossomos e descobrir de que cor eram esses dinossauros.

Vários dias após minha chegada, depois de ter passado a manhã raspando penas nos corredores escuros do Museu de Pterossauros de Beipiao, precisei fazer uma pausa. Meu amigo Junchang Lü — um dos principais caçadores de dinossauros da China, que infelizmente morreu em 2018 — trocou olhares com o diretor do museu. Após algumas palavras sussurradas em mandarim, Junchang fez sinal para que eu o seguisse. "Temos um segredo para lhe mostrar", disse ele. "E não é um dinossauro!"

Saímos do museu, entramos no carro e serpenteamos pelas ruas estreitas de Beipiao, lotadas de bicicletas e vendedores de macarrão. Uma rápida guinada nos levou a uma viela escondida que conduzia a um pequeno pátio. O carro parou subitamente e fui instruído a descer. O diretor do museu apontou para uma porta, recoberta por uma grade de metal, no térreo do que parecia ser um prédio residencial, densamente povoado e não muito bem conservado. Enquanto destrancava a porta, pensei que não havia chance de um empresário rico — que usara seu próprio dinheiro para construir o museu e enchê-lo de fósseis — morar em um lugar tão humilde.

Quando a luz foi acesa, uma estranha cena entrou em foco. Imagino que a casa de Buckland em Oxford, dois séculos atrás, devia ter a mesma aparência. Havia poeira sobre todas as superfícies. O chão estava recoberto por caixas de papelão e caixotes de madeira, e as pilhas de jornais formavam torres instáveis nas mesas e estações de trabalho. Martelos, cinzéis e pincéis estavam espalhados por toda parte, ao lado de vidros de cola e pequenos sacos plásticos. E lá estavam os fósseis, muitos fósseis, presos em placas de calcário de mais ou menos 2,5 centímetros que provavelmente dariam telhas muito boas. Não se tratava de um apartamento comum. Era uma oficina, um laboratório improvisado onde os fósseis, comprados de fazendeiros locais, eram preparados antes de ser exibidos no museu.

Um dos assistentes do diretor entrou em uma salinha lateral e retornou segurando duas placas de rocha que se encaixavam como peças de um quebra-cabeça. Ele afastou uma pilha de jornais, colocou as placas sobre a mesa e acendeu uma luminária. Quando iluminou o tesouro, pediu que eu me aproximasse.

Na superfície cinzenta de calcário, pontilhada por minúsculos fósseis de conchas, havia uma mancha marrom mais ou menos do tamanho de uma maçã. Olhei mais de perto. A coisa marrom eram pelos, e havia uma coluna vertebral correndo pelo meio.

Era um fóssil de mamífero! Um mamífero que vivera ao lado dos dinossauros emplumados do Período Jurássico, cerca de 160 milhões de anos atrás. De certa forma, o mamífero se encaixava no estereótipo: era pequeno e poderia facilmente ter sido golpeado ou pisoteado por um dos dinossauros com asas. Mas, por outro lado, muito mais importante, ele contrariava tudo que um mamífero do Jurássico ou Cretáceo devia ser. Havia uma aba de pele saindo de ambos os lados da coluna, esticada entre as pernas e os braços. Como a membrana de um esquilo-voador.

Longe de ser um animal desinteressante parecido com um camundongo, aquele mamífero podia planar entre as árvores. Claramente, os mamíferos vivendo com os dinossauros eram muito mais interessantes do que os paleontólogos — desde Buckland — pensavam.

ANTES DE COMEÇAREM a pairar sobre as cabeças dos dinossauros dos períodos Jurássico e Cretáceo, os mamíferos tiveram de sobreviver ao Triássico. Assim como os dinossauros. E não foi fácil. Conforme os primeiros mamíferos como o *Morganucodon* evoluíam de seus ancestrais cinodontes no Triássico — desenvolvendo a nova articulação mandibular, um conjunto completo de dentes, a habilidade de mastigar, corpos minúsculos, cérebros maiores e metabolismo de sangue quente —, a Terra também mudava. A pressão vinda de baixo começava a esticar Pangeia, com uma força que vinha do leste e outra do oeste. O movimento foi lento e imperceptível para os mamíferos vivendo na superfície durante muitos milhões de anos, até que subitamente se tornou uma catástrofe. Cerca de 201 milhões de anos atrás, no fim do Triássico, o supercontinente começou a rachar. A América do Norte se separou da Europa; a América do Sul se separou da África. Os continentes modernos nasceram do divórcio de Pangeia, e hoje o oceano Atlântico marca a linha divisória. Mas, antes que a água enchesse os vãos entre os continentes recém-separados, a terra sangrou lava.

Durante 600 mil anos, megavulcões entraram em erupção ao longo da futura costa atlântica. Houve quatro pulsos violentos de atividade, que cobriram de fogo as beiradas dos novos continentes. Juntos, alguns fluxos de lava e chaminés de magma — como as que podem ser vistas hoje como penhascos de basalto perto de Nova York ou nos desertos do Marrocos — chegavam a 915 metros de espessura, o quádruplo da altura do edifício Empire State. Mas, como ocorrera 50 milhões de anos antes, no fim do Permiano, o terror real não era a lava ou as cinzas, mas os gases que escapavam das chaminés vulcânicas, vindos das profundezas da Terra e se espalhando pela atmosfera — gases de efeito estufa como dióxido de carbono e metano, que catalisaram um período de aquecimento global. Assim como ocorrera no fim do Permiano, o pico de temperatura acidificou os oceanos, privou as águas rasas de oxigênio e causou o colapso de ecossistemas na terra e no mar. Novamente, houve extinção em massa. Dessa vez, ao menos 30% das espécies morreram, provavelmente muito mais.

Houve várias vítimas notáveis dessa extinção, incluindo os últimos dicinodontes com presas — primos próximos dos mamíferos, sobreviventes da diversificação dos terapsídeos durante o Permiano e de sua nova diversificação no Triássico, gerando herbívoros pesados de barriga redonda, como o polonês *Lisowicia*, do tamanho de um elefante. Muitos anfíbios pereceram, assim como quase todos os primos crocodilos que competiram com os dinossauros durante o Triássico.

Dois dos grandes sobreviventes, no entanto, foram mamíferos e dinossauros. Por que os dinossauros sobreviveram permanece uma questão sem resposta, um dos maiores mistérios debatidos pelos pesquisadores. Talvez porque tenham se livrado da competição com os crocodilos; talvez por serem dotados de penas que os protegeram das variações de temperatura; ou por apresentarem taxas de crescimento que lhes permitiam amadurecer rapidamente. Ou podem simplesmente ter tido sorte. Quando se trata dos mamíferos, no entanto, é fácil entender por que estavam em excelente posição para sobreviver ao colapso. Eles tinham ótimas cartas na manga: tamanho pequeno, crescimento rápido, sentidos aguçados, inteligência e a habilidade de se esconder em árvores e tocas. Da mesma maneira que ratos não têm problemas para lidar com a escuridão e os vapores tóxicos dos túneis de metrô, os mamíferos parecidos com o *Morganucodon* não tiveram problemas para lidar com o aquecimento global.

Conforme os vulcões adormeciam novamente e os continentes continuavam a se afastar, a Terra se recuperou, como sempre. O Triássico cedeu lugar ao Jurássico, e dinossauros e mamíferos encontraram um mundo novo e muito mais espaço para explorar. Os dinossauros responderam ficando muito maiores: no meio do Jurássico, havia dinossauros de pescoço mais comprido que cinco elefantes enfileirados e que literalmente faziam o chão estremecer ao andar. Os dinossauros também se diversificaram, e sua árvore genealógica floresceu em novos grupos: terópodes carnívoros do tamanho de jipes, com fantásticas cristas na cabeça; estegossauros com placas no dorso, que comiam vegetação rasteira; anquilossauros parecidos com tanques, cujos corpos eram recobertos de carapaças e espetos; raptores irascíveis, com o corpo coberto de penas e garras capazes de eviscerar presas; e, no meio do Período Jurássico, criaturas do tamanho de pombos que batiam as asas para se mover pelo ar — as primeiríssimas aves.

Os mamíferos, em contrapartida, permaneceram pequenos. Com tantos dinossauros em torno, provavelmente foram obrigados a fazer isso. Mas, como os dinossauros, eles se diversificaram em muitas novas espécies, com variadas dietas, comportamentos e maneiras de se mover. Eles se tornaram especialistas em preencher os nichos escondidos no subterrâneo, na vegetação rasteira, na escuridão, no topo das árvores, nas sombras. Aonde quer que os dinossauros gigantescos não conseguissem alcançar, lá estavam os mamíferos, prosperando.

A árvore genealógica dos mamíferos cresceu exponencialmente durante essa época, gerando um emaranhado de galhos sem ramificações, posicionados entre os primeiros mamíferos do Triássico, como o *Morganucodon*, e as espécies modernas. Mas essa descrição é injusta. A única razão pela qual esses grupos — como os docodontes e os haramídeos, sobre os quais aprenderemos em breve — são considerados "sem saída" é porque não sobreviveram até hoje. Esse é o privilégio do retrospecto. Durante o Jurássico e o Cretáceo, esses primeiros grupos de mamíferos evoluíram em altíssima velocidade e experimentaram muitos dos estilos de alimentação e locomoção dos mamíferos modernos. Em sua época e lugar, esses mamíferos foram tudo, menos obsoletos.

MINHA APRESENTAÇÃO AOS mamíferos do Jurássico e do Cretáceo ocorreu justamente quando o estereótipo da monotonia começava a ser destruído. Foi na primavera de 1999, meu primeiro ano de ensino médio, e os dinossauros eram minha obsessão. Meus pais não entenderam muito bem, mas não objetaram quando perguntei se, durante o feriado de Páscoa, podíamos visitar o Museu Carnegie de História Natural em Pittsburgh — o templo que Andrew Carnegie construíra para exibir os gigantescos dinossauros que seus mercenários haviam coletado no oeste. Não contente em ver a exposição, eu queria um tour pelos bastidores das coleções de fósseis, e sabia a quem pedir.

Algumas semanas antes, um dos curadores do Carnegie — Zhe-Xi Luo — estivera nos noticiários. Ele e seus colegas chineses haviam descrito um deslumbrante mamífero da era cretácea, um esqueleto de alguns centímetros com cauda fina, membros móveis e dentes tricuspidados usados para comer insetos. Eles o haviam chamado de *Jeholodens*, em referência ao antigo nome da parte da China em que fora encontrado: a província Liaoning. Uma reprodução artística de seu corpo sarapintado e peludo saltando de seu fóssil fora publicada em diversos jornais e revistas do país, até mesmo em minha cidadezinha rural no Illinois. Não era um dinossauro, mas era muito legal, então pesquisei o website do Museu Carnegie até encontrar o e-mail de Luo e lhe enviei meu pedido por um tour privado.

Luo respondeu rapidamente e com extrema generosidade, considerando-se que era um cientista ocupado e famoso. Pouco tempo depois, em uma fria manhã de abril, minha família se encontrou com ele na entrada do museu. Por mais de uma hora, ele nos conduziu por salas cheias de fósseis, e não se importou com a quantidade de perguntas que fiz sobre dinossauros. Perto do fim do passeio, ele nos apresentou ao artista que fizera o retrato publicado em nosso jornal, Mark Klingler. Luo me disse para ficar de olho na China. O *Jeholodens* fora somente o começo, garantiu ele, com o sorriso descarado de um corretor em posse de informações confidenciais e prestes a ganhar dinheiro no mercado. Os fazendeiros da província de Liaoning haviam encontrado muitos novos mamíferos, com dinossauros emplumados. Alguns, como o *Jeholodens*, eram cretáceos, com entre 130 e 120 milhões de anos, e formavam uma comunidade chamada de biota Jehol. Outros, como se descobriu mais tarde, eram muito mais velhos: mamíferos jurássicos que formavam uma comunidade anterior, chamada de biota Yanliao, com idade entre 157 e 166 milhões de anos.

Nas duas décadas seguintes, observei com espanto e admiração as predições de Luo se mostrarem verdadeiras. Os fósseis de mamíferos continuavam chegando da China — e ainda fazem isso, com vários novos mamíferos de Liaoning adornando as páginas das principais revistas, como *Nature* e *Science*, todos os anos. Quase todo fóssil é descrito por uma das equipes que desenvolveram uma rivalidade amigável, ambas lideradas por paleontólogos chineses que agora trabalham nos Estados Unidos: a equipe de Luo, agora baseada em minha *alma mater*, a Universidade de Chicago; e a equipe liderada por Meng Jin, um dos curadores do Museu Americano de História Natural, onde fiz meu PhD. Embora eu tenha começado como nerd dos dinossauros, minha pesquisa se moveu gradualmente para os fósseis de mamíferos, e tem sido uma honra trabalhar tanto com Luo quanto com Meng, dois especialistas mundiais muito humildes que me instruíram durante minha curva de aprendizado.

O que torna os mamíferos de Liaoning tão especiais é o fato de serem mais que dentes e mandíbulas — a maldição enfrentada por Buckland e todos os paleontólogos de mamíferos que estudaram fósseis jurássicos e cretáceos antes da geração de Luo e Meng. Muitos deles são esqueletos completos, com ossos e tecidos moles preciosamente preservados, um presente do mesmo rápido enterro vulcânico que transformou as penas dos dinossauros em pedra. Esses esqueletos revelaram algo que ossos e mandíbulas jamais poderiam ter revelado: os mamíferos do Jurássico e do Cretáceo eram imensamente diversificados, de quase toda maneira imaginável. A única limitação era o tamanho: a maioria era do tamanho de musaranhos ou camundongos, como os raros registros dentários haviam previsto corretamente, e nenhum dos que conhecemos era maior que um texugo. Mesmo assim, ao menos um deles — de uma espécie cretácea chamada *Repenomamus* — foi grande o bastante para fazer algo extraordinário. Ele foi encontrado com os ossos de bebês dinossauros em seu estômago, invertendo a antiga história de dinossauros *versus* mamíferos. Alguns dinossauros, como se viu, tinham motivos para temer os mamíferos.

Dois tipos de mamíferos da biota Yanliao exemplificam a inesperada diversidade do Jurássico. São os docodontes e os haramídeos, as primeiras duas grandes radiações de mamíferos. Nenhum deles sobreviveu ao Cretáceo, mas, se o destino tivesse sido ligeiramente diferente e alguns deles ainda existissem, provavelmente seriam considerados monotremados, como o ornitorrinco. Vestígios ligeiramente estranhos e primitivos das primeiras ondas de diversificação, mas mamíferos genuínos, celebrados em vídeos fofinhos na internet e atrações dos zoológicos. Seus ramos na árvore genealógica podem estar mortos, mas, em sua época, tanto docodontes quanto haramídeos prosperaram.

Eis um retrato de alguns docodontes de Yanliao. Havia os minúsculos *Microdocodon*, velocistas que, ouso dizer, pareciam-se muito com o camundongo ou musaranho comum, pesando menos de 10 gramas. Mas esse é o máximo de ortodoxia no caso desses mamíferos. Outra espécie, o *Agilodocodon*, tinha membros esguios, dedos longos, garras curvas nas mãos e tornozelos altamente flexíveis — características dos escaladores de árvores, como os primatas modernos. O *Docofossor* tinha um esqueleto radicalmente diferente, com cotovelos enormes, número reduzido de ossos nos dedos, garras parecidas com pás e patas grandes. Essas são adaptações feitas para cavar, características das toupeiras-douradas de hoje, que cavam tocas e túneis. E então havia o *Castorocauda*, que tinha uma cauda longa, larga e chata e patas traseiras palmadas, como um castor. Seus molares tinham uma linha de cinco cúspides curvas, como algumas das primeiras baleias: o formato perfeito para se alimentar dos escorregadios peixes e invertebrados aquáticos. O *Castorocauda* era uma criatura semiaquática que podia remar na água e vagar pelo litoral. Os haramídeos eram notáveis por diversos motivos. Seus molares tinham múltiplas filas paralelas de cúspides, que formavam uma série de fileiras baixas. As mandíbulas se moviam para trás durante a mordida — um movimento chamado de palinal —, esfregando as fileiras de cúspides dos molares superiores e inferiores e criando uma ampla superfície para triturar sementes, folhas, caules e outras matérias vegetais. E que plantas eles comiam? As mais altas, no topo das árvores. Isso porque muitos haramídeos — como o exemplar secreto que vi no apartamento-oficina de Beipiao — eram planadores. Eles foram os primeiros mamíferos "trapezistas", que podiam se mover de galho em galho e de uma árvore para a outra.

Várias espécies — entre elas *Vilevolodon*, *Maiopatagium* e *Arboroharamiya* — apresentavam uma tríade de membranas. A principal se estendia para fora a partir da coluna, esticando-se entre os membros anteriores e posteriores. As outras uniam o pescoço aos membros dianteiros e a cauda aos membros traseiros. Juntas formavam uma série de aerofólios, similares aos dos "lêmures-voadores" modernos, os colugos (que não são lêmures, mas um grupo de mamíferos não primatas). Mas há mais: os dedos longos dos haramídeos, quase iguais em tamanho, e os profundos sulcos para ligamentos na parte inferior dos dedos das patas traseiras sugerem que eles eram capazes de ficar suspensos de cabeça para baixo. Em outras palavras, podiam ficar dependurados de galhos ou do teto de uma caverna, segurando-se com as patas dianteiras e traseiras. E podiam formar colônias tão vastas, assustadoras e fedorentas quanto as dos morcegos de hoje.

Rapidinhos. Escaladores. Cavadores. Nadadores. Planadores. Caçadores de peixes, mascadores de plantas, moedores de sementes. No Jurássico, docodontes e haramídeos já faziam experimentos com muitos dos estilos de vida dos mamíferos modernos e preenchiam muitos nichos em seu ambiente, de florestas e margens de lagos a tocas subterrâneas. Eles não eram generalistas sem graça. Certamente tinham quase tanta variedade ecológica quanto os dinossauros — talvez mais! —, apenas em escala menor.

Essa percepção levou a uma reinterpretação radical do mundo jurássico e cretáceo. Os mamíferos eram *melhores* que os dinossauros em ser pequenos. Os menores dinossauros da época eram aves primitivas mais ou menos do tamanho de pombos. Nenhum estegossauro, tiranossauro, ceratopsiano ou hadrossaurídeo encolheu até o tamanho médio de um docodonte ou haramídeo. Embora seja verdade que os dinossauros impediram os mamíferos de se tornar grandes, os mamíferos fizeram o oposto, o que foi igualmente impressionante: eles impediram os dinossauros de se tornar pequenos.

O QUE ACONTECEU no Jurássico não aconteceu apenas na China, mas em todo o globo. Docodontes, haramídeos e muitos outros grupos de mamíferos primitivos se espalharam pelo mundo conforme os continentes se fragmentavam. De fato, pode ter sido o colapso da Pangeia que motivou sua diversificação, já que as massas terrestres recém-separadas se tornaram o lar de comunidades mamíferas excepcionais. Fósseis desses mamíferos são encontrados em muitos lugares, incluindo um de meus favoritos: a ilha de Skye, na Escócia.

A primeira vez que visitei Skye — uma ilha de picos escarpados, charnecas enevoadas e penhascos castigados pelas ondas — foi alguns meses depois de começar a dar aulas em Edimburgo. Novamente, foram os dinossauros que me atraíram até lá. Na década de 1980, uma pegada de dinossauro caiu de um penhasco e, na década de 1990, um grande osso de um dos membros de um saurópode de pescoço comprido foi encontrado em uma rocha de arenito na praia. Essas foram as primeiras e escassas pistas de que fósseis de dinossauro se escondiam naquele cenário mágico. Nos últimos anos, encontramos muitas outras: centenas de impressões de patas traseiras e dianteiras de saurópodes, rastros de estegossauros e terópodes carnívoros, possíveis pegadas dos primeiros hadrossaurídeos, dentes em forma de lâmina de um predador similar ao *Megalosaurus* de Buckland e muitos ossos ainda não identificados estão agora em meu laboratório. Enquanto escrevo, meus alunos usam brocas pneumáticas e ferramentas de dentista para remover os ossos de suas tumbas duras como concreto.

Minha equipe e eu somos recém-chegados a Skye. Outros paleontólogos foram até lá antes de nós, mas a maioria — por mais chocante que seja — não estava interessada em dinossauros. Fósseis jurássicos nas Hébridas — o arquipélago paralelo à costa oeste da Escócia — foram reportados pela primeira vez por Hugh Miller na década de 1850. Miller era muitas coisas: contador, pedreiro, escritor, especialista em rochas, pastor evangélico. Em certo verão, ele fretou um barco chamado *Betsey* e percorreu as Hébridas, praticando geologia e pregando. Em um trechinho de terra ao sul de Skye, chamado ilha de Eigg, ele chegou a uma praia coberta de rochas cor de ferrugem, com pedaços pretos e lisos se projetando de todos os lados. "Eram ossos, ossos de verdade", contou ele com deleite em seu livro de viagens, *The cruise of the Betsey* [O cruzeiro Betsey], publicado com grande aclamação em Edimburgo após sua morte, em 1856. A maioria dos ossos pertencia a répteis marinhos, de pescoços longos e ondulados, chamados plesiossauros, ao passo que outros pertenciam a crocodilos e peixes — animais que viviam no mar enquanto os dinossauros ribombavam em terra.

Mais de um século depois, no início da década de 1970, o texto de Miller inspirou outro caçador de fósseis, um professor chamado Michael Waldman, a levar seus alunos à ilha de Skye. Maior que Eigg, com muitas rochas jurássicas expostas ao longo da costa, Skye parecia um lugar mais promissor para encontrar fósseis. Waldman rapidamente provou estar certo ao encontrar uma mandíbula de apenas 1 centímetro, cheia de dentes com cúspides. Era uma mandíbula de mamífero, que ele considerou uma nova espécie de docodonte: *Borealestes*, o "bandoleiro do norte". Na década seguinte, Waldman e seu mentor, o especialista em mamíferos Robert Savage, da Universidade de Bristol, retornaram a Skye e coletaram muitos outros fósseis de mamíferos, particularmente os usuais: dentes e mandíbulas. Mas, por alguma razão, jamais os descreveram e, em certo momento da década de 1980, seus fósseis parecem ter desaparecido.

Quando planejava minha primeira viagem a Skye, fiz uma visita de reconhecimento aos galpões do Museu Nacional da Escócia, onde a maior parte de sua coleção de fósseis é armazenada. Eu queria ver os tipos de fóssil que poderia encontrar em Skye — formas, cores, texturas —, então fiz o mesmo que a maioria dos paleontólogos em tal situação: vasculhei as gavetas sem ter um plano real em mente, observando e fotografando cada fóssil que parecia remotamente interessante. A maioria era o que eu esperava: fragmentos de ossos, frascos com dentes e sacolas com detritos inidentificáveis. Então abri outra gaveta e levei um susto.

Nela havia um bloco de arenito esbranquiçado mais ou menos do tamanho de uma bola de futebol americano. Sua superfície estava esburacada por causa das incontáveis marés que lavavam a plataforma onde o bloco fora encontrado. No centro, havia um amontoado de ossos pretos e brilhantes, em uma massa mais ou menos do tamanho de uma maçã. Eu podia ver as vértebras da coluna, as costelas e os ossos dos membros.

Era um esqueleto — de mamífero!

Ali estava um dos espécimes que se temia perdidos, coletado por Waldman e Savage ao menos quinze anos antes de os primeiros esqueletos de Liaoning serem reportados, em uma época na qual se pensava que os mamíferos do Jurássico se resumiam a dentes e mandíbulas. Eles tinham um esqueleto, mas não haviam feito nada com ele. Ao menos conseguira chegar ao Museu Nacional, onde seria mantido a salvo para os futuros pesquisadores.

No mesmo momento, enviei um formulário de solicitação para estudar o fóssil, escrevendo em prosa efusiva que ele era a "joia da coroa" da paleontologia escocesa e poderia fornecer insights críticos sobre a evolução inicial dos mamíferos. Os burocratas não partilharam de meu entusiasmo e, como a primeira dezena de pedidos de bolsa que fiz como jovem professor, a solicitação foi recusada. Eu precisava de outra estratégia, então me associei a Nick Fraser e Stig Walsh — amigos paleontólogos no Museu Nacional da Escócia — para propor um projeto de doutorado focado no esqueleto. Como nenhum de nós era especialista em mamíferos jurássicos, recrutamos outro colega, que conhecia esses animais melhor que ninguém: Zhe-Xi Luo. Pela primeira vez, trabalharia com o homem que me apresentara aos fósseis de mamíferos quando eu era adolescente. Juntos, nós supervisionaríamos o projeto.

Agora tudo de que precisávamos era de um estudante de doutorado, e encontramos um bom: uma jovem do planalto escocês chamada Elsa Panciroli, que voltara à faculdade para estudar paleontologia após trabalhar em uma organização de preservação da vida marinha. Nos anos seguintes, ela estudou o fóssil minuciosamente, usando tomografias para isolar cada osso e uni-los digitalmente em um esqueleto articulado. Ela o identificou como pertencente a um *Borealestes* — um corpo para acompanhar a mandíbula de Waldman. Quando apresentou sua pesquisa na conferência de 2018 da Associação Paleontológica — a maior reunião de estudantes de fósseis do Reino Unido —, Elsa impressionou a plateia e obteve o Prêmio do Presidente de melhor palestra dada por um estudante.

Os fósseis de Skye e Eigg — de mamíferos, dinossauros, criaturas marinhas e muito mais — pintam um retrato significativo da vida naquela época. A Escócia antiga era parte de uma ilha no meio do ainda estreito oceano Atlântico, que se expandia ativamente conforme a Europa se afastava da América do Norte. Rios violentos drenavam os picos das montanhas e serpenteavam por terra antes de chegarem, em amplos deltas, às águas azuis e cristalinas do oceano. Praias e lagunas permeavam a costa, e era ali que mamíferos e dinossauros conviviam com crocodilos e salamandras, enquanto os plesiossauros de Hugh Miller nadavam. O *Borealestes* pode ter vivido como seu primo chinês, o *Castorocauda*: remando nas águas subtropicais de uma laguna, caçando peixes e se aventurando em terra quando queria suplementar sua dieta com insetos ou tentava evitar os plesiossauros.

Os dinossauros dominavam esse mundo, ao menos no que se referia ao tamanho. As pegadas de saurópode que minha equipe e eu descobrimos havia alguns anos são do tamanho de pneus de carro, deixadas por feras cujo pescoço podia chegar à altura de um edifício de poucos andares. Suponho que ao menos uma dúzia de *Borealestes* caberiam em uma única pegada de saurópode. Com uma pisada, um desses dinossauros podia dizimar uma colônia inteira de docodontes. Mas o *Borealestes* era uma de muitas espécies de mamíferos vivendo nessa ilha ancestral, não somente sobrevivendo, mas prosperando. Aquela foi a Era dos Dinossauros, mas, em menor escala e em nichos escondidos, foi também a Era dos Mamíferos.

DADA A GRANDE diversidade dos docodontes e haramídeos — o número de espécies; o alcance global, das florestas chinesas às lagunas escocesas; a espantosa variedade de dietas, hábitats e estilos de vida —, é tolice rebaixá-los ao beco sem saída da evolução mamífera, como eu infelizmente já fiz em alguns de meus textos e aulas.

Mas há outra razão pela qual essa expressão é problemática. Embora seja verdade que nenhum docodonte ou haramídeo sobrevive hoje, esses grupos surgiram do tronco da árvore genealógica mamífera, o caminho para os mamíferos de hoje. Ao longo dele, as espécies do Jurássico e do Cretáceo adquiriram muitas características que — somadas às que pelicossauros, terapsídeos, cinodontes e mamíferos como o *Morganucodon* já haviam desenvolvido — se tornaram componentes do esquema que define os mamíferos de hoje, incluindo nós mesmos. Podemos ver muitos desses novos atributos em fósseis de docodontes e haramídeos.

Comecemos com o pelo. Como aprendemos antes, é provável que os primeiros pelos tenham surgido nos terapsídeos permianos — dicinodontes e cinodontes — não como uma densa cobertura corporal, mas como bigodes sensoriais, estruturas de exibição ou parte de um sistema de impermeabilização da pele. Mas as evidências são circunstanciais: fios parecidos com pelos encontrados em coprólitos de terapsídeos e em buracos e sulcos dos focinhos, na posição de bigodes. O inegável é que muitos dos esqueletos de mamíferos jurássicos e cretáceos de Liaoning — incluindo docodontes e haramídeos — têm pelos por todo o corpo. Não é adivinhação: os pelos estão lá, em torno dos ossos, congelados no tempo pela preservação vulcânica, do mesmo modo que as penas dos dinossauros.

Portanto, é inegável que esses mamíferos tinham sangue quente, pois somente animais endotérmicos produzindo seu próprio calor corporal e mantendo uma temperatura constante precisam se cobrir com pelos. Isso seria prejudicial para animais de sangue frio, fazendo com que superaquecessem em dias ensolarados. Ainda há um debate sobre onde exatamente, na linha terapsídeos-cinodontes-mamíferos, o sangue quente evoluiu. O cenário que apresentei no último capítulo, identificando os cinodontes do Triássico como instigadores da endotermia, pode ser refutado por futuras pesquisas. De qualquer modo, enquanto docodontes e haramídeos levavam vidas distintas no Jurássico, os mamíferos devem ter desenvolvido o mesmo tipo de metabolismo sofisticado e de alta energia que temos agora.

Podemos citar outra característica dos mamíferos, ainda mais sofisticada, que se desenvolveu nessa parte da árvore genealógica. Aliás, é *a* característica que dá nome aos mamíferos e nos separa de todos os outros animais: as glândulas mamárias. Essas glândulas — as maiores e mais complexas de nosso organismo — produzem leite, que as mães usam para nutrir seus filhotes, em um processo chamado lactação.

Há muitos benefícios em alimentar filhotes com leite. É uma fonte de alimento notavelmente nutritiva que nem a mãe nem o bebê precisam procurar, coletar ou caçar. A mãe pode aumentar sua produção e controlar quando alimenta os filhos, o que a protege de mudanças no clima ou nas estações que possam causar escassez de alimentos. As aves, por exemplo, que caçam minhocas para alimentar seus filhotes, não têm essa sorte. Se uma seca acabar com o estoque de minhocas, os bebês estarão em apuros. Uma fonte disponível de alimento também permite que os mamíferos recém-nascidos cresçam rapidamente e possibilita a criação de um elo entre mãe e filho, o que é muito importante para o desenvolvimento cognitivo e social. E vi isso em primeira mão: enquanto escrevo, meu filho de cinco meses está arrulhando para minha esposa, mas me ignorando.

Há muitas teorias sobre como a lactação evoluiu, um mistério sobre o qual o próprio Darwin passou muito tempo refletindo. Hoje, há duas vertentes principais. A primeira diz que as glândulas da pele começaram a secretar fluidos antimicrobianos para ajudar a proteger os recém-nascidos de infecções bacteriológicas e que mais tarde isso se tornou uma fonte de alimento. A segunda diz que o leite foi inicialmente usado para manter úmidos os minúsculos ovos dos mamíferos, para que não ressecassem, mas as crias começaram a ingeri-lo e ele se transformou em nutrição.

Sim, você leu corretamente: ovos.

Embora estejamos acostumados a pensar nos mamíferos como animais que dão à luz filhotes vivos, essa é uma habilidade avançada dos terianos: o grupo secundário de marsupiais e placentários, como nós. Os mamíferos mais primitivos — monotremados como o ornitorrinco e a equidna — põem ovos, e é provável que todos os mamíferos do Triássico, Jurássico e Cretáceo sobre os quais discutimos até agora também o fizessem.

Embora não tenhamos ovos fossilizados dos primeiros mamíferos (ainda!), sabemos que seus parentes muito próximos — os cinodontes *Tritylodontidae*, o grupo incluindo o *Oligokyphus* de Walter Kühne, que conhecemos no capítulo anterior — deviam ser ovíparos. Em 2018, Eva Hoffman — outra estudante brilhante de doutorado cuja pesquisa está mudando nosso entendimento sobre a evolução dos mamíferos — se uniu a seu orientador Tim Rowe para descrever uma família fossilizada do tritilodontídeo *Kayentatherium*. Amontoadas, a mãe e ao menos 38 minúsculas crias, talvez mais, acabaram sendo soterradas devido a uma enchente repentina. Não há como esse mamífero do tamanho de um gato ter dado à luz tantas dezenas de bebês, então eles devem ter surgido de ovos. E também não há como ela os ter alimentado com leite, ao menos não exclusivamente. Talvez estivessem procurando comida quando morreram.

Quando, então, a lactação evoluiu? Até agora, nem mesmo o mais divinamente preservado mamífero de Liaoning foi encontrado com glândulas mamárias fossilizadas. Felizmente, outras linhas de evidência nos dizem se um mamífero bebeu leite na infância. A primeira é a difiodontia: ter somente dois conjuntos de dentes — infantis e adultos —, que, como vimos no capítulo anterior, surgiu em mamíferos como o *Morganucodon* no Triássico. Há uma razão para os dentes infantis serem chamados de "dentes de leite": eles se desenvolvem quando o principal alimento do bebê ainda é o leite materno. Frequentemente, são malformados, com cúspides que não fazem uma oclusão perfeita quando os maxilares se fecham. E não apresentam uma fileira completa: os molares (e, às vezes, outros dentes) não têm precursores infantis e só se formam depois que o bebê já não se alimenta mais do leite materno. Os dentes infantis, portanto, não são muito bons para mastigar, esmagar e triturar, mas isso não é um problema se a cria subsiste com uma dieta totalmente líquida.

Há outra questão, mais séria. Como atestado pelos sorrisos desdentados dos recém-nascidos humanos — ou seu choro na primeira dentição —, muitos mamíferos nascem sem dentes, porque as mandíbulas precisam ficar maiores e mais fortes antes que os primeiros dentes possam despontar. Esses bebês, já muito vulneráveis, precisam sobreviver várias semanas ou meses sem qualquer esperança de mastigar com seus dentes infantis. Novamente, o leite fornece a solução, pois tudo que o bebê precisa fazer é sugar e engolir.

Isso gera um segundo tipo de evidência de lactação: as estruturas esqueléticas requeridas para sugar. Uma é o palato secundário: a parte dura do céu da boca, que evoluiu nos cinodontes triássicos. O palato separa a boca das vias aéreas, assegurando que mesmo o mais frágil dos bebês não sufoque enquanto engole o leite. Além disso, quando se alimenta, o bebê usa a língua para puxar o mamilo da mãe para dentro da boca, forçando-o contra o palato, o que libera o leite. Mas o palato sozinho não basta. Para ter força suficiente para sugar, o bebê precisa de uma garganta musculosa, com um osso hioide complexo e altamente móvel para suportar a cartilagem e ancorar os músculos. Esse tipo peculiar de sistema hioide indubitavelmente surgiu primeiro nos docodontes, como o diminuto *Microdocodon* de Liaoning.

Considerando-se essas evidências, as mães devem ter começado a amamentar cedo na história mamífera, provavelmente na época em que os primeiros mamíferos como o *Morganucodon* surgiram no Triássico, e definitivamente quando os docodontes prosperaram no Jurássico. Talvez não seja coincidência o fato de cérebros maiores terem surgido na mesma época. Cérebros grandes são metabolicamente dispendiosos, e o leite, sendo uma fonte de alimento nutritiva, sustentável e disponível, forneceu a energia necessária para mais tecido neural — particularmente o novo neocórtex de seis camadas, o supercentro de processamento que é a sede da inteligência e da integração sensorial dos mamíferos.

O leite, a mais mamífera das substâncias, não somente nos sustenta quando somos bebês como também nos tornou mais inteligentes. A inteligência, porém, é apenas um componente do arsenal neurossensorial dos mamíferos.

NO SÉCULO XVI, os anatomistas notaram algo incomum na cavidade do ouvido médio de cadáveres humanos, no interior do tímpano. Havia três ossos, cada um deles do tamanho de um grão de arroz, tornando-os os menores ossos do corpo humano. Isso era muito peculiar. Ossos deviam ser fortes e resistentes. Eles impulsionam o corpo, protegem os órgãos vitais, agem como um andaime para os músculos. Mesmo que não possa ver seus próprios ossos, você os sente. Eles esculpem o perfil de sua face, dão forma ao contorno de sua cintura, içam os grandes músculos de seus braços, estalam quando você fecha os punhos, rangem com a idade avançada. E ossos são assustadores, místicos — decoração de tumbas, emblema da morte.

Os ossos do ouvido não eram nada disso. O que eram afinal e por que estavam lá?

O que quer que fossem, não eram exclusivos dos humanos. Mais tarde, outros anatomistas identificaram o mesmo conjunto de três ossos em outros mamíferos — mas somente em mamíferos. Sempre minúsculos, ficaram conhecidos como "ossículos", como se não merecessem ser chamados de ossos. E foram batizados com nomes latinos: *malleus, incus, stapes*. A maioria de nós, no entanto, aprende na escola seus nomes informais, martelo, bigorna e estribo, assim chamados porque possuem a forma desses objetos, da mesma maneira que as constelações lembram ursos e caranguejos. Conforme dissecavam ouvidos de mamíferos, os anatomistas notaram que os três ossículos estavam associados a outro osso minúsculo: o timpânico, que recebeu o muito mais intuitivo apelido de "anel", por causa de seu formato de aro.

Ao contar os ossos do corpo, é fácil esquecer do martelo, da bigorna e do estribo. E ninguém sequer menciona o osso timpânico porque, nos seres humanos, ele se funde ao osso temporal, que forma grande parte do perfil lateral de nossa cabeça, atrás dos olhos e bochechas. Mas o tamanho minúsculo desses ossos não corresponde a sua imensa importância, como cientistas e médicos mais tarde entenderiam.

O anel timpânico sustenta o tímpano — a membrana tesa que recebe ondas sonoras do ar —, como se fosse a estrutura de madeira de um tamborim. O martelo, a bigorna e o estribo formam uma cadeia entre o tímpano e o ouvido interno: o tímpano entra em contato com o martelo, que tem uma articulação móvel com a bigorna, que toca o estribo e em seguida atinge a cóclea, a parte macia do ouvido médio que processa o som e envia sinais auditivos ao cérebro. A cadeia de ossículos possui três funções-chave. Como uma linha telefônica, ela transmite do tímpano (receptor) para a cóclea (processador). Como um punhado de megafones conectados, ela amplifica esse som. E, como o adaptador de tomadas que você leva consigo ao tirar férias em outro país, converte as ondas sonoras do ar em ondas que fluem pelo líquido no interior da cóclea. É o movimento dessas ondas microscópicas que ativa os minúsculos pelos da cóclea, cujos movimentos são transformados em um sinal elétrico que é entregue pelos nervos ao cérebro e produz o que percebemos como "som".

O anel timpânico, o martelo, a bigorna e o estribo permitem uma das mais avançadas habilidades neurossensoriais dos mamíferos: ouvir uma ampla variedade de sons, particularmente os de alta frequência. Aves, répteis e anfíbios conseguem ouvir. Todos conseguem converter ondas sonoras em ondas líquidas no interior de suas cócleas. Mas não conseguem ouvir tão bem quanto mamíferos ou em uma variedade tão ampla de frequências, porque têm um único osso para fazer tudo — a columela, equivalente ao estribo.

De onde, então, vieram o martelo, a bigorna e o anel? A evolução criou três ossos inteiramente novos para ajudar os mamíferos a ouvirem melhor? Essa é uma hipótese razoável, porque a seleção natural frequentemente cria novas estruturas que terminam servindo a propósitos específicos, como chifres e bigodes.

No entanto, os anatomistas do início do século XIX perceberam algo espantoso quando começaram a analisar o desenvolvimento dos ouvidos em embriões de mamíferos. Armado com pouco mais que uma lupa, o embriologista alemão Karl Reichert observou que o martelo e a bigorna não se formavam no interior do ouvido médio. Na verdade, não ficavam nem perto do ouvido, estando posicionados na parte de trás da mandíbula. Em embriões em estágio inicial, eram esses dois ossos que *realizavam a articulação* entre o crânio superior e a mandíbula.

Os ossos que formam a articulação dos maxilares em vertebrados não mamíferos têm nome: articular e quadrático. Reichert reconheceu algo simples, mas profundo. Durante o desenvolvimento inicial dos mamíferos, o martelo e a bigorna eram essencialmente idênticos, em tamanho, forma e posição, ao articular e o quadrático nos répteis. O que só podia significar uma coisa: o martelo e a bigorna *eram* o articular e o quadrático. Eles eram ossos mandibulares.

O anatomista Ernst Gaupp — outro alemão, como muitos dos grandes especialistas em ossos daquela época — levou o trabalho de Reichert adiante e criou uma teoria unificada a respeito do desenvolvimento dos ouvidos em mamíferos, agora ensinada nas faculdades de Medicina de toda parte, que leva o nome de ambos: "teoria de Reichert-Gaupp". Quando as técnicas de estudo de embriões melhoraram, Gaupp foi capaz de usar microscópios para analisar os detalhes dos ossos do ouvido conforme se desenvolviam. Ele confirmou que Reichert estava correto em identificar o martelo com o articular e a bigorna com o quadrático, e finalmente solucionou o mistério do anel timpânico. Esse osso também começou seu desenvolvimento na parte de trás da mandíbula, em uma posição equivalente ao osso angular dos répteis. Assim, o timpânico é o angular. Também é um osso mandibular.

O que isso significa é extraordinário. Nenhum dos ossos do ouvido dos mamíferos é uma nova invenção. Eles eram ossos mandibulares que a evolução designou para uma nova função: ouvir.

Os biólogos modernos podem estudar o desenvolvimento dos embriões em detalhes incríveis, usando tomografias computadorizadas e lâminas de microscópio nas quais diferentes tecidos — ossos, cartilagens, músculos e assim por diante — são tingidos em diferentes cores. Agora sabemos o que acontece durante o crescimento de um mamífero. Quando o desenvolvimento persiste e um embrião de estágio inicial se transforma em embrião de estágio final e então recém-nascido, o martelo e a bigorna mudam. Eles param de crescer e endurecem mais cedo que o restante do crânio. Movem-se para trás e para dentro, perdem toda a conexão com a mandíbula, com exceção de alguns ligamentos tênues, e se encapsulam em uma bolha óssea chamada bula timpânica. Entrementes, o osso timpânico começa como uma faixa no ângulo anterior da mandíbula, curva-se e se move na direção do martelo e da bigorna, com a última estando em contato com o estribo. Enquanto isso acontece, uma nova junta se materializa entre o osso dentário da mandíbula e o osso esquamosal do crânio superior, que se torna um ponto de articulação para sugar e, mais tarde, mastigar.

Em geral, tudo isso acontece no útero. Nos humanos, por exemplo, o martelo e a bigorna se desconectam da mandíbula durante o oitavo mês de gestação, embora haja raros casos clínicos nos quais a articulação dentário-esquamosal não se desenvolve e os adultos fecham as mandíbulas por meio da articulação martelo-bigorna, *no ouvido*. Mas marsupiais como o gambá fazem algo inacreditável. Seus frágeis recém-nascidos precisam começar a sugar imediatamente na bolsa, antes que os ossos dentário e esquamosal estejam completamente formados. Assim, eles usam a articulação entre o martelo e a bigorna como principal articulação mandibular durante os vinte primeiros dias de sua vida pós-nascimento. Durante esse tempo, seus ouvidos promovem fisicamente a ingestão do leite. Conforme isso acontece, uma segunda articulação se desenvolve entre o dentário e o esquamosal e, por um breve tempo, as duas articulações funcionam conjuntamente, antes que a conexão entre o martelo e a mandíbula seja rompida. O martelo e a bigorna então passam a ser usados exclusivamente para ouvir e o dentário e o esquamosal exclusivamente para fechar os maxilares.

Ossos das mandíbulas diminuindo, movendo-se para trás, perdendo a função de fechar a boca; uma articulação mandibular mais forte se desenvolvendo entre o dentário e o esquamosal. Se essa sequência parece familiar, é porque já aprendemos sobre ela no último capítulo.

Durante o curso evolutivo dos cinodontes, o quadrático, o articular e muitos ossos menores no fundo da mandíbula diminuíram de tamanho enquanto uma nova e mais forte articulação dentário-esquamosal — a característica que define os mamíferos — os substituía. Essa sequência evolutiva de milhões de anos dos cinodontes espelha de maneira impecável a sequência de desenvolvimento de um único embrião de mamífero hoje. Como dizem os biólogos, a ontogenia é uma recapitulação da filogenia. Ou, dito de outro modo, o embrião em desenvolvimento é como um filme que captura, em alta velocidade, a jornada evolutiva dos ossos da mandíbula se transformando em ossos do ouvido.

Os fósseis também contam essa história. Existe uma sequência tradicional — indo dos cinodontes aos primeiros mamíferos do tipo *Morganucodon* e depois aos mamíferos contemporâneos — demonstrando como os ossos da mandíbula foram transformados em ossos do ouvido e esclarecendo por que isso aconteceu.

Primeiro, uma breve recapitulação. Os pelicossauros, os terapsídeos e os primeiros cinodontes tinham mandíbulas normais, no estilo reptiliano. O osso dentário continha os dentes, e vários ossos pós-dentários formavam a parte de trás da mandíbula, incluindo o articular, que entrava em contato com o osso quadrático, no crânio superior, para formar a articulação mandibular. Como aprendemos no capítulo anterior, durante a evolução dos cinodontes o osso dentário ficou progressivamente maior e mais forte, ao passo que os ossos pós-dentários atrofiaram, até que se tornou necessário construir uma nova articulação mandibular dentário-esquamosal.

Essa nova articulação surgiu primeiro em animais como o *Morganucodon*, e as espécies que a possuem são chamadas de mamíferos. Essa é a linha divisória entre não mamíferos e mamíferos (como definidos neste livro).

Nesses primeiros mamíferos, havia duas articulações mandibulares: a nova, dentário-esquamosal, e a ancestral, quadrático-articular. A articulação dentário-esquamosal fazia a maior parte do trabalho no fechamento das mandíbulas e era a fonte primária da mordida mais forte e da mastigação mais precisa desses animais. A articulação quadrático-articular, no entanto, ainda suportava parte da carga da mandíbula. Ao mesmo tempo, os ossos quadrático e articular se moveram para trás, a ponto de o quadrático entrar em contato com o estribo — o osso ancestral do ouvido médio que envia o som do tímpano para a cóclea em répteis, anfíbios e aves. Consequentemente, em mamíferos como o *Morganucodon*, a articulação quadrático-articular tinha uma função dupla: transmitia sons para o ouvido, mas também participava da mordida. Era um equilíbrio delicado que não estava destinado a durar.

Alguns fósseis mostram uma condição intermediária. O mais espantoso é uma criatura de 30 centímetros chamada *Liaoconodon*, encapsulada pelos vulcões de Liaoning e descrita por Meng Jin e sua equipe. O dentário e o esquamosal formam a única articulação mandibular funcional, enquanto o quadrático, o articular e o angular são pequenos ossículos que se moveram para trás e para dentro, chegando ao interior da cavidade auricular. Os maxilares e os ouvidos parecem estar separados, mas não totalmente. O articular e o angular estão ligados ao dentário por uma fina faixa óssea. Isso provavelmente ajudava a apoiar os delicados ossículos, mas, como ainda estavam fisicamente ligados à mandíbula, eram afetados pelos movimentos de mastigação.

O próximo passo na evolução é óbvio: a conexão entre o ouvido e a mandíbula precisava ser desfeita e a faixa óssea que os ligava, rompida. Isso é constatado em outro mamífero de Liaoning chamado *Origolestes*, descrito por Meng, sua colega Fangyuan Mao e suas equipes. Como esses dois antigos ossos mandibulares agora estão totalmente desligados da mandíbula, podemos chamá-los por seus novos nomes: martelo e anel. Esse pequeno passo foi revolucionário. Agora as mandíbulas podiam seguir seu próprio caminho e se tornar mais eficientes em morder e mastigar, sem se preocupar com a interferência na função auditiva. Os ouvidos também se tornariam independentes e ficariam ainda melhores em ouvir sons de alta frequência, sem ser perturbados pelas mandíbulas.

A total separação entre mandíbulas e ouvido criou o "ouvido médio separado". Os haramídeos — os incrivelmente diversificados mamíferos do Jurássico que planavam entre os galhos e podem ter vivido em colônias como as dos morcegos — foram alguns dos primeiros a demonstrar evidências de um ouvido separado fossilizado. Os ossículos do ouvido — agora livres da mandíbula — se aninharam no interior da cavidade do ouvido médio e, funcionalmente, tornaram-se parte do crânio superior, cercados pela bula timpânica, seu invólucro protetor. A cóclea, no interior do ouvido, também foi cercada pelo petroso, o osso "rochoso", assim nomeado por causa de sua extrema densidade. Tanto a bula quanto o petroso servem como fones canceladores de ruídos, permitindo que os mamíferos ouçam excepcionalmente bem mesmo enquanto mastigam. Lembre-se disso da próxima vez em que jantar diante da TV.

Mas há uma reviravolta nessa história. A transição entre ossos da mandíbula e ossículos do ouvido parece fácil, uma transformação gradual enquanto os mamíferos se aperfeiçoavam no Triássico, Jurássico e Cretáceo. Porém, quando todos os fósseis são posicionados na árvore genealógica e suas características anatômicas categorizadas, surge uma história mais complicada. O ouvido separado não evoluiu uma única vez, mas múltiplas: ao menos três vezes, talvez quatro, cinco ou mais. Houve um estágio na evolução dos mamíferos, ao longo do tronco da árvore genealógica, no qual os ossos da mandíbula diminuíram de tamanho e se moveram para o ouvido, mas permaneceram ligados à mandíbula por uma faixa óssea. Essa fase intermediária não era boa para mastigar nem para ouvir.

É intrigante o fato de alguns dos diferentes grupos de mamíferos, que separaram de maneira independente seus ouvidos, terem articulações diferentes entre o martelo e a bigorna. Alguns, como nós, têm um sistema interligado no qual uma saliência arredondada da bigorna se encaixa em uma cavidade do martelo. Outros, como os monotremados, têm uma articulação sobreposta simples. Uma ideia — ainda sendo debatida — é a de que essas diferentes articulações reflitam as diferentes juntas mandibulares das quais evoluíram, que se articulavam de maneiras diferentes e se moviam em planos diferentes.

Há somente uma maneira pela qual isso faria sentido: esses grupos de mamíferos primeiro desenvolveram maneiras distintas de mastigar. Eles construíram suas mandíbulas de modo que o formato das articulações quadrado-articular *e* dentário-esquamosal permitisse sua maneira de mastigar: para a frente e para trás em alguns, de um lado para o outro e de cima para baixo em outros, e assim por diante. Então, cada grupo separou independentemente os maxilares dos ouvidos, provavelmente como forma de otimização. Ter duas articulações mandibulares que precisavam trabalhar em uníssono era, no melhor dos casos, redundante e, no pior, um impedimento — como as rodinhas na bicicleta quando você quer pedalar rápido. O ato de mastigar seria mais eficiente se fosse orquestrado por uma única, sólida e musculosa articulação mandibular: a dentário-esquamosal. A articulação articular-quadrático foi liberada para se tornar a articulação martelo-bigorna e se dedicar inteiramente à transmissão de sons do tímpano para a cóclea, mas seria para sempre constrita pelo tipo de movimento mandibular de seus ancestrais.

Por que os mamíferos estavam tão investidos na mastigação que separaram as mandíbulas dos ouvidos, e fizeram isso várias vezes? Porque, durante o Jurássico e particularmente durante o Cretáceo, havia muitos novos alimentos para ingerir. Enxames de saborosos insetos surgiram e polinizaram espécies totalmente novas de plantas bonitas e coloridas, que produziam uma incrível e saborosa variedade de flores, frutos, folhas, raízes e sementes.

Os três grupos modernos de mamíferos — placentários, marsupiais e monotremados — podem traçar sua linhagem até essa época, uma valsa maníaca de evolução e mudança ecológica chamada de revolução terrestre do Cretáceo.

4

A REVOLUÇÃO MAMÍFERA

QUANDO CHEGAMOS AO CHALÉ na periferia de Varsóvia, eu estava sujo e exausto. Com a barba por fazer, o cabelo oleoso e terra sob as unhas. Minha testa começava a descascar por causa do Sol e eu deixara a camisa aberta para tentar capturar um pouco de ar fresco no banco traseiro da van, que não tinha ar-condicionado.

Era meado de julho de 2010. Eu estava no doutorado, fazendo trabalho de campo com o paleontólogo Richard Butler e nossos amigos poloneses Grzegorz Niedźwiedzki e Tomasz Sulej na Europa Oriental. Retornávamos à capital após termos passado uma semana e meia pulando entre a Polônia e a Lituânia, à caça de dinossauros do Período Triássico.

A sorte não estava do nosso lado. Durante a primeira metade da viagem, na Polônia, não encontramos muitos fósseis. Então partimos para a Lituânia. Estávamos na estrada havia algumas horas quando a van parou, vítima do mau funcionamento do alternador. O que poderia ter sido um longo exílio nas planícies do nordeste da Polônia foi evitado graças a um mecânico suspeito que "achou" uma peça sobressalente no motor de outro veículo, cujos proprietários estavam convenientemente ausentes. Chegamos à Lituânia e nos registramos no hotel na noite seguinte. Cansados e com fome, lamentamos o dia perdido, mas nos consolamos com a ideia de que o dia seguinte seria melhor. Não foi. A chuva martelava a pedreira de saibro na qual trabalhávamos, tornando quase impossível coletar fósseis ou mapear as rochas. Grzegorz encontrou um único dente — e nem mesmo era de dinossauro.

Quando nos aproximamos do chalé e tocamos a campainha, eu estava mal-humorado. Pensei que só tínhamos perdido tempo. Mas logo eu entenderia que estava enganado.

A porta se abriu e um pequeno mamífero saiu saltitando. Um lulu-da-pomerânia, enfeitado como o participante de um concurso de beleza, latindo agudamente. Ele veio na minha direção e mordeu meu tornozelo.

Uma senhora idosa apareceu e, com sotaque carregado, pediu desculpas pelo mau comportamento do cachorrinho. Pequenos mamíferos podem ser combativos, disse ela com um sorriso tímido. Era uma mulher esguia, com pouco mais de 1,50 metro, e caminhava encurvada. Tinha um cabelo grisalho, as mãos eram enrugadas e os olhos, gentis. Um ondulante vestido listrado cobria seu corpo magro, preso por um cinto branco e estreito e grandes botões vermelhos. Em sua aparência e seus modos, ela não era diferente de muitas *babulas* (avós) que havíamos visto caminhando pelos vilarejos em nossas viagens. Soubemos que ela acabara de completar 85 anos.

Ela nos convidou a entrar e, do lado de dentro, a mesa estava servida com bolos, doces e chá. Seu marido, um homem ligeiramente mais alto com cabelo grisalho repartido, juntou-se a nós. Após os esforços do trabalho de campo, a oferta para relaxar foi bem-vinda.

Entre pedaços de bolo recheados de creme, contamos a ela nossas desventuras. A van quebrada, a chuva, o calor, o jantar perdido, os fósseis escassos. Ela assentiu e, quando terminamos, deu uma risadinha.

"Era muito pior no deserto de Gobi", disse ela.

Só de olhar para ela ou conversar brevemente, seria impossível dizer que aquela gentil avozinha era uma das maiores colecionadoras de fósseis do mundo, uma pioneira que se aventurara pelas dunas de areia em busca de dinossauros e mamíferos, a capitã de uma das primeiras grandes expedições de fósseis liderada por uma mulher.

Seu nome era Zofia Kielan-Jaworowska e ela era uma de minhas heroínas. Na verdade, eu estivera mais empolgado com a possibilidade de conhecê-la que com a coleta de fósseis. Ficar sentado na cozinha de Zofia enquanto ela contava histórias cheias de percalços e aventuras fez desaparecerem as comparativamente pouco importantes tribulações de nosso trabalho de campo.

Zofia nascera em 1925, a leste de Varsóvia. Era adolescente quando os nazistas invadiram a Polônia. Não era interessante para os invasores que poloneses recebessem educação, então ela teve de terminar o ensino médio e começar o ensino superior através de aulas clandestinas.

Enquanto estudava Zoologia em segredo na Universidade de Varsóvia, em 1944, as forças locais de resistência enfrentavam os alemães. A prometida ajuda soviética jamais chegou: 200 mil pessoas foram mortas e a cidade foi destruída no que ficou conhecido como Revolta de Varsóvia. Durante aqueles sombrios dois meses, Zofia deixou os estudos de lado e trabalhou como socorrista, cuidando dos feridos.

A guerra terminou e a universidade reabriu em 1945, embora não tivesse sobrado muita estrutura física. As aulas eram realizadas em lugares aleatórios da cidade, incluindo o apartamento do professor Roman Kozłowski, que sobrevivera à destruição. Uma das aulas na casa do professor tinha sido sobre as expedições à Ásia Central, odisseias de coleta de fósseis na Mongólia nas décadas de 1920 e 1930, lideradas pelo carismático explorador Roy Chapman Andrews, que, segundo os rumores, fora a inspiração para o personagem Indiana Jones. Nessas jornadas lendárias, Andrews e sua equipe fugiam de bandidos e enfrentavam tempestades de areia, usando o recém-inventado automóvel para penetrar profundamente no deserto e arrancar tesouros fósseis do arenito cor de ferrugem. Suas descobertas foram épicas: os primeiros ninhos de dinossauro, os primeiros esqueletos do vilão *Velociraptor* e quase uma dúzia de crânios de mamíferos, na época os mais completos registros de mamíferos do Cretáceo já descobertos.

Zofia ficara encantada e decidira se tornar paleontóloga. Embora tivesse "sonhos audaciosos" de refazer os passos de Andrews, a Mongólia ficava muito longe, e havia fósseis mais perto de casa. Por sugestão de Kozłowski, ela começou a estudar trilobitas, artrópodes extintos parecidos com insetos, com exoesqueleto rígido, que povoaram os oceanos milhões de anos antes de dinossauros e mamíferos viverem em terra. Durante quase quinze anos, ela passou os verões coletando esses pequenos fósseis na área central da Polônia. Mas nunca esqueceu a história do deserto de Gobi.

No início da década de 1960, Zofia se tornara a maior especialista do mundo em trilobitas e outras criaturas sem espinha dorsal. Também se tornou diretora do Instituto de Paleobiologia de Varsóvia após a aposentadoria de Kozłowski. Isso a colocou em uma posição de influência e permitiu que defendesse novas ideias de pesquisa. Era o auge da Guerra Fria, e as autoridades polonesas estavam ansiosas para que seus cientistas fizessem parcerias com camaradas em outros países comunistas. Países como a Mongólia.

Zofia aproveitou a oportunidade. Ela propôs uma expedição conjunta, polonesa-mongol, ao deserto de Gobi. Parecia improvável: não somente ela (ainda) não era especialista em dinossauros ou mamíferos como era mulher, e nenhuma mulher jamais liderara uma expedição paleontológica dessa dimensão. Mas seu pedido foi aprovado e, subitamente, ela precisava de uma equipe. Recrutou várias outras jovens, incluindo três que se tornariam renomadas paleontólogas: Halszka Osmólska, Teresa Maryańska e Magdalena Borsuk-Białynicka. Eram inexperientes trabalhando tão longe da Polônia, e muitas jamais tinham ido a um deserto. Mesmo assim, persistiram e se uniram a jovens pesquisadores mongóis — Demberlin Dashzeveg, Rinchen Barsbold e Altangerel Perle, que também se tornaram respeitados paleontólogos — para formar uma equipe formidável. Entre 1963 e 1971, a equipe fez oito expedições.

Foram viagens difíceis. As temperaturas podiam chegar a mais de 40ºC na sombra durante o dia, mas se tornavam enregelantes à noite. Frequentemente, eram necessários muitos dias para ir de um sítio a outro. A maioria dos trajetos era off-road, com pouco mais que um mapa, uma bússola e velhos rastros de pneus para orientar a equipe até onde os fósseis estavam localizados. A água era escassa e grande parte do planejamento logístico estava relacionada a conseguir água suficiente para os acampamentos, que ficavam a dezenas de quilômetros dos poços mais próximos, em terrenos ingratos. As caminhonetes com tração em seis rodas, emprestadas por uma fábrica estatal polonesa, eram fortes, mas muito desconfortáveis. Certa vez, Zofia ficou sentada por tempo demais perto de uma janela aberta durante uma longa viagem, e o vento perfurou seu tímpano, exigindo que retornassem o mais rápido possível para a Polônia a fim de receber cuidados médicos. Mesmo assim, a expedição continuou, com Teresa Maryańska assumindo o papel de líder até que Zofia retornasse, algumas semanas depois.

Durante seus oito anos no deserto de Gobi, a equipe de Zofia encontrou diversos fósseis. Muitos eram de dinossauros, a razão pela qual (inicialmente) eu a idolatrava. Eles coletaram um *Velociraptor* e sua vítima envolvidos em combate letal, um saurópode de pescoço longo cujos ossos pesavam 12 toneladas e incontáveis esqueletos de *Tarbosaurus*, o primo mais próximo do *T. rex*, que eu passara uma semana estudando em Varsóvia para minha tese de doutorado.

Os dinossauros tornaram Zofia e sua expedição famosos. Mas o que ela realmente queria eram mamíferos. Ficara maravilhada com os minúsculos crânios coletados pelas expedições de Andrews e reconhecera sua importância para esclarecer as fases iniciais da evolução dos mamíferos, durante o obscuro período em que viveram sob o domínio dos dinossauros. Também reconhecera que a equipe de Andrews desejara fósseis grandiosos e deslumbrantes que chegassem às manchetes dos jornais e lotassem exposições em museus. Os mamíferos que haviam trazido de Gobi — embora fossem o primeiro registro de tais fósseis na época — eram secundários, recolhidos aleatoriamente do deserto enquanto procuravam dinossauros. Eles não tinham uma estratégia dedicada à busca de fósseis de mamíferos, mas encontraram vários crânios e esqueletos parciais, o que significava uma coisa.

Mais mamíferos estavam por ali, esperando pela paleontóloga certa.

E essa paleontóloga era Zofia. Ela procurou pequenos crânios, mandíbulas e dentes apoiando-se sobre os joelhos e as mãos, com o nariz grudado na rocha, usando uma lupa. O trabalho machucava as costas, esfolava os joelhos e cansava os olhos, e não tinha o glamour das viris caçadas a dinossauros de Andrews, mas era efetivo. Em 1964, sua equipe descobriu nove crânios de mamíferos, quase tantos quanto os encontrados pela equipe de Andrews durante uma década de exploração. E esse foi apenas o começo.

Em 1970, Zofia levou sua equipe até as rochas vermelhas da Formação Barun Goyot, que paleontólogos soviéticos — que exploraram o deserto de Gobi nos anos após a Segunda Guerra Mundial — haviam considerado desprovidos de fósseis. Zofia tinha o palpite de que seu método com a lupa poderia provar que eles estavam errados. E não demorou a descobrir que tinha razão. Em algumas horas, Halszka Osmólska encontrou um deslumbrante crânio de mamífero, diferente de qualquer um descoberto previamente por Andrews, pelos soviéticos ou pela equipe de Zofia. Uma nova espécie! Após um almoço rápido no acampamento, Zofia reuniu uma equipe maior e foi até o sítio chamado Khulsan, que em breve se tornaria, em suas próprias palavras, seu El Dorado. Somente naquela tarde, encontraram cinco crânios de mamíferos. Eles ficaram por mais dez dias e encontraram outros dezessete. Em menos de duas semanas, bateram o recorde mundial de registro de mamíferos cretáceos.

Após uma breve pausa de inverno na Polônia, Zofia e sua equipe retornaram à Mongólia na primavera de 1971, superentusiasmados. Foram diretamente a seu El Dorado e, no primeiro dia, encontraram mais três crânios de mamíferos. Expandiram as buscas e encontraram outra fonte de fósseis em um local chamado Hermiin Tsav, onde havia outro grupo de caçadores de ossos: uma grande equipe soviética que analisava o deserto havia alguns anos, descobrindo excelentes territórios. Eles tinham mais recursos e melhores conexões políticas — afinal, a União Soviética era a superpotência e a Polônia um satélite. E eles gostavam de joguinhos, tentando atrair alguns dos jovens cientistas mongóis que trabalhavam com Zofia. Durante algum tempo, os mongóis tentaram dividir seu tempo entre as duas brigadas rivais, mas, no fim da temporada de 1971, a tensão se tornou insustentável.

Zofia foi convocada ao gabinete do presidente da Academia de Ciências, que lhe deu a má notícia. Os cientistas mongóis trabalhariam somente com os soviéticos. As expedições conjuntas com os poloneses haviam chegado ao fim. “A notícia foi absolutamente devastadora”, escreveu Zofia mais tarde, confusa com as políticas da Guerra Fria por trás da decisão. “Mas tentei me consolar lembrando que tínhamos vários fósseis da Mongólia que poderíamos descrever nos anos seguintes.”

Entre esses fósseis estavam 180 mamíferos cretáceos, o total acumulado de seus anos de trabalho em Khulsan, Hermiin Tsav e outros sítios. Era, de longe, a maior, mais completa, diversificada e espetacular coleção de mamíferos do Cretáceo já reunida. Zofia passou as décadas seguintes descrevendo os crânios e esqueletos, fazendo grande parte do trabalho em sua casa.

Depois que terminamos o chá, ela nos levou até seu escritório. Havia vários fichários coloridos ocupando toda a parede — uma biblioteca cuidadosamente catalogada de grandes publicações sobre a evolução dos mamíferos — e caixas plásticas transparentes cheias de dentes, mandíbulas e outras partes. Tudo era pequeno; nenhum daqueles mamíferos chegaria à metade do tamanho de seu lulu-da-pomerânia.

Zofia acendeu uma luminária e retirou uma caixa de uma das prateleiras. Com as mãos tremendo ligeiramente, removeu a tampa e tirou lá de dentro um pequeno tubo plástico contendo uma mandíbula, com molares achatados cobertos por cúspides. Ela colocou a mandíbula sob o microscópio, apoiou-se na mesa e se inclinou lentamente.

"Talvez seja uma nova espécie", disse ela, convidando-nos a dar uma olhada no microscópio. Quase quarenta anos haviam se passado desde a última expedição polonesa-mongol, e ela ainda tinha trabalho a fazer. E continuou a trabalhar até março de 2015, quando morreu, um mês antes de seu nonagésimo aniversário, com a casa cheia de fósseis mongóis ainda por estudar.

OS MAMÍFEROS QUE ZOFIA e sua equipe coletaram vieram de rochas esculpidas em falésias, penhascos, vales, terras baldias e outras regiões desérticas de grande parte do sul da Mongólia, a uns dois dias de viagem de Ulan Bator (Ulaanbaatar). A maioria dessas rochas é arenito e lamito, algumas depositadas em rios que percorriam florestas verdejantes, outras remanescentes de antigas dunas de areia e de oásis no deserto que não pareceriam fora de lugar na Mongólia moderna. Todas essas rochas foram formadas durante as idades campaniana e maastrichtiana do fim do Período Cretáceo, entre 84 milhões e 66 milhões de anos atrás. Isso aconteceu uns bons 80 milhões de anos, mais ou menos, depois do auge de docodontes e haramídeos no Jurássico, os primeiros e imensamente diversificados grupos de mamíferos sobre os quais aprendemos no último capítulo.

Muita coisa mudou durante esse tempo. Há 145 milhões de anos, o Jurássico cedeu lugar ao Cretáceo. A transição não foi causada por megavulcões ou outra calamidade geológica, nem foi marcada por uma extinção em massa particularmente notável ou um colapso ecológico. Em vez disso, houve mudanças mais lentas nos continentes, oceanos e climas que gradualmente se somaram, originando o novo mundo do Cretáceo. O nível dos mares caiu e então subiu novamente, em um período de mais ou menos 10 milhões de anos. A estufa do fim do Jurássico se tornou fria e depois árida, voltando ao normal no início do Cretáceo. Entrementes, os continentes permaneceram inquietos. Pangeia se estilhaçou ainda mais e as novas terras continuaram se afastando, a uma taxa imperceptível de alguns centímetros por ano. Multiplique isso por 80 milhões de anos e, no fim do Cretáceo, os continentes estavam mais ou menos nas posições atuais.

Contudo, o mapa não era exatamente como o moderno. A América do Sul estava muito distante da América do Norte, mas permanecia tenuamente ligada à Antártida, que quase tocava a Austrália. A Índia era um continente insular na costa leste da África, rumando rapidamente para o norte. Não havia calotas de gelo, então o nível dos mares era alto, e a Europa não era nada além de um punhado de ilhas em um mar tropical. Outro mar penetrava profundamente a América do Norte, às vezes se estendendo do golfo do México até o Ártico, dividindo o continente em uma porção montanhosa a oeste chamada Laramidia e uma porção a leste chamada Appalachia. As ilhas europeias eram trampolins convenientes entre a América do Norte e a Ásia, mas havia uma vasta barreira oceânica entre as terras ao norte e os continentes ao sul.

Os mamíferos do deserto de Gobi encontrados por Zofia teriam vivido no meio de um grande continente asiático que, ocasionalmente, conectava-se a Laramidia através do estreito de Bering e tinha fácil acesso ao arquipélago europeu a oeste. Os quase duzentos mamíferos que ela tirou do deserto constituem uma fauna diversificada, de muitas espécies pertencentes a muitos subgrupos. Alguns são remanescentes arcaicos dos estágios iniciais da história mamífera, outros muito mais derivados, situados nas linhagens ancestrais que levam aos placentários e marsupiais de hoje. A vasta maioria, no entanto, é de multituberculados.

Os multituberculados foram a grande onda seguinte de diversificação mamífera, após o declínio dos docodontes e haramídeos. Podem ter evoluído dos haramídeos, pois ambos os grupos tinham molares semelhantes, com longas fileiras de cúspides, e mastigações nas quais os maxilares se moviam para trás, em um movimento de trituração.

Os multituberculados foram *os* mamíferos representativos do Cretáceo, ao menos nos continentes do norte. Mais de cem espécies foram encontradas e, em Gobi, quase 70% de todos os fósseis de mamíferos são de multituberculados. Zofia descreveu várias novas espécies, a maioria com base nas descobertas de sua equipe em Khulsan, Hermiin Tsav e em outro sítio esplêndido, uma crista de arenito que forma uma incandescente figura alaranjada contra o céu do deserto e que Roy Chapman Andrews chamou de Penhascos Flamejantes quando sua equipe encontrou os primeiros fósseis na região, na década de 1920. Entre os multituberculados de Gobi estão o *Kryptobaatar*, a variedade mais comum, contando com vários crânios e esqueletos, que Zofia nomeou em 1970. No mesmo artigo, ela também apresentou o *Sloanbaatar* e o *Kamptobaatar*. Mais tarde, batizou o *Catopsbaatar*, *Nemegtbaatar*, *Bulganbaatar*, *Chulsanbaatar* e *Nessovbaatar*. Você provavelmente percebeu o padrão: *baatar* significa "herói" em mongol, a mesma raiz que forma o nome da capital do país, Ulan Bator/Ulaanbaatar, o "Herói Vermelho", uma relíquia do passado comunista. Possivelmente havia mais *alguma-coisa-baatar* nas caixas do escritório de Zofia quando eu a visitei, aguardando serem identificadas como novas espécies.

Embora Zofia tenha parado de coletar em 1971, outras equipes encontraram uma miríade de novos multituberculados em Gobi. Logo após a queda do comunismo na Mongólia em 1990, as expedições de Andrews pela Ásia Central foram reprisadas por uma equipe do Museu Americano de História Natural liderada por Mike Novacek — cujos livros de viagem e divulgação científica como *Time traveler* me inspiraram durante a adolescência — e Mark Norell, que mais tarde seria meu orientador de doutorado. Eles frequentam o deserto de Gobi há três décadas já, batendo o recorde de Zofia ao coletar várias centenas de crânios de mamíferos. Muitos são de um sítio extraordinário que descobriram, chamado Ukhaa Tolgod: um campo de dunas do Cretáceo com 4 quilômetros quadrados de extensão. Ali, milhares de mamíferos, lagartos, dinossauros e tartarugas — vivendo nas dunas ou em oásis entre elas — foram enterrados na areia quando as dunas desabaram durante enxurradas súbitas causadas pela chuva. Como seria de se esperar, a maioria dos mamíferos é multituberculado, incluindo outro *baatar*, o *Tombaatar*.

Se estivesse na Mongólia durante o Período Cretáceo, tomando sol no topo de uma duna ou acocorado junto a um arbusto num oásis no deserto, escondendo-se dos gigantescos dinossauros, é provável que você estivesse cercado por multituberculados. Eles seriam como ratazanas do esgoto, camundongos em um prédio abandonado, ratos-do-mato em uma plantação. Você provavelmente não os veria, mas poderia ouvi-los e ter certeza de que estavam lá, escondidos. Preenchendo os vazios, pendurados nas sombras, arrastando-se pelas tocas e pela serrapilheira.

Os mamíferos do Jurássico e do Cretáceo ainda são, injusta e frequentemente, estereotipados como roedores. Quando se trata dos multituberculados, no entanto, a comparação é adequada. Eles tinham incisivos proeminentes, podiam mastigar e roer, e se moviam da mesma maneira que os camundongos e ratazanas de hoje. Alguns possuíam membros longos e retos para correr rapidamente pelo solo, outros cavavam tocas e ainda havia os que sabiam pular e saltar. Muitos conseguiam "torcer" os tornozelos para que os pés apontassem para trás, permitindo que descessem das árvores de frente, com graça e segurança, como os esquilos em frente à minha janela. Mas não eram roedores. Ao passo que os roedores são mamíferos placentários como nós, os multituberculados pertenciam a uma família mais primitiva, aninhada entre os monotremados e os grupos marsupial e placentário na árvore genealógica. Eles desenvolveram especializações parecidas com as dos roedores quando se trata dos ratos, camundongos e musaranhos modernos, provavelmente para preencher os mesmos nichos ecológicos gerais. Durante o Cretáceo, foram extremamente bem-sucedidos sendo do tamanho de camundongos ou preás.

O que os tornou tão bem-sucedidos? Eles eram grandes mastigadores e desenvolveram um estilo alimentar que lhes permitia consumir vários tipos de alimento, principalmente plantas. Os dentes multitiberculados tinham formatos altamente complexos cujos perfis ascendiam da mandíbula como a linha do horizonte de uma cidade. Os incisivos na ponta do focinho eram salientes, projetando-se para fora em um grande sorriso dentuço. Atrás deles havia um espaço, seguido por ao menos um grande, fino e serrilhado pré-molar que se projetava para cima como a lâmina de uma serra de bancada. O restante da dentição era composto por grandes e achatados molares com fileiras alongadas de cúspides que se pareciam com peças de Lego. O nome "multituberculado", que significa "com muitos tubérculos", vem desses molares peculiares.

Esses dentes trabalhavam juntos para estraçalhar a comida, como as muitas ferramentas de um canivete suíço. Os incisivos coletavam e ingeriam o alimento e, em muitas espécies, podiam roer, como nos roedores. Os pré-molares esmagavam e fatiavam; movimentos retos para cima e para baixo elevavam os pré-molares da mandíbula, como lâminas pontudas de uma tesoura se fechando sobre suas contrapartes na maxila. A ação mais interessante, no entanto, era com os molares. Quando as mandíbulas se fechavam, a inferior era obrigada a se mover para trás, contra o crânio superior, colocando os molares superiores e inferiores em contato deslizante. Qualquer alimento preso entre eles era moído, pulverizado pelo atrito entre as longas fileiras de cúspides superiores e inferiores. Essa força para trás era dirigida por grandes músculos que se ligavam bem à frente na mandíbula — muito mais à frente que em qualquer outro mamífero, incluindo os roedores. Esses músculos longos necessitavam de uma mandíbula longa e, consequentemente, de um focinho longo, dando aos multituberculados seu característico perfil de nariz comprido, olhos grandes e — provavelmente — bochechas gorduchas.

Os primeiros multituberculados viveram do meio até o fim do Período Jurássico, quando os docodontes e haramídeos estavam no auge. Durante o Cretáceo, todavia, é que eles prosperaram. Foi então, particularmente nos últimos 20 milhões de anos desse período, que se tornaram estupendamente abundantes, com enxames que dominavam os nichos menores, como exemplificado por todos os crânios e esqueletos que Zofia coletou no deserto de Gobi.

Durante o Cretáceo, os multituberculados refinaram seu apetite. Seus molares ficaram maiores, mais ornamentados, e desenvolveram mais cúspides. Um inteligente estudo de Greg Wilson Mantilla (que será propriamente apresentado no próximo capítulo) e colegas usou métodos de cartografia — chamados sistemas de informação geográfica — para mostrar que o cenário dos molares dos multituberculados se tornou cada vez mais complexo durante o fim do Cretáceo, com picos mais altos e mais abundantes, vales mais profundos e textura mais convoluta. Em razão dos estudos sobre mamíferos modernos, sabemos que a complexidade dos dentes aumenta ao longo do espectro dietético, dos carnívoros para os onívoros, e destes para os herbívoros. Esses multituberculados do fim do Cretáceo, consequentemente, desenvolviam dentes cada vez mais barrocos conforme se tornavam cada vez mais especializados em ingerir plantas. Ao fazer isso, eles se tornaram mais diversificados, dividindo-se em muitas novas espécies, como o exército de *baatars* de Zofia. E ficaram maiores, embora ainda pesassem em média somente 1 quilo e pudessem ser confortavelmente pegos no colo.

Os multituberculados se espalharam pelos continentes do norte durante esse período, procurando novas plantas para comer. Ao menos meia dúzia de espécies, talvez muitas mais, continuaram mastigando seu caminho enquanto *T. rex* e *Triceratops* batalhavam nos ecossistemas do fim do Cretáceo em Hell Creek ou no subcontinente laramidiano. A muitos milhares de quilômetros dali, uma família endêmica chamada kogaionídeos povoava as ilhas europeias, aparentemente surgindo primeiro em uma fatia de terra do tamanho da ilha de São Domingos chamada ilha de Haţeg, adaptando-se a seu novo ambiente insular, e então saltando pelo mosaico de pontinhos de terra se projetando do mar.

Em 2009, enquanto caçava fósseis em um rio com os filhos, Mátyás encontrou um dinossauro que achou parecido com alguns dos fósseis carnívoros que Mark coletara no deserto de Gobi. Seu e-mail para Mark levou a um voo hibernal para Bucareste, onde identificamos o dinossauro de Mátyás como uma nova espécie proximamente ligada ao *Velociraptor* do deserto de Gobi. Isso levou a uma colaboração de longo prazo com viagens anuais para trabalho de campo no início do verão. Nossa equipe de campo passou a incluir Meng Jin, que descreveu vários dos mamíferos de Liaoning, na China; o paleontólogo romeno Zoltán Csiki-Sava, de fala mansa e humor seco; e muitos outros ao longo dos anos. E acabamos encontrando mais mamíferos que dinossauros. Esses mamíferos também têm um estilo mongol, pois são todos multituberculados, mas possuem suas próprias e inesperadas peculiaridades.

Os multituberculados da ilha de Haţeg — com ao menos cinco espécies e muitas mais a serem descritas em breve — pertencem ao clã dos kogaionídeos, que viveu somente nas ilhas europeias. Seus ossos e dentes são encontrados em muitos sítios nas colinas da Transilvânia. O sítio de fósseis mais incrível é um verdadeiro cemitério, cheio de esqueletos, apelidado de "Multileito", perto do vilarejo de Pui. Mantendo o clima vampiresco, os corpos são encontrados no interior de uma camada magenta de lamito de mais ou menos meio metro de espessura. Essa costumava ser uma extensão de solo em uma planície aluvial durante o fim do Cretáceo, na qual os multituberculados podem ter se escondido, talvez para fugir de raptores, mas que acabou se tornando sua tumba. Talvez eles tenham sido enterrados vivos pela enchente de um rio.

Embora essa cena de crime no Cretáceo seja especulação, não há dúvida de que as inundações são um problema hoje. Para nossa indescritível frustração, a camada de ossos vem sendo engolfada pelas corredeiras do rio Bărbat, significando que os melhores fósseis estão expostos no próprio leito do rio. Isso torna pouco prático coletar os esqueletos sem danificá-los e, por mais fósseis que coletemos, nunca é fácil ver lascas brancas flutuando rio abaixo, representando os ossos que perdemos. Todos os dias, todas as horas, talvez todos os minutos, ossos são arrancados do fundo do rio e carregados pela correnteza.

Nossa equipe faz o que pode e, felizmente, Mátyás era um coletor incrivelmente habilidoso. Seu faro para ossos é sobre-humano, mais acurado que o de qualquer outro paleontólogo com o qual já trabalhei. Às vezes, usava óculos de natação para espiar debaixo da água, mas preferia sua própria invenção improvisada, uma garrafa de refrigerante cortada que usava como telescópio. Quando via uma forma branca, ele mergulhava as mãos na água, com a velocidade e a precisão de um pescador com arpão, enfiava as unhas na rocha e recolhia o máximo que podia. Ele tinha mãos muito firmes, o que era notável, dada a quantidade de cafeína e nicotina que ingeria. Embora seu método não pudesse resgatar esqueletos inteiros, uma vez ele chegou torturantemente perto.

Em um dia de junho de 2014, nossa equipe de campo se dividiu. Eu recebi a tarefa de remover dois ninhos de dinossauro usando martelo e cinzel. Mátyás, Mark e outros ficaram entediados e partiram para Pui, a fim de aproveitar a linda tarde de verão zanzando pelo rio, procurando ossos minúsculos no Multileito. Quando nos reunimos na pousada naquela noite, eu estava exausto e dolorido, mas Mátyás estava esfuziante. Ele abriu uma garrafa gigantesca de cerveja romena, fez um brinde e então nos mostrou o que encontrara. Era um crânio com molares multicuspidados, além de membros, coluna vertebral e costelas de um mamífero que provavelmente pesava entre 140 e 170 gramas e podia se enrodilhar na palma da sua mão — e fora por isso que Mátyás conseguira recolher tantas partes do rio. "Melhor espécime de mamífero cretáceo da Europa?!", escrevi em meu diário de campo.

De fato, ele foi o mais bem-preservado e completo exemplar de kogaionídeo das ilhas europeias já descoberto, e um dos melhores multituberculados de qualquer lugar, com exceção do deserto de Gobi. Em 2018, nós o batizamos como nova espécie, *Litovoi*, em homenagem a um governante romeno do século XIII que tinha a mesma patente de Vlad, o Empalador, o Drácula da vida real.

Houve mais uma surpresa: quando levou os ossos para serem estudados em Nova York, Mark fez o que muitos paleontólogos agora fazem quando encontram um belo fóssil: usou uma máquina de tomografia para ver detalhes da anatomia interna. As imagens no monitor nos deixaram pasmos: a cavidade para o cérebro era minúscula. Incrivelmente minúscula. Quando medimos o volume do cérebro, o *Litovoi* provou ter um dos menores cérebros de mamífero já registrado, com uma proporção cérebro-corpo mais similar à dos primitivos ancestrais cinodontes dos mamíferos que a de qualquer outro multituberculado não kogaionídeo.

Achamos saber o motivo. Lembre-se *Litovoi* vivia em uma ilha. Ilhas são lugares árduos: costumam ter pouco espaço e poucos recursos, ao menos em comparação com o continente. Muitos mamíferos modernos que terminaram em ilhas modificaram aspectos de sua biologia e de seu comportamento para se adaptar às restrições do novo lar. Uma das mudanças mais comuns envolvia o cérebro: ele encolhia, provavelmente para economizar energia, porque a manutenção de cérebros grandes é dispendiosa. Parece que o *Litovoi* foi capaz de um truque de sobrevivência muito avançado dos mamíferos modernos, ainda lá no Cretáceo.

Esse é outro exemplo surpreendente de como os multituberculados prosperaram no fim do Cretáceo. Eles eram imensamente adaptáveis, capazes de adequar seus dentes, suas dietas e seus cérebros aos novos ambientes, e até mesmo criavam tocas e ninhos conjuntos, em grupos sociais, como demonstrado pela descoberta de uma colônia fossilizada em 2021. Embora tenham permanecido pequenos, incapazes de crescer em um mundo ainda cheio de dinossauros, o subterrâneo cretáceo pertencia a eles.

OS MULTITUBERCULADOS, APESAR de seus talentos e seu sucesso, foram apenas um de muitos grupos animais que mudavam com muita rapidez durante esse período. Quem conduziu esse prelúdio evolutivo foram as plantas — mas não quaisquer plantas. A banda que tocava agora era um novo tipo especial de folhagem, sendo *a* força motriz da evolução no Período Cretáceo. Eram as angiospermas, mais comumente conhecidas como plantas com flores. Como um maestro sacudindo furiosamente sua batuta, as angiospermas conduziram insetos, dinossauros, mamíferos e outros animais para direções novas e inesperadas, liderando um movimento evolutivo que remodelou a Terra. Elas decoram jardins, sua madeira fornece a estrutura de casas, suas flores são presentes românticos para amantes e seus frutos representam grande parte de nossa alimentação, de frutas e da maioria dos vegetais a grãos como trigo e milho, que são gramíneas domesticadas (um tipo muito especializado de angiosperma).

Usei a analogia da música, mas outros paleontólogos preferem a metáfora da rebelião. Eles se referem ao período entre o meio e o fim do Cretáceo, de 125 a 80 milhões de anos atrás, como revolução terrestre do Cretáceo. Foi um tempo de diversificação e tumulto, uma mudança de guarda das comunidades primevas para um mundo mais moderno, de florestas repletas de flores coloridas, frutos perfumados, insetos zumbindo, pássaros gorjeando e, o mais importante para nossa história, uma profusão de novos mamíferos, incluindo os ancestrais imediatos dos placentários e marsupiais de hoje.

Essa "insurreição" foi organizada por alguns dos mais mansos revolucionários que se possa imaginar: pequenas ervas e arbustos, vivendo na sombra das florestas perenes e nas margens dos lagos. Ao desenvolverem frutos, flores e maneiras mais eficientes de crescer, essas despretensiosas angiospermas dominaram a base da pirâmide alimentar, modificando a estrutura de todo o ecossistema. No espírito da analogia, elas foram os camponeses que derrubaram o rei e criaram um novo sistema de governo. E fizeram isso através da insurgência furtiva. Não invadiram uma terra estrangeira nem tomaram o controle após um desastre. Estiveram presentes o tempo todo, esperando no exílio das sombras, realizando uma insurreição a partir de dentro.

É a clássica história do azarão. As angiospermas aparentemente se originaram há muito tempo, talvez no fim do Triássico ou início do Jurássico, como indicado pela enorme variação no DNA das plantas com flores modernas, que só pode ter se acumulado em um longo período de tempo. Mas elas só surgem como fósseis a partir do início do Cretáceo, entre 140 e 130 milhões de anos atrás, e somente como microscópicos grãos de pólen. Os primeiros fósseis de vegetação real só foram descobertos nos mesmos leitos vulcânicos ao estilo de Pompeia dos dinossauros e dos mamíferos peludos, nas rochas de 125 milhões de anos de Liaoning. Trata-se de exemplares franzinos, com caules frágeis e flores delicadas, parecendo o tomilho ou orégano que plantamos no quintal. As angiospermas permaneceram assim, inconspícuas e talvez amplamente restritas a pântanos e charcos, até entre 100 e 80 milhões de anos atrás, quando começaram a crescer, desenvolveram flores e frutos, suas marcas registradas, diversificaram-se de mil formas, de arbustos a árvores altíssimas, e construíram diversas florestas. No fim do Cretáceo, compunham 80% da flora e já tinham formas familiares, como palmeiras e magnólias.

A conquista das angiospermas foi, como tantas revoluções humanas, uma combinação de habilidade e *timing*. A habilidade: as muitas adaptações que as diferenciaram de outras plantas, como cavalinhas, samambaias e árvores perenes (como pinheiros e assemelhados). As flores e os frutos das angiospermas promovem a polinização por insetos e a ampla dispersão. A maior densidade dos vasos nas folhas (que transportam mais água) e o maior número de estômatos (as pequenas aberturas que capturam dióxido de carbono) permitiram que elas absorvessem mais matéria-prima para produzir seu próprio alimento durante a fotossíntese, o que as ajudou a crescer com mais rapidez e eficiência. Mas isso não teria importado se o ambiente não tivesse mudado com elas. O *timing*: quando a Pangeia se dividiu, os cinturões áridos de ambos os lados do equador — que foram proeminentes no Triássico e persistiram no Jurássico — reduziram para pequenos bolsões mais ou menos no meio do Cretáceo. Condições mais uniformes e úmidas passaram a caracterizar a maioria dos continentes, e as regiões temperadas de alta latitude já não estavam separadas dos trópicos por desertos. Essas circunstâncias foram oportunas para as angiospermas se disseminarem e prosperarem.

A abundância de novas angiospermas foi um maná para os multituberculados. Os *baatars* de Zofia e os *Litovoi* de cérebro minúsculo de Mátyás usavam seus molares multicuspidados para mastigar folhas, caules, brotos, frutos, flores, raízes e outras partes dessas angiospermas revolucionárias e de crescimento rápido, que geralmente eram mais nutritivas que as frondes das samambaias e as agulhas dos pinheiros. É por isto que os multituberculados proliferaram no fim do Cretáceo: eles desenvolveram dentes maiores e mais complexos, com mais cúspides, para tirar vantagem da nova vegetação. Ao fazerem isso, diversificaram-se em dezenas de novas espécies, especializadas em se alimentar de determinadas plantas.

MAS ESSA É somente parte da história. Evoluindo paralelamente às angiospermas, em uma valsa coevolutiva, estavam os polinizadores: diversos grupos novos de insetos, particularmente mariposas, vespas, moscas, besouros, borboletas e formigas, e também aranhas e outras criaturas assustadoras. Como vimos, os insetos havia muito eram o alimento preferido de vários mamíferos, desde pioneiros como o *Morganucodon*. Com tantos novos insetos no Cretáceo, não surpreende que os mamíferos tenham tirado vantagem. Ao fazerem isso, um grupo desenvolveu um tipo especial de molar, ideal para pulverizar o exoesqueleto duro dos insetos e extrair os nutrientes suculentos em seu interior.

Foram os mamíferos terianos: o grupo principal, que inclui placentários e marsupiais. Seu novo molar foi essencial para seu — ou melhor, *nosso* — sucesso, começando com a revolução terrestre do Cretáceo e continuando até hoje. Por menos impressionante que um molar possa parecer, ele ajudou a dar origem ao esplendor que somos nós e (quase) todos os outros mamíferos modernos.

Os molares terianos são "tribosfênicos", um termo que combina palavras gregas antigas relacionadas à trituração (fricção ou *tribo*) e ao corte (fatia ou *sphen*). Esse novo molar foi uma maravilhosa invenção evolutiva, porque, como seu nome implica, ele cumpre duas funções simultâneas: triturar *e* cortar. Os multituberculados, como você deve lembrar, avançaram mais que os outros mamíferos do Jurássico e do Cretáceo por causa de sua dentição, que integrava pré-molares para cortar e molares para triturar. Os terianos fizeram ainda melhor: desenvolveram molares que podiam cortar e triturar — e faziam as duas coisas muito bem — ao mesmo tempo, em uma única ação de mastigação. Ao passo que os maxilares de um multituberculado eram seu canivete suíço, os terianos tinham múltiplas ferramentas em um único dente.

O molar tribosfênico foi construído em muitos passos evolutivos. Sua base foi o molar dos primeiros mamíferos triássicos e jurássicos como o *Morganucodon*, que parecia uma montanha com três picos quando visto de lado. A essas três cúspides nos molares inferiores, os terianos acrescentaram mais três. As seis cúspides se dividiam em duas regiões distintas: o "trigonídeo", com três lâminas pontudas na frente do dente, e uma "bacia do talonídeo", ladeada por três cúspides sutis, na parte de trás. Entrementes, os molares superiores também se transformaram: eles adquiriram uma grande cúspide na face lingual, chamada de "protocone", que se encaixava na bacia do talonídeo do molar inferior correspondente quando os maxilares se fechavam.

Havia muitos benefícios nesse novo arranjo. O mais importante era que, quando os molares inferiores e superiores se encontravam durante a mordida, eles podiam cortar e triturar ao mesmo tempo. O corte ocorria principalmente nas cristas que ligavam as cúspides do trigonídeo na parte frontal do molar inferior, ao passo que a trituração acontecia quando o protocone do molar superior golpeava a bacia do talonídeo do molar inferior, como um pilão num almofariz. Esses dentes tribosfênicos eram, consequentemente, muito melhores para mastigar insetos que seus predecessores. A carapaça podia ser cortada pelo trigonídeo e macerada pelo talonídeo — tudo em um único movimento das mandíbulas —, permitindo que os mamíferos terianos comessem mais insetos mais rapidamente e extraíssem mais nutrientes dos insetos de exoesqueleto rígido.

Os dentes tribosfênicos, com todas as suas cúspides e cristas, também eram mais adaptáveis. Ligeiras mudanças de tamanho, formato e posição das cúspides podiam criar muitas ferramentas diferentes para mastigar e esmagar, permitindo que os mamíferos terianos pudessem variar mais sua alimentação e se adaptar mais rapidamente às mudanças do ambiente. Ler a literatura técnica sobre os mamíferos tribosfênicos é se perder no trava-línguas de cristas e cúspides e de saliências, sulcos e fossas associados a elas. Mas precisamos de tantos termos porque os dentes tribosfênicos são incrivelmente intrincados e variados — muito mais que os dentes dos outros mamíferos, dos dinossauros ou da maioria dos outros animais.

A versatilidade teriana é notável. De sua planta baixa de dentes tribosfênicos, os terianos se diversificaram até a inacreditável variedade de espécies modernas, com inúmeras dietas, de musaranhos insetívoros, cujos molares retêm o formato tribosfênico básico, a cães e gatos carnívoros que cortam e rasgam, golfinhos comedores de peixe e primatas onívoros, incluindo nós mesmos. Se olhar em um espelho, você verá que seus molares inferiores são divididos em seções frontais e traseiras, ambas delineadas por elevações baixas. Ali estão o trigonídeo e o talonídeo, e as elevações são as cúspides. Nos humanos, as cúspides são sutis, assim como o trigonídeo e o talonídeo — uma estrutura ideal para nossa dieta generalista e onívora. Mas não se engane: essas são modificações do design ancestral tribosfênico, desenvolvidas por nossos distantes ancestrais comedores de insetos. Novamente, a inovação veio do nicho insetívoro, o grande incubador da experimentação e da diversificação dos mamíferos.

Os molares tribosfênicos, aliás, não se originaram na revolução terrestre do Cretáceo, mas muito antes. O fóssil mais antigo com dentes inequivocamente tribosfênicos é o *Juramaia*, um escalador de galhos do tamanho de um musaranho dos leitos Yanliao, em Liaoning, com aproximadamente 160 milhões de anos, descrito por Zhe-Xi Luo e sua equipe. Os terianos, portanto, aparentemente desenvolveram seus molares tribosfênicos durante essa fase maníaca da evolução dos mamíferos, entre o meio e o fim do Jurássico, quando docodontes, haramídeos e multituberculados também criaram suas marcas registradas: a dentição e o estilo alimentar. Enquanto esses primeiros mamíferos competiam uns contra os outros por recursos no Jurássico, o molar tribosfênico era um mecanismo útil para minúsculos insetívoros, mas ainda não era o suficiente para virar o jogo.

Foi somente durante a revolução terrestre do Cretáceo, muitas dezenas de milhões de anos depois, que a explosão de angiospermas gerou a diversificação dos insetos, dando origem a um verdadeiro bufê livre. Após sua longa gestação nos humildes e diminutos nichos insetívoros, os terianos tribosfênicos subitamente tinham o utensílio perfeito para agarrar, cortar e esmagar muitos novos insetos. Quando os terianos prosperaram, mamíferos com dentes tricuspidados mais primitivos declinaram e, finalmente, foram extintos.

No início, muito antes de encontrarem sucesso no Cretáceo, os terianos tribosfênicos se dividiram em duas tribos: os metaterianos e os euterianos. Os metaterianos incluem os marsupiais modernos e seus parentes fósseis mais próximos; os euterianos incluem os placentários — como nós — e os similares mais diretos.

Não há como confundir marsupiais e placentários hoje: os marsupiais, como cangurus e coalas, dão à luz crias frágeis que costumam terminar de se desenvolver em uma bolsa, ao passo que os placentários dão à luz crias bem desenvolvidas. Essas diferenças reprodutivas provavelmente surgiram mais tarde, muito depois de metaterianos e euterianos seguirem caminhos distintos no Jurássico. Os primeiros metaterianos e euterianos eram notavelmente similares, como exemplificado pelo debate sobre o *Sinodelphys* de Liaoning, originalmente descrito por Luo e sua equipe como metateriano mais antigo, mas reidentificado como euteriano primitivo por outros pesquisadores. Os primeiros terianos são *realmente* difíceis de distinguir entre si, porque eram todos escaladores de árvores muito leves que comiam insetos com seus dentes tribosfênicos. Somente detalhes menores no número de dentes e no padrão pelo qual os dentes infantis davam lugar aos dentes adultos diferenciam os primeiros metaterianos e euterianos, e isso frequentemente é difícil ou impossível de discernir em fósseis.

Dezenas de milhões de anos depois, durante a revolução terrestre do Cretáceo, euterianos e metaterianos finalmente se distinguiram. No fim do Cretáceo, integrantes de ambas as tribos estavam presentes em dunas, oásis e margens de rios da Mongólia, ao lado dos muito mais comuns multituberculados. Os primeiros fósseis foram reportados pelas expedições de Andrews na década de 1920, mas, mais tarde, as equipes de Zofia e do Museu Americano encontraram crânios e esqueletos muito melhores. O *Zalambdalestes* é um euteriano prototípico do deserto de Gobi, uma bola de pelo do tamanho de um gerbilo que caminhava sobre pernas longas, perseguindo insetos que eram capturados com seu longo focinho e devorados com seus dentes tribosfênicos. O *Deltatheridium* é representante dos metaterianos. Ele tinha mais ou menos o mesmo tamanho do *Zalambdalestes*, mas sua aparência e seu comportamento eram muito diferentes. Embora sua cabeça não fosse muito maior que um damasco, o *Deltatheridium* tinha músculos fortes nas mandíbulas, caninos afiados e grandes molares superiores e inferiores, com bacias do talonídeo reduzidas, mas cúspides e cristas de corte proeminentes, que se pareciam com lâminas. Seus adaptáveis molares tribosfênicos haviam sido transformados em guilhotinas, a fim de cortar a carne de pequenos vertebrados — como anfíbios, lagartos e, talvez, outros mamíferos. Os multituberculados, com suas dietas herbívoras, provavelmente eram particularmente apetitosos.

No fim do Cretáceo, multituberculados e terianos tiveram sucesso onde mamíferos com dentições mais primitivas começavam a declinar, e conquistaram os continentes do norte. Mas e quanto às terras do sul, os continentes emergentes da África, América do Sul, Austrália, Antártida e Índia? Talvez multituberculados e terianos jamais tenham estado por lá durante o Cretáceo — um cenário plausível porque, durante o Jurássico e o Cretáceo, os setores norte e sul da antiga Pangeia se tornaram cada vez mais distintos, como ímãs se repelindo. Na época da revolução terrestre do Cretáceo, norte e sul estavam separados por uma ampla hidrovia equatoriana chamada mar de Tétis.

Durante décadas, enquanto o deserto de Gobi, as ilhas europeias e as planícies aluviais norte-americanas revelavam seus segredos sobre os mamíferos do Cretáceo, pouco se soube sobre as faunas austrais. Então, nas décadas de 1980 e 1990, alguns fósseis tentadores foram encontrados: somente alguns dentes e mandíbulas, mas muito estranhos. Ou talvez só parecessem estranhos para paleontólogos com um viés nortista. Alguns desses dentes sulistas pertenciam a herbívoros, mas os molares altos com dobras convolutas no esmalte pareciam mais de um cavalo minúsculo que de um multituberculado. Ainda mais intrigante, outros molares pareciam tribosfênicos, com trigonídeo e talonídeo, mas as formas e posições das cúspides eram estranhas. Seriam eles multituberculados e terianos ou algo inteiramente diferente?

JOHN HUNTER TALVEZ seja o segundo cientista mais famoso a abandonar a Universidade de Edimburgo. É difícil superar Charles Darwin, que não conseguiu terminar a faculdade de Medicina na década de 1820, com sua aversão ao sangue sendo um golpe fatal no plano paterno de transformá-lo em médico. Todo outono, conto a meus alunos calouros em Edimburgo que, se eles conseguirem aguentar até a formatura, terão superado Darwin.

Como Darwin, Hunter se deu bem na vida. Após largar o curso em 1754, ele fez o que muitos jovens sem objetivo fazem desde tempos imemoriais: alistou-se na marinha. Rapidamente foi promovido de servente para marinheiro e depois oficial-júnior e, nas décadas seguintes, manteve-se no centro da ação enquanto Britânia governava os mares. Ele lutou contra os franceses durante a Guerra dos Sete Anos, foi às Índias Ocidentais e Orientais, circum-navegou ao menos uma vez o oceano Antártico e participou de diversas batalhas durante a Revolução Americana. Depois de se renderem às forças de Washington em Yorktown, os britânicos já não podiam enviar seus condenados para as colônias americanas e precisavam de um novo plano. Assim, em 1787, a Primeira Frota foi enviada para as costas distantes de uma das mais novas colônias: a Austrália. Seis navios levavam prisioneiros, três carregavam suprimentos e dois forneciam escolta. Um desses navios de escolta, o HMS *Sirius*, era capitaneado por Hunter.

Hunter gostou da Austrália, mas o relacionamento foi complicado. Quando a frota chegou, no início de 1788, e descobriu que seu novo lar era muito menos convidativo que o prometido, Hunter decidiu buscar terras mais hospitaleiras na traiçoeira costa sudeste. Ele explorou o rio Parramatta, o principal afluente de uma baía protegida, de fácil acesso e cercada por água fresca e solo rico. Esse se tornaria o centro da colônia penal, um lugar que eles batizaram de Sydney. Depois que foi chamado de volta à Inglaterra e participou novamente do passatempo favorito da Marinha Real, lutar contra os franceses, Hunter pediu para retornar à Austrália. Não como capitão de navio, mas como governador da colônia de Nova Gales do Sul. Seu pedido foi concedido e ele iniciou seu mandato em 1795. Não durou muito. No fim de 1799, foi afastado do cargo, incapaz de impedir que oficiais corruptos conspirassem com os condenados para traficar álcool, um comércio que produzia lucros tremendos para os sabotadores e, mais tarde, culminaria em rebelião.

Hunter se provou um político extremamente ineficaz porque, ao menos em parte, sua paixão era outra. Novamente, como Darwin, ele era um naturalista ávido que tirara vantagem de suas viagens marítimas para observar plantas e animais em todo o mundo. Como governador, regularmente enviava peles de animais e espécimes botânicos para a Inglaterra e, a cada novo carregamento, ficava mais evidente que a Austrália tinha uma flora e uma fauna muito peculiares, radicalmente diferentes das da Europa ou do Novo Mundo. O continente insular — muito distante de qualquer outra grande massa de terra — era ele mesmo um ecossistema próprio. Muitos de seus mamíferos davam à luz bebês minúsculos e indefesos que eram criados em marsúpios — um estilo de criação desconhecido entre os familiares ursos, texugos, raposas e camundongos da Europa. E parte da fauna era ainda mais estranha.

Em certo dia de 1797, quando provavelmente deveria estar combatendo a corrupção, Hunter ficou mesmerizado com um caçador aborígene que observava algo na laguna de Yarramundi, ao norte de Sydney. O homem ficou à espreita enquanto a criatura, mais ou menos do tamanho de uma marmota e coberta de pelos marrons e espessos, emergia para respirar. Após mais ou menos uma hora, ele decidiu que a hora havia chegado. Com um movimento rápido do punho, atirou uma lança curta nas águas lamacentas enquanto o animal se afastava, remando com grandes patas dianteiras e traseiras. O governador Hunter ficou embasbacado. Mais tarde, desenhou o que vira e o intitulou com a melhor descrição em que conseguiu pensar: "um animal anfíbio da espécie da toupeira." Mas ele era muito maior que uma toupeira, tinha patas palmadas, garras afiadas e uma cauda curta e gorda, como a de um castor. Seu rosto, no entanto, parecia o de um pato. Em vez de dentes, a criatura tinha bico. Não era lá muito parecida com uma toupeira. Mas o que era, então?

Hunter conseguiu capturar um dos animais, que enviou para a Inglaterra conservado em um barril de álcool. Quando o espécime chegou a Newcastle, causou comoção. Parecia parte mamífero, parte ave, parte réptil, parte peixe. Sua peliça felpuda indicava ser mamífero, mas ele parecia não ter glândulas mamárias e havia rumores de que punha ovos, uma maneira bastante não mamífera de se reproduzir. Os povos aborígenes juravam que era verdade, que o animal que conheciam havia muito tempo e consideravam um híbrido entre pato e rato fazia ninhos como uma ave, mas a sociedade científica inglesa se recusou a acreditar. Quando descreveu o espécime de Hunter em 1799 e lhe deu o nome de "ornitorrinco", o pároco transformado em curador de museu George Shaw nem sequer o considerou um animal real. Ele e muitos outros sentiram que provavelmente se tratava de uma farsa, um monstro de Frankenstein construído com partes costuradas de muitos animais.

Quando o leste da Austrália passou a ser explorado pelos britânicos, os colonos tiveram mais vislumbres do ornitorrinco. Eles já não podiam negar que se tratava de um animal genuíno, que habitava rios e lagos, deslizando pelas águas graças a suas patas palmadas e guiado pela cauda. Constantemente faminto, podia mergulhar por cerca de meio minuto, emergindo com a boca cheia de camarões, vermes e pitus. Bem mais de um século depois, os pesquisadores provariam que seu bico é um sistema de alarme, com dezenas de milhares de receptores para detectar movimentos e impulsos elétricos. Dessa maneira, o ornitorrinco pode abrir mão da visão, do olfato e da audição, mergulhar, passar o bico pelo fundo lodoso e sentir suas presas de modo furtivo. Ocasionalmente, notaram os colonos, eles se aventuravam na costa para cavar tocas com as garras longas e afiadas, que se projetavam dos dedos palmados como os dentes de um rastelo. As tocas eram locais de descanso e também, aparentemente, onde as fêmeas cuidavam das crias. Os machos — que não eram do tipo parental — tinham esporas nos tornozelos, conduítes de veneno para impor dominância sobre os outros machos durante a temporada de acasalamento, antes de irem embora e deixarem as fêmeas fazendo o que quer que fizessem com as crias.

Era esse mistério — como as fêmeas se reproduziam e criavam seus bebês — que detinha a chave para descobrir o que, exatamente, era o ornitorrinco: um mamífero estranho ou outra coisa? Por quase um século, as discussões foram incessantes e em geral desagradáveis. Muitos dos principais naturalistas e anatomistas europeus da época se envolveram, incluindo o petulante Richard Owen, cujo nome já surgiu tantas vezes em nossa história. As duas teorias em questão eram se os ornitorrincos alimentavam as crias com leite, o que fariam deles mamíferos; ou se punham ovos, o que contrariava a identificação mamífera.

Owen, como você pode suspeitar, não acreditou na insistência dos povos aborígenes de que o ornitorrinco punha ovos. Estava convencido de que se tratava de um mamífero e, para ele, não havia discussão: mamíferos davam à luz crias vivas. Assim, quando Lauderdale Maule, tenente do exército britânico, capturou uma mãe e duas filhas de um ninho em 1831 e relatou leite vazando de pequenas aberturas no abdômen da mãe, Owen celebrou. Porém, quando Maule mencionou fragmentos de cascas de ovos no ninho, e outros observadores viram uma fêmea pôr dois ovos, Owen zombou deles. Aquele não era um parto comum, desdenhou; a fêmea devia ter abortado por causa do medo. Foi um triste exemplo de um cientista permitindo que ideias preconcebidas e rixas pessoais superassem o bom senso, sem mencionar o fato de ter ignorado milhares de anos de experiência local com um animal que ele, um morador de Londres, que convivia com a realeza, nunca vira enquanto vivo.

Finalmente, todo mundo teve de admitir que o ornitorrinco punha ovos. Foi como uma confissão no leito de morte quando, em 1884, Owen, então com 85 anos, aprovou o medonho relatório de um jovem zoólogo chamado William Caldwell. Durante dois meses, Caldwell pagara 150 aborígenes para massacrar todos os ornitorrincos que conseguissem encontrar, além da outra esquisitice australiana que tinha pelos, mas punha ovos: a espinhosa equidna. Era a ciência imperialista dando sua pior face: 1.400 animais foram mortos e os aborígenes terrivelmente maltratados. Durante o massacre, Caldwell atirou em uma fêmea grávida enquanto ela punha ovos. Um foi encontrado perto de seu cadáver; o outro, ainda no interior de seu útero.

Agora estava óbvio: o ornitorrinco e a equidna eram espécies excêntricas, que punham ovos como aves ou répteis, mas lactavam como mamíferos. Receberam o nome de "monotremados" — animais com "um único buraco", em grego —, em referência ao orifício único para urinar, defecar e se reproduzir. A essa altura, a evolução darwiniana já era amplamente aceita, e os anatomistas entendiam o que os monotremados representavam: mamíferos incomuns, menos "avançados" que os marsupiais e placentários, que retinham muitas características primitivas de seus distantes ancestrais "reptilianos" (como pôr ovos), mas também haviam desenvolvido muitas peculiaridades próprias (como os bicos com receptores). E viviam somente na Austrália e na Nova Guiné, isolados em um pequeno trecho do globo. Nenhum monotremado vivo ou outro mamífero que ponha ovos jamais foi visto na natureza em qualquer outro lugar.

Um mistério estava resolvido, mas havia outro: de onde vinham os monotremados, no sentido evolutivo? O enigma era ainda mais difícil porque ornitorrincos e equidnas não têm dentes quando adultos, e é comparando todas as elaboradas cúspides e cristas nos dentes que os anatomistas constroem as árvores genealógicas dos mamíferos. O segredo estava guardado no interior dos maxilares dos bebês ornitorrincos, que tinham dentes por um breve período antes que fossem reabsorvidos pelo bico. A resposta ajudou a resolver outro mistério: que mamíferos deixaram esses peculiares dentes parecidos com os tribosfênicos no registro fóssil cretáceo dos continentes do sul?

Diversas inferências foram surgindo uma após a outra. A primeira foi a descoberta, na década de 1970, de um par de molares superiores na Austrália Meridional, com cúspides ligadas por cristas excepcionalmente espessas chamadas pontes de esmalte. Dentes quase idênticos surgem brevemente nos bebês ornitorrincos de hoje. Os dentes fósseis — chamados de *Obdurodon* — tinham entre 15 e 20 milhões de anos, na época sendo os ornitorrincos mais antigos do registro fóssil. Subsequentemente, dentes inferiores isolados e depois um crânio completo do *Obdurodon* revelaram que os molares inferiores também tinham cristas muito espessas. Os paleontólogos agora tinham uma imagem para orientar suas buscas: se encontrassem dentes com cristas similares em rochas mais antigas, poderiam traçar as origens mais distantes dos monotremados.

A grande descoberta ocorreu no início da década de 1980. Na empoeirada cidadezinha de Lightning Ridge — população: menos de 2 mil pessoas —, um mineiro peneirava rochas de arenito e lamito do Cretáceo, com mais ou menos 100 milhões de anos, em busca de um brilho azul-esverdeado. Aquele era um território conhecido pelas opalas e, naquele dia particular, o prospector encontrou o que procurava. Era uma opala, mas não no formato de esfera, gota ou qualquer outro que pudesse ser cortado para uma joia. Aquela opala muito distinta tinha mais ou menos 2,5 centímetros de comprimento, parecendo uma vareta achatada, com três saliências em uma ponta. A vareta era um osso dentário; as estruturas salientes eram três molares, com cúspides e cristas. Aquela era a mandíbula de um mamífero, que fora enterrada nas areias de um mar raso, dissolvida, substituída por sílica e transformada em opala — um dos mais espantosos e improváveis fósseis imagináveis.

Também era um fóssil tremendamente importante. Quando foi descrito por Michael Archer e colegas em 1985 e recebeu o nome de *Steropodon*, ele bateu vários recordes. Foi o primeiro fóssil mamífero australiano mais antigo que os dentes do *Obdurodon* e outros da mesma idade e, desse modo, o primeiro de um mamífero da Australásia da época dos dinossauros. Foi o primeiro espécime de mamífero do início do Cretáceo em *todos* os continentes do sul, pois nada daquela era fora reportado na América do Sul, África, Antártida ou Índia. E, o mais importante para nossa história, foi o mais antigo monotremado. Ele também tinha os inconfundíveis dentes de cristas muito espessas dos bebês ornitorrincos de hoje e do extinto *Obdurodon*. E não apenas isso, como um vazio em uma das pontas da mandíbula foi mais tarde interpretado como a extremidade de um grande canal mandibular — um tubo que se estende pelo osso dentário dos ornitorrincos, transmitindo a densa rede de artérias e nervos que alimenta o bico receptor de impulsos elétricos. Esse minúsculo e brilhante fóssil, portanto, provou que os monotremados são muito, muito antigos.

Havia outra coisa notável nos molares do *Steropodon*, que não é imediatamente óbvio nos dentes transitórios e altamente derivados dos bebês ornitorrincos de hoje. Eles eram tribosfênicos ou, ao menos, foram descritos dessa maneira por Archer e sua equipe. Os molares inferiores tinham uma região trigonídea de cúspides e cristas aguçadas na frente e uma bacia no estilo do talonídeo na parte de trás. Os molares superiores, no entanto, eram desconhecidos (e ainda são), então não está claro se têm um protocone, o pilão que é parte integral do design tribosfênico.

Nas duas décadas seguintes, enquanto paleontólogos varriam os continentes do sul em busca de mamíferos, dentes similares começaram a surgir por toda parte. Primeiro no estado de Vitória, na extremidade sudeste da Austrália, quando o casal de superastros paleontólogos Tom Rich e Pat Vickers-Rich reportou a delicada mandíbula, de somente 1,20 centímetro, de uma espécie que chamaram de *Ausktribosphenos*. Como o *Steropodon*, pertencia ao início do Cretáceo. Depois, em Madagascar, onde John Flynn (um de meus professores de pós-graduação em Nova York) e sua equipe de algum modo viram um fragmento de mandíbula de 2,5 milímetros contendo três dentes. Eles a chamaram de *Ambondro*, uma espécie muito mais antiga que as australianas, do meio do Jurássico, quase 170 milhões de anos atrás. A espécie também se tornou recordista ao mais que dobrar a idade do mamífero mais antigo de Madagascar, um reino insular, como a Austrália, que abriga uma fauna única, mas um terrível registro fóssil de mamíferos. Alguns anos depois, outra mandíbula jurássica — nomeada *Asfaltomylos* — veio à luz, dessa vez na Argentina.

O que eram esses mamíferos? Seus fósseis eram quase comicamente escassos: um punhado de mandíbulas, frequentemente quebradas, e alguns dentes, espalhando-se por milhares de quilômetros e mais de 70 milhões de anos. Por azar, os importantíssimos molares superiores estavam sempre faltando. Não era muito em que se basear. Seriam todos eles relacionados aos monotremados, como claramente era o caso do *Steropodon*? Ou talvez alguns fossem terianos? Afinal, suas mandíbulas pareciam tribosfênicas. Os Rich chegaram a propor uma ligação entre essas espécies antigas e os porcos-espinhos modernos, como uma de muitas explicações genealógicas possíveis. Então chegaram Zhe-Xi Luo e Zofia Kielan-Jaworowska, os já mencionados especialistas em mamíferos, veteranos no estudo de inúmeros fósseis de Liaoning e do deserto de Gobi. Eles agora trabalhavam juntos, com seu colega americano Richard Cifelli. Somando suas experiências, o trio passara muitas décadas analisando os picos e vales de dentes mamíferos sob o microscópio. Quando viram os dentes sulistas, algo não lhes pareceu certo. Os molares inferiores estavam divididos em seções frontais e traseiras, é verdade, e seria fácil chamá-los de trigonídeos e talonídeos. Mas, ao serem examinados, pareciam sutilmente diferentes dos trigonídeos e talonídeos dos mamíferos terianos. Para desvendar esse enigma, Luo, Zofia e Rich montaram um maciço banco de dados sobre dentes mamíferos, incluindo os melhores representantes dos molares sulistas, juntamente com tudo que tinham de espécies primitivas com molares tricúspides como o *Morganucodon*, terianos fósseis e modernos das linhagens euteriana e metateriana e monotremados. Eles analisaram cada dente em busca de dezenas de diferenças sutis na anatomia dentária, registrando a presença, o tamanho, o formato e a posição de cúspides, cristas e pontes de esmalte. Quando submeteram os dados a um algoritmo que constrói árvores genealógicas agrupando espécies que compartilham similaridades únicas e derivadas, os resultados foram chocantes.

Os dentes sulistas não pertenciam ao grupo dos terianos. Espécies sulistas como o *Ausktribosphenos* e o *Ambondro* se agrupavam com o *Steropodon* na linhagem monotremada, formando um "grupo-tronco de monotremados" que a equipe de Luo chamou de "Australosphenida", as "cunhas do sul".

Em outras palavras, os dois tipos de dentes tribosfênicos não são equivalentes. Existe a versão teriana e a versão monotremada, que evoluíram independentemente, talvez durante o meio do Jurássico, e por uma razão similar: aumentar a capacidade de corte e talvez acrescentar um pouquinho de trituração. A versão teriana evoluiu no norte, permitindo que ancestrais marsupiais e placentários florescessem durante a revolução terrestre do Cretáceo, e persiste hoje em um design dentário altamente adaptável, inclusive em nossas próprias bocas. A versão monotremada evoluiu no sul e parece ter se disseminado abaixo do equador durante o Jurássico e o Cretáceo, mas então essencialmente desapareceu, com seu único remanescente sendo os dentes fantasmais dos ornitorrincos, que se desintegram quando os bebês deixam o ninho.

Há outra coisa notável na árvore genealógica: terianos e australofenídeos estão bem distantes um do outro, com muitas outras linhagens de mamíferos entre eles. Os australofenídeos estão mais perto das raízes da árvore, não muito longe dos docodontes, e alguns passos acima de espécies do fim do Triássico e início do Jurássico como o *Morganucodon*. Os terianos, em contrapartida, formam a copa da árvore. Monotremados e terianos sobrevivem hoje, mas entre eles há incontáveis espécies extintas: muitos dos grupos que não possuíam ramificações acabaram perecendo, como os multituberculados.

A implicação é ligeiramente assustadora. Os monotremados são produto de uma longa genealogia que se origina lá pelo meio do Jurássico, sendo os últimos sobreviventes de uma outrora disseminada tribo austral. O fato de terem persistido parece um milagre. É muito fácil imaginar uma história alternativa na qual a linhagem monotremada tivesse sido extinta no Cretáceo e o ornitorrinco e a equidna não tivessem resistido, privando-nos de nosso único vislumbre de vestígios antigos da evolução mamífera, quando cavadores de toca peludos punham ovos e dispensavam leite pelo abdome. É possível imaginar outra história, na qual um único fio da linhagem docodonte ou monotremada tivesse sobrevivido até os dias modernos, em algum canto remoto do mundo. Devemos nos sentir gratos porque o ornitorrinco e a equidna permaneceram — os equivalentes zoológicos do casal idoso que se recusa a vender seu apartamento quando a vizinhança é gentrificada.

O que escrevo aqui é em grande parte uma história em desenvolvimento, pois os fósseis de mamíferos do Jurássico e do Cretáceo nos continentes sulistas permanecem extremamente raros. Mas estão por aí, esperando ser descobertos, como provam algumas revelações recentes.

Uma delas é o *Vintana*, de Madagascar, assim chamado por causa da palavra malgaxe para "sorte", batizado por David Krause e sua equipe em 2014. Realmente foi uma descoberta auspiciosa, pois enfim esclareceu o enigma dos estranhos dentes parecidos com os de um cavalo, que já mencionei antes. Durante anos, os paleontólogos só tinham fragmentos, encontrados no sul: pedaços de molares altos e robustos, com dobras complexas de esmalte espesso na superfície de oclusão, gastos pela trituração repetida. Eles foram jogados para escanteio e formaram seu próprio grupo, chamado de Gondwanatheria. Esses mamíferos claramente eram herbívoros, que empregavam um movimento de mastigação para trás, como os multituberculados, conforme ficava evidente pelo desgaste dos dentes. O *Vintana* revelou que os integrantes da subordem gondwanaterianos eram vegetarianos ágeis de olhos grandes e mordida forte, com zigomas altos para apoiar os músculos, que esfregavam os molares uns contra os outros — uma imagem comprovada pela descrição de Krause, em 2020, de um parente relativamente próximo chamado *Adalatherium*, representado por um crânio unido a um esqueleto. Os gondwanaterianos era um grupo distinto, mas posicionado perto dos multituberculados na árvore genealógica. Essencialmente, eram os primos sulistas muito distantes dos multituberculados, preenchendo nichos similares de ingestão de angiospermas.

Houve outro grupo bem-sucedido de mamíferos no sul durante o Cretáceo, chamado de Dryolestida. Eram parentes próximos dos marsupiais e placentários, mas não exatamente terianos, pois não tinham molares tribosfênicos. Os mais antigos driolestoides surgiram nas rochas jurássicas da América do Norte e da Europa, mas foi na América do Sul, durante o Cretáceo, que realmente prosperaram. Em 2011, Guillermo Rougier e colegas anunciaram a descoberta de uma nova espécie — chamada *Cronopio* — representada por dois crânios, com focinhos longos, caninos enormes e profundas depressões para os músculos da cabeça, que giravam os maxilares quando mordiam com seus dentes de cúspides afiadas. Eles provavelmente comiam insetos, mas em um estilo diferente dos terianos do norte ou dos monotremados imitadores de tribosfênicos do sul.

Eis como estavam as coisas no fim do Cretáceo, há 66 milhões de anos. Os mamíferos eram ubíquos, embora ainda pequenos. O *Vintana*, pesando mais ou menos 9 quilos, era de longe o maior — mesmo assim, um lanchinho fácil para um tiranossauro ou outro dinossauro carnívoro. Os terianos e os multituberculados estavam estabelecidos no norte, do centro da Ásia às montanhas da América do Norte e às ilhas da Europa. Entre eles, havia insetívoros que esmigalhavam insetos com seus dentes tribosfênicos (euterianos), herbívoros que se banqueteavam com flores, frutas e outras partes das angiospermas (multituberculados) e um ou outro carnívoro, que dilacerava músculos e tendões com seus molares tribosfênicos modificados, muito afiados (metaterianos). No sul, atravessando as águas azuis e cristalinas do mar de Tétis, havia outros mamíferos desempenhando papéis similares: os insetívoros da linhagem monotremada com imitações dos molares tribosfênicos (australofenídeos); outros insetívoros com focinhos longos (driolestoides); e herbívoros (gondwanaterianos).

Eles estavam todos lá quando uma centelha incandescente iluminou o céu, do norte ao sul. Todos os principais grupos de mamíferos sobreviveriam, ao menos por algum tempo. Mas a partir dali a vida jamais seria como antes.

5

DINOSSAUROS MORREM, MAMÍFEROS SOBREVIVEM

HÁ CERTAS REGRAS INEXPLICÁVEIS no trabalho de campo. Você sempre encontra os maiores esqueletos no último dia, quando já não há tempo para coletá-los. Se estiver procurando em vão há várias horas, basta fazer uma pausa para o banheiro e inevitavelmente encontrará um belo crânio ou mandíbula bem onde estava agachado. E não são os professores, mas os alunos que encontram os melhores fósseis.

A última regra se mostrou verdadeira durante nossa temporada de pesquisa de campo em 2014, nas terras baldias do Novo México. Durante quase dez dias em maio, nossa equipe prospectara os outeiros e valados listrados da região de Four Corners, ao norte do Parque Nacional Histórico da Cultura Chaco, onde o povo ancestral Pueblo construiu uma grande cidade nas rochas há um milênio. Hoje, essa é a terra sagrada dos Navajos e, em certa manhã, nos vimos no leito de um riacho seco que eles chamam de Kimbeto, "nascente do gavião". Ali, lamitos de 65,6 milhões de anos estão lotados de fósseis, que se projetam do solo seco como cogumelos, esperando ser colhidos por qualquer um com olho atento.

Carissa Raymond, que na época acabara de concluir seu primeiro ano na faculdade, era um dos muitos membros de nossa equipe. Fazia parte do contingente da Universidade do Nebraska, recrutada como assistente de campo por seu professor, Ross Secord. Ela ainda não estava cursando paleontologia na época, mas tinha se saído magnificamente bem nas aulas de geologia de Ross, e ele lhe dera a chance de coletar fósseis. Quando nos espalhamos por Kimbeto naquela manhã de sol forte, a camiseta vermelha de Carissa se destacava como um sinal luminoso contra o límpido céu azul. Era possível vê-la, caminhando com os olhos no chão, a 1 quilômetro de distância. Ela ainda não aprendera o truque dos caçadores de ossos de usar tons apagados ao trabalhar no deserto. Como poderia? Aquela era sua primeira caçada.

Os primeiros dias não foram muito bons para ela. Seus olhos ainda não haviam se acostumado à maneira como a luz bate em um dente ou ao formato que uma mandíbula adquire ao ser erodida pela lama. Essas coisas levam tempo e não podem ser ensinadas facilmente. Você precisa desenvolver esses instintos através da experiência, o que significa longos períodos de frustração e mãos vazias, até o momento em que você acorda um dia e os fósseis parecem levitar das rochas. Quando um estudante — com seus olhos jovens e sua exuberância — chega a esse estado de nirvana, ele pode se tornar um grande caçador de fósseis.

E aquele seria o dia de Carissa. Enquanto caminhava por uma colina, chegando a uma área mais plana de terreno, ela viu no horizonte as faixas de rochas pretas, marrons e vermelhas se alternando nas ribanceiras, marcadas pela erosão. Então olhou para o solo do deserto, rachado em formas poligonais de lama seca e pontilhados por pedras trazidas pelo vento que representam um grande risco de queda, se você não prestar atenção. Os olhos dela percorreram a superfície. Pedra, pedra, outra pedra.

Então algo diferente. Brilhante. Preto — um tom rico e profundo de preto. E uma forma estranha. Então outra, e outra. Em sequência. Não eram pedras, eram fósseis! Dentes fossilizados: uma fileira deles, compondo uma mandíbula. Os maiores pareciam peças de Lego ou sabugos de milho, com três fileiras de cúspides em formato de grãos, alinhados paralelamente e bem separados.

Carissa nos chamou e a equipe se reuniu, vinda de todos os cantos de Kimbeto. Tom Williamson, curador do Museu de História Natural e Ciências do Novo México, e líder da expedição, estava longe e chegou por último. Carissa lhe entregou os dentes.

"Caramba! Não dá para acreditar!", gritou ele, sem saber que eu estava gravando tudo com minha câmera Nikon.

Tom coletava nessa área havia 25 anos. Com seu conhecimento enciclopédico e sua memória fotográfica, ele podia olhar casualmente para qualquer fóssil e dizer o que era. Que tipo de dente ou osso e a que espécie pertencia. Esperamos que ele falasse, como se ouvíssemos um oráculo.

Era um multituberculado, disse ele. Um membro daquele grupo de comedores de plantas que pareciam roedores, mas não tinham parentesco próximo com eles, ou seja, aos fósseis que Zofia Kielan-Jaworowska descobrira às dezenas no deserto de Gobi. Os dentes revelavam tudo. Somente multituberculados tinham dentes parecidos com peças de Lego com fileiras de grandes cúspides, que usavam para pulverizar plantas quando os dentes inferiores e superiores deslizavam uns contra os outros. Como você deve lembrar, esses dentes foram sua arma secreta quando eles prosperaram durante o Cretáceo, tornando-se mais diversos aos se alimentarem dos frutos e flores das angiospermas.

Mas havia algo estranho com o multituberculado de Carissa.

"Ele é grande, realmente grande!", continuou Tom, com uma mistura de excitação e confusão.

Os multituberculados de Gobi de Zofia eram do tamanho de musaranhos e ratos, com molares que caberiam com folga em uma moeda de 1 centavo. A maioria dos outros multituberculados cretáceos estava nessa mesma faixa. Os molares do fóssil de Carissa, no entanto, tinham mais ou menos o dobro do tamanho das unhas da minha mão e o comprimento do meu polegar. Isso implicava um peso corporal entre 10 e 12 quilos, mais ou menos o peso de um castor, que é o segundo maior roedor moderno.

Durante a hora seguinte, vasculhamos a área e reunimos maxilares de ambos os lados da cabeça, contendo molares e pré-molares, além de incisivos e a parte do crânio superior que cercava o cérebro. Quando retornamos ao laboratório em Albuquerque, limpamos, colamos, fotografamos e medimos os fósseis e, cerca de um ano depois, os descrevemos como uma nova espécie: *Kimbetopsalis*, batizada em homenagem ao lugar em que fora encontrada. Achamos que era um nome difícil de pronunciar, então inventamos um apelido: "*Primeval Beaver* (castor primitivo)."

"Eu sabia que era legal, mas não tão legal", disse uma Carissa bem chocada a um repórter durante a avalanche midiática na qual ela foi entrevistada pela National Public Radio e mencionada em um artigo do *Washington Post*.

Tom também foi citado nessas matérias. "Eu queria tê-lo descoberto", admitiu a um jornalista, o que não me surpreendeu, já que Tom e seus filhos gêmeos Ryan e Taylor — que ele treinou desde criança para farejar fósseis em acampamentos de fim de semana — ainda se reúnem em torno do cooler ao fim de cada dia no campo para discutir quem encontrou o melhor fóssil, enquanto abocanham chips de tortilha com molho.

Mas Tom não deve ter ficado muito chateado, já que, no dia anterior, encontrara um fóssil impressionante, que ganharia o prêmio daquele ano se Carissa não tivesse visto os dentes do *Kimbetopsalis*. Uma hora depois de chegarmos a Kimbeto, durante um rápido reconhecimento após termos passado a manhã na estrada vindo de Albuquerque, Tom notou alguns fragmentos em pedaços que não se pareciam com rochas surgindo do solo do deserto. Sob análise mais atenta, os fragmentos se encaixavam como peças de um quebra-cabeça, formando parte do que Tom imediatamente reconheceu como úmero (osso do antebraço) de um animal chamado *Ectoconus*, descrito em 1884 por um dos primeiros paleontólogos a trabalhar naquela parte do Novo México.

Tom me chamou e eu, por minha vez, chamei Sarah Shelley, minha aluna de doutorado em Edimburgo (supervisionada remotamente também por Tom), que conhecemos nas primeiras páginas deste livro e cuja arte o ilustra. Ficamos de quatro, tendo o cuidado de não esmagar nenhum osso nem arranhar a pele nas pedras soltas do deserto, e usamos espátulas e brocas de precisão para raspar em torno dos fragmentos de úmero, cavando no lamito. Quanto mais cavávamos, mais ossos encontrávamos.

O braço levou a um esqueleto!

Cavamos uma trincheira em torno dele e cobrimos os ossos com bandagens molhadas com gesso, que endureceram e formaram uma cobertura protetora. Então vieram martelos, cinzéis e picaretas, com os quais tiramos os ossos engessados da rocha, no tipo de trabalho braçal que cientistas acadêmicos normalmente não são chamados a fazer. Foi divertido. E também foi divertido quando encontrei alguns dentes de

Ectoconus por perto — provavelmente de outro indivíduo, já que nosso esqueleto não tinha cabeça. Mas quem poderia dizer?

Mais uma vez — como frequentemente é o caso com mamíferos —, os dentes mostraram a posição do *Ectoconus* na árvore genealógica. Ele não tinha múltiplas fileiras de cúspides como os multituberculados. Em vez disso, seus dentes eram tribosfênicos: os molares superiores se encaixavam nos inferiores como um pilão num almofariz. Isso significa que ele tinha os dentes característicos dos mamíferos terianos — os grupos marsupial e placentário —, que podem cortar e triturar ao mesmo tempo. Além disso, o número de dentes nos disse que ele era euteriano, um membro da linhagem placentária. Talvez até mesmo um placentário verdadeiro, como nós. Talvez as mães *Ectoconus* pudessem nutrir e proteger seus bebês em desenvolvimento com uma placenta no útero, permitindo que nascessem bem desenvolvidos.

Há outra e mais óbvia maneira pela qual o *Ectoconus* difere do *Kimbetopsalis* de Carissa. Ele era *consideravelmente* maior. O esqueleto que coletamos é mais ou menos do tamanho de um porco, corpulentos nos ombros e na cintura pélvica, e com robustos ossos dos braços, que deviam ser o arcabouço para músculos poderosos, terminando em garras que começavam a se transformar em cascos. Pelo tamanho dos ossos, podemos dizer que ele pesava uns 100 quilos quando vivo, sendo substancialmente maior que qualquer fóssil de mamífero sobre o qual falamos até agora.

Embora não tenhamos encontrado nenhum de seus fósseis durante aquela viagem, um terceiro tipo de mamífero foi encontrado nas mesmas rochas. Até agora, ele é conhecido somente pelos dentes, tão minúsculos que cabem na ponta de uma esferográfica. Ele é um metateriano — a linhagem marsupial do grupo teriano —, que também tinha dentes tribosfênicos. Estranhamente, embora os multituberculados e euterianos do Novo México sejam tão maiores que seus predecessores, os metaterianos parecem ter sido menores e menos agressivos.

É isso. Multituberculados, euterianos e metaterianos. Dezenas de milhares de fósseis de mamíferos, pertencentes a mais de cem espécies, de

Kimbeto e das terras baldias adjacentes no Novo México, foram coletados desde a década de 1880. Cada um deles pertence a um desses três grupos. Não há nenhum dos mamíferos que celebramos nos capítulos anteriores: nenhum corredor veloz como o *Morganucodon*; nenhum docodonte ou haramídeo; nenhum dos precursores dos terianos de dentes tribosfênicos que tinham uma linha de cúspides tríplices; nenhum monotremado ovíparo, embora isso não surpreenda, já que eles pertencem a um grupo do Hemisfério Sul. Embora estejam restritos a somente três ramos da árvore genealógica, todos os mamíferos do Novo México são notáveis, pois são os mais diversos já encontrados: há mais espécies, com uma variedade maior de tamanhos corporais, dietas e comportamentos, que em qualquer outro ecossistema que já tenha existido.

E há outra coisa. As rochas imediatamente abaixo dos lamitos que cercavam os dentes do *Kimbetopsalis* e o esqueleto do *Ectoconus* também são lamitos, depositados em uma planície aluvial e um ambiente florestal semelhantes e ligeiramente mais velhos, com cerca de 66,9 milhões de anos. Essas camadas estão repletas de ossos de *T. rex*, parentes chifrudos do *Triceratops*, saurópodes monstruosos como o Alamosaurus, com seu nome épico, e dinossauros com bico de pato. Lascas de ossos de dinossauros caem dessas rochas e cobrem o chão do deserto, e é impossível não pisar nelas. Mas ninguém jamais encontrou um sinal de qualquer dinossauro não avícola nas rochas de Kimbeto ou em quaisquer rochas acima dela. Nem um único osso ou lasca de osso. Nenhum dente, nenhuma pegada.

É como se os dinossauros tivessem evaporado, mas não os mamíferos. E agora os mamíferos são maiores do que jamais foram durante o Triássico, o Jurássico ou o Cretáceo.

O *KIMBETOPSALIS*, O *ECTOCONUS* e outros mamíferos que coletamos em Kimbeto são do Paleoceno. O Paleoceno é o intervalo de tempo que sucede o Cretáceo, mas os dois parecem mundos totalmente diferentes, dois capítulos consecutivos de um romance com personagens diferentes — nesse caso, fósseis de dinossauros e de mamíferos — que não estabelecem uma narrativa clara. Isso porque a linha da história guinou abruptamente quando o Cretáceo terminou e o Paleoceno começou. Separando os dois está a maior catástrofe da história da Terra, sem dúvida alguma simplesmente o pior dia da história do nosso planeta.

O asteroide — ou talvez o cometa, não temos certeza — veio dos confins do Sistema Solar, para além da órbita de Marte ou talvez ainda mais longe. Tinha cerca de 10 quilômetros de comprimento, mais ou menos a altura do monte Everest, e era quase três vezes mais largo que Manhattan. Um grão de poeira cósmica na grande escala do universo, mas o maior corpo celestial a se aproximar de nosso canto do Sistema Solar em ao menos meio bilhão de anos. Quando riscou os céus na trajetória aleatória de um tiro disparado de um veículo em movimento, ele viajava dez vezes mais rápido que uma bala.

Poderia ter ido para qualquer lugar, mas o destino decidiu que a rocha espacial viria diretamente para a Terra. Poderia ter passado de raspão, tirando um fino que agitaria as camadas superiores da atmosfera antes de desaparecer na escuridão do espaço. Poderia ter se desintegrado ao se aproximar da Terra, destroçado pela gravidade. Ou poderia ter nos dado um golpe de passagem. Mas nada disso aconteceu. Ele colidiu com o que é agora a península de Iucatã, no México, com a força de mais de um bilhão de bombas nucleares, criando um buraco na crosta que tinha mais de 40 quilômetros de profundidade e mais de 160 quilômetros de largura. A cicatriz ainda é visível: hoje é conhecida como cratera de Chicxulub, perto da costa do golfo do México, não muito longe da cidade turística de Cancún.

Quando o asteroide colidiu com a Terra, há cerca de 66 milhões de anos, tudo mudou.

Primeiro veio a física. A energia liberada pela colisão tinha de ir para algum lugar, e foi convertida em calor, luz e ruído, todos de uma fúria inimaginável. Quase instantaneamente, tudo no raio de mil quilômetros do marco zero foi vaporizado. Muitos dinossauros, mamíferos e outros animais encontraram seu fim nesse dia, transformados em fantasmas.

As espécies do Novo México tiveram um pouco mais de sorte, pois viviam a 2.400 quilômetros de Iucatã. Elas meramente tiveram de lidar com ventos com a força de furacões, terremotos muito maiores que qualquer coisa que os seres humanos já tenham experimentado e projéteis de vidro quente caindo do céu — feitos de poeira e rocha liquefeitas durante o impacto que se solidificaram ao retornar. Enquanto os projéteis derretidos passavam assobiando, o céu ficou vermelho e a atmosfera se aqueceu como um forno. Isso foi suficiente para que muitas florestas entrassem em combustão espontânea e incêndios cobrissem o horizonte. Cada uma dessas calamidades foi um agente da morte, e eram mais fortes próximo ao local do impacto. É difícil avaliar quantos animais do Novo México morreram durante essas horas caóticas, mas provavelmente muitos, talvez a maioria.

Qualquer coisa que tenha sobrevivido aos efeitos imediatos do asteroide teve de lidar com as repercussões de longo prazo. Fuligem e poeira dos incêndios entraram na atmosfera, misturando-se com os detritos residuais que ainda não haviam se condensado em projéteis de vidro. Esse coquetel tóxico sufocou as correntes das camadas mais altas da atmosfera, que circulam ar pela Terra, mergulhando todo o planeta em uma escuridão fria. Foi um inverno nuclear que durou vários anos. As plantas poupadas dos incêndios foram privadas da luz necessária para a fotossíntese e definharam antes de morrer. Quando as florestas entraram em colapso, os ecossistemas ruíram como castelos de cartas. Mas isso não foi tudo. Vulcões na Índia, que cuspiam lava e gases havia milhares de anos, iniciaram um frenesi de atividade. Vapores de nitrogênio e enxofre se combinaram à água para formar chuva ácida, que escorria da terra entalhada e envenenava os oceanos. Esses foram agentes globais de destruição e, durante anos e décadas após aquele dia fatídico, nada esteve seguro, por mais distante que estivesse do ponto de impacto.

Então, em um golpe final de crueldade, o asteroide encontrou uma maneira de continuar matando durante gerações. Como se seu poder destrutivo não fosse o bastante, ele bateu em uma plataforma carbonatada: uma extensão de rochas formadas no oceano raso por corais e criaturas de conchas e composta de cálcio, carbono e oxigênio. Quando as rochas carbonatadas foram aniquiladas, o carbono e o oxigênio foram liberados e escaparam para a atmosfera como dióxido de carbono. Já vimos isso antes, no fim do Permiano e início do Triássico, e vemos isso agora. O dióxido de carbono é um gás de efeito estufa que aquece a atmosfera, a superfície da Terra e os oceanos. Em algumas décadas, o inverno nuclear se transformou em aquecimento global. Durante vários milhares de anos, as temperaturas altíssimas dificultaram a recuperação dos ecossistemas.

Não tenho dúvida alguma de que essa foi a época mais perigosa de todos os mais de 4 bilhões de anos da Terra. O asteroide foi uma espécie de assassino em série, extremamente efetivo porque tinha inúmeras armas à sua disposição: o pulso de energia que agiu em segundos, os incêndios e a chuva de vidro quente durante as horas e os dias seguintes, o inverno nuclear que durou décadas e, em seguida, alguns milênios de aquecimento global. Seria necessária uma combinação de talento *e* sorte para sobreviver a tantos obstáculos, e muitos animais não conseguiram. Aproximadamente 75% deles morreram, tornando essa uma das piores extinções em massa da história.

Os dinossauros não sobreviveram, com exceção de algumas aves, e é por isso que seus fósseis desapareceram de forma súbita nas rochas do Novo México. Também sucumbiram muitos grupos de grandes répteis que dominavam os oceanos, como os plesiossauros de pescoço comprido. Assim como os pterossauros, a família de répteis voadores comumente chamados de pterodátilos que, até o fim do Cretáceo, mantiveram as aves fora de alguns nichos aéreos. Outros animais sobreviveram, mas seriamente prejudicados: crocodilos, lagartos, tartarugas e sapos, para nomear alguns. Muitas plantas pereceram, assim como uma imensa porcentagem do plâncton microscópico nos oceanos, modificando para sempre a base das cadeias alimentares em terra e na água e assegurando que ecossistemas inteiramente novos fossem construídos no Paleoceno.

E quanto aos mamíferos? Sabemos que eles sobreviveram, é claro, ou não estaríamos aqui. Porém, a história é muito mais complexa e fascinante do que a fábula didática de que "os dinossauros morreram, os mamíferos sobreviveram". Para os mamíferos, o impacto do asteroide foi seu momento de maior perigo, mas também sua maior oportunidade.

OS MAMÍFEROS *QUASE* DESAPARECERAM. Quase seguiram o caminho dos dinossauros. Tudo que já haviam realizado — todo o seu legado evolutivo de pelos, leite, ossos da mandíbula transformados em ossos do ouvido e todas aquelas variedades de dentes — quase se perdeu para sempre. Tudo que ainda realizariam — mamutes-lanosos, baleias do tamanho de submarinos, a Renascença, você lendo esta página — quase se tornou inviável. Foi por pouco, e tudo dependeu do que aconteceu nos dias, décadas e milênios após o impacto do asteroide — uma ninharia em termos de tempo geológico.

Temos uma boa noção do que aconteceu nesse período muito precário da história dos mamíferos. Na região boiadeira do nordeste de Montana, onde o rio Missouri e seus afluentes transformaram as planícies em terras baldias com cheiro de sálvia, há um verdadeiro arquivo fóssil. Ele é mantido no interior dos lamitos e arenitos que compõem a topografia montanhosa, entrecruzada por cercas de arame farpado e coberta de estrume. Essas rochas foram formadas por rios que drenavam as ancestrais montanhas Rochosas e fluíam para leste até um canal que cortava a América do Norte ao meio, durante um período de aproximadamente 3 milhões de anos entre o fim do Cretáceo e o início do Paleoceno. Camada por camada, as rochas e seus fósseis fornecem um registro sem paralelos de como um único ecossistema mudou após o impacto do asteroide.

Durante quase meio século, Bill Clemens (que infelizmente faleceu no fim de 2020) trabalhou nessas terras, fazendo amizade com os rancheiros que controlavam o acesso. Ano após ano, ele e seus alunos coletaram fósseis das rochas da Formação Hell Creek, datada do Cretáceo, e da Formação Fort Union, datada do Paleoceno, montando uma coleção que só cresce de dezenas de milhares de dentes, mandíbulas e ossos. Mas Bill poderia não ter tido essa oportunidade se o destino tivesse sido diferente. Enquanto se tornava especialista em extinção, ele teve seu próprio e bizarro encontro com a violência.

Nativo da área da baía de São Francisco, Bill se tornou professor da Universidade da Califórnia em Berkeley em 1967 — um sonho para um garoto local. No mesmo ano, outro jovem talentoso se tornou professor do Departamento de Matemática. Seu nome era Ted Kaczynski, embora ele seja mais conhecido pelo apelido que o FBI lhe deu quando ainda era um homem misterioso enviando bombas pelo correio: Unabomber. Quando Kaczynski foi capturado, em 1996, uma lista de alvos foi encontrada em sua cabana caindo aos pedaços nos bosques a oeste de Montana, a uns 550 quilômetros dos sítios fossilíferos de Bill. O nome de Bill estava na lista, com outros contratados em 1967. O FBI entrevistou Bill, que confirmou que nunca fora apresentado a Kaczynski. Parece que seu lugar na lista foi só uma questão de estar no lugar errado, na hora errada. Às vezes, esse tipo de coincidência pode ser letal. Felizmente, Kaczynski foi preso antes de chegar ao nome de Bill.

"Bill não pareceu incomodado com isso, mas, durante dez anos depois daquilo, abri os pacotes usando uma vareta", disse Anne Weil. Passei muitas semanas de fim de primavera com Anne no Novo México, onde ela atua como especialista em multituberculados de nossas equipes de campo. Ex-jogadora de hóquei de Harvard e uma excelente escritora que frequentemente redige artigos sobre novas descobertas para a *Nature*, Anne hoje é professora da Universidade Estadual de Oklahoma, mas, na época da entrevista do FBI, era aluna de pós-graduação de Bill. Ela é uma das dezenas de estudantes que Bill supervisionou ao longo dos anos, uma equipe importante de paleontólogos que inclui várias das mulheres mais importantes desse campo. Seus estudantes, ainda mais que seus fósseis, são seu maior legado.

Greg Wilson Mantilla foi outro aluno de Bill. Greg cresceu em Michigan e foi para a faculdade planejando se tornar médico — se a carreira no futebol não desse certo, o que não era um sonho absurdo, já que ele era capitão do time de Stanford. Então seu irmão Jeff, um paleontólogo que fez seu nome estudando alguns dos maiores dinossauros saurópodes, o levou a uma caçada de fósseis. Foi uma experiência inebriante e Greg decidiu se tornar paleontólogo, daqueles que estudam os minúsculos mamíferos que tomaram a coroa dos dinossauros colossais de Jeff. Greg agora é professor da Universidade de Washington e, nos últimos anos, assumiu as rédeas do trabalho de campo em Montana depois que Bill se afastou para sua muito merecida aposentadoria.

Os fósseis coletados por Bill, Greg, Anne e seus colegas pintam um retrato evocativo de Montana no fim do Cretáceo. Era um mundo dominado pelos dinossauros, sem dúvida. Alguns dos mais famosos dinossauros foram encontrados nas rochas de Hell Creek: o *Tyrannosaurus rex*; o *Triceratops* com três chifres; o herbívoro *Edmontosaurus*, com bico de pato; o tanque blindado *Ankylosaurus*; e primos próximos do *Velociraptor*. Embora o *T. rex* sem dúvida seja o campeão dos pesos-pesados das florestas e planícies aluviais de Hell Creek, a classe dos pesos-penas era dominada por um mamífero: um metateriano da linhagem dos marsupiais chamado *Didelphodon*. Proporcionalmente, é quase certo que ele era *mais* feroz que o tirânico rei dos dinossauros, o que, como fã de longa data do *T. rex*, é doloroso admitir.

O *Didelphodon* era grande, em termos de mamíferos do Cretáceo, chegando a pesar 5 quilos — mais ou menos do tamanho de seu primo distante, o gambá moderno. Seus molares eram lâminas; seus pré-molares, pedras de moinho arredondadas; e seus caninos eram grandes ganchos. Quando descreveu seus deslumbrantes crânios de *Didelphodon* em 2016, Greg usou medidas do crânio e dos dentes para estimar a força da mordida, com base nas equações matemáticas usadas nos mamíferos atuais. Os resultados foram espantosos: os caninos do *Didelphodon* eram mais fortes que os de cães e lobos, e a força de sua mordida, levando-se em conta o tamanho corporal, era mais forte que a de *qualquer* mamífero moderno estudado por Greg. Mais forte que a de um lobo, leão ou diabo-da-tasmânia. O *Didelphodon* provavelmente tinha um papel como o das hienas no ecossistema de Hell Creek: um predador feroz e necrófago, que matava presas e também devorava carcaças, esmagando os ossos para imobilizar as vítimas e extrair delas toda a nutrição possível. No cardápio, qualquer animal pequeno: outros mamíferos, tartarugas de casco duro e até filhotes de dinossauro.

O *Didelphodon* é uma das 31 espécies encontradas até agora nas rochas de Hell Creek. Provavelmente preenchia muitos papéis ecológicos perto da base da cadeia alimentar, que ia de carnívoros especializados como o *Didelphodon*, uma variedade de herbívoros consumidores de angiospermas e onívoros até os minúsculos insetívoros do tamanho de um musaranho. A vasta maioria desses mamíferos era metateriana como o *Didelphodon* (doze espécies) ou como os multituberculados (onze espécies). Os euterianos — mamíferos da linhagem placentária — eram menos comuns, com apenas oito espécies identificadas, sem exibir a variedade de tamanhos corporais e dietas dos outros mamíferos. Esses euterianos formavam um grupo marginal, subsistindo em meio à vegetação rasteira, ao passo que os metaterianos eram os principais predadores e os multituberculados, os principais herbívoros.

A situação é estável seguindo a pilha de rochas de Hell Creek de baixo para cima, movendo-se através das camadas que registram os últimos 2 milhões de anos do Cretáceo. Há alguns altos e baixos na diversidade dos mamíferos, conforme novas espécies chegavam e partiam, provavelmente em resposta a pequenas mudanças no clima causadas pelos vulcões indianos e movimentos no litoral adjacente. De modo geral, no entanto, os mamíferos do fim do Cretáceo se saíam bem, particularmente os metaterianos e multituberculados. Eles ainda eram pequenos, mas diversificados, e ocupavam muitos nichos. Não havia sinal de problema.

Então tudo mudou. Há uma fina linha nas rochas, saturada de irídio, um elemento raro na superfície da Terra, mas comum no espaço: a digital química do asteroide. Todos os dinossauros desaparecem de uma hora para outra. A Formação de Hell Creek cede lugar à Formação Fort Union. O Cretáceo se transforma em Paleoceno.

As primeiras rochas do Paleoceno apresentam um cenário catastrófico. Há uma localidade fossilífera datada de aproximadamente 25 mil anos após a queda do asteroide, chamada Z-Line Quarry. Ela fede a morte. Não somente todos os dinossauros desapareceram, mas também todos os mamíferos. Há somente sete espécies, todas representadas por dentes minúsculos que só podem ser vistos adequadamente sob o microscópio. Três delas — um multituberculado chamado *Mesodma*, um metateriano chamado *Thylacodon* e um euteriano chamado *Procerberus* — são excepcionalmente comuns. São espécies "talhadas para o desastre". Nós as vimos antes, no início de nossa história, após a grande extinção no fim do Período Permiano. Trata-se de animais que exultam no caos, equivalentes mamíferos das baratas, que prosperam na escuridão e na imundície. Esses três mamíferos, ou seus ancestrais imediatos, foram os únicos sobreviventes, os únicos que conseguiram suportar o aumento da temperatura, os incêndios e as chuvas escaldantes, o inverno nuclear e o aquecimento global. Eles carregaram a tocha dos mamíferos através da longa noite da extinção do fim do Cretáceo, mas não se engane: sua proliferação no início do Paleoceno não foi um sinal de recuperação. Foi um sinal de que os ecossistemas estavam insalubres e desequilibrados.

Vários outros sítios fossilíferos em Montana revelam o que aconteceu nos 100 a 200 mil anos seguintes. É somente ao observar um período tão amplo que conseguimos entender a verdadeira destruição causada pelo asteroide. Se reunir todos os fósseis de mamíferos dessa época, você encontrará 23 espécies. Nove espécies são de multituberculados, o que significa que sofreram uma extinção modesta. Mas somente uma é de metateriano: a linhagem marsupial dos mamíferos, tão abundante e diversa durante o Cretáceo, foi quase destruída, salva localmente pela *única espécie* que conseguiu sobreviver. Quem assumiu seu lugar foram os euterianos: esses mamíferos da linhagem placentária, anteriormente marginais, subiram de suas oito espécies no Cretáceo para treze no início do Paleoceno.

Um dos euterianos do Paleoceno foi nosso ancestral. Talvez pertencesse a uma das espécies de Montana; talvez vivesse em outro lugar. Dito de modo simples: não estaríamos aqui se esse ancestral corajoso não tivesse conseguido se virar.

De onde vieram os euterianos de Montana? Parece que a maioria imigrou de muito longe, pois não foi constatada a existência de ancestrais nas rochas subjacentes do Cretáceo. Talvez tenham vindo da Ásia, que na época estava conectada à América do Norte por uma ponte terrestre. Talvez a Ásia — muito mais longe do marco zero que Montana e, portanto, menos severamente afetada pela destruição dos primeiros dias e semanas após o impacto — tenha ajudado a reabastecer as dizimadas comunidades norte-americanas de mamíferos. Aliás, parece que muitas espécies se moveram no milênio após o impacto. Algumas foram como Tom Joad e sua família em *As vinhas da ira*, deixando suas casas destruídas em busca de uma vida melhor. Outras foram como os garimpeiros de ouro ou os especuladores de terra no oeste americano após os horrores da remoção indígena: correram para preencher os espaços vazios, aproveitando uma oportunidade. Qualquer que seja a razão, é provável que nosso ancestral euteriano fosse um desses imigrantes.

De modo geral, quando comparamos os mamíferos de Montana durante o Cretáceo e o Paleoceno, os números são sombrios. Três de cada quatro espécies do fim do Cretáceo desapareceram, seja porque não sobreviveram à destruição ambiental, seja porque não deixaram descendentes. Se considerarmos todos os sítios fossilíferos do Cretáceo e do Paleoceno no oeste da América do Norte, as estatísticas são ainda piores. Meros 7% das espécies mamíferas sobreviveram. O número é ainda mais devastador do que parece, porque leva em conta os migrantes: se uma espécie morreu em Montana, mas sobreviveu ao migrar para o Colorado, ela é incluída na categoria de sobreviventes. Imagine um jogo de roleta-russa: um revólver com dez câmaras, nove delas contendo uma bala. É sua vez. Até mesmo suas chances de sobrevivência — 10% — são melhores que as de nossos ancestrais no admirável mundo novo após a queda do asteroide.

Isso suscita uma pergunta: o que permitiu que os mamíferos subsistissem? A resposta fica clara quando observamos as vítimas e sobreviventes. Os sobreviventes do Paleoceno eram menores que a maioria dos mamíferos do Cretáceo, e seus dentes indicam que tinham dietas onívoras generalistas. As vítimas, em contrapartida, eram espécies maiores, com dietas carnívoras ou herbívoras especializadas, como o *Didelphodon*. Estavam supremamente adaptadas ao mundo do fim do Cretáceo, mas, quando o asteroide tirou tudo dos eixos, essas adaptações se tornaram desvantagens. Os generalistas de pequeno porte foram capazes de tirar vantagem de seu paladar flexível para se alimentar do que quer que estivesse em oferta — provavelmente nada mais que sementes, vegetação em decomposição e carne putrefata. Também parece provável que as espécies que viviam em áreas mais amplas durante o Cretáceo e eram mais abundantes em seus ecossistemas tiveram mais chance de sobrevivência.

É o cenário da mão de cartas. Já usei essa analogia antes para explicar por que os ancestrais dos mamíferos foram capazes de sobreviver a outras extinções em massa. Ela é particularmente adequada aqui. "Quando o asteroide virou de uma hora para outra o mundo do Cretáceo de cabeça para baixo, a Terra se tornou um cassino. A sobrevivência se resumiu a um jogo de probabilidades. Os dinossauros tinham cartas horríveis. A maioria era grande, não podendo fugir facilmente para tocas nem se esconder debaixo da água, e tinha uma dieta superespecializada. Muitos mamíferos também tinham cartas ruins: espécies como o *Didelphodon*, por exemplo, eram grandes e tinham hábitos alimentares mais restritos. Porém alguns mamíferos — somente uma fração minúscula, mas que, felizmente, incluía nossos ancestrais euterianos — guardavam ótimas cartas na manga: eles eram pequenos, podiam se esconder com facilidade, comiam de tudo, viviam em áreas mais amplas e eram muito, muito numerosos. Nenhuma dessas características podia garantir a vitória, mas, juntas, elas foram vencedoras."

Contudo, não se tratava somente de vencer o pôquer da evolução, mas também do que fazer com o prêmio. Afinal, crocodilos, tartarugas e sapos também sobreviveram, mas nunca chegaram perto de atingir o patamar dos mamíferos. Isso porque os poucos mamíferos que tinham as cartas certas na manga não desperdiçaram sua sorte. Havia algo neles — versatilidade, capacidade de evolução, disposição para viajar — que permitiu que superassem os outros grupos de sobreviventes. Em algumas dezenas de milhares de anos, parte desses mamíferos prosperaria como espécies talhadas para o desastre.

Outros se mudaram, imigrantes preenchendo vagas de emprego criadas pela extinção. Os sobreviventes locais e os imigrantes interagiram entre si e com seus ambientes, evoluíram, dividiram-se em novas espécies e, o mais importante, ficaram maiores. Entre 375 e 850 mil anos após o impacto do asteroide, conforme as temperaturas estabilizavam e os ecossistemas se recuperavam, os mamíferos prosperaram em Montana. Havia mais espécies do que jamais houvera durante o Cretáceo, além de grupos inteiramente novos, incluindo várias criaturas corpulentas com chifres e muitos escaladores de árvores de membros longos.

Os fósseis desses novos mamíferos de Montana são bacanas, mas os do Novo México são ainda melhores.

EM 25 DE JULHO DE 1874, um grupo de exploradores partiu do terminal ferroviário de Pueblo, no Colorado, rumo ao sul. Eles estavam a cavalo, seguidos por um grupo de mulas carregando provisões para várias semanas nas montanhas esparsamente povoadas, planícies desertas e terras baldias que teriam de atravessar, ainda sob domínio dos Navajos e outros nativos americanos. Entre os seis homens, havia dois cientistas, um assistente, um cartógrafo, um carroceiro boca-suja e um cozinheiro. Sua missão: mapear a topografia da região do rio San Juan, onde o Colorado se encontra com o Novo México — nenhum dos quais era um estado na época. Seria uma pequena contribuição para o Levantamento Wheeler, encarregado pelo Congresso americano de mapear as terras a oeste do meridiano 100. Enquanto desenhava seu mapa, a equipe também devia fazer um censo das tribos nativas americanas, avaliar locais para ferrovias e instalações militares e buscar recursos minerais.

O líder da equipe era um zoólogo chamado H. C. Yarrow, mas quem estava mesmo no comando — pela força bruta de sua personalidade — era um paleontólogo da Filadélfia, Edward Drinker Cope. Com 30 e poucos anos, olhar perspicaz e um cavanhaque que se estendia pelo pescoço, Cope era um dos eminentes especialistas em fósseis da nação e veterano de outros levantamentos de terras no Colorado, Wyoming e Kansas. Um ano antes, ele ouvira falar de novos e intrigantes fósseis de mamíferos no Novo México e não descansou até conseguir explorar a área. Quando soube que o cartógrafo George Wheeler estava organizando uma viagem, ele implorou para participar. Wheeler hesitou, conhecendo a reputação de lobo solitário imune à autoridade de Cope, que seguia uma trilha de fósseis sempre que queria, quaisquer que fossem as ordens. Cope continuou insistindo e pediu dinheiro emprestado ao pai para contribuir com as finanças do grupo. Finalmente, Wheeler cedeu, com a condição de que Cope agisse como geólogo, nada mais. Cope concordou, mas ambos sabiam que ele não pretendia cumprir a promessa.

Menos de três semanas após partirem de Pueblo, Cope já se rebelara. Ele havia encontrado dentes de mamíferos e se recusado a continuar para o norte até ter terminado de coletá-los. Yarrow concordou, o que resultou em um comportamento ainda mais ousado de Cope. Um mês depois, ele ouviu histórias sobre campos de fósseis sensacionais a oeste, em uma extensão de terras baldias longe da rota da equipe, em um lugar chamado Arroyo Blanco. Dessa vez, simplesmente partiu. Levou consigo três homens da equipe, uma mula e uma semana de provisões e foi para território tribal. Os fósseis das histórias se materializaram: um tesouro de crocodilos, tartarugas, tubarões e ao menos oito tipos de mamíferos. Cope os reconheceu como membros primitivos de alguns dos grupos de mamíferos atuais, como cavalos, e deduziu que eram do Eoceno, um intervalo de tempo que começou aproximadamente 10 milhões de anos depois da extinção dos dinossauros e se estendeu até entre 56 e 34 milhões de anos atrás. "É a mais importante descoberta geológica que já fiz", escreveu Cope ao pai alguns dias depois, uma frase irônica, dado que, àquela altura, já desistira de fingir ser o geólogo da equipe.

Após coletar seus fósseis, um triunfante Cope retornou para se encontrar com Wheeler, ostensivamente a fim de se desculpar. Mas o chefe tinha outras preocupações. Ele deu a notícia chocante: depois que Cope abandonara a equipe, o cartógrafo fora acidentalmente morto e Yarrow chamado de volta a Washington. Wheeler, exasperado, disse a Cope que ele agora estava por conta própria. Por algum motivo, Cope não recebeu uma reprimenda formal, mas jamais foi convidado para outra expedição de Wheeler.

Era meado de setembro. Cope, subitamente livre de restrições, teria ao menos mais um mês para explorar antes que o tempo piorasse. Ele foi para o sul e, no fim de outubro, passou por uma cidade de tendas chamada Nacimiento, onde milhares de rufiões mineravam troncos petrificados do Triássico — não porque fossem fósseis, mas porque estavam cheios de cobre. Cope cruzou o canal seco do rio Puerco e notou madeira petrificada se projetando da argila cinzenta e preta. A madeira era diferente dos troncos minerados e Cope sabia que a argila estava localizada entre as rochas do Triássico e do Eoceno contendo seus "importantíssimos" fósseis. Ele tomou nota, chamando a argila de "marga do Puerco", por causa do rio. Ele suspeitava que podia conter fósseis de mamíferos, mas não conseguiu encontrar nenhum antes de retornar à estação ferroviária de Pueblo, por causa da neve prestes a cair.

O Levantamento Wheeler continuou no ano seguinte e, como Cope já não era bem-vindo, eles contrataram um fronteiriço chamado David Baldwin, um personagem misterioso. Não há registro de seu nascimento ou de sua morte, e Baldwin parece ter passado a maior parte da vida sozinho. É notável que tenha concordado em se unir à equipe, pois se aventurava pelo interior acompanhado somente de seu burro, no ápice do inverno, quando podia derreter neve para obter água potável. Diz a lenda que ele se vestia como um caubói mexicano, com uma picareta apoiada no ombro, e sobrevivia à base de fubá.

Após participar do Levantamento Wheeler, Baldwin retornou à região de San Juan, no Novo México, em 1876, trabalhando em um novo projeto. Ele tinha de coletar fósseis para um jovem e exigente paleontólogo da Costa Leste que desprezava autoridade. Não era Cope, mas seu rival: Othniel Charles Marsh, da Universidade Yale.

A "Guerra dos Ossos" entre Cope e Marsh é uma infâmia científica que quase virou filme de Hollywood, estrelado por Steve Carell e James Gandolfini na pele dos cientistas rivais (o projeto foi postergado após a morte súbita de Gandolfini). Procure em qualquer livro sobre dinossauros e você lerá a triste história dos caçadores de ossos outrora amigos que deixaram que a cobiça, o ego e a fama os transformassem em amargos inimigos que sabotavam o trabalho um do outro, destruíam fósseis um do outro e se criticavam na imprensa. Sua desavença é lembrada hoje como uma briga sobre dinossauros, provavelmente porque alguns dos nomes mais famosos desse léxico — *Brontosaurus*, *Diplodocus*, *Stegosaurus* — foram encontrados no maníaco período entre as décadas de 1870 e 1880, quando Cope e Marsh competiam desesperadamente.

Na verdade, grande parte de suas discussões foi sobre fósseis de mamíferos. Cada um tentava encontrar o mais velho e primitivo fóssil de cavalos, primatas e outros grupos modernos. Com isso em mente, é confusa a maneira como Marsh reagiu aos fósseis que Baldwin lhe enviou entre 1876 e 1880: ele os ignorou. Recusou-se a pagar por eles. Baldwin deu a resposta óbvia: passou a trabalhar para Cope. Foi o maior erro que Marsh já cometeu, porque, logo depois que mudou de lado, Baldwin encontrou mamíferos na "marga de Puerco" de Cope. Os dentes e ossos — imprensados entre dinossauros e os mamíferos mais modernos do Eoceno que Cope encontrara em 1874 — foram os primeiros registros da fauna transicional entre o fim da Era dos Dinossauros e o início da Era dos Mamíferos.

Durante grande parte da década seguinte, Baldwin e seu burro vagaram pelo deserto do Novo México procurando "margas de Puerco" e coletando milhares de fósseis. Entre os lugares nos quais encontrou fósseis de mamíferos estava o leito seco do riacho que os Navajos chamavam de Kimbeto, lugar mencionado no início deste capítulo, onde nossa equipe de campo trabalhou em 2014. Baldwin enviou todas as suas descobertas para Cope na Filadélfia; Cope o pagou não somente com dinheiro, mas também com respeito. Ao passo que Marsh se mostrara indiferente, Cope entusiasticamente descrevia e batizava os mamíferos tão rapidamente quanto Baldwin conseguia fornecê-los. De 1881 a 1888, Cope publicou 41 artigos sobre os mamíferos de Baldwin, descrevendo-os como quase cem novas espécies. O trabalho costumava ser apressado e desleixado, mas aquele foi somente o começo.

Nos 125 anos seguintes e até hoje, as descobertas continuaram naquela parte do Novo México, na que agora é chamada bacia de San Juan. A cidade mineira de Nacimiento foi abandonada há muito, substituída pela cidade de Cuba, não muito longe da reserva Navajo, onde tantos nativos americanos foram assentados à força. As "margas de Puerco" agora são consideradas parte da Formação Nacimiento, amplamente reconhecidas como o melhor registro mundial de mamíferos do Paleoceno, os primeiro 10 milhões de anos após a extinção do fim do Cretáceo. Hoje, o trabalho de campo na área é liderado por Tom Williamson, que se mudou para o Novo México quando era aluno de pós-graduação, no início da década de 1990, atraído pelas histórias de Cope e Baldwin. Tom também estuda os dinossauros cretáceos encontrados sob os fósseis de mamíferos e foi através de sua pesquisa sobre o *T. rex* que nos conhecemos quando estava na faculdade. Ficamos amigos e, após muitos anos de insistência, Tom me convenceu a estudar também fósseis de mamíferos. É por causa dele que hoje pesquiso mamíferos — e serei sempre grato por isso.

A partir das pesquisas de Tom, agora entendemos como os mamíferos do Paleoceno do Novo México se encaixam no panorama mais amplo da extinção, sobrevivência e diversificação dos mamíferos. Os fósseis de Kimbeto são de 65,6 milhões de anos atrás, o que significa que viveram, no máximo, 380 mil anos depois do impacto do asteroide e uns 200 mil anos depois das faunas "talhadas para o desastre" de Montana. Geologicamente falando, não é muito tempo. Mas foi mais que suficiente para que os mamíferos de Kimbeto superassem todos os anteriores, em termos de número geral de espécies; variedade de comportamentos, fontes alimentares, hábitats e modos de locomoção, e, mais notadamente, tamanho corporal.

"Encontrar mamíferos no Cretáceo é uma coisa muito rara, temos de rastejar para encontrá-los e peneirar a terra com água para recolher seus dentes", explicou Tom durante um chat da equipe pelo Skype, enquanto a gente se lembrava de como a pandemia da Covid-19 nos fez cancelar nossa viagem planejada para maio de 2020. "E, no início do Paleoceno em Montana, eles também tiveram de peneirar toda a terra. Mas, nas rochas de Puerco, no Novo México, as coisas mudam drasticamente! Encontramos grandes mandíbulas de mamíferos por toda parte!"

Já conhecemos dois desses mamíferos de Kimbeto. Há o "castor primitivo" de Carissa Raymond, o *Kimbetopsalis*, um multituberculado substancialmente maior que qualquer outro do Cretáceo. Foi Cope quem criou o nome "multituberculados" em 1884, com base, em parte, na descoberta de Baldwin de outra espécie do tamanho aproximado de um castor, chamada *Taeniolabis*, nas margas de Puerco. Baldwin recolheu tudo que pôde das rochas de Kimbeto, assim como fizeram muitas outras equipes de campo no último século, o que torna a descoberta de Carissa ainda mais impressionante.

E então há o *Ectoconus*, representado pelo esqueleto que Tom encontrou, mas que também foi originalmente batizado por Cope em 1884, ao receber outro carregamento de Baldwin. O *Ectoconus* era o maior animal do ecossistema de Kimbeto, mais ou menos do tamanho de um porco. Ele é um condilartro, um termo — novamente — inventado por Cope para se referir a um nebuloso agrupamento de mamíferos difíceis de classificar do Paleoceno e do Eoceno, com esqueletos geralmente primitivos e constituição avantajada. Sarah Shelley, que escavou o esqueleto comigo e com Tom, fez seu doutorado sobre o *Ectoconus* e outros condilartros e, com seu humor típico, descreveu o *Ectoconus* como "uma ovelha-porco realmente gorda, com cauda comprida e cabeça pequena para seu tamanho". Seus grandes pré-molares e molares tinham cúspides baixas e arredondadas e funcionavam como aquelas bolinhas que giram para massagear as costas, mas, nesse caso, amaciavam o rijo material vegetal. O lar do *Ectoconus* era o chão, onde vagava de arbusto em arbusto, nem muito devagar, nem rápido demais. Mas é possível constatar que ele evoluía no sentido de mais rapidez, à medida que seus dedos começavam a se parecer cada vez mais com cascos em miniatura.

O *Ectoconus* é um de dezenas de euterianos da linhagem placentária de Kimbeto. Eles — não os multituberculados nem os poucos e minúsculos metaterianos remanescentes — estavam firmemente no controle. Eu poderia passar vários capítulos tentando descrever todos esses euterianos, pois eles eram ultrajantemente diversificados e formavam complexas redes alimentares. Durante o Paleoceno, viviam em uma selva pantanosa, com uma densa cobertura de palmeiras e outras árvores com folhas grandes e pontas longas e afuniladas, um sinal de que estavam constantemente drenando água da chuva. A floresta era densa com vegetação desde as palmeiras mais altas às samambaias e aos arbustos floridos que engolfavam o solo úmido. Todas essas plantas tinham um bom crescimento porque o clima era quente e úmido o ano inteiro. Além disso, havia intensa sazonalidade nos níveis de chuva, e as monções encharcavam as florestas ainda mais durante certas partes do ano. Os rios que drenavam as montanhas Rochosas — que ainda estavam crescendo — cortavam essas selvas, muitas vezes transbordando das margens e formando lagoas onde os mamíferos ocasionalmente ficavam presos, deixando ossos e dentes que se transformariam em fósseis.

Outro euteriano vivendo nessa selva, o *Eoconodon*, tem um nome similar ao *Ectoconus*. Ele também foi classificado como um dos condilartros atarracados de Cope, embora as similaridades terminem aí. O *Eoconodon* era o terror do Novo México no Paleoceno, um brutamontes do tamanho de um lobo — porém mais musculoso —, no topo da cadeia alimentar. Suas mandíbulas se abriam exageradamente para que os caninos cilíndricos em forma de presas pudessem agarrar e segurar a caça. Enquanto a vítima paralisada sangrava até morrer, o *Eoconodon* rompia pele e músculos com os pré-molares, cujas cúspides afiadas apontavam para trás, e então moía os ossos com os grandes molares trituradores, que se pareciam com os dos ursos. O *Ectoconus* teria sido uma refeição deliciosa, mas provavelmente era rápido o suficiente para escapar na maioria das vezes.

Um alvo fácil era outro euteriano chamado *Wortmania*, mais ou menos do tamanho de um texugo. Ele não teria vencido nenhum concurso de beleza do Paleoceno ou, como disse Sarah com menos diplomacia, "devia ser *realmente* feio". O *Wortmania* era um escavador musculoso que usava os grandes antebraços terminados em garras para cavar a terra e os enormes caninos e mandíbulas para desenterrar tubérculos. Robusto e pesadão, o *Wortmania* estaria seguro em sua toca e provavelmente seria um feroz oponente no combate individual, mas, se o *Eoconodon* perseguisse um deles até uma clareira, então era o fim. O *Wortmania* foi um dos vários teniodontes a viver no Novo México durante o Paleoceno. Estiveram entre os primeiros mamíferos a desenvolver dentes com coroas altas, uma bênção na hora de comer vegetação rija, como raízes e tubérculos incrustados de terra. Como os mamíferos não podem substituir seus dentes ao longo da vida, ingerir comidas duras é arriscado, já que um dente quebrado pode significar uma sentença de morte. Evoluir dentes muito altos que podem se desgastar gradualmente ao longo de muitos anos de mastigação abrasiva é uma estratégia inteligente.

Cerca de um milhão de anos depois de os fósseis de Kimbeto serem formados, um novo tipo de euteriano entra no registro fóssil do Novo México. Seu nome é *Pantolambda*, um pantodonte arquetípico: um grupo misterioso que floresceu no Paleoceno e no Eoceno. Eles foram batizados, adivinhe, por Cope na década de 1870, mas seus primeiros fósseis reconhecidos foram dois dentes retirados da argila perto de Londres, descritos na década de 1840 por outro personagem recorrente de nossa história: o vilão vitoriano Richard Owen. O *Pantolambda* foi uma fera de sua época, com duas vezes o tamanho de um *Ectoconus* e mais ou menos o peso de uma vaca Vechur (a menor raça bovina atual). Quando explorava as terras do Novo México, há uns 64 milhões de anos, foi o maior mamífero a viver na região. Mas era um gigante gentil, que languidamente arrancava e engolia folhas, provavelmente como uma girafa, embora seu pescoço fosse grosso, não comprido. Com peito amplo, quadris largos e patas enormes — que lembram aquelas gigantescas mãos de espuma usadas pelos fãs do esporte —, ele devia ter um perfil cômico a distância. E pareceria ainda mais desajeitado de perto, com cabeça minúscula, maxilares profundos, olhos voltados para a frente e caninos cônicos exagerados que provavelmente eram usados para atrair parceiras e intimidar rivais. Esqueletos de *Pantolambda* foram encontrados amontoados, sugerindo que ele vivia em rebanhos e provavelmente era um animal social.

Todos esses euterianos do Paleoceno provavelmente eram dotados de uma das maravilhas de nossa biologia reprodutiva: a placenta, um órgão temporário que existe somente durante a gestação, conectando o feto à mãe. A placenta não é exclusiva dos mamíferos; ela evoluiu umas vinte vezes, em uma variedade de espécies que trocaram os ovos pelo parto de crias vivas, incluindo alguns peixes. É fácil ver por quê. Um ovo é essencialmente um pacote de cuidados completo, com uma gema que inclui todos os nutrientes de que o embrião em crescimento precisa para se desenvolver. Quando a mãe põe ovos, ela pode protegê-los, mas não pode quebrar suas cascas para fornecer nutrição adicional. O parto de crias vivas, no entanto, requer que o embrião (e depois o feto) cresça no interior da mãe até emergir no mundo. Ele precisa de acesso a comida e oxigênio durante esse tempo, além de uma maneira de expelir resíduos. A placenta faz isso. Ela é multitarefas, agindo ao mesmo tempo como despensa, pulmões e sistema excretor do bebê. Então, após o parto, é simplesmente descartada.

A placenta mamífera, comparada à de peixes e répteis vivíparos, é especial. Tão sublime que a mais diversa divisão dos mamíferos atual carrega seu nome. Nós somos "mamíferos placentários", assim como outros euterianos derivados: roedores, morcegos, baleias, cavalos, ursos, cães, gatos e elefantes. Todo mamífero vivo que não é monotremado ou marsupial é classificado como placentário. Mas esse nome pode ser enganoso, já que os marsupiais têm placenta por um período curto de tempo, como parte de sua curiosa maneira de produzir bebês. Nesses marsupiais, o ovo fertilizado fica encapsulado por uma casca, que eventualmente se rompe e é implantado no útero da mãe, sendo nutrido pela placenta. O feto nasce posteriormente como uma coisinha sem pelos que continuará se desenvolvendo em segurança dentro da bolsa da mãe. A placenta marsupial é pequena, composta de uma única membrana que fornece nutrição. Mamíferos placentários como nós, em contrapartida, têm uma placenta enorme e complexa, com membranas separadas para alimentação e excreção. Essa placenta elaborada pode sustentar a gestação por um longo período, permitindo que os mamíferos placentários deem à luz crias grandes e bem-desenvolvidas.

Como qualquer um que já tenha testemunhado um parto pode atestar, a placenta é uma massa de tecido mole em forma de bolo, coberta de vasos sanguíneos e conectada ao cordão umbilical. Coisas assim normalmente não fossilizam. Mas a placenta marca sua presença no esqueleto. Monotremados e marsupiais possuem um osso triangular chamado epipúbis, que se projeta na cavidade abdominal a partir da pelve. Esse osso já foi chamado de "osso marsupial", porque se achava que ele sustentava o marsúpio, mas agora sabemos que tem outras funções, como ancorar os músculos que movem as pernas e fornecer sustentação para a suspensão de muitas crias lactentes (tenham eclodido ou nascido). O osso epipúbis é encontrado em muitas espécies fósseis, incluindo alguns cinodontes precursores dos mamíferos, multituberculados e até mesmo euterianos do Cretáceo descobertos no deserto de Gobi. Isso sugere que os primeiros euterianos — os ancestrais imediatos dos mamíferos placentários — se reproduziam como os monotremados, pondo ovos, ou como os marsupiais, dando à luz crias minúsculas.

Mas nós não temos epipúbis, nem qualquer outro mamífero placentário moderno. Nossa placenta e crias maiores, que se desenvolvem por mais tempo, ocupam espaço demais no abdome, de modo que não há espaço para esse osso. Além disso, não precisamos dele para sustentar hordas de minúsculos bebês agarrados constantemente aos mamilos. O epipúbis está ausente no *Ectoconus* e no *Eoconodon*, no *Wortmania* e no *Pantolambda*, e em todo euteriano do Paleoceno encontrado no Novo México e em outros lugares. Essa é uma forte indicação de que eles desenvolveram uma placenta grande e complexa e, desse modo, tornaram-se verdadeiros mamíferos placentários, como nós. Provavelmente foi um dos segredos de seu sucesso após a extinção.

Mas esses mamíferos placentários do Paleoceno não eram particularmente inteligentes. Tomografias analisadas por minha equipe, liderada por minha colega Ornella Bertrand — uma paleontóloga francesa que é um gênio na construção de modelos tridimensionais do cérebro a partir de imagens de raios X da cavidade cerebral —, mostra que os pantodontes e a maioria dos mamíferos do Paleoceno tinham cérebros incomumente pequenos. Veja bem, seus cérebros eram grandes se comparados aos de lagartos, sapos e crocodilos; afinal, essas espécies do Paleoceno eram mamíferas e, como vimos, assim que começaram a alimentar suas crias com leite, os mamíferos desenvolveram cérebros maiores com uma nova estrutura, o neocórtex, usada para o processamento sensorial. Porém, comparadas aos mamíferos modernos de tamanho similar, as espécies do Paleoceno tinham cérebros notavelmente pequenos, com neocórtices muito menores. Não parece fazer sentido. Os mamíferos que sobreviveram à extinção do fim do Cretáceo e prosperaram em seguida não deveriam ter usado grande inteligência e sentidos aguçados para sobreviver? Infelizmente, não parece ter sido o caso. Os mamíferos do Paleoceno cresceram tão rapidamente que seus cérebros não conseguiram acompanhar, e foi somente mais de 10 milhões de anos depois, no Eoceno, que surgiram os cérebros gigantescos dos mamíferos modernos, com neocórtices volumosos que ocupam grande parte da superfície cerebral.

A força, e não a inteligência, explica como os mamíferos do Paleoceno conseguiram prosperar. Após mais de 100 milhões de anos de restrições, aprisionados em nichos para corpos pequenos e incapazes de se tornar maiores que um glutão, os mamíferos subitamente estavam livres. O porquê não é mistério: os dinossauros desapareceram. Não havia mais nada que os impedisse e, em algumas centenas de milhares de anos — um piscar de olhos na história da Terra —, os mamíferos placentários ocupavam papéis outrora ocupados por *Triceratops*, dinossauros com bico de pato e raptores. Na época dos fósseis de Kimbeto, e definitivamente na época do *Pantolambda*, os dinossauros eram uma memória distante, como se jamais tivessem existido. Os mamíferos formavam uma cadeia alimentar completa, de comedores de carne com dentes afiados e gigantescos mastigadores de folhas, trituradores de plantas parecidos com porcos e escavadores musculosos, além de muitas outras espécies correndo pelo chão, subindo nas árvores e pulando entre os galhos. O mundo se tornara mamífero.

Só que isso não é completamente preciso. Um tipo de dinossauro sobreviveu: as aves. Elas também tinham cartas vencedoras: eram pequenas, reproduziam-se rapidamente, podiam voar para longe do perigo e tinham bicos perfeitos para comer sementes, uma nutritiva fonte de alimento que permanecia no solo mesmo depois de as florestas entrarem em colapso. Os ossos delicados e muito finos das aves do Paleoceno são encontrados ao lado dos ossos de mamíferos no Novo México, e essas pioneiras pós-extinção também foram um sucesso, culminando nas mais de 10 mil espécies de aves atuais, quase duas vezes o número de espécies mamíferas! Mas os números podem ser enganosos e, embora as aves sejam uma parte inegavelmente diversa de nosso mundo, não são dominantes da mesma maneira que os mamíferos. Mesmo as maiores aves de todos os tempos, as extintas aves-elefante de Madagascar — que pesavam entre 500 e 730 quilos — parecem pequenas perto dos elefantes reais, mamíferos, que causam pequenos tremores quando seus corpos de 6 toneladas ribombam pela savana africana. A maioria das aves, no entanto, é minúscula, facilmente capaz de caber em sua mão ou fazer ninho no peitoril de sua janela. Elas são a culminação de uma tendência evolutiva de longo prazo, a miniaturização, que começou antes da extinção, mas se acelerou depois dela.

Assim, os papéis evolutivos se inverteram: as aves ficaram menores; os mamíferos, maiores. Os mamíferos não somente substituíram os dinossauros como, em certo sentido, tornaram-se dinossauros. A Era dos Mamíferos começara.

6

OS MAMÍFEROS SE MODERNIZAM

NA REGIÃO CENTRAL DA ALEMANHA, a sudeste de Frankfurt, em um lugar chamado Messel, há um grande buraco no chão. Ele tem 40 hectares de largura e 60 metros de profundidade, uma mossa em um cenário plano e arborizado. Na década de 1700, os habitantes locais descobriram rochas de xisto negro saturadas de querogênio, que podiam transformar em petróleo de xisto. Durante quase dois séculos, durante a ruína de impérios e duas guerras mundiais, eles mineraram xisto betuminoso, até que o negócio deixou de ser lucrativo no início da década de 1970. A mina foi fechada, mas o poço permaneceu.

O buraco era uma monstruosidade. O governo queria que desaparecesse e propôs transformá-lo em aterro onde o lixo de Frankfurt seria despejado. Os locais objetaram e, após vinte anos de disputas legais, as autoridades recuaram.

Em vez disso, a Unesco transformou o poço em patrimônio da humanidade.

Essa designação — concedida pela Organização das Nações Unidas a somente 1.100 lugares em todo o mundo, considerados de grande impacto cultural, histórico ou científico — não tinha nenhuma relação com a mineração ou com a história humana na área. Ela se devia às outras coisas encontradas no interior do xisto negro: fósseis, que contam uma história muito mais profunda, 48 milhões de anos atrás, durante o meio do Eoceno, o intervalo de tempo que se seguiu ao Paleoceno, quando as primeiras comunidades de mamíferos placentários floresceram no Novo México.

Podemos imaginar esse mundo, seus habitantes e como viviam. Eis uma história fictícia, mas baseada em fósseis reais de Messel.

Certa noite de primavera no Eoceno, quando aquela parte da Alemanha era uma ilha em um arquipélago muito parecido com a Indonésia de hoje, uma égua sentiu vontade de comer algo. Durante os últimos dias do verão passado, ela engravidara, e agora carregava seu bebê há mais de duzentos dias. Seu abdome estava inchado, assim como seus punhos e tornozelos, e ela achava difícil caminhar sem sentir dor — uma sensação estranha para um animal acostumado a correr pela vegetação rasteira da floresta. Aquela era sua primeira cria, mas ela sabia, instintivamente, que o parto seria em breve.

Naquele momento, a égua foi tomada pela fome. Um tipo particular de fome: ela queria as doces flores brancas e púrpuras dos nenúfares que boiavam perto das margens do lago próximo. Estivera em jejum por toda a tarde, durante a parte mais quente e úmida do dia subtropical, mas não por escolha. Ela simplesmente não conseguia reunir energia para se levantar. Quando o sol recuou e a noite trouxe temperaturas mais frescas, sentiu um ímpeto. Agora seria um bom momento para comer. Mas havia um problema em seu plano: o lago ficava a 1 quilômetro e só podia ser alcançado atravessando a parte mais fechada da selva, onde os predadores iniciavam suas caçadas noturnas.

A égua olhou em torno, ajustando os olhos à pouca luz do crepúsculo. Ela conseguia ver uns vinte membros de sua manada, espalhados por um pequeno prado no interior da floresta. Eram todos parecidos: criaturas peludas mais ou menos do tamanho de um cão terrier, cobertas por pelos marrons e grossos, mas com fileiras de pelos pretos e compridos no contorno das costas arqueadas. Eles se apoiavam orgulhosamente nas quatro patas, equilibrando-se sobre os cascos, muitos afastando os mosquitos com suas caudas curtas e peludas. Alguns tinham a cabeça abaixada, mordiscando flores e pequenos frutos com os incisivos. As línguas deslizavam por suas bocas enquanto mastigavam.

Todos estavam com as orelhas em pé, atentos tanto ao farfalhar dos predadores nos arbustos quanto aos sons de seus companheiros. Pertenciam a uma espécie social, e a disciplina era imposta severamente, através de relinchos agudos dos líderes da manada, tanto machos quanto fêmeas.

Embora não pertencesse à elite, a égua sentiu necessidade de pedir ajuda. Talvez alguns dos outros se juntassem a ela em busca de nenúfares? Ela soltou um relincho alto, que atravessou a imobilidade do prado.

Alguns integrantes da manada a olharam com irritação e retornaram ao seu jantar. Os outros simplesmente a ignoraram. Se ela queria saciar seus desejos de fêmea prenha, teria de fazer isso sozinha. Assim, ela se levantou, equilibrou-se sobre os minúsculos cascos e entrou lentamente na floresta, deixando a manada para trás. Momentos depois, foi engolfada pela folhagem.

A floresta era uma confusão de ervas-daninhas, arbustos e árvores. Havia samambaias e pinheiros, mas a maior parte da vegetação era de angiospermas e, como era primavera, as flores desabrochavam. Os botões cor-de-rosa das magnólias brilhavam no crepúsculo, e o aroma de louros e rosas pairava no ar, pesado em razão da chuva da tarde. Havia nozes-moscadas, palmeiras, viscos, cornisos, urzes, melaleucas, liquidâmbares, faias, bétulas e árvores cítricas, cujas frutas azedas começavam a se formar entre as flores. Parreiras serpenteavam pelos troncos das árvores, sufocando os níveis médios da floresta sob um denso cobertor de folhas grandes e achatadas, escorrendo com a chuva que ainda caía das copas. Vagens, nozes e cajus estavam dependurados. Alguns meses depois, recobririam o solo da floresta, fornecendo muita comida para a manada e aos muitos outros animais que chamavam a selva de lar.

Enquanto abria caminho por entre os loureiros, a égua ouviu os galhos acima de sua cabeça estalarem. Seus olhos cruzaram os de outro animal peludo, com certa de 1 metro de comprimento, mas mais cauda que corpo, escalando o tronco com garras curvas. Ele se equilibrou em um galho, esticou o rabo para trás a fim de ter estabilidade, moveu a cabeça para a frente e começou a mastigar folhas com os enormes incisivos em forma de cinzel. Entrementes, mais alto em um dos liquidâmbares, outro animal se movia pelas copas, com uma habilidade bem mais considerável. Ele era um pouco menor que o mastigador de folhas e se agarrava aos galhos com confiança. Suas patas dianteiras e traseiras eram grandes e terminavam em unhas planas, não garras. Ele colocou o polegar opositor e os dedos finos e longos de uma das patas em torno de um galho e, com a outra, agarrou uma fruta que não estava totalmente madura, mas já era comestível.

Observando a atividade na copa das árvores, a égua levou um momento para notar um animal ainda mais peculiar, parado no solo em frente a um formigueiro. Atarracado e musculoso, ele grunhia enquanto jogava os braços para a frente, com as garras em forma de pás destruindo o formigueiro. Quando a colônia se dispersou em pânico entre as folhas apodrecidas do chão da floresta, o destruidor de formigueiros lambeu os lábios com a língua longa e serpentiforme e começou a sugar as formigas com o focinho estreito e sem dentes. A égua nunca vira nada parecido. O comedor de formigas tinha pelos nas costas em ângulos estranhos, mas a maior parte de seu corpo era coberto por escamas, cada uma parecida com uma palheta, que se sobrepunham para cobrir a criatura com uma armadura forte, mas flexível.

A égua estava tão distraída com o pandemônio dos insetos que, por alguns minutos, esqueceu seu desejo pelos nenúfares. Ela baixou a guarda por tempo suficiente para que um dos carnívoros noturnos a notasse. De sua camuflagem entre algumas samambaias, o comedor de carne do tamanho de um mangusto observava intensamente e, com os bigodes, interpretava os odores trazidos pela brisa. Ele já devorara vários lagartos e sapos, mas ainda estava com fome, e seus dentes laterais em forma de lâminas estavam prontos para o próximo prato. O caçador pesou suas opções. O animal coberto de escamas podia ser delicioso, mas perfurar sua armadura exigiria muito esforço. Era muito melhor ir atrás da égua gordinha que parecia não ter nenhuma consciência do que a cercava.

Quando saiu de seu esconderijo com os dentes à mostra, o predador percebeu que tinha opção. À esquerda da égua havia outro animal com unhas que pareciam cascos, mas quatro dedos em vez de os três da égua. Ele também parecia distraído enquanto se equilibrava sobre os braços e pernas compridos e finos, engolindo frutas apodrecidas e cheias de fungos. A coisa parecia mais distraída e desprotegida que a égua, então o caçador fez sua escolha e saltou sobre o comedor de frutas. A égua ouviu o alvoroço e recuperou subitamente a sanidade. Fora por pouco, e era melhor ir embora.

Agora atenta e com o instinto materno aflorado, a égua seguiu em frente. Sem distrações dessa vez; os nenúfares a chamavam. Alguns minutos depois, ela abriu caminho entre as urzes e, subitamente, a escuridão foi iluminada pela cintilante luz da lua. A floresta se abrira e agora a égua tinha uma vista do lago.

Ondas concêntricas se espalhavam sobre a superfície azul-escura, agitando as algas que davam à água uma aparência suja. Havia bolhas por causa dos peixes nadando nas profundezas, e as tartarugas colocavam vez ou outra a cabeça para fora a fim de respirar. No céu, a silhueta de animais voadores tremulava contra as últimas cores do pôr do sol extremamente alaranjado. Alguns claramente eram aves, da família dos bacuraus, caçando mariposas e libélulas. Mas outros eram diferentes: eles tinham grandes asas de pele esticadas entre os dedos, eram cobertos de pelos e emitiam cliques ultrassônicos enquanto voavam entre os bacuraus, furando a cutícula dos insetos com seus molares de cúspides afiadas.

E então a égua viu. A lua quase cheia dançou sobre a linha onde o lago encontrava a terra, iluminando as pétalas coloridas dos nenúfares. Seu estômago roncou. Ela sentiu o bebê chutar. Tendo aprendido a lição na floresta, ela se aproximou lentamente da beira do lago, atenta a predadores. Alguns crocodilos nadavam, mas estavam afastados demais da margem para ser uma ameaça. Outra criatura peluda se movia, mas nada havia a temer: era uma coisinha minúscula, com cerca de 30 centímetros, com pelos densos e espinhosos cobrindo as costas e as laterais do corpo. Também estava atrás de uma refeição noturna à beira do lago, mas queria peixes, não flores.

A égua afundou os cascos na lama da margem, entrou na água morna e mergulhou entre os nenúfares. Ela deu um relincho de prazer e então foi direto ao negócio. Comeu vorazmente, primeiro mordiscando as melhores flores, depois mordendo tudo que encontrava, fossem flores, folhas ou caules. Foi uma bênção, exatamente o que a futura mãe precisava a fim de ter forças para o parto, que sem dúvida seria em breve. Então, com a barriga cheia, ela se virou para a terra, a fim de retornar à segurança da manada. Mas algo não parecia certo. Quando deu seu primeiro passo para sair da água, ela oscilou. Desorientada, caiu sobre as ancas e tentou se levantar novamente, mas não conseguiu. Em um instante, tudo escureceu e a égua — e o bebê em seu útero — deslizou para as águas algáceas do lago Messel.

DURANTE O EOCENO, o lago Messel não era um lago comum. Ele fora criado por uma explosão vulcânica, quando o magma escorrendo das profundezas da terra entrara em contato com as águas subterrâneas, iniciando uma detonação de vapor que formara uma cratera. Os rios que drenavam as florestas úmidas circundantes encheram a cratera de água, que, com o tempo, tornou-se profunda e estratificada. De tempos em tempos, sem aviso, o lago gorgolejava e uma nuvem de gás invisível subia de seu abismo anóxico. Algumas vezes, esses gases eram vulcânicos; em outras, subprodutos de bactérias ou algas. De qualquer modo, eram tóxicos e asfixiavam rapidamente qualquer coisa em seu caminho: animais nadando nas águas, caminhando nas margens, agarrando-se aos galhos logo acima da água, voando ou comendo nenúfares nas partes mais rasas.

Mortos por um assassino que não deixava evidências físicas, os animais deslizavam para as profundezas estagnadas do lago, aparentemente sem ter sofrido nenhum trauma. Sem oxigênio para catalisar a decomposição, as carcaças se depositavam no leito do lago e se enterravam lentamente na lama, transformando-se em fósseis incrivelmente perfeitos: não meramente esqueletos, mas coisas que se parecem com animais, com pelos, refeições em seus estômagos e, em alguns casos, fetos em seus úteros. Dessa maneira, ecossistemas inteiros foram encerrados no interior do xisto e impregnados com o querogênio destilado pelas algas que afundavam com os animais. Os milhares de fósseis de Messel incluem tudo, de flores a insetos, peixes a tartarugas, lagartos a crocodilos, aves a mamíferos.

Embora eu não os tenha nomeado na história que imaginei, você talvez tenha conseguido identificar os mamíferos que descrevi. A égua é um cavalo de uma espécie diminuta chamada *Eurohippus*, que mal chegaria aos tornozelos de um puro-sangue. Há vários esqueletos de *Eurohippus* em Messel com fetos no interior do útero, como se capturados em um ultrassom, cercados por traços de placenta. O mastigador de folhas com rabo peludo é um roedor chamado *Ailuravus*, meio parecido com um esquilo. Seu colega nas árvores, com polegares opositores, é um primata chamado *Darwinius*, nosso primo ancestral. O comedor de formigas é o *Eomanis*, um dos primeiros pangolins, que hoje estão em risco de extinção porque suas escamas são ingredientes populares da medicina tradicional asiática. O carnívoro se chama *Lesmesodon* e, embora suas ligações familiares sejam motivo de debate, ele provavelmente é um carnívoro primitivo, pertencente ao grupo dos cães e gatos. O frugívoro de pernas finas que ele comeu, o *Messelobunodon*, é um artiodáctilo aparentado dos bois, carneiros e veados, com dedos pares. O comedor de peixes de pelos espinhosos é o *Macrocranion*, da linhagem do porco-espinho. E, é claro, os insetívoros alados ecolocalizando acima do lago são morcegos — várias espécies são conhecidas a partir de Messel, alguns dos fósseis mais comuns no xisto betuminoso.

Essa comunidade mamífera tinha mais espécies, com mais ecologias, dietas, tipos corporais e comportamentos que as faunas do Novo México ou qualquer outro ecossistema mamífero do Paleoceno. Assim como o Paleoceno foi mais diverso que o Cretáceo, o Eoceno foi mais rico que o Paleoceno. Além disso, duas coisas sobre os mamíferos de Messel se destacam imediatamente. Primeiro, todos aqueles descritos na minha história são placentários. Havia metaterianos — integrantes do clã dos marsupiais — vivendo nas selvas de Messel, mas tinham tão pouca importância que mal merecem ser mencionados. Dos milhares de esqueletos que retiramos do antigo lago, apenas cinco eram de metaterianos, onívoros que usavam as caudas preênseis e os pés fortes para se pendurar nos galhos como gambás, mas claramente expulsos dos nichos arbóreos por roedores e primatas. Isso reflete uma história evolutiva mais ampla: depois que foram atingidos pela extinção do fim do Cretáceo, os metaterianos conseguiram se manter na Europa, Ásia e América do

Norte por dezenas de milhares de anos, mas então desapareceram do norte. Seu legado foi salvo pela dispersão para a América do Sul e a Austrália, onde prosperaram novamente — uma história à qual retornaremos mais tarde. E quanto aos multituberculados, o grande grupo que foi tão comum no Cretáceo — sobreviveram à extinção e cresceram no Paleoceno? Não há nenhum sinal deles em Messel: nem um único esqueleto ou mandíbula, nem mesmo um molar parecido com uma peça de Lego, sua marca registrada. Quando o lago Messel sepultou seus tesouros, os multituberculados estavam em processo de extinção e, no fim do Eoceno, 34 milhões de anos atrás, já haviam desaparecido.

O segundo aspecto importante da fauna de Messel é o fato de ser possível reconhecer esses placentários. Podemos incluí-los nos principais subgrupos existentes hoje. Nossa heroína, a égua *Eurohippus*, é um cavalo. O *Ailuravus* de rabo peludo é um roedor; o agarrador de galhos *Darwinius* é um primata; e assim por diante. Esse não é o caso dos mamíferos do Paleoceno dos primeiros 10 milhões de anos após a extinção dos dinossauros. Se você se lembra do último capítulo, havia muitos placentários do Paleoceno no Novo México, mas eram estranhos e difíceis de categorizar. O que diabos é um condilartro, um teniodonte ou um pantodonte, os três grupos-chave que deram início à Era dos Mamíferos algumas centenas de anos depois do asteroide? Eles não partilham características óbvias com os grupos placentários de hoje, como os incisivos dos roedores ou os polegares opositores dos primatas. Em vez disso, parecem genéricos, primitivos — tanto que frequentemente são considerados placentários "arcaicos". Desde as primeiras descobertas de seus fósseis, no fim da década de 1800, Edward Cope e legiões de paleontólogos tiveram dificuldade para posicioná-los na árvore genealógica dos mamíferos.

Os cientistas organizam árvores genealógicas de mamíferos há mais de um século. A visão consensual foi solidificada pelo esquema de classificação de George Gaylord Simpson em 1945, seguido de um manifesto de 350 páginas. Simpson foi um dos gigantes da paleontologia do século XX, que elevou os fósseis para "outro patamar" da biologia evolutiva ao mostrar que as antigas espécies eram governadas pelas mesmas leis de seleção natural atualmente em operação. Após ser vendedor de porta em porta, Simpson foi para a faculdade e se apaixonou por fósseis. Aos 22 anos, conseguiu participar de sua primeira equipe de campo como motorista, embora não soubesse dirigir. Alguns anos depois, tornou-se curador do Museu Americano de História Natural e fazia regularmente trabalho de campo no Novo México, interessado nas rochas do Eoceno, acima dos leitos do Paleoceno de Cope. A carreira de Simpson foi interrompida durante a Segunda Guerra Mundial, quando serviu como oficial de inteligência no norte da África e na Itália. Ele não somente recebeu duas Estrelas de Bronze como afirmou ter desafiado a ordem do general George Patton para raspar a barba apelando diretamente a Dwight Eisenhower, o supremo comandante americano na Europa que mais tarde se tornaria presidente.

Simpson era uma autoridade e sua árvore genealógica foi indiscutível durante décadas. Ela foi atualizada em 1992 por um de seus sucessores no Museu Americano: Mike Novacek, que encontramos anteriormente coletando mamíferos cretáceos no deserto de Gobi. De modo geral, a genealogia de Novacek era similar à de Simpson. Monotremados ovíparos como o ornitorrinco eram os mamíferos mais primitivos, seguidos pelos marsupiais e depois pelos placentários. Entre os placentários, os elefantes foram colocados no grupo de mamíferos ungulados como cavalos, com dedos ímpares, e bois, com dedos pares; os morcegos foram aninhados perto dos primatas, em uma congregação de arborícolas de cérebro grande; os pangolins engolidores de formigas ficaram perto dos tamanduás e das preguiças; e havia um grupo principal de comedores de insetos chamado *Insectivora*, que incluía muitas criaturas pequenas de crescimento rápido de todo o mundo. A maioria desses relacionamentos fazia sentido de modo intuitivo, porque a árvore de Novacek, como a de Simpson, era baseada na anatomia. Os mamíferos que partilhavam características particulares — como cascos ou molares com cúspides pontiagudas para perfurar insetos — foram colocados no mesmo grupo. Parece lógico: a evolução criou os corpos dos mamíferos por meio da seleção natural e, se um punhado de espécies tivesse cascos, esse era um sinal de ancestrais comuns.

Há um sério problema com essa abordagem da árvore genealógica: a evolução convergente. Dois organismos podem evoluir independentemente a mesma característica se enfrentarem pressões ambientais similares. Veja os cascos, por exemplo. Não há razão para os cascos terem apenas um ancestral comum, que originara todas as espécies unguladas de hoje. Em vez disso, podem ter se desenvolvido em ocasiões distintas, quando diferentes espécies — com parentesco distante entre elas — tiveram de sobreviver por meio de corridas em alta velocidade em campo aberto. O mesmo se dá com os molares de cúspides pontiagudas: talvez muitos grupos diferentes de mamíferos gostassem de insetos, de modo que a evolução fez a mesma coisa repetidamente: produziu dentes mecanicamente capazes de romper a cutícula dos insetos. Como a forma segue a função, esses dentes naturalmente parecem similares, mesmo sendo produto de muitas aquisições evolutivas independentes. Seria fácil tomar esses molares similares como sinal de que seus detentores são parentes próximos quando, na verdade, só têm dieta e ecologia similares. Simpson e Novacek conheciam essa armadilha, mas não tinham as ferramentas necessárias para separar a ancestralidade comum da convergência.

O DNA salvou o dia, mas somente no fim da década de 1990. Essa foi a era do Projeto Genoma Humano, uma das maiores realizações da ciência, que mapeou nosso código genético e evidenciou a fundação partilhada de toda a humanidade. Também foi nessa era que o DNA se tornou uma técnica comum em investigações criminais, colocando muitos assassinos atrás das grades. Por trás de tudo isso, estava a tecnologia aprimorada para sequenciar genes — essencialmente, colocar tecido humano em uma máquina que usa reações químicas para ler uma série de componentes genéticos, representados pelas letras A, C, G e T. Essas mesmas técnicas podem ser aplicadas a tecidos animais, e não demorou muito para que os biólogos estivessem cobertos de novas evidências, perfeitas para construir árvores genealógicas.

Você pode pensar em A, C, G e T como características, a versão molecular dos cascos ou molares pontiagudos. Se sequenciar os genomas de um grupo de animais, alinhá-los e compará-los, você poderá construir uma árvore genealógica ao agrupar espécies pela similaridade de seus DNAs. Na prática, isso significa construir árvores genealógicas baseadas em mutações partilhadas de DNA, que algumas espécies possuem e outras não. Cada mutação é um evento evolutivo discreto, como o desenvolvimento de cascos ou dentes. Assim como as características anatômicas, o DNA pode ser afetado pela evolução convergente. Mas o problema não é tão grave, já que há potencialmente bilhões de pares básicos de DNA para comparar, de modo que algumas mutações convergentes podem ser facilmente excluídas. Além disso, o DNA pode revelar casos de convergência anatômica: se os cascos de dois animais evoluíram independentemente, é provável que isso tenha ocorrido a partir de trajetórias genéticas diferentes, da mesma maneira que dois historiadores usariam suas próprias palavras para descrever a aparência física de uma pessoa — digamos, Charles Darwin.

Finalmente, os paleontólogos tinham uma maneira de dizer se uma característica anatômica compartilhada por dois mamíferos se devia à ancestralidade comum — e podia ser usada para construir árvores genealógicas — ou era um efeito enganoso da convergência. E, algo ainda melhor, podiam trabalhar com os biólogos moleculares e usar o DNA para construir árvores genealógicas que evitavam totalmente os problemas anatômicos.

Quando as primeiras genealogias de mamíferos baseadas em DNA foram publicadas no fim da década de 1990 e início da década de 2000 pelo biólogo molecular Mark Springer e sua rede de colaboradores, os paleontólogos ficaram chocados. Muitos dos relacionamentos entre placentários defendidos por Simpson se desintegraram, revelados como ilusões da convergência anatômica. Os genes demonstraram que os pangolins não são parentes próximos de tamanduás e preguiças, mas sim de cães e gatos. Morcegos não são aparentados dos primatas, mas de um grupo mais amplo que inclui cães, gatos e pangolins, além de perissodáctilos com dedos ímpares (como cavalos) e artiodáctilos com dedos pares (como bois). Esses dois últimos grupos têm cascos, mas há outros mamíferos de casco dispersos pela árvore genealógica — como os fofinhos híraces, agrupados com os elefantes. Os cascos, portanto, realmente evoluíram múltiplas vezes. Mas isso não é nada comparado à loucura dos comedores de insetos.

Embora Simpson e Novacek tenham afirmado que compõem um único grupo, eles estão espalhados por toda a árvore de DNA. Alguns, como as toupeiras-douradas e os tenrecos, têm parentesco próximo com os híraces e os elefantes — uma união muito incomum que ninguém jamais teria previsto a partir da anatomia. Portanto, o consumo de insetos e os molares distintos que o permitem foram reinventados numerosas vezes por numerosas linhagens de mamíferos.

A árvore genealógica de Springer suplantou a de Simpson como padrão. Nela, os placentários estão divididos em quatro grupos fundamentais. Perto da base do tronco, duas linhagens se ramificam. Uma é o inesperado grupo de toupeiras-douradas, tenrecos, híraces e elefantes, além de porcos-formigueiros e peixes-bois. Esse grupo recebeu o nome de Afrotheria, porque a maioria de seus integrantes vive na África e seus registros fósseis mostram que vivem lá há bastante tempo. O segundo grupo que se ramificou foi o Xenarthra, que incorpora principalmente espécies sul-americanas como tamanduás, preguiças e tatus. Formando a copa da árvore há dois grupos diversos de espécies do norte, distribuídos amplamente pela Europa, América do Norte e Ásia, mas com integrantes também ao sul do equador. Um é chamado de Laurasiatheria, o grupo de cães, gatos, pangolins, ungulados de dedos ímpares e pares, baleias e morcegos. O segundo é o Euarchontoglires, ao qual pertencemos, com nossos primos primatas, coelhos e roedores.

A estrutura geral da árvore, portanto, reflete mais a geografia que a anatomia ou ecologia. As histórias dos principais subgrupos placentários se desenrolaram majoritariamente em certos continentes ou massas de terra e, embora vivessem em áreas distantes, esses subgrupos costumavam convergir em termos de dietas e estilos de vida. Isso sugere que Afrotheria e Xenarthra se separaram quando os continentes ainda estavam próximos e então ficaram isolados na África e na América do Sul, respectivamente, quando os continentes se afastaram. Os grupos do norte, em contrapartida, foram capazes de se mover mais livremente por pontes terrestres de alta altitude que intermitentemente ligavam a América do Norte, a Europa e a Ásia desde o Cretáceo. Impressos sobre esse padrão geral há eventos dispersos que levaram alguns afrotérios (como peixes-bois e mamutes) e xenartros (como tatus) para o norte e espécies boreais como primatas e roedores para o sul. Discutiremos esses padrões geográficos e dispersões durante o restante do livro.

Como se a estrutura geográfica da genealogia de Springer não fosse surpreendente o bastante, os paleontólogos ficaram pasmos com outra implicação das evidências de DNA. Como discutido nas primeiras páginas deste livro ao contar a história de como a linhagem mamífera se separou da linhagem reptiliana nos pântanos de carvão do Pensilvânico, o DNA pode ser usado como um relógio. Você pode alinhar o DNA de duas espécies, contar o número de diferenças e, se souber em que velocidade as mutações normalmente se acumulam (o que pode ser estimado usando experimentos laboratoriais e outras técnicas), calcular quando essas duas espécies partilharam um ancestral comum pela última vez. Pense nisso como um daqueles problemas de matemática do ensino fundamental: se Jack e Jill estão separados por 500 quilômetros e sabemos que se afastam a uma taxa de 100 quilômetros por semana, então eles devem ter se separado há cinco semanas. Quando a equipe de Springer aplicou esse raciocínio a suas árvores de DNA, foi outro choque: muitas linhagens placentárias modernas — não somente os grupos fundamentais como Afrotheria e Laurasiatheria, mas também linhagens individuais como primatas e roedores — devem ter se originado no Cretáceo ou bem no início do Paleoceno. Em muitos casos, muito antes de seus primeiros fósseis, indicando uma vasta história não registrada.

Isso suscita uma possibilidade intrigante: talvez alguns daqueles placentários "arcaicos" do Paleoceno, como condilartros, teniodontes e pantodontes, sejam os fósseis ausentes das fantasmais histórias iniciais dos grupos modernos. Simplesmente ainda não fomos capazes de ligá-los aos grupos modernos porque eles ainda não haviam desenvolvido as características anatômicas que definem esses grupos hoje. Essa ideia não é nova; desde Cope, os paleontólogos especulam ao longo dessas linhas, e há razoáveis evidências de que alguns condilartros foram integrantes iniciais das linhagens unguladas de dedos ímpares e pares, e que alguns dos mamíferos arborícolas que viveram logo após o impacto do asteroide no fim do Cretáceo eram primatas primevos. Nosso maior problema é que, em se tratando de fósseis, tudo que temos é a anatomia e, como vimos, ela pode ser enganosa. Se tivéssemos amostras de DNA daquelas bizarras espécies do Paleoceno, isso resolveria as coisas tão rápida e conclusivamente quanto o teste de paternidade identifica o pai real naqueles programas que passam à tarde — algo tornado possível pela revolução do DNA na década de 1990.

Mais trabalho precisa ser feito, especialmente para combinar evidências anatômicas dos fósseis à anatomia e ao DNA das espécies de hoje, a fim de construir uma árvore genealógica principal. Esse é o grande projeto de meu laboratório. Após várias tentativas, recebi financiamento do Conselho Europeu de Pesquisa para construir essa árvore genealógica e tentar encaixar nela as espécies "arcaicas" do Paleoceno. Temos uma equipe de elite trabalhando nisso, incluindo meus camaradas do Novo México, Sarah Shelley e Tom Williamson, a especialista em cérebros de mamíferos, Ornella Bertrand, o especialista em anatomia mamífera (e um de meus mentores favoritos), John Wible, e vários excelentes estudantes de doutorado, todos presentes como na fotografia da página 22 do encarte. Se alguém puder descobrir, seremos nós. Enquanto escrevo, ainda não sei o que descobriremos.

Por ora, o que sabemos é que, na época em que o lago Messel enterrava seus cadáveres no Eoceno, todos os principais grupos placentários de hoje já haviam emergido e muitos prosperavam. Quando o Paleoceno deu lugar ao Eoceno, as faunas arcaicas se modernizaram. Novamente, as mudanças ambientais foram o gatilho.

O PALEOCENO FOI uma estufa. Os placentários "arcaicos" do Novo México viviam em uma floresta tropical, um bioma luxuriante muito diferente das *scablands* [terras elevadas e planas com canais profundos de origem glacial ou fluvial, solo pobre e pouca vegetação] que cobrem a mesma área hoje. Na época, grande parte das latitudes intermediárias era coberta por florestas subtropicais, compostas pelas novas árvores com flores que haviam evoluído após o impacto do asteroide. Os crocodilos tomavam sol nas altas latitudes, que eram livres de gelo e recobertas por bosques temperados. A neve era limitada aos picos mais altos, como os das Rochosas. Tudo porque a atmosfera estava saturada de dióxido de carbono, que mantinha a temperatura da Terra alta.

O Paleoceno, então, se transformou em Eoceno, 56 milhões de anos atrás, e a estufa ficou ainda mais quente. Ainda mais dióxido de carbono foi injetado nos céus, e as temperaturas globais subiram entre 5 e 8ºC. A temperatura média no Ártico disparou para 25ºC, e crocodilos e tartarugas agora se reuniam *acima* do Círculo Ártico, à sombra das palmeiras. As regiões equatorianas passavam dos 40ºC, transformando longas extensões de águas de baixa latitude em zonas proibidas, quentes demais para suportar a vida. Foi o mais quente que a Terra já esteve desde o asteroide que matou os dinossauros. Tudo aconteceu muito rapidamente: a liberação de carbono levou 20 mil anos, no máximo, e a onda de aquecimento global chegou ao auge e declinou em 200 mil anos. Mesmo assim, foi suficiente para modificar ambientes em todo o mundo e alterar o curso da evolução dos mamíferos.

Esse breve intervalo de mudança climática, chamado de máximo térmico do Paleoceno-Eoceno (PETM, em inglês) é o evento modelo de aquecimento global no registro geológico. Ele foi estudado por legiões de cientistas que desejam entender melhor as mudanças climáticas contemporâneas e prever como a Terra pode responder. Sem dúvida, é o mais adequado paralelo com a situação moderna. Sua causa, no entanto, foi diferente. O aquecimento moderno é causado por nós mesmos, a partir do dióxido de carbono liberado quando queimamos petróleo e gás. O PETM, assim como muitas ondas de calor pré-históricas, foi instigado por vulcões.

Enquanto você lê este livro, o magma abre caminho através do manto e da crosta sob o Atlântico Norte, formando cascas de basalto ao atingir as frias águas oceânicas. A bolha de basalto ainda em crescimento tem um nome: Islândia. Ela marca o local onde a Europa e a América do Norte começaram a se separar no fim do Paleoceno. Até aquele ponto, a Groenlândia estivera ligada à Europa. Então a pluma de magma começou a subir, forçando a separação das duas massas de terra e abrindo o corredor do Atlântico Norte — um dos atos finais da desconstrução de Pangeia, que começara 140 milhões de anos antes, quando os primeiros mamíferos corriam por lá.

Conforme se infiltrava na crosta a caminho da superfície, o magma se espalhava em milhares de lâminas horizontais chamadas soleiras, que literalmente assavam a matéria orgânica com a qual entravam em contato. Como um motor queimando gasolina, liberava gases de efeito estufa: dióxido de carbono e o muito mais potente metano. Trilhões de toneladas de carbono vazaram para a atmosfera, aumentando o nível de dióxido de carbono entre duas e oito vezes além do nível já escaldante do Paleoceno. As temperaturas dispararam, deixando uma digital química reveladora nas rochas: um grande declínio da proporção entre o isótopo de oxigênio mais pesado (18), que tem mais nêutrons, e o isótopo mais leve (16). A partir de experimentos laboratoriais, sabemos que a proporção entre esses dois isótopos é um paleotermômetro — e indica um aumento de temperatura entre 5 e 8ºC na transição entre o Paleoceno e o Eoceno.

Um aquecimento global tão intenso teve grandes repercussões nos ecossistemas e seus mamíferos. Pode-se constatar isso no principal registro de mamíferos fossilizados da transição Paleoceno-Eoceno, que fica na bacia Bighorn, no norte do Wyoming, a oeste das imponentes montanhas Bighorn que os turistas atravessam a caminho de Yellowstone. Philip Gingerich e sua profusão de alunos e colegas — entre eles Ken Rose, Jon Bloch, Amy Chew e Ross Secord — documentaram esses fósseis, escavando milhares de esqueletos, mandíbulas e dentes dos mamíferos que passaram pelo PETM.

A bacia Bighorn atualmente é uma região de terras baldias, mas, durante o PETM, era uma floresta úmida e verdejante parecida com a do Novo México no Paleoceno. Antes que a temperatura subisse, as florestas eram uma mistura diversificada de coníferas perenes e árvores com flores como nogueiras, olmos e loureiros. Conforme os vulcões islandeses arrotavam carbono e o planeta esquentava, o Wyoming ficou mais seco, bem no início do Eoceno. As coníferas murcharam e foram substituídas por árvores que suportavam melhor o calor, particularmente da família das vagens, que migraram entre 600 e 1.500 quilômetros para norte a partir dos trópicos. Então, a pluma de magma diminuiu para um fluxo lento que permanece até hoje — a fonte dos gêiseres e erupções de cinzas que cancelam voos da Islândia. O jorro de carbono se transformou em um gotejar. As temperaturas estabilizaram, começou a chover forte novamente e as coníferas retornaram. Esse tumulto de 200 mil anos — oscilações de temperatura, mudança na vegetação, aridez e retorno das chuvas — criou uma comunidade mamífera totalmente nova. O Paleoceno no Wyoming foi similar ao do Novo México, dominado por placentários "arcaicos". Eles estavam prosperando quando uma mudança na composição do carbono nas rochas assinalou o início do vulcanismo. Então, entre os 10 a 27 mil anos seguintes, enquanto a composição do oxigênio nas rochas registrava o pico de temperatura, dezenas de novos mamíferos surgiram subitamente na bacia Bighorn. Os principais foram os primeiros integrantes dos três grupos modernos, que chamamos de trindade do PETM: primatas, artiodáctilos de dedos ímpares e perissodáctilos de dedos pares.

A mesma trindade surgiu à época na Europa e na Ásia. Parece que o PETM deu início a uma migração em massa. Fósseis da trindade se materializam com tanta rapidez — como um enxame de gafanhotos — que é difícil dizer exatamente como migraram. Será que chegaram à Ásia e então abriram caminho até a Europa e a América do Norte? Ou fizeram a jornada oposta, ou uma rota inteiramente diferente?

Será que evoluíram mais cedo, talvez de placentários "arcaicos" como os condilartros do Novo México, antes de os climas mais quentes os ajudarem a se disseminar em direção ao norte, cruzando os corredores polares? Ou chegaram durante o próprio intervalo PETM, em um frenesi evolutivo catalisado pelas mudanças ambientais e de temperatura? Ainda não sabemos com certeza. Só sabemos que as coisas ocorreram rapidamente e, quando o vulcanismo diminuiu, três das mais canônicas famílias mamíferas modernas estavam distribuídas amplamente pelos continentes do norte.

A chegada da trindade do PETM foi transformadora. Na bacia Bighorn, os imigrantes reivindicaram as florestas. Quase instantaneamente, os recém-chegados passaram a compor metade dos indivíduos do ecossistema, trazendo seus próprios costumes: eles eram, em média, maiores que os nativos, e sua dieta, em comparação ao paladar local mais onívoro e insetívoro, se enquadrava mais entre comedores de folhas, frutos e carne.

Eles também apresentavam novas adaptações. O primeiro primata do Wyoming, o *Teilhardina*, tinha olhos grandes, unhas nos dedos das patas para agarrar galhos e tornozelos flexíveis que permitiam que ele se movesse graciosamente entre as copas das árvores. O primeiro artiodáctilo, o *Diacodexis*, parecia um cervo, embora tivesse o tamanho de um coelho. Seu corpo era moldado para a velocidade: membros longos, finos e terminados em cascos. O principal osso de seu tornozelo, o tálus, tinha um sulco profundo em cada ponta, assegurando que o pé se estendesse e flexionasse para a frente e para trás, sem rotação lateral. Essa "dupla polia" é uma marca registrada dos artiodáctilos de hoje, de vacas a camelos, e permite que corram rapidamente sem deslocar o tornozelo. O perissodáctilo pioneiro do Wyoming, o minúsculo equídeo *Sifrhippus*, era rápido de outra maneira. Também tinha cascos no fim de membros longos, mas as articulações mais flexíveis nos ombros e quadris forneciam maior capacidade de manobra quando ele galopava pela densa vegetação rasteira — como sua prima próxima, a égua de Messel *Eurohippus*, que viveu mais tarde no Eoceno, após a onda de calor. E, em geral, todos esses imigrantes tinham cérebros maiores que os dos relativamente estúpidos placentários "arcaicos" do Paleoceno.

Algo peculiar aconteceu com muitos desses imigrantes — e alguns dos locais — durante o aquecimento global: eles encolheram. Então, quando o clima esfriou, cresceram novamente. Phil Gingerich foi o primeiro a notar esse padrão e um de seus estudantes de graduação, Ross Secord, descobriu o porquê. Ross, agora professor da Universidade do Nebraska, é integrante de nossa equipe de campo no Novo México e trouxe a disciplina instilada pela bacia Bighorn para nosso grupo, mais espontâneo. Sua barraca é sempre montada com cuidado, e o jantar — que ele prepara em uma cozinha de campo impecável — está sempre no horário, incluindo alguma variante de salsicha de cachorro-quente, seja nos tradicionais enroladinhos, seja picada no interior de burritos ou acompanhando macarrão (o que, devo admitir, sempre irrita minhas sensibilidades ítalo-americanas). Sinto profundo respeito por Ross: ele é um raro paleontólogo que combina perícia nas nuances da anatomia mamífera com know-how para ler isótopos de carbono e oxigênio nas rochas, o que lhe permite colocar os antigos mamíferos em um contexto ambiental e entender como se transformaram quando temperaturas e climas mudaram.

Em um importantíssimo estudo publicado em 2012, Ross analisou os mamíferos fossilizados da bacia Bighorn. Ele descobriu que, no Paleoceno, cerca de 40% dos locais haviam encolhido durante o PETM, a maioria dos quais subsequentemente fez o caminho inverso e ficou maior. Ainda mais impressionante foi o destino dos imigrantes, particularmente o cavalinho *Sifrhippus*. Os primeiros colonos equinos chegaram à bacia Bighorn assim que os vulcões começaram a liberar carbono, e eram pequenos: uma média de 5,6 quilos. Então, quando as temperaturas subiram, os cavalos ficaram ainda menores: encolheram cerca de 30%, para uma média de 3,9 quilos, tornando-se os menores cavalos que já existiram. Por cerca de 130 mil anos, eles permaneceram assim, antes de rapidamente crescer em 75%, para um peso médio de 7 quilos, quando os climas melhoraram. Essa tendência de mudança de tamanho combina quase perfeitamente com a oscilação da temperatura, como demonstrada pelo paleotermômetro de isótopos de oxigênio nas rochas. Os cavalos ficaram progressivamente menores quando o mundo esquentou, e progressivamente maiores quando esfriou.

Vemos algo similar hoje, embora em escala espacial, em vez de temporal: animais vivendo em áreas mais quentes costumam ser menores que seus contemporâneos em climas mais frios — um princípio ecológico chamado de regra de Bergmann. As razões não são inteiramente compreendidas, mas, provavelmente, isso se dá porque animais menores têm uma área maior em relação a seu próprio volume que animais maiores, sendo mais eficientes para liberar o calor excessivo. O interessante na descoberta de Ross é que podemos prever que, com as temperaturas continuando a subir, muitos mamíferos devem encolher. Incluindo, talvez, os humanos. Afinal, também somos mamíferos, sujeitos às mesmas pressões ecológicas e evolutivas que minicavalos e nossos parentes primatas na trindade do PETM. E, como veremos mais tarde, os humanos já encolheram antes.

Conforme a trindade colonizava o Wyoming e oscilava de tamanho de acordo com as temperaturas, as florestas se tornaram mais diversificadas que nunca. E permaneceriam assim, porque os imigrantes conseguiram se instalar sem exterminar os nativos. Placentários "arcaicos" como condilartros, pantodontes e teniodontes persistiram ao lado das novas espécies por mais de 10 milhões de anos. Paradoxalmente, o aquecimento global do PETM — ao contrário das mudanças climáticas vulcânicas no fim dos períodos Permiano e Triássico, sobre as quais aprendemos mais cedo — não causou extinção em massa. Com o passar do tempo, a migração causada pelo PETM teve um fluxo mais leve de consequências. Os placentários "arcaicos" sobreviveram por algum tempo, mas seu destino estava selado. O futuro pertencia a macacos, cavalos e bois.

Durante o restante do Eoceno, foram os cavalos e seus parentes perissodáctilos que realmente prosperaram. Hoje, os perissodáctilos são raros se comparados a seus mais diversificados primos artiodáctilos:

há menos de vinte espécies de cavalos, rinocerontes e antas com dedos pares, em contraste com as quase trezentas espécies de bois, camelos, cervos, porcos e baleias com dedos ímpares (as baleias, como veremos no próximo capítulo, evoluíram de artiodáctilos terrestres).

Embora esses grupos sejam definidos pelos pés, seus sistemas digestivos também são diferentes. Os perissodáctilos são fermentadores de epigástrio, rompendo a celulose da matéria vegetal nos intestinos depois que ela já passou pelo estômago, assim como nós e a maioria dos mamíferos. Muitos artiodáctilos, em contrapartida, fazem a maioria do trabalho no estômago, que tem quatro câmaras. É por isso que as vacas "ruminam" ou mastigam comida regurgitada: elas engolem a comida, fazem com que seja processada nas duas primeiras câmaras do estômago, regurgitam, mastigam um pouco mais e devolvem a comida ao estômago inteiro. Ao fazerem isso, extraem o máximo de nutrição de cada porção — um belo truque quando se come vegetação rija ou de baixa qualidade, como relva. O Eoceno, no entanto, ainda foi um período de florestas, e os prados só se disseminariam muito mais tarde. Nesse mundo de frutos e folhas abundantes, os perissodáctilos estavam destinados a prosperar.

Cavalos, rinocerontes e antas tiveram seu início no Eoceno, mas os perissodáctilos mais notáveis da época foram dois grupos agora extintos, com corpos estupendos que os colocam entre as mais fantásticas feras que já instigaram nossa imaginação. Um deles, o brontotério, não sobreviveu ao Eoceno. O outro, o calicotério, conseguiu resistir até mais ou menos 1 milhão de anos atrás na África, quando teve contato com nossos ancestrais hominídeos e provavelmente foi caçado por eles.

Os brontotérios — as bestas-trovão — foram os maiores mamíferos do Eoceno e os primeiros a verdadeiramente tentar imitar os dinossauros colossais do passado. O apelido "bestas-trovão" funciona em dois níveis. Esses colossos peludos e chifrudos de fato faziam o chão tremer ao caminhar. Além disso, seu nome alude a exaltados personagens das lendas sioux que pulavam das nuvens durante as trovoadas e conduziam as manadas de búfalos na direção dos caçadores nativos americanos. A história pode soar meio exagerada, mas não é meramente um mito. Os Sioux viviam nas planícies do oeste americano antes de ser empurrados para reservas a fim de que os colonos pudessem roubar suas terras e seu ouro. Eles estavam cercados por fósseis. E observavam, coletavam e tentavam entender esses fósseis, assim como fazemos hoje. Othniel Charles Marsh — o grande rival de Edward Cope na Guerra dos Ossos — era amigo do cacique sioux Nuvem Vermelha e, no que pode parecer um ato incomumente decente nesse irritadiço caçador de ossos, passou tempo considerável pressionando o governo americano sobre o sofrimento dos povos originários. Um grupo sioux mostrou a mandíbula fossilizada de um brontotério para a equipe de Marsh e lhe contou a lenda das "bestas-trovão". Foi Marsh, em 1873, quem formalmente propôs o nome "brontotério" para esses perissodáctilos extintos.

Os primeiros brontotérios eram corredores humildes que se pareciam muito com os cavalos em miniatura do Eoceno. Então a evolução enlouqueceu. Durante o Eoceno, os brontotérios cresceram, com os maiores chegando a 2,5 metros de altura e 5 metros do focinho ao rabo, e pesando entre 2 e 3 toneladas. Esse é o tamanho aproximado dos modernos elefantes africanos de floresta. Quando os brontotérios ficaram maiores, seus corpos se tornaram gordos e pesados, seus membros se transformaram em colunas gregas e seus focinhos começaram a apresentar chifres. Muitos brontotérios tinham chifres que se dividiam em uma forquilha no topo, ao passo que outros tinham um único e aterrorizante aríete de 1 metro que se arqueava para cima. Eles eram instrumentos de intimidação, usados em combates e batalhas de cabeçadas, como fazem muitos mamíferos de chifres hoje. Os brontotérios eram animais sociais que viajam em rebanhos, como demonstrado pela descoberta de locais de morte em massa onde dezenas de esqueletos estão preservados juntos. Imagine um grupo de centenas desses ogros, grunhindo enquanto abriam caminho pelas florestas do Eoceno, pisoteando samambaias e arbustos e criando seus próprios prados ao passar, em busca dos saborosos frutos e folhas que somente eles — e não seus diminutos primos, os cavalos — conseguiam alcançar.

Por mais extraordinários que fossem, os brontotérios não chegavam nem perto dos calicotérios. Eles certamente foram os mamíferos mais improváveis que já viveram, parecendo o resultado do cruzamento entre um cavalo e um gorila. Quando seus ossos foram descobertos, na década de 1830, achou-se que pertenciam a dois animais diferentes: um com cabeça de cavalo, cujos cascos eram desconhecidos; e o outro, uma estranha espécie parecida com o tamanduá, com garras longas e curvas, cujo crânio não foi encontrado. Meio século depois, as peças do quebra-cabeça foram unidas e perceberam que cabeça e garras pertenciam ao mesmo animal: um esquisitão de braços longos e pernas curtas, que caminhava em estupor sobre os nós dos dedos a fim de impedir que as garras afiadas arrastassem no chão. As garras não eram para defesa, nem para caçar. Os calicotérios se sentavam, apoiavam-se em uma árvore e usavam as garras para arrancar galhos. Eles perdiam os dentes frontais ao chegar à idade adulta, provavelmente para dar espaço à longa língua preênsil — como a de uma girafa — que retirava as folhas dos galhos. Imagine o que nossos ancestrais devem ter pensado ao encontrar tal criatura — e lamente o fato de não podermos vê-la hoje, porque, se tivesse conseguido sobreviver à extinção, certamente teria ocupado um lugar ao lado de elefantes e ursos pandas como atrações mais populares de nossos zoológicos.

Enquanto calicotérios, brontotérios e outros perissodáctilos se diversificavam durante o Eoceno, a eles se juntaram outros grupos. Não somente os integrantes da trindade do PETM, mas duas famílias adicionais que são extremamente importantes hoje: roedores e carnívoros. Ambos se originaram durante o Paleoceno, antes que as temperaturas subissem, mas foi somente depois que migraram para muitos lugares, com a trindade.

Os primeiros roedores — como *Paramys* — eram uma mistura entre esquilo e cão-da-pradaria e viviam principalmente nas árvores. Tinham duas das marcas registradas de ratos, camundongos, castores e aparentados modernos: a habilidade de mastigar o alimento ao deslizar as mandíbulas para a frente e para trás, e incisivos cada vez maiores para roer. Faça imagens de raios X do crânio de um roedor e você verá que os incisivos são enormes: somente as pontas se projetam das gengivas, e a maior parte dos dentes está escondida no interior da mandíbula, onde se curvam para trás, com as raízes muitas vezes ultrapassando os molares. Essas adaptações superiores para alimentação podem ter ajudado os roedores a superar os anteriormente diversificados multituberculados, que dominaram os nichos de roer e mastigar plantas durante a Era dos Dinossauros e grande parte do Paleoceno. No fim do Eoceno, os multituberculados estavam extintos e os roedores estavam a caminho de sua espantosa diversidade moderna. Hoje, há mais de 2 mil espécies de roedores, cerca de 40% de todos os mamíferos.

Consumindo esses roedores, os cavalos minúsculos e talvez os brontotérios, se quisessem correr riscos, estavam os carnívoros; integrantes do grupo dos caninos e felinos. Durante grande parte do Paleoceno, os nichos de predadores foram preenchidos por condilartros "arcaicos" de caninos afiados como o *Eoconodon* do Novo México. Os carnívoros fizeram melhor, com a evolução de um novo utensílio dentário para cortar a carne e quebrar os ossos: dentes laterais maiores (pré-molares ou molares) que se pareciam com lâminas. Há quatro dos chamados dentes carniceiros na boca, um em cada lado das mandíbulas superior e inferior, e os pares superiores e inferiores correspondentes trabalham um contra o outro quando os carnívoros mordem. Ouse olhar o interior da boca de um gato e você verá carniceiros ameaçadores que empurraram muitos dos outros dentes. Observe um cão roer um osso e o verá usar carniceiros nas laterais da boca, em vez de caninos e incisivos frontais, para chegar ao tutano. Com seus novos dentes-navalhas, os carnívoros suplantaram os comedores de carne "arcaicos", e desde então se mantêm no topo da cadeia alimentar, como leões, tigres, hienas e lobos.

Não muito depois do PETM, e certamente na época em que os mamíferos de Messel eram sufocados pelos gases do lago, os ecossistemas nos teriam parecido familiares. Se fôssemos subitamente transportados para o meio do Eoceno, as coisas não nos pareceriam *muito* estranhas.

Certamente um brontotério ou calicotério nos diria que algo estava errado, mas haveria cavalos, primatas, roedores e carnívoros parecidos com cachorros pequenos. Devemos lembrar, no entanto, que esta era a situação nos continentes do norte: Ásia, Europa e América do Norte. As terras do sul estavam separadas do norte pelos oceanos, como haviam estado desde o Cretáceo, e abrigavam ecossistemas muito diferentes. De fato, a América do Sul era um continente insular na época — e seus mamíferos passavam pelo seu próprio drama evolutivo.

Os povos indígenas da América do Sul, como os Sioux das planícies sul-americanas, ocasionalmente encontravam grandes ossos petrificados. Reverenciados como "bestas-trovão" pelos Sioux, tais ossos eram desprezados pelos povos sulistas, que os consideravam gigantes primordiais destruídos por Deus em virtude de impropriedades românticas. Essas histórias foram trazidas pelos conquistadores espanhóis que colonizaram brutalmente grande parte da América do Sul a partir da década de 1500 e, mais tarde, pelos missionários católicos.

Em 1832, outro viajante católico surgiu na costa atlântica do que hoje são a Argentina e o Uruguai: um inglês de 23 anos, de origem nobre, recém-formado em Cambridge. Após abandonar a faculdade de Medicina em Edimburgo, ele fora pressionado pelo pai a estudar teologia. Seu novo diploma o destinaria a uma vida sossegada em uma paróquia rural anglicana, uma possibilidade que ele achava extremamente melancólica. Quando lhe ofereceram a chance de viajar pelo mundo em um navio chamado *Beagle*, o jovem a aproveitou sem pensar duas vezes. Não era um cargo glamoroso: ele seria companheiro de refeições do capitão do navio, que queria alguém elegante com quem conversar, salvando-o da indignidade de comer com os marinheiros da classe operária. Quando o navio partiu de Plymouth, no fim de 1831, ninguém poderia prever como os cinco anos seguintes se desdobrariam e como o futuro pregador desnorteado um dia abalaria a essência da civilização ocidental ao escrever sobre o que observara na jornada.

A viagem de Charles Darwin no *Beagle* se tornou mítica. Na maioria das narrativas, o clímax heroico ocorre nas ilhas Galápagos, perto da costa oeste do Equador, onde Darwin teria passado por um despertar e as muitas espécies de tentilhões — cada uma vivendo em uma ilha diferente, com bicos únicos, especializados em certos tipos de alimento — teriam lhe revelado que as espécies evoluem por meio da seleção natural. Mas, curiosamente, Darwin não começou com essa história ao escrever *A origem das espécies*. Seu parágrafo de abertura alude a algo que ele viu no continente sul-americano: fósseis. Conforme o *Beagle* deslizava pela costa e ancorava em um porto após o outro, Darwin se aventurava em terra. Em várias dessas viagens, ele coletou ossos fossilizados de grandes mamíferos. Sem ser especialista em anatomia, ele os enviou à Inglaterra, onde foram estudados por outro jovem naturalista que, na época, era seu amigo e mais tarde se tornaria seu crítico mais feroz: nosso vilão recorrente, Richard Owen.

Muitos daqueles mamíferos eram fáceis de reconhecer, mesmo para um não especialista como Darwin. Eles não eram ossos de humanos gigantescos, como diziam as lendas locais, mas de preguiças e tatus, dois grupos placentários peculiares que hoje vivem em toda a América do Sul, e que, Darwin sabia, não existiam na Europa. Mas não eram idênticos aos tatus e preguiças modernos: em muitos casos eram maiores, as preguiças de modo surpreendente, e claramente pertenciam a espécies distintas. Tudo isso deixou Darwin bastante empolgado. Ali estavam estranhos mamíferos extintos que obviamente eram similares aos habitantes da América do Sul, mas desconhecidos em praticamente todos os outros lugares, vivos ou mortos. Eles indicavam, nas palavras do parágrafo de abertura de Darwin, "as relações dos habitantes do presente com os habitantes do passado". Mais que nos tentilhões, Darwin viu nessa continuidade da descendência mamífera — "esse maravilhoso relacionamento, no mesmo continente, entre mortos e vivos" — uma evidência fundamental de sua teoria de que as espécies mudavam com o tempo.

Mas alguns dos outros mamíferos atordoaram Darwin. Um deles, que Owen chamou de *Macrauchenia*, tinha cerca de 3 metros de comprimento e pesava mais de 1 tonelada, com pescoço comprido e pernas eretas. Ele se parecia com um camelo, mas suas patas eram muito maiores e mais robustas, como os de um rinoceronte. Ainda mais estranha era a criatura que Owen chamou de *Toxodon*, que também pesava mais de 1 tonelada. Seu corpo atarracado gritava rinoceronte ou hipopótamo, mas tinha dentes com coroas altas e sempre em crescimento, como os de um roedor, e narinas viradas para trás que lembravam um animal aquático como o peixe-boi. Darwin o considerou "talvez o mais estranho animal já descoberto" e especulou que essa desconcertante combinação de características anatômicas significava que grupos de mamíferos hoje classificados em famílias separadas já haviam "sido unidos". Foi outra observação da viagem que o fez pensar em como as espécies mudavam com o tempo.

Considerações filosóficas à parte, o que exatamente eram esses mamíferos e como deveriam ser classificados? Algumas décadas depois da viagem do *Beagle*, três irmãos tentaram responder a essas perguntas. Os Ameghino haviam nascido na Argentina, filhos de imigrantes italianos pobres, e, ao contrário de cavalheiros abastados como Darwin, precisavam pagar por suas pesquisas com trabalho honesto. Juan era dono de uma livraria cujos lucros financiavam as viagens de Carlos pela Patagônia, onde ele coletava fósseis para serem estudados por Florentino. Carlos descobriu milhares de mamíferos, incluindo muitos que Florentino reconheceu como similares ao *Macrauchenia* e ao *Toxodon* de Darwin. Não eram raros; havia todo um grupo de mamíferos sul-americanos estranhos que não podiam ser incluídos em nenhum dos grupos familiares do norte. Florentino achava que eram do Período Cretáceo e os via como ancestrais primordiais não somente das espécies sul-americanas atuais, mas de todos os mamíferos. Outros, todavia, começaram a vê-los como animais exóticos, exclusivos da América do Sul, uma visão que se solidificou quando ficou claro que viveram após o Cretáceo, do Paleoceno até muito recentemente, em uma época na qual a América do Sul era uma ilha isolada.

Esses mamíferos ficaram conhecidos como ungulados sul-americanos de Darwin porque muitos tinham cascos — um casco sendo um osso ungueal modificado na ponta de cada dedo da pata traseira ou dianteira. Eram espantosamente diversificados: centenas de espécies de ungulados que variavam em tamanho foram encontradas, algumas pareciam animais de colo e outras se aproximavam das 3 toneladas. Várias espécies tinham características de antílopes, camelos, cavalos, rinocerontes, hipopótamos, elefantes, roedores e coelhos, muitas vezes em combinações inesperadas, como se a evolução tivesse despedaçado um punhado de espécies do norte e colado os pedaços em novos arranjos. O *Macrauchenia* e o *Toxodon* eram os principais exemplos, assim como o imenso *Pyrotherium*, que tinha presas superiores e inferiores e a tromba de um elefante no corpo de um hipopótamo. Outros se pareciam com as espécies do norte, mas de maneira superficial, possuindo uma única característica de um grupo nortista, mas não o restante do esqueleto. O *Homalodotherium*, por exemplo, tinha garras em forma de foice nas mãos, como os estranhos calicotérios que caminhavam sobre os nós dos dedos. Mas outros levavam as especializações das espécies do norte a novos níveis. O delicado *Thoatherium* caminhava sobre um único dedo com casco, como um cavalo moderno, exceto que os cavalos retêm traços de dois dedos de cada lado do dedo principal, diferentemente do *Thoatherium*.

Os ungulados de Darwin persistiram por mais de 60 milhões de anos. Eles quase chegaram ao presente, mas os últimos sobreviventes foram vítimas das extinções da Era do Gelo há uns 10 mil anos, sobre as quais falaremos mais tarde. Muitos eram corredores que disparavam sobre os cascos; outros saltadores, cavadores, caminhantes lentos sobre patas chatas ou que vadeavam pela água. Parece que todos comiam plantas, mas alguns se especializavam em folhas macias e outros em vegetação mais áspera e rija. Alguns conseguiram chegar à Antártida durante o fim do Paleoceno ou o Eoceno, quando tênues extensões de terra dos continentes se tocavam brevemente antes de se afastar. Mas, de outro modo, os ungulados eram conhecidos somente nas Américas do Sul e Central. A despeito de alguns alarmes falsos, nenhum osso ou dente pertencente a eles surgiu em outro lugar (com uma exceção que comprova a regra, como veremos em breve).

Nada disso responde à pergunta fundamental: o que são os ungulados de Darwin? Isso incomodou os paleontólogos desde que o *Beagle* retornou à Inglaterra. Houve grande debate sobre onde eles se encaixariam na árvore genealógica e quais poderiam ser seus ancestrais. Seriam parentes dos mamíferos de casco dos continentes do norte, como os perissodáctilos de dedos ímpares e os artiodáctilos de dedos pares? Eles tinham cascos, mas, como vimos, os cascos evoluíram muitas vezes na história dos mamíferos, de modo que, sozinhos, não são indicadores confiáveis de genealogia. Ou seriam parentes de outros mamíferos pesados, como elefantes, ou um ramo estranho de outro grupo, como o dos roedores? Ou talvez não tivessem nenhuma relação com os placentários do norte, ocupando seu próprio ramo da árvore genealógica, que se diversificara havia muito?

O mistério só foi esclarecido em 2015. Dois grupos de biólogos moleculares conseguiram extrair proteínas do *Macrauchenia* e do *Toxodon* de Darwin. Normalmente, é difícil, se não impossível, encontrar tecidos moles em fósseis, mas ambos os mamíferos de Darwin chegaram ao período glacial, de modo que seus ossos estão preservados em condições muito melhores que a de esqueletos mais velhos do Paleoceno ou Eoceno. Quando essas proteínas foram inseridas em uma base de dados e usadas para construir uma árvore genealógica, ambas as espécies se revelaram parte do grupo dos perissodáctilos do norte. Dois anos depois, isso foi corroborado por um tipo ainda mais forte de evidência: DNA do *Macrauchenia*.

O "teste de paternidade" revelou que os ungulados de Darwin — ao menos a maioria — eram parentes próximos de cavalos, rinocerontes e antas. Eles provavelmente evoluíram de ancestrais placentários "arcaicos" como os condilartros do Novo México, que saltaram entre as ilhas que iam da América do Norte à América do Sul durante o Paleoceno. Então, quando o Paleoceno se transformou em Eoceno, a América do Sul ficou isolada da América do Norte e as tribos nortistas e sulistas seguiram caminhos separados. As do norte migraram durante o PETM, encolheram e depois cresceram na América do Norte e se disseminaram pela Ásia e pela Europa, onde algumas pegaram gosto pelos nenúfares do lago Messel. As do sul ficaram livres para evoluir à sua própria maneira e, ao fazerem isso, adquiriram algumas características incomuns, mas também convergiram para os cascos, presas, trombas, patas com dedos ímpares e dentes sempre em crescimento de seus parentes no norte. Como estavam desconectados de sua linhagem nortista — um experimento evolutivo separado —, os ungulados de Darwin desenvolveram versões ligeiramente distintas das características convergentes e as uniram em outras permutações. Ao continuarem a evoluir do Eoceno até a Era do Gelo, ficaram cada vez mais diferentes de seus primos nortistas havia muito perdidos.

Os ungulados de Darwin são parte de uma comunidade mamífera sul-americana insular que se desenvolveu, nas palavras de George Gaylord Simpson, em "esplêndido isolamento". Alguns desses mamíferos, como os ungulados, estão extintos. Outros são componentes característicos das florestas tropicais amazônicas, dos prados andinos e dos pampas patagônios de hoje.

Entre eles estão os outros fósseis de Darwin, preguiças e tatus que, com os tamanduás, fazem parte do grupo Xenarthra mais amplo. Vale lembrar que Xenarthra é uma das quatro principais subdivisões da árvore genealógica mamífera placentária. Eles brotaram da árvore perto da base, sendo um dos placentários mais primitivos. Seu nome se refere às articulações adicionais entre suas vértebras, que fortalecem e estabilizam a coluna vertebral, provavelmente em uma adaptação retida de ancestrais cavadores. Esses ancestrais podem ter saltitado pela América do Norte durante o fim do Cretáceo ou início do Paleoceno, talvez com os ancestrais dos ungulados de Darwin, e então se diversificado na ilha sul-americana, levando às cerca de trinta espécies de xenartros de hoje.

Os xenartros são alguns dos mamíferos mais fotogênicos de todos. As preguiças são censuradas por seu estilo de vida pouco enérgico, mas não há como negar que são adoráveis, penduradas de cabeça para baixo nas árvores, com membros desengonçados terminados em garras, mascando folhas e com o pelo repletos de algas verdes simbióticas que as ajudam a se misturar às copas das árvores e escapar da atenção das onças. Tatus são memoráveis de outra maneira: eles têm corpos distintamente não mamíferos, cobertos de placas ósseas chamadas osteodermos, que crescem na pele e se encaixam como os gomos de uma bola de futebol. Se uma onça tentar atacar, alguns tatus podem se enrolar em uma bola dura como rocha. As onças que perseguem preguiças e tatus são habitantes mais recentes da América do Sul, imigrantes chegados há 2 ou 3 milhões de anos. Não havia gatos, cães ou ursos vagando pela América do Sul quando o continente era insular. Por dezenas de milhões de anos, os xenartros e os ungulados de Darwin foram atormentados por um tipo totalmente diferente de mamífero, que preencheu os nichos predatórios do Paleoceno até alguns milhões de anos atrás. Sua identidade é surpreendente, pois eles nem sequer eram placentários, mas metaterianos, integrantes da linhagem marsupial, que cria seus bebês microscópicos em bolsas. Quase tiramos os metaterianos de nossa história quando eles entraram em extinção nos continentes do norte, mas, na América do Sul (e, mais tarde, na Austrália), eles receberam uma nova vida, renascidos em postos avançados que os placentários ainda não haviam dominado. Em seus novos reinos insulares, foram capazes de readquirir a proeminência que haviam começado a ter no fim do Cretáceo, antes que o asteroide mudasse tudo.

Os metaterianos sul-americanos carnívoros são chamados esparassodontes e foram descritos pela primeira vez por Florentino Ameghino no fim da década de 1800. Se os visse, você provavelmente não os reconheceria como metaterianos, ao menos não sem procurar por uma bolsa. Eles não se pareciam com cangurus ou coalas — marsupiais com os quais estamos familiarizados —, sendo duplicatas de doninhas, cães, gatos, hienas e ursos, todos placentários. Um deles, o *Thylacosmilus*, tinha enormes caninos na mandíbula superior, usados para rasgar o ventre das presas e se deliciar com os órgãos internos. Seria possível jurar que se tratava de um tigre-dentes-de-sabre, o famoso gigante da Era do Gelo. Esse é outro exemplo de evolução convergente — um dos mais impressionantes de todo o registro fóssil. Carnívoros verdadeiros como cães e gatos só chegaram à América do Sul no Paleoceno e Eoceno, mas os metaterianos chegaram antes e imitaram os placentários. Ou talvez os placentários do norte tenham imitado os metaterianos. Como quer que tenha sido, no fim das contas esparassodontes como o *Thylacosmilus* foram substituídos por onças e outros predadores placentários que se moveram para o sul, mas muitos de seus primos permaneceram na América do Sul, como cerca de cem espécies de gambás e outros marsupiais.

Os marsupiais dentes-de-sabre e outros esparassodontes comiam os ungulados de Darwin; sabemos disso por causa das marcas de mordida que combinam com seus dentes, encontradas nos ossos das presas. As preguiças também seriam alvos saborosos, assim como os tatus — se fossem capaz de desenrolá-los. E havia outras coisas de que os predadores com marsúpio se alimentavam: animais de cérebro grande e membros desengonçados que se balançavam nas árvores e gorduchos dentuços que cavavam a serapilheira e nadavam nos riachos da selva.

Primatas e roedores. Reais, placentários, não as estranhas versões marsupiais. De onde eles vieram? O teste de paternidade nos dá a resposta, e ela é espantosa: da África. Árvores genealógicas criadas a partir de DNA e evidências fósseis colocam os primatas e roedores sul-americanos no interior de diversos grupos africanos. Portanto, eles eram imigrantes, vindos de um continente que se separara da América do Sul dezenas de milhões de anos antes, durante o Cretáceo, e que, durante o Eoceno — quando ocorreu a migração —, estava a pelo menos 1.500 quilômetros de distância, do outro lado do oceano Atlântico.

A África também foi um continente insular durante o Eoceno, lar de sua própria fauna placentária de elefantes e outros afrotérios. Em algum momento após o aquecimento global do PETM, primatas e roedores viajaram da Ásia para a África. Isso faz sentido; somente o estreito mar de Tétis, precursor do Mediterrâneo, separava os dois, e as ilhas europeias eram paradas intermediárias. O que não faz muito sentido é como esses primatas e roedores se moveram para oeste, da África para a América do Sul. Simplesmente não havia rotas terrestres, e os refugiados devem ter se dispersado pela água. Provavelmente flutuaram em jangadas de vegetação apodrecida e foram arrancados das costas africanas por tempestades que então os lançaram na América do Sul. Talvez tenham saltado sobre algumas ilhas pelo caminho, ou permanecido em suas jangadas salva-vidas o tempo todo. De qualquer modo, aguentaram semanas balançando nas ondas, expostos ao Sol, com pouca ou nenhuma comida. Como tantos imigrantes, deviam ser fortes e resistentes — traços que favoreceram seu sucesso no novo e distante lar.

Tudo parece muito improvável. E era. Mas observamos como pequenos mamíferos podem cruzar a água sobre jangadas de folhagem e colonizar novas terras. Os biólogos têm um termo para esses êxodos de longa distância: dispersão de *waifs*, com *waif* sendo um nome ligeiramente derrogatório para crianças órfãs ou sem lar que trocam uma vida miserável pelo recomeço em algum lugar distante. Eu prefiro usar a analogia com um de meus esportes favoritos, o futebol americano: uma dispersão Ave-Maria. A segundos do fim do jogo e precisando marcar um ponto para vencer, mas com a maior parte do campo a sua frente, o time perdedor está desesperado. O quarterback só tem uma opção: arremessar a bola para o outro lado do campo e torcer para dar tudo certo. O passe costuma falhar, mas, de vez em quando, chega aos braços do receptador na *end zone*. Touchdown! Talvez funcione uma vez em cada cem tentativas. Mas, com tempo e chances suficientes, o improvável se torna realidade. O time de futebol americano marca seu ponto; a jangada de plantas e seus mamíferos chegam ao outro lado do oceano.

A migração de primatas e roedores da África para a América do Sul foi um desses eventos fortuitos, e alterou o curso da história dos mamíferos. É por causa dessa jornada improvável que temos macacos do Novo Mundo e roedores caviomorfos. Os macacos — 69 espécies — fazem parte do tecido das selvas das Américas Central e do Sul. Alguns, como os bugios, mergulham as florestas úmidas em uma cacofonia de gritos. Outros, como os macacos-aranha, são os únicos primatas a se pendurar das árvores com caudas preênseis, ao passo que os saguis--pigmeus, pesando menos de 230 gramas, detêm o recorde de menores primatas. Os caviomorfos são ainda mais diversificados, com centenas de espécies escavando, escalando, correndo e nadando em praticamente todos os ambientes da América do Sul. Entre eles estão as chinchilas de pelo aveludado e os maiores roedores de hoje, as capivaras, do tamanho de cães, além de roedores extintos que eram muito maiores, como o *Josephoartigasia*, do tamanho de um boi, batizado em homenagem ao herói nacional José Artigas. E porquinhos-da-índia. Meus animais de estimação durante a infância — e talvez também os seus — eram descendentes dos jangadeiros do Eoceno.

Atravessar o oceano foi um ato de força e resistência quase incompreensível. Mas não a coisa mais desvairada que os mamíferos fizeram durante o Eoceno. Enquanto macacos e roedores surfavam as ondas, alguns mamíferos placentários inflaram até alcançar tamanhos gigantescos, ao passo que outros evoluíram asas e se lançavam aos céus, e outros ainda transformavam seus membros em nadadeiras, a fim de realizar uma migração muito mais curta, porém notável: de correr em terra para viver integralmente na água.

7

MAMÍFEROS RADICAIS

TRILHEIROS ENCONTRAM OS MAIORES OSSOS DE MAMÍFEROS DE TODOS OS TEMPOS?

25 de julho de 2831

New Miami (agência de notícias) — Uma família de mochileiros no deserto da Flórida encontrou gigantescos ossos fossilizados que podem ter pertencido ao maior animal a viver na Terra.

Os paleontólogos chamados à cena estimam que a fera tinha mais de 30 metros de comprimento e pesava mais de 100 toneladas.

— É espantoso — disse a professora Lola Bricker, do Instituto de Clima e Meio Ambiente de New Miami. — Nunca vi nada tão grande. Isso subverte as regras de quão grandes achávamos que os animais podiam ser.

Os ossos espalhados cobrem uma área maior que a de um campo de futebol americano. Eles pertencem a uma criatura ainda não descrita, com um corpo longo e tubular parecido com um submarino.

— Se meus cálculos estiverem corretos, ele é ao menos duas vezes maior que o maior animal vivo hoje — disse Bricker aos repórteres, em pé ao lado de uma das costelas do animal, que era maior do que ela em ao menos 30 centímetros.

Os cientistas dizem ter encontrado partes dos membros dianteiros, que se parecem com as barbatanas de um peixe, mas até agora não recuperaram qualquer traço dos membros traseiros. A cabeça imensa está quase intacta, com ossos mandibulares curvados e sem dentes.

— Os quatro integrantes da família realmente couberam no interior da boca — disse Bricker, referindo-se à fotografia muito circulada feita pelos trilheiros quando encontraram os ossos e que muitos acharam ser uma farsa.

O que a fera comia e como se movia permanecem um mistério. Os cientistas dizem que os ossos foram encontrados no interior de um lamito, formado no leito oceânico há cerca de 5 mil anos, quando a

Flórida era uma verdejante península semitropical separando o golfo do México do oceano Atlântico.

— Estou confiante de que vivia na água, e posso dizer pelos ossos do ouvido, que era uma criatura mamífera, mas isso é tudo que sabemos neste momento — disse Bricker.

Ela planeja escavar os ossos e reuni-los em seu laboratório, mas teme não ter os recursos necessários.

— Preciso de uma equipe de ao menos vinte pessoas e provavelmente seis meses para escavar todos os ossos, e então de um espaço grande o bastante para estudá-los na universidade — avisou ela, pedindo que algum benfeitor abastado financie a pesquisa.

Tal esforço valerá a pena, argumenta ela, porque descobertas como essa inspiram as crianças a se interessar mais pela natureza.

— Você consegue imaginar ver uma criatura dessas quando viva? Confunde a mente! — disse ela.

Antes de remover os ossos, Bricker espera limitar as possibilidades de identificação do animal.

— Meus colegas podem zombar da ideia, mas sagas milenares mencionam leviatãs que viviam nos oceanos, chamados baleias. Algumas histórias falam sobre uma baleia-azul com mais de 30 metros. Sempre pensamos se tratar de um mito, mas talvez não seja.

ESSE ARTIGO, OBVIAMENTE, é fictício e um pouco burlesco. Com sorte, a Flórida não se tornará um deserto, não perderemos contato com a história registrada e as baleias não serão extintas! Mas imagine se tudo isso acontecesse e as futuras gerações encontrassem seus ossos fossilizados. Certamente ficariam maravilhados, assim como ficamos com os gigantescos dinossauros, animais superlativos de eras passadas que desejamos poder ver em carne e osso.

O que muitos de nós — inclusive eu, para ser honesto — não apreciam é o fato de haver muitos animais superlativos vivos hoje. Muitos são mamíferos. A baleia-azul é o exemplo mais extremo desses "mamíferos radicais". Ela não é meramente o maior mamífero vivo, mas o maior animal vivo, ponto. Ninguém jamais encontrou um fóssil de algo maior, o que significa que a baleia-azul é a recordista de todos os tempos, a campeã peso-pesado da história do mundo.

Eis uma declaração profunda que merece ser repetida: o maior animal que já viveu na história do mundo está vivo *agora*. De todos os bilhões de espécies que já viveram durante os bilhões de anos da Terra, estamos entre os poucos privilegiados que podem dizer tal coisa. Quão glorioso é respirar o mesmo ar da baleia-azul, nadar nas mesmas águas e olhar para as mesmas estrelas? Enquanto você lê isto, baleias-azuis cruzam os oceanos — todos os oceanos, pois seu alcance é quase mundial, com exceção do extremo norte do Ártico. As baleias maiores e mais velhas têm pouco mais de 30 metros de comprimento e costumam pesar entre 100 e 110 toneladas, 20 toneladas *a mais* que o peso máximo de decolagem de um Boeing 737 e provavelmente entre 30 e 40 toneladas a mais que o mais colossal dinossauro. As baleias-azuis dão à luz filhotes do comprimento de uma lancha e pesando 3 toneladas, que chegam a 15 toneladas após meio ano de amamentação. Os adultos podem mergulhar a mais de 315 metros e prender a respiração por mais de uma hora, expelindo uma coluna de água da altura de um prédio de dois andares quando emergem para respirar. Com um gole de suas bocas expansíveis, elas podem engolir toda a água de uma piscina doméstica, o que fazem várias vezes ao dia, a fim de extrair as 2 toneladas de krill — pequenos crustáceos parecidos com camarões — de que precisam para impulsionar seu metabolismo. Elas são inteligentes e sociáveis, e suas vocalizações graves são o som mais poderoso do reino animal, capazes de reverberar por mais de 1.500 quilômetros através do abismo.

Mas isso não é tudo. Estima-se que 99% das baleias-azuis tenham sido exterminadas nos últimos dois séculos. De uma comunidade com centenas de milhares de integrantes, restam somente algumas dezenas de milhares — no máximo. Correndo o risco de soar trivial, vamos celebrá-las antes que seja tarde demais e fazer tudo que pudermos para conservá-las e protegê-las enquanto ainda temos a chance, antes que a baleia-azul siga o caminho do brontossauro.

É impossível falar sobre baleias-azuis sem recorrer a hipérboles. Dá-se o mesmo com outros mamíferos extraordinários, sejam outras baleias, espécies terrestres gigantescas, como os elefantes; sejam mamíferos menores, que remodelaram seus corpos para fazer coisas notáveis, como os morcegos — os únicos mamíferos que podem voar usando as poderosas batidas das asas e um dos três únicos animais com espinha dorsal a descobrir como fazer isso (com pterodátilos e aves). Todos esses mamíferos extraordinários — elefantes, morcegos e baleias — começaram a deixar sua marca no Eoceno, e foi somente por longas jornadas evolutivas que chegaram ao esplendor atual.

OS ELEFANTES SÃO os maiores mamíferos — na verdade, os maiores animais de qualquer tipo — a viver em terra atualmente. A maior espécie, a dos elefantes-da-savana, tem 3 metros de altura na região dos ombros, a mesma de uma cesta de basquete. Os maiores machos pesam entre 5 e 7 toneladas, quase duas vezes o peso de uma picape Ford F-150. Se um único elefante-da-savana estivesse sentado em uma das pontas de uma gangorra de parquinho, seriam necessários cem humanos para que houvesse equilíbrio. Os elefantes não são tão grandes quanto as baleias-azuis, mas precisam lidar com um problema que elas desconhecem: a gravidade. Ao passo que as baleias-azuis podem flutuar passivamente na água, os elefantes precisam se erguer, se mover, acasalar e dar à luz sobre braços e pernas.

Somente três espécies de elefantes sobrevivem hoje, espalhadas pela África subsaariana, pela Índia e pelo Sudeste Asiático. São tristes remanescentes do que já foi uma família próspera, com espécies como os mamutes-lanosos e os mastodontes espalhados por grande parte do mundo, alguns com mais que o dobro do peso dos elefantes-da-savana, sendo os maiores mamíferos que *já* habitaram o ambiente terrestre (bom... provavelmente, como veremos). Mas, antes de se tornar cosmopolitas e então entrar em declínio, os elefantes estiveram confinados à África por dezenas de milhões de anos, como parte da grande radiação afrotéria.

Afrotheria, como aprendemos no capítulo anterior, é uma das quatro principais subdivisões da genealogia dos mamíferos placentários. Como a Xenarthra — a família das preguiças e dos tatus —, a Afrotheria se dividiu perto da raiz da árvore genealógica, sendo um dos grupos placentários mais primitivos. Também como a Xenarthra, a maior parte da história inicial da Afrotheria no Paleoceno e no Eoceno se desenrolou em uma única massa de terra, afastada do restante do mundo. Preguiças e tatus, com os estranhos ungulados de Darwin e os marsupiais dentes-de-sabre, viviam no continente insular da América do Sul. Elefantes e outros afrotérios também viviam em um continente insular e, como seu nome implica, esse continente era a África.

Durante dezenas de milhões de anos, a África foi uma fortaleza isolada. Após sua divisão do restante de Gondwana — a metade sul de Pangeia —, 100 milhões de anos atrás, durante o Cretáceo, a África permaneceu separada. A oeste, havia o cada vez mais amplo oceano Atlântico, ocasionalmente cruzado por macacos e roedores em jangadas. A sul e leste, havia o oceano Índico, que inundava as terras da Antártida e da Austrália e era rapidamente atravessado por uma ilha menor — a Índia — a caminho de sua colisão com a Ásia durante o Eoceno. E a norte da ilha africana estava Tétis, o cálido mar equatorial que separava o norte do sul. O Tétis não era uma barreira impenetrável; de vez em quando, animais pulavam do norte para o sul pela constelação de ilhas europeias que se aproximavam da costa da África do Norte, mas a jornada era desafiadora. A longa noite do isolamento africano finalmente terminou há cerca de 20 milhões de anos, quando a Arábia encostou na Eurásia, reduzindo o Tétis a seu braço oeste — o que agora chamamos de Mediterrâneo.

Os elefantes são um de muitos afrotérios. Outros no álbum familiar incluem os peixes-bois, os pequenos híraces ungulados, os porcos-formigueiros, as subterrâneas toupeiras-douradas, os tenrecos de Madagascar (e ilhas próximas) e os sengis, que parecem minúsculos roedores com tromba de elefante. Se você achou essa mistura estranha, não está sozinho. Não há muitas características anatômicas óbvias unindo os afrotérios — se é que há alguma. Talvez, argumentaram alguns cientistas, eles partilhem uma cúspide peculiar ou nuances no desenvolvimento de sua coluna vertebral. Talvez. A principal evidência para os afrotérios, no entanto, é genética, e é forte. A identificação do grupo formado por elefantes, peixes-bois, híraces e tenrecos foi uma das mais espantosas revelações das primeiras árvores genealógicas com base no DNA no fim da década de 1990 e início da década de 2000, e sobreviveu ao teste do tempo e às mais sofisticadas análises de genoma. Para grande pesar dos anatomistas da velha guarda, o teste de paternidade foi conclusivo: o grupo Afrotheria é real.

Os afrotérios modernos parecem tão diferentes uns dos outros porque se diversificaram há muito tempo, a partir de um ancestral comum, e preencheram vários nichos ecológicos no continente insular africano. Esse ancestral provavelmente era um placentário "arcaico" do tamanho de um cachorro, parecido com os condilartros do Novo México, que migrou para as ilhas do mar de Tétis, vindo do norte, durante o fim do Cretáceo ou logo depois do impacto do asteroide, no início do Paleoceno. Quando os dinossauros desapareceram, surgiram muitas vagas na cadeia alimentar, e os afrotérios tiraram vantagem. Eles se adaptaram a nichos no chão da floresta e nos prados, nas copas das árvores e ao longo do litoral.

Isso ocorreu paralelamente ao que acontecia no norte, de maneira independente, onde outro dos quatro grupos placentários principais — Laurasiatheria — se diversificava. No norte, havia perissodáctilos e artiodáctilos com cascos; na África, híraces. No norte, pangolins comedores de formigas e toupeiras cavadoras de buracos; na África, porcos-formigueiros e toupeiras-douradas. No norte, havia musaranhos e porcos-espinhos, ao passo que na África, sengis e tenrecos — às vezes chamados de "porcos-espinhos de Madagascar". E, como veremos em breve, as baleias evoluíram no norte, ao passo que, na África, os sirênios

MAPAS DA TERRA ATRAVÉS DO TEMPO

(Ron Blakey © 2016 Colorado Plateau Geosystems Inc.)

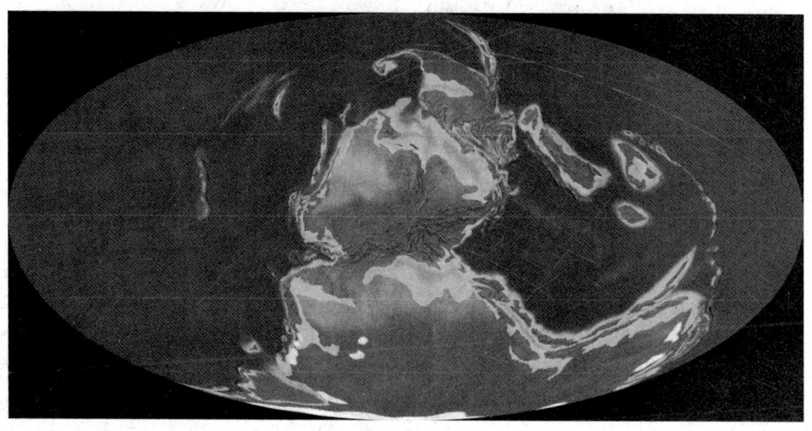

320 milhões de anos atrás, Carbonífero (Pensilvânico)

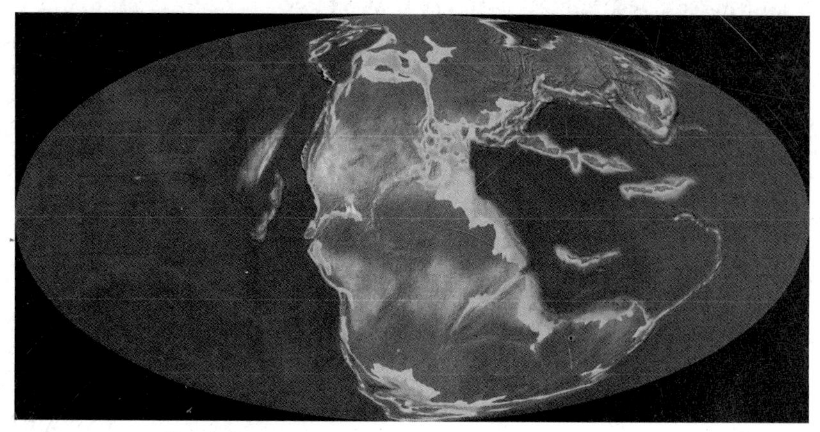

200 milhões de anos atrás, limite entre o Triássico e o Jurássico

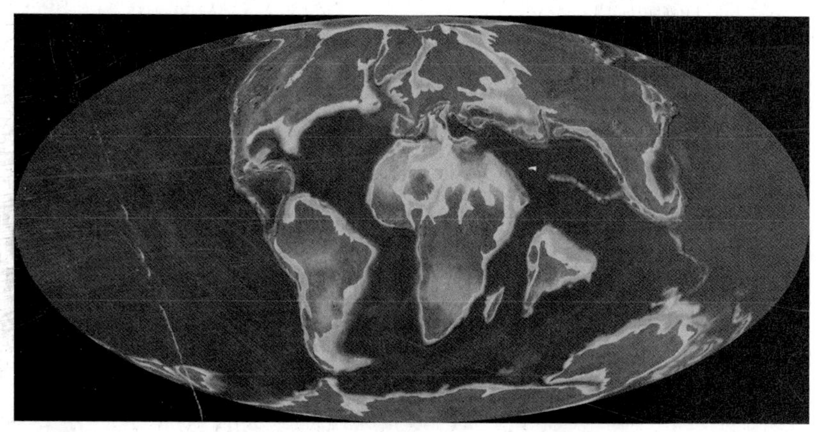

66 milhões de anos atrás, fim do Cretáceo, época do impacto do asteroide

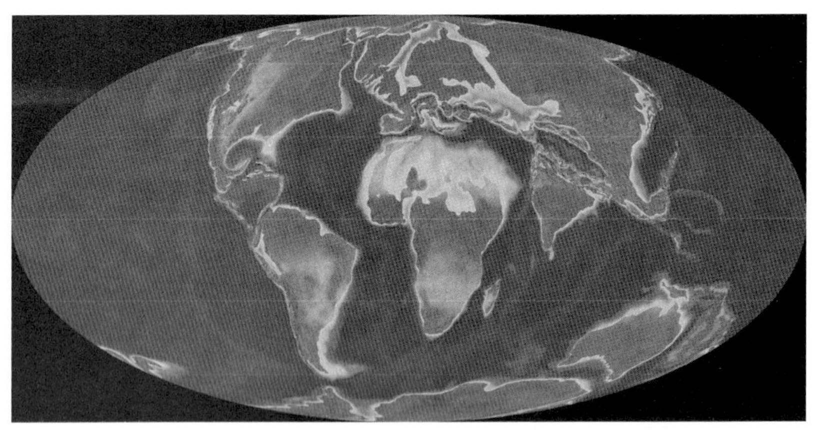

50 milhões de anos atrás, Eoceno

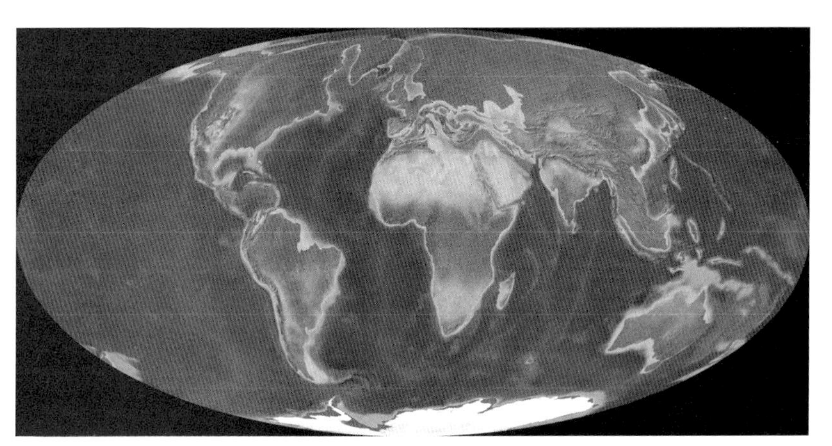

20 milhões de anos atrás, Mioceno

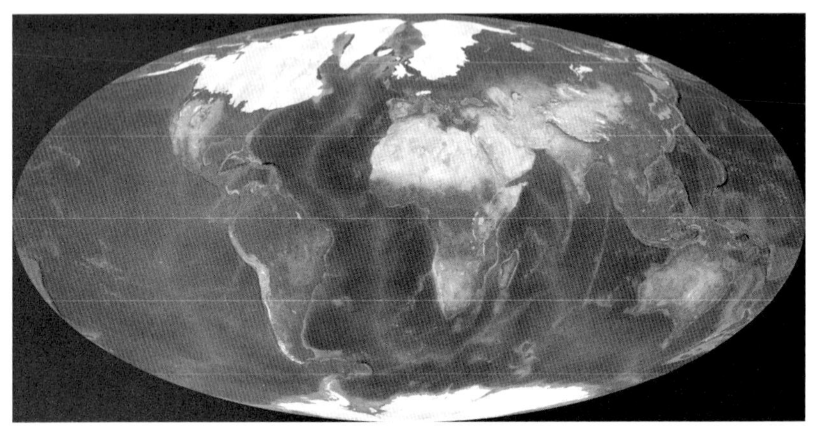

21 mil anos atrás, último avanço da Era do Gelo

Todd Marshall

Tom Williamson

Sarah Shelley e eu coletando dentes de mamíferos que viveram logo após a extinção dos dinossauros no Novo México.

Dimetrodon

Archaeothyris

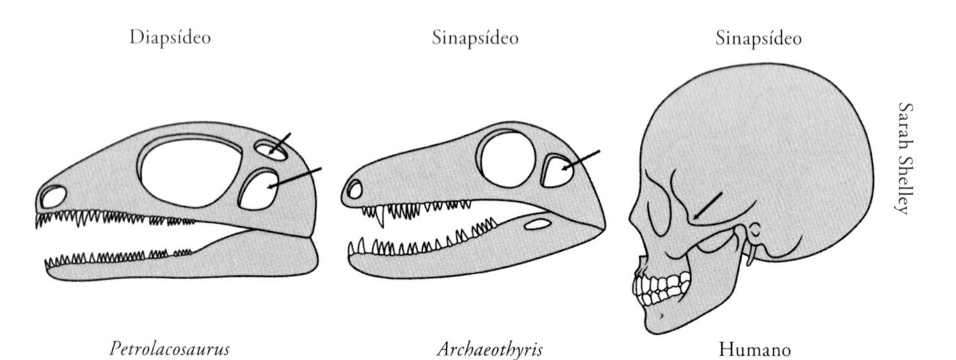

Os dois principais tipos de crânio dos vertebrados terrestres: diapsídeos, com dois furos para os músculos maxilares atrás dos olhos, e sinapsídeos — incluindo humanos —, com um único furo. As setas denotam os furos nos maxilares.

O pelicossauro *Dimetrodon*, sinapsídeo primitivo precursor dos mamíferos, com sua vela nas costas.

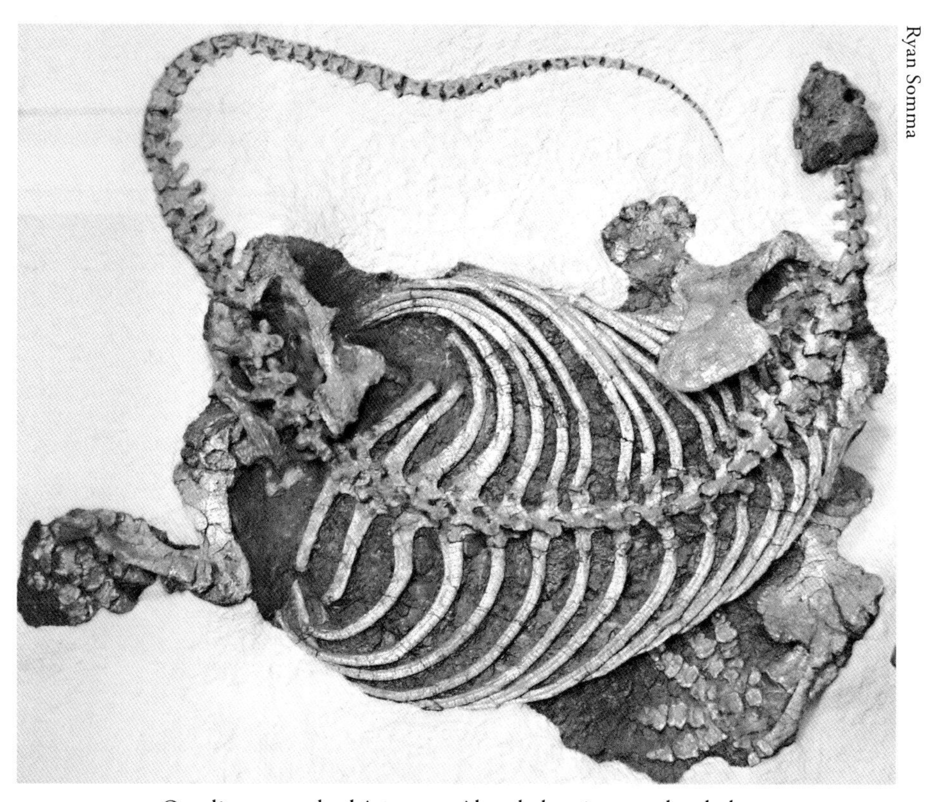

Ryan Somma

O pelicossauro herbívoro caseídeo de barriga arredondada, sinapsídeo primitivo precursor dos mamíferos.

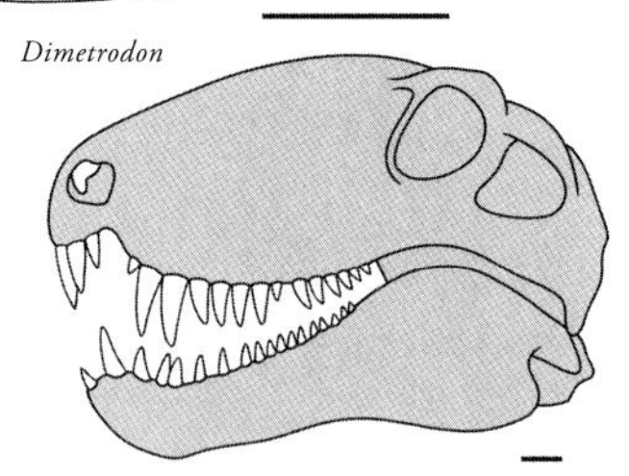

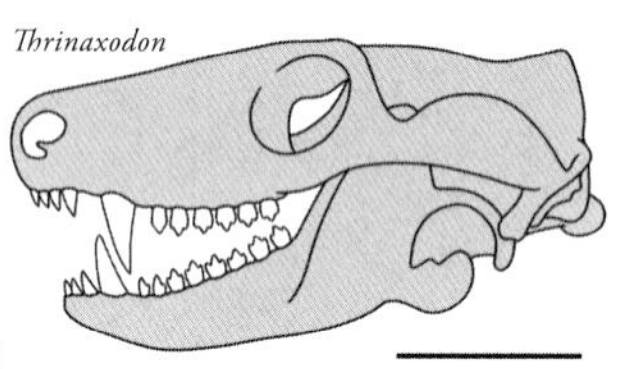

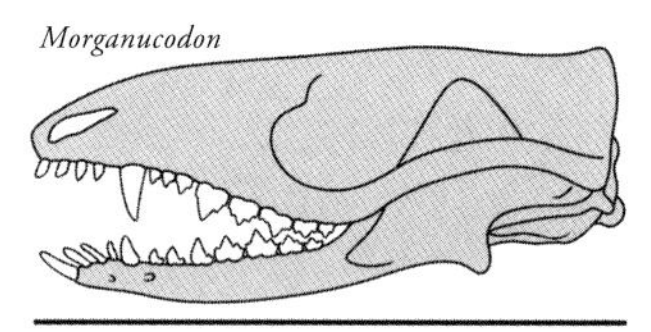

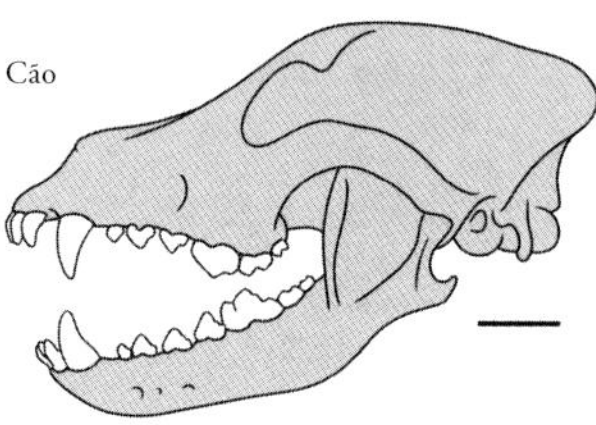

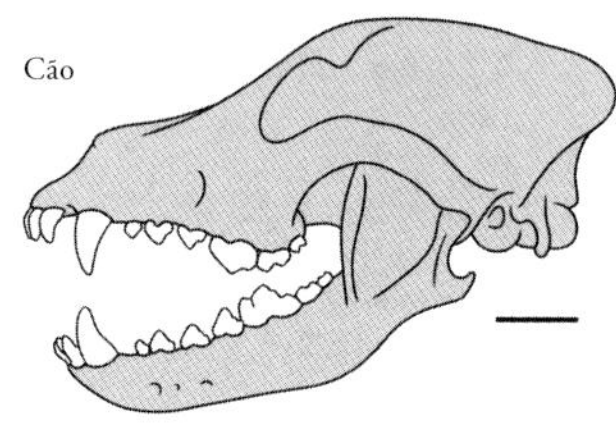

A evolução de crânios e dentes durante a história dos sinapsídeos, ilustrando como os dentes se tornaram mais complexos e se dividiram em incisivos, caninos, pré-molares e molares nos mamíferos. Escala = 3 cm

Sarah Shelley

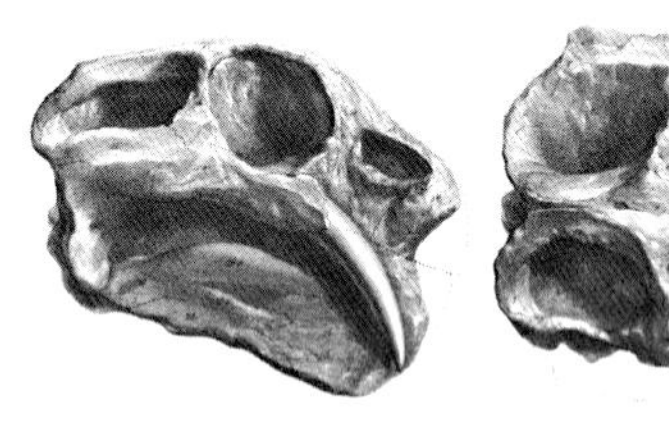

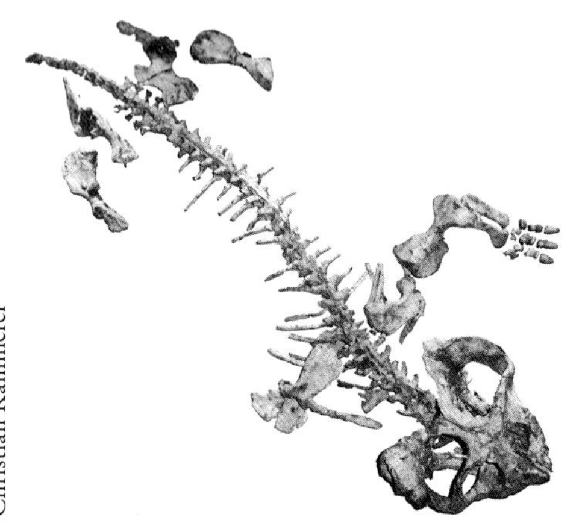

Dicinodontes, sinapsídeos primitivos antepassados dos mamíferos: crânio e esqueleto de um *Dicynodon*, retirados da monografia de 1845 de Richard Owen.

Christian Kammerer

H. Zell

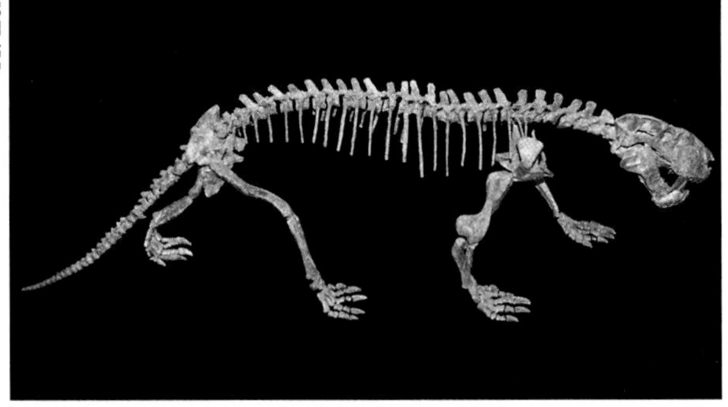

Os terapsídeos foram sinapsídeos primitivos, ancestrais dos mamíferos: à esquerda, um gorgonopsídeo com dentes de sabre e, abaixo, o dinocefálio batedor de cabeças *Moschops*.

Biblioreca AMNH

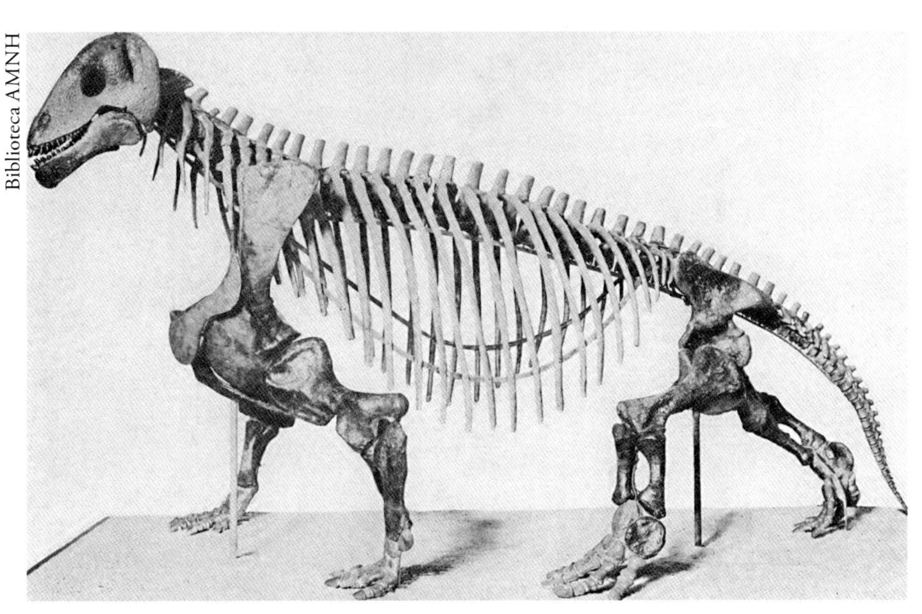

Cortesia de Anusuya Chinsamy-Turan

Anusuya Chinsamy-Turan estudando imagens microscópicas de ossos em seu laboratório.

Todd Marshall

Thrinaxodon

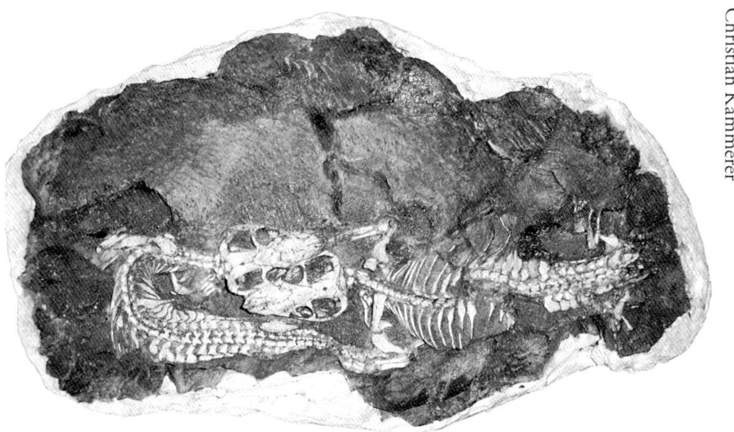
Christian Kammerer

Esqueletos de *Thrinaxodon*.

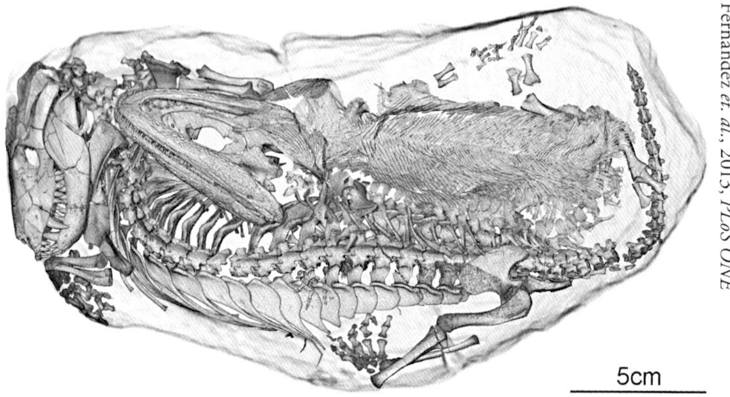

Fernandez *et. al.*, 2013, *PLoS ONE*

Tomografia computadorizada mostrando um *Thrinaxodon* fossilizado em uma toca ao lado de um anfíbio.

Imagem modificada de Kühne, 1956

Ilustração de um *Oligokyphus* feita por Walter Kühne em sua monografia de 1956.

Diferenças de locomoção entre répteis, que se movem de um lado para o outro (acima), e mamíferos, que se movem para cima e para baixo (abaixo). As setas mostram a direção do movimento.

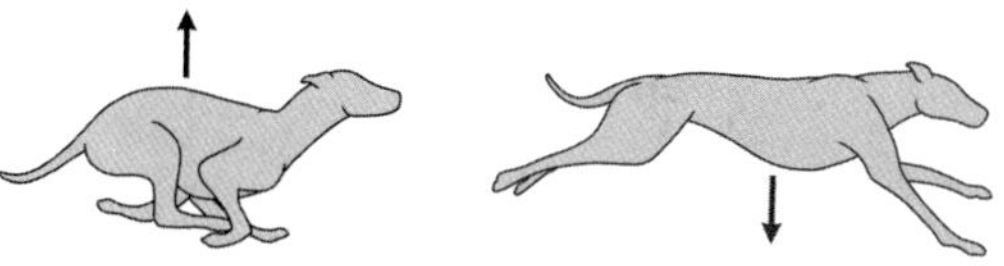

Sarah Shelley

Stephan Lautenschlager

O *Morganucodon*, um dos primeiros mamíferos. Reconstrução do crânio e da cabeça com base em tomografias computadorizadas (à esquerda) e maxilar inferior fossilizado com um grão de arroz usado como escala (abaixo).

Pamela Gill

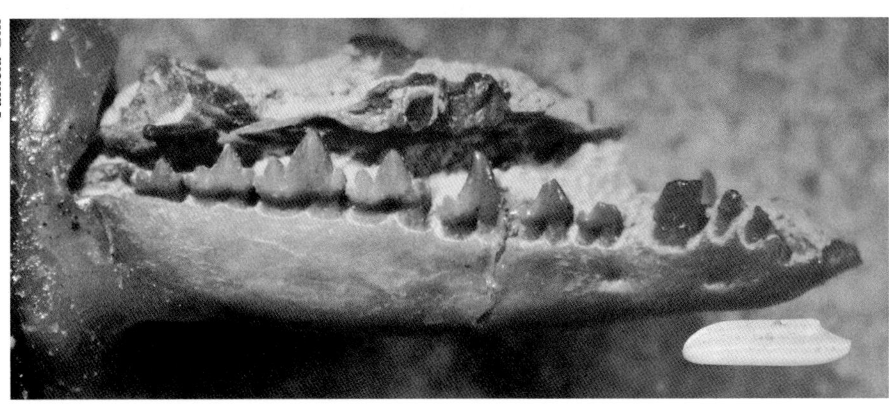

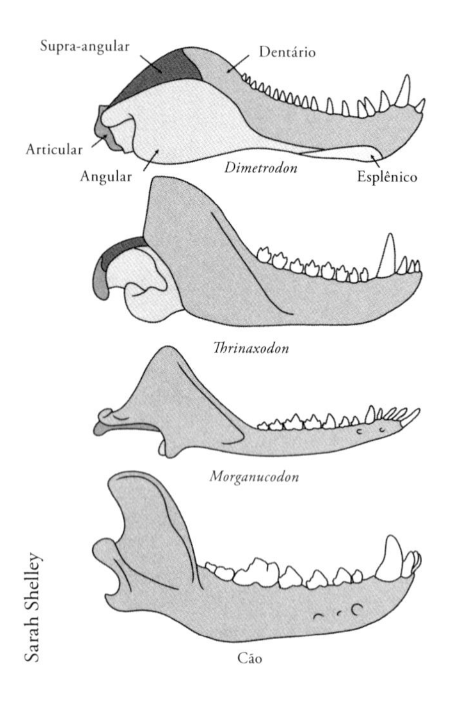

Redução e simplificação do maxilar inferior dos sinapsídeos ao longo do tempo, culminando na mandíbula única (osso dentário) dos mamíferos.

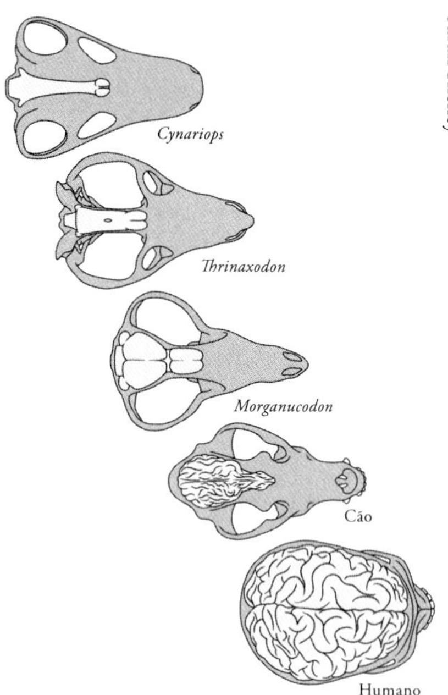

O aumento do tamanho do cérebro dos sinapsídeos ao longo do tempo, culminando no cérebro grande dos mamíferos, com textura convoluta e neocórtex maior. Escala = 3 cm

Imagem revolucionária do mamífero primitivo *Megazostrodon* criada por Farish Jenkins.

Vilevolodon

Todd Marshall

Junchang Lü (centro) e sua equipe me mostrando o misterioso fóssil de mamífero em Beipiao, China.

Steve Brusatte

Zhe-Xi Luo

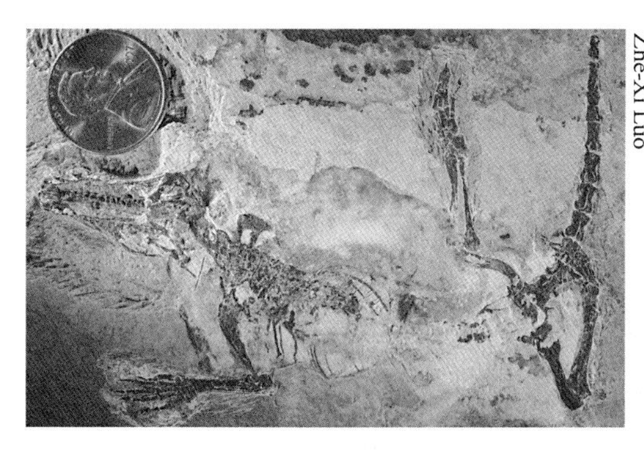

Zhe-Xi Luo

Zhe-Xi Luo

Fósseis de mamíferos espantosamente bem-preservados de Liaoning, China: *Jeholodens* à esquerda, *Agilodocodon* à direita (acima) e *Microdocodon* à direita (abaixo).

Zhe-Xi Luo

O haramídeo planador *Maiopatagium*, do Jurássico, encontrado em Liaoning, China.

Meng Jin

O mamífero comedor de dinossauros *Repenomamus*, do Cretáceo, encontrado em Liaoning, China.

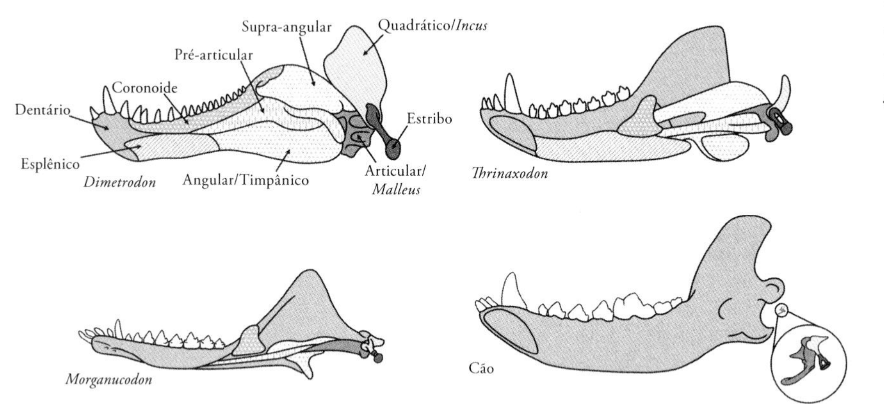

Sarah Shelley

A transformação dos ossos da mandíbula dos ancestrais dos mamíferos nos minúsculos ossículos do ouvido dos mamíferos modernos.

Moji Ogunkanmi, integrante de nossa equipe, examinando rochas jurássicas em Skye, Escócia, em busca de pequenos fósseis.

Steve Brusatte

Todd Marshall

Kryptobaatar

Tomasz Sulej

Richard Butler e eu com Zofia Kielan-Jaworowska, na casa dela, na Polônia, em 2010.

Instituto de Paleobiologia de Varsóvia

Zofia no deserto de Gobi, Mongólia, em 1970.

Instituto de Paleobiologia de Varsóvia

A paleontóloga e sua equipe procurando fósseis de minúsculos mamíferos no deserto de Gobi em 1968.

Sarah Shelley

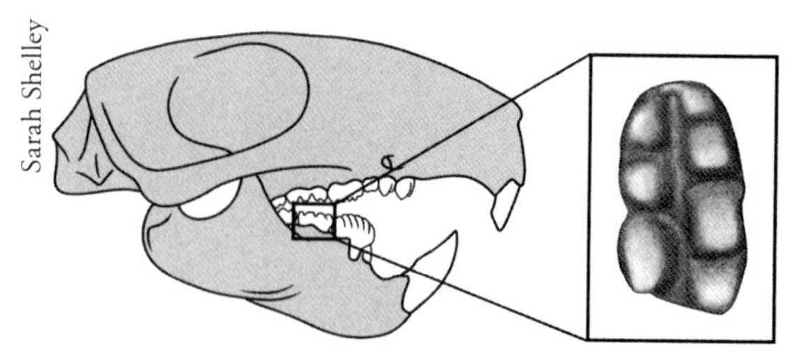

O crânio de um multituberculado do Período Cretáceo, com close-up na superfície de mastigação dos molares em forma de peças de Lego.

Akiko Shinya

Steve Brusatte

Trabalho de campo na Romênia: coleta de fósseis no Multileito (acima), e Mátyás Vremir coletando fósseis do rio (à esquerda).

O multituberculado *Litovoi*, que tinha um cérebro minúsculo.

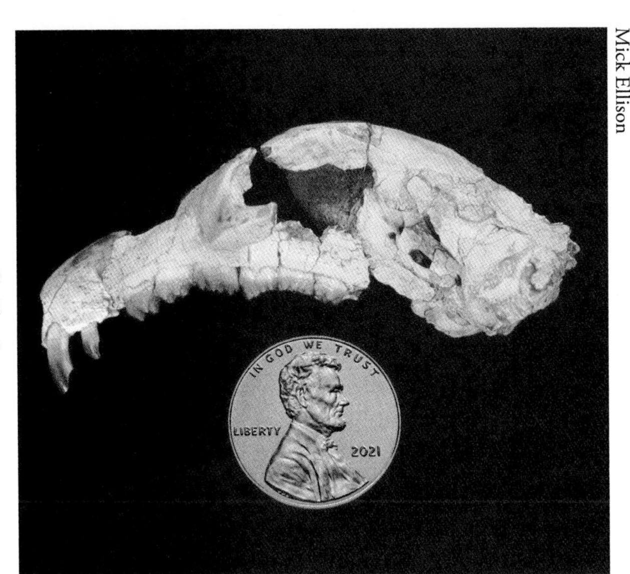

A evolução dos molares tribosfênicos. As caixas mostram as superfícies de mastigação (oclusão) nos molares inferiores e superiores de cada espécie. Os molares simples com três picos dos primeiros mamíferos (acima) se transformaram nos molares mais complexos dos terianos tribosfênicos, com um grande protocone no molar superior se encaixando na bacia do molar inferior, que tem seis cúspides (meio). Nós também temos esses dentes (abaixo)!

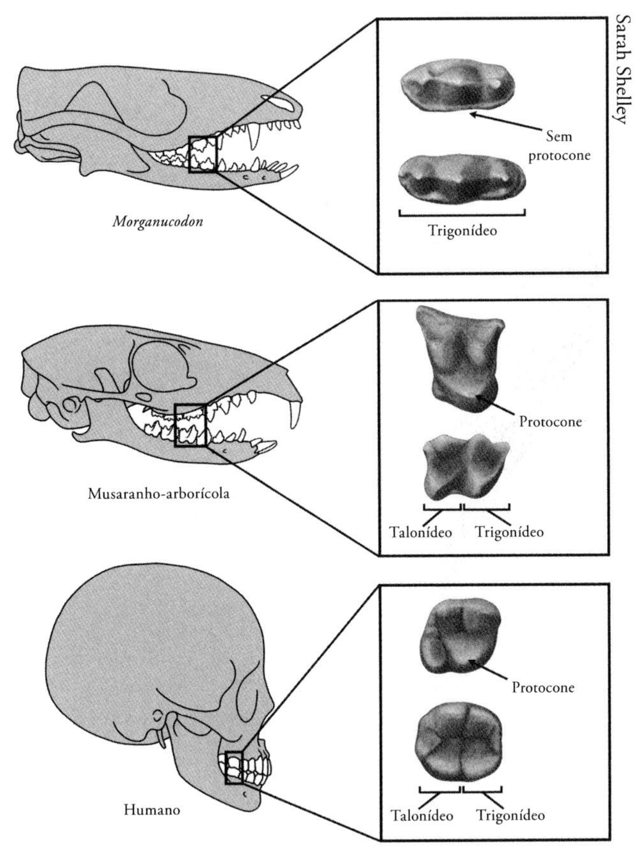

Todd Marshall

Zalambdalestes e *Deltatheridium*

Klaus via Flickr

Um ornitorrinco nadando em um riacho na Tasmânia.

Todd Marshall

Ectoconus

Tom Williamson

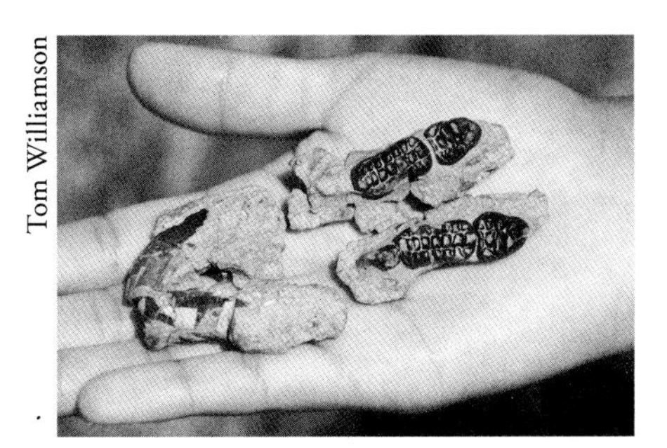

Kimbetopsalis, o "castor primordial": crânio e dentes fossilizados.

Steve Brusatte

Carissa Raymond e Ross Secord coletando fósseis momentos após a descoberta em 2014.

Steve Brusatte

Sarah Shelley e Tom Williamson cobrindo com gesso o esqueleto do placentário "arcaico" *Ectoconus* em 2014.

Diane Clemens-Knott e cortesia de Greg Wilson Mantilla

Greg Wilson Mantilla (atrás) e Bill Clemens (frente) coletando fósseis de mamíferos em Montana.

Biblioteca AMNH

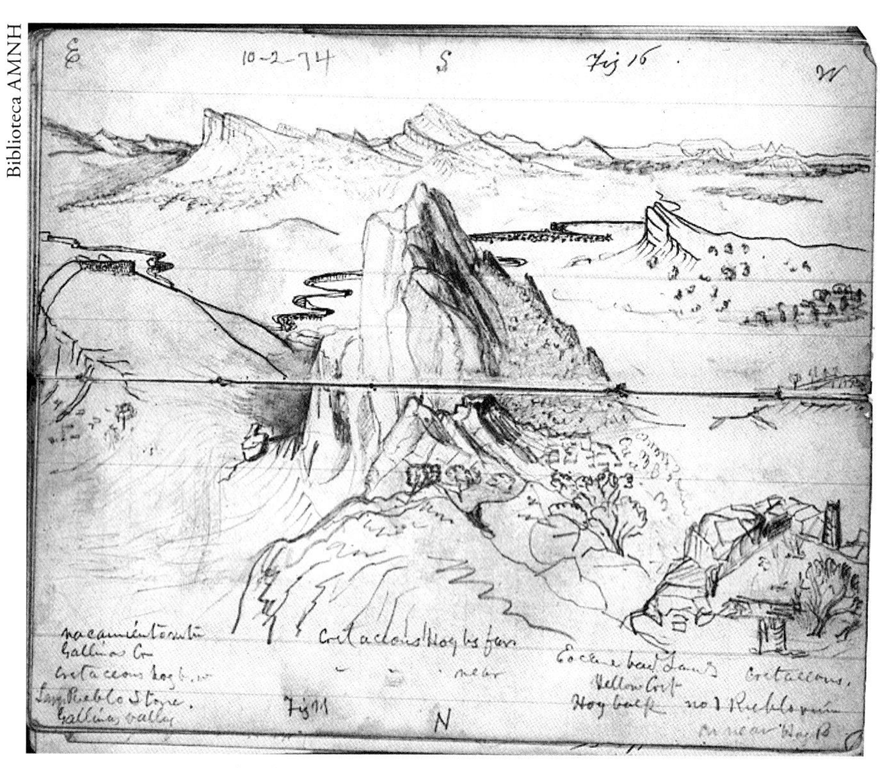

Uma página do diário de campo de Edward Drinker Cope em 1874, descrevendo as rochas ricas em fósseis do Novo México.

Biblioteca AMNH

Cope em 1876,
dois anos depois de descobrir
a “marga de Puerco”
no Novo México.

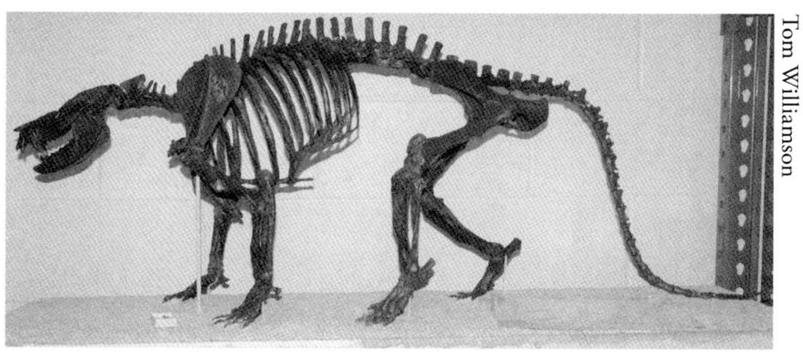

Tom Williamson

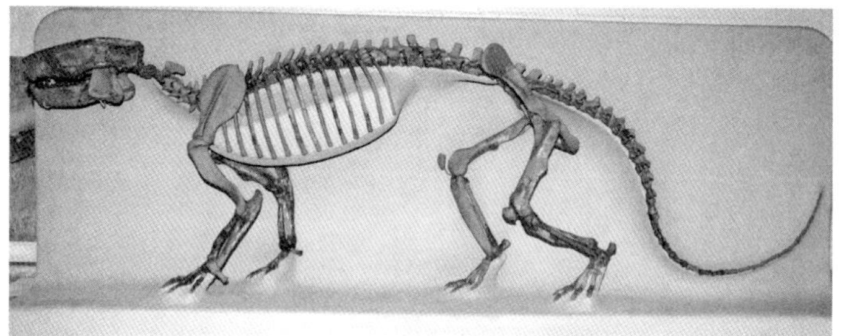

Dois mamíferos placentários “arcaicos”:
o *Ectoconus* (acima) e o *Pantolambda* (abaixo).

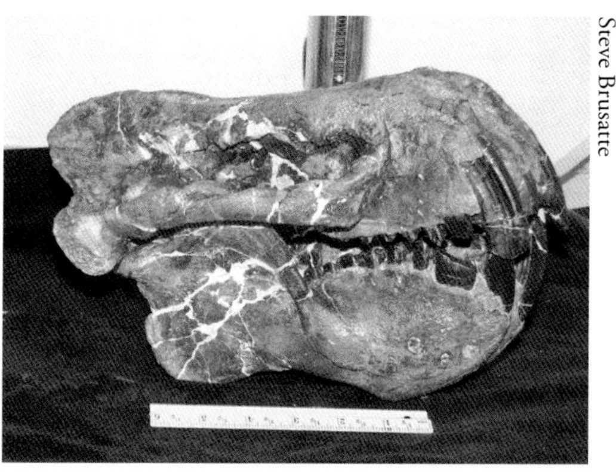

Steve Brusatte

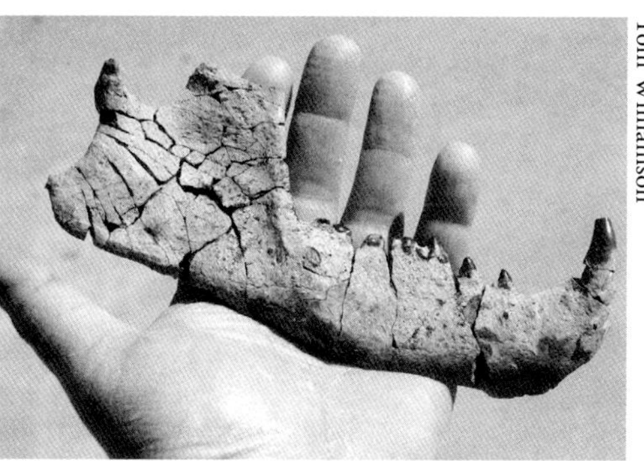

Tom Williamson

Crânio de *Stylinodon*
(um teniodonte primo do *Wortmania*)
e mandíbula do *Eoconodon*.

Universidade de Toronto Scarborough

Ornella Bertrand estudando tomografias de crânios fossilizados de mamíferos.

Instituto Real de Ciências Naturais da Bélgica

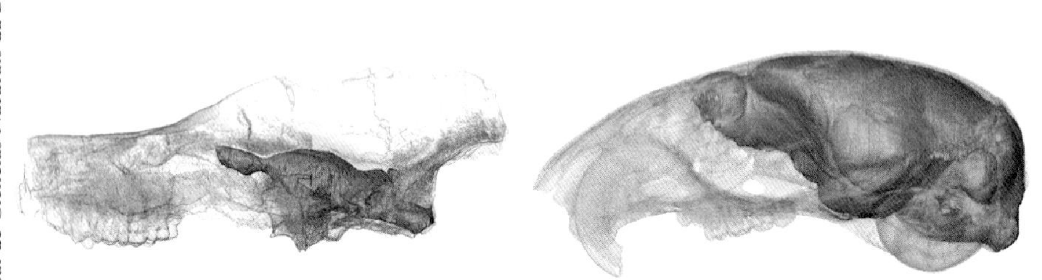

Modelos digitais mostrando o cérebro pequeno do placentário "arcaico" *Arctocyon* (à esquerda) e o cérebro muito maior do esquilo moderno (à direita). Escalas = 1 cm

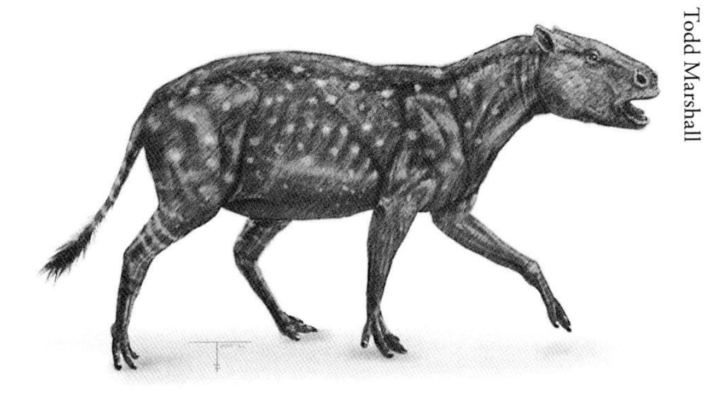

Todd Marshall

Eurohippus

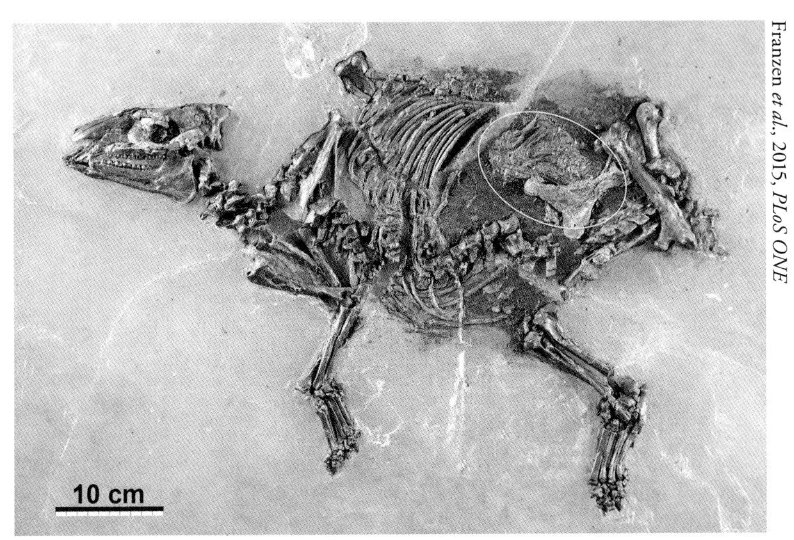

Franzen *et al.*, 2015, *PLoS ONE*

A égua *Eurohippus* de Messel com um feto preservado (circulado).

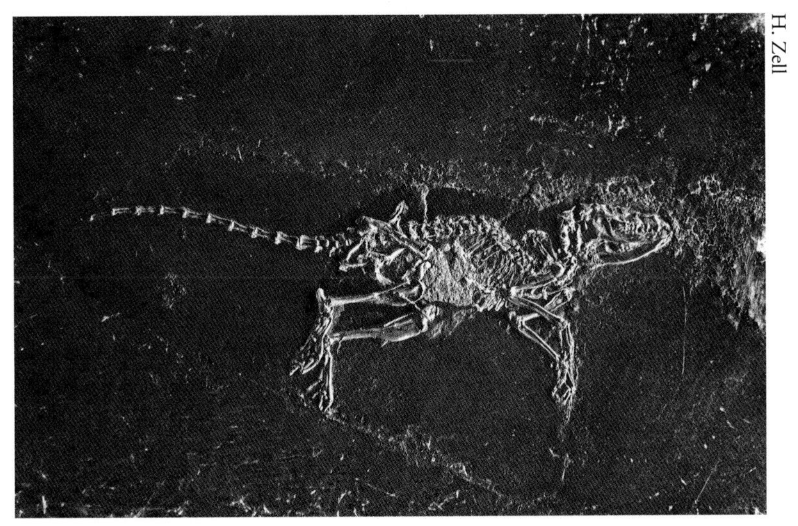

H. Zell

Montagem de mamífero fossilizado de Messel: *Macrocranion*.

Norbert Micklich

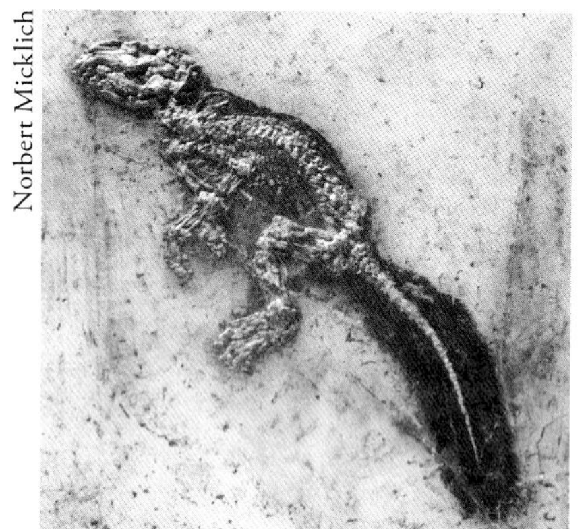

Ghedoghedo

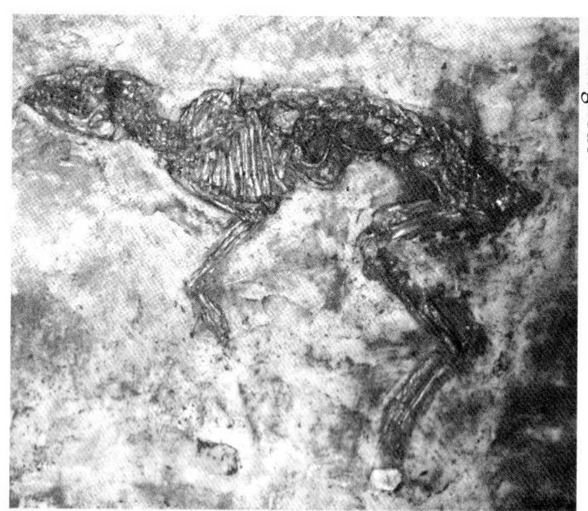

Montagem de mamíferos fossilizados de Messel:
Lesmesodon (à esquerda) e *Messelobunodon* (à direita).

Steve Brusatte

Minha equipe de alunos e colegas que estudam genealogia dos mamíferos. Atrás: Hans Püschel, Sarah Shelley, Sofia Holpin, Paige dePolo, Zoi Kynigopoulou e Tom Williamson. Na frente: Jan Janecka, eu e John Wible (e seu pangolim favorito).

Biblioteca AMNH

Biblioteca AMNH

Perissodáctilos bizarros e extintos: um brontotério (à esquerda) e um calicotério (à direita) em exposições clássicas no Museu Americano de História Natural.

Ornella Bertrand

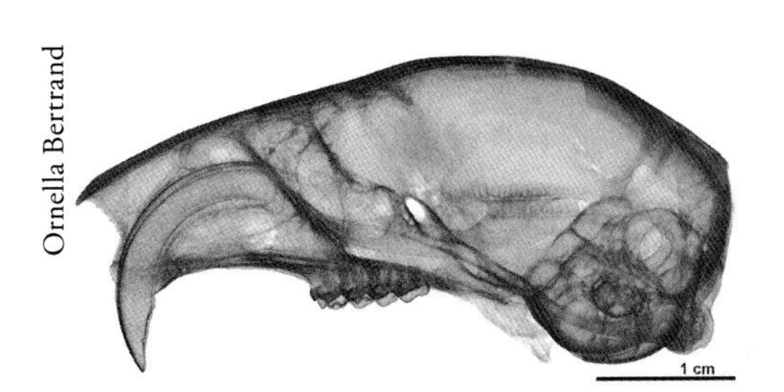

Imagem de raios X do crânio de um esquilo-vermelho mostrando o incisivo extremamente longo e curvo, cujas raízes se estendem profundamente no interior do maxilar.

Sarah Shelley

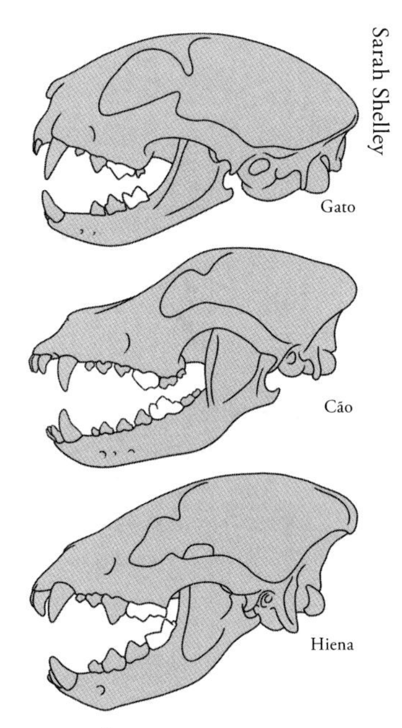

Os dentes carniceiros em forma de lâmina (em branco) dos mamíferos carnívoros.

Hans Püschel

Hans Püschel

Desenhos da clássica monografia de 1913 de William Scott

Os bizarros ungulados sul-americanos de Charles Darwin:
o *Toxodon* (acima) e o *Macrauchenia* (abaixo).

Jonathan Chen

Ghedoghedo

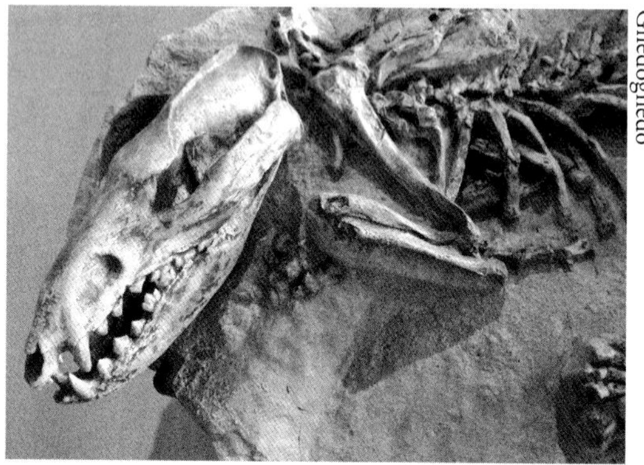

Esparassodontes marsupiais predatórios:
o *Thylacosmilus* de dentes de sabre (à esquerda) e o *Lycopsis* (à direita).

Travis Park

Jan Beránek

A baleia-azul, o maior animal, dentre todos que já existiram, a viver na Terra. Esqueleto em exibição no Museu de História Natural de Londres (acima) e o paleontólogo de baleias Travis Park posando ao lado de um crânio (à esquerda).

Ahmed Mosaad

Mohammed ali Moussa

Fósseis de baleias no deserto egípcio em Wadi al-Hitan.

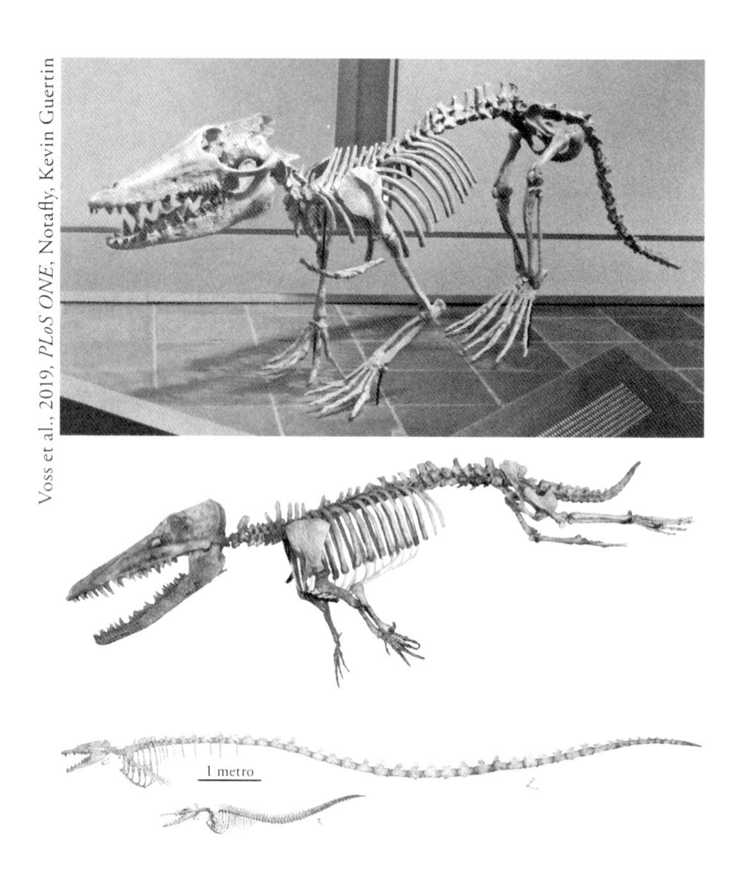

Esqueletos fossilizados de baleias mostrando a transição da terra para o mar, de cima para baixo: *Pakicetus*, *Ambulocetus*, *Basilosaurus* e *Dorudon*. Escala de 1 metro somente para as duas imagens inferiores.

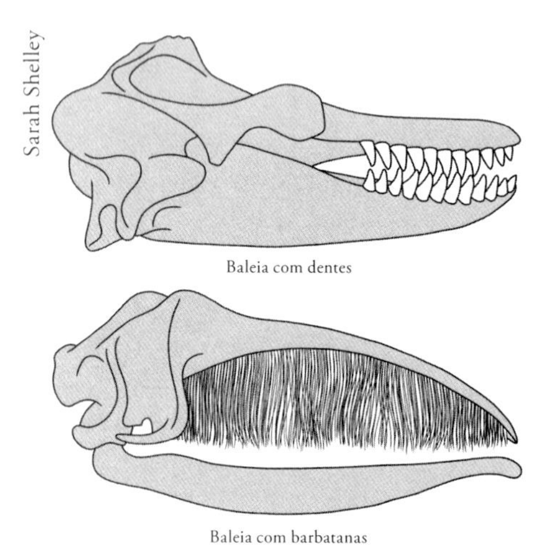

Crânios de baleia com dentes e baleia com barbatanas.

Todd Marshall

Sequência de evolução das baleias.

Matthew Dillon

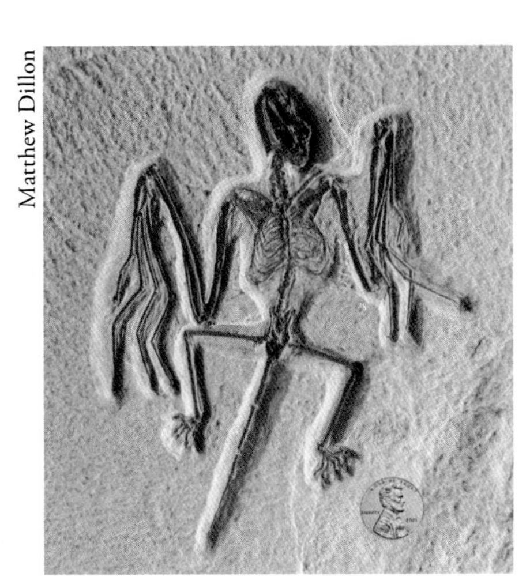

Fóssil do morcego *Onychonycteris*, descrito por Nancy Simmons.

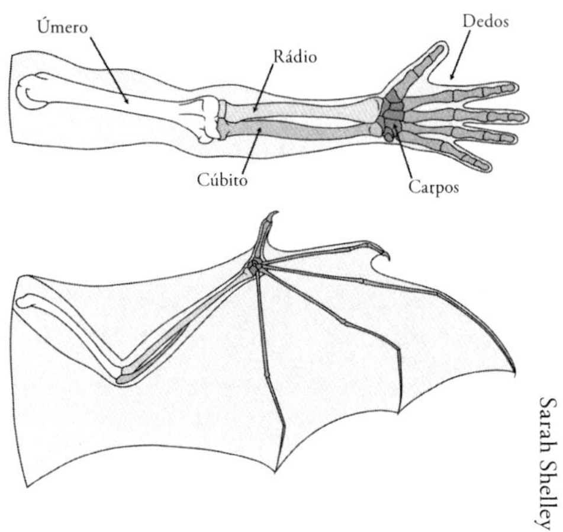

Sarah Shelley

A asa de um morcego ao lado do braço de um humano.

Todd Marshall

Deinotherium

Aram Dulyan

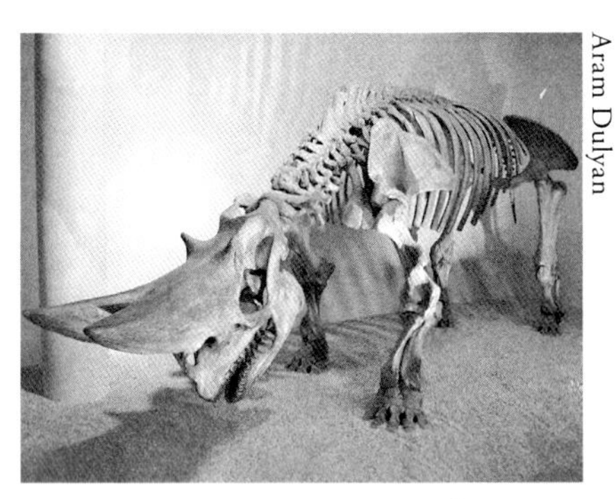

O impressionante e extinto afrotério *Arsinotherium*.

Egyptian Geological Museum

O elefante extinto *Palaeomastodon*.

Todd Marshall

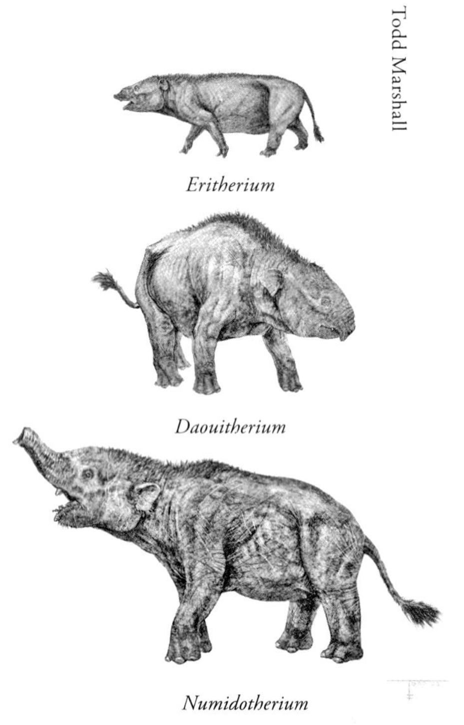

Eritherium

Daouitherium

Numidotherium

Sequência da evolução do elefante.

Alexxx 1979

O elefante extinto *Deinotherium*.

Todd Marshall

Teleoceras

Ammodramus

Teleoceras e o cavalo *Cormohipparion* preservados nas cinzas dos leitos fósseis de Ashfall.

Ray Bouknight

O esqueleto do elefante *Teleoceras*.

Sarah Shelley

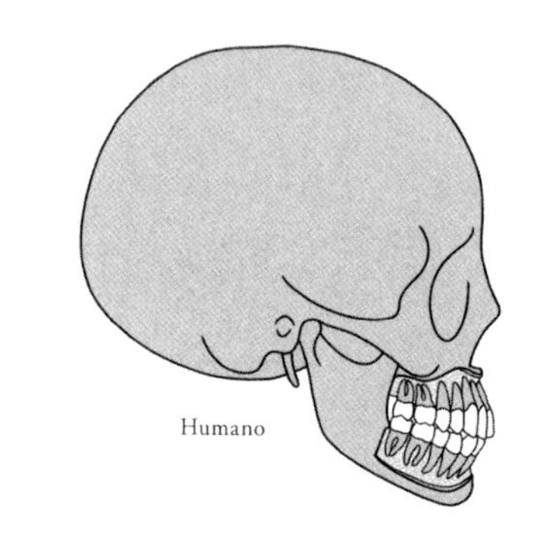

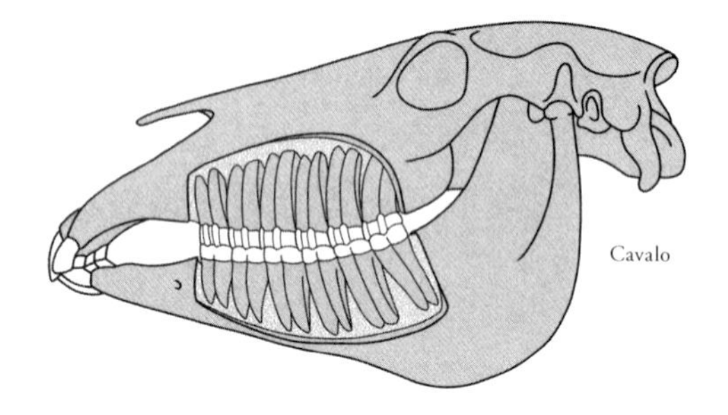

Os "alongados" dentes hipsodontes de um cavalo, com raízes longas que penetram profundamente nas mandíbulas, comparados aos dentes de raízes curtas dos humanos. A parte dos dentes que fica exposta acima da linha da gengiva é mostrada em branco.

James St. John

Predador da savana americana: o "porco do inferno" *Daeodon*.

Clemens v. Vogelsang

Predador da savana americana: o "urso-cão" *Amphicyon*.

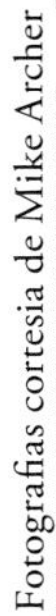

Coletando fósseis em Riversleigh, Austrália: integrantes da equipe analisam blocos de calcário com mamíferos fossilizados (acima à esquerda), Mike Archer sentado em uma caixa de explosivos (à esquerda) e um helicóptero entregando suprimentos (acima à direita).

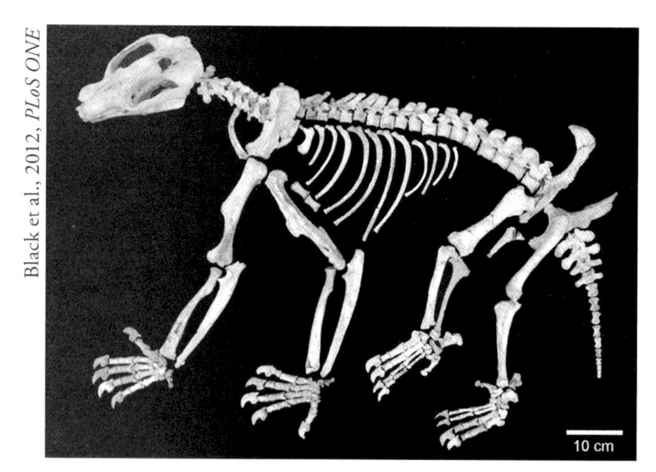

Black et al., 2012, *PLoS ONE*

Marsupial fossilizado de Riversleigh:
Nimbadon, primo do vombate.

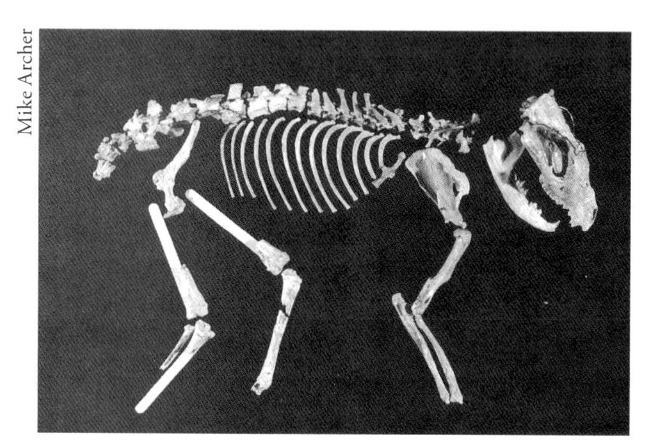

Mike Archer

Marsupial fossilizado de Riversleigh:
"lobo-marsupial", primo do *Nimbacinus*.

Karora

O "leão-marsupial" *Thylacoleo*.

Todd Marshall

Megalonyx

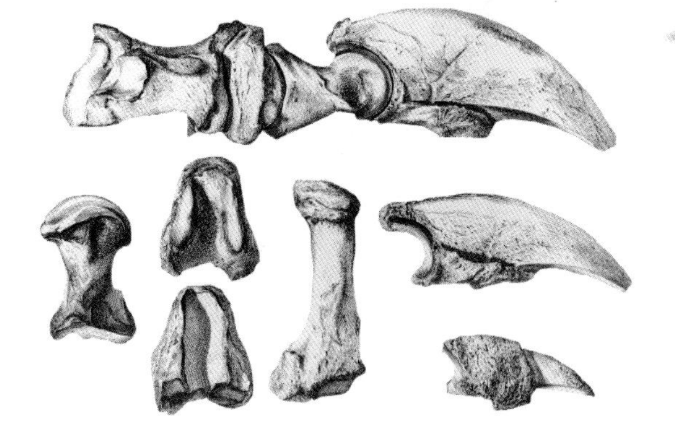

MCDinosaurhunter

Megalonyx, a preguiça-gigante de Thomas Jefferson. As primeiras linhas de seu artigo de 1797 (abaixo), uma ilustração antiga dos ossos (acima) e uma ilustração moderna do esqueleto (à direita).

N°. XXX.

A Memoir on the Diſcovery of certain Bones of a Quadruped of the Clawed Kind in the Weſtern Parts of Virginia. By THOMAS JEFFERSON, *Eſq.*

Read March 10, 1797.

IN a letter of July 3d, I informed our late moſt worthy preſident that ſome bones of a very large animal of the clawed kind had been recently diſcovered within this ſtate, and promiſed a communication on the ſubject as ſoon as we could recover what were ſtill recoverable of them.

MONTAGEM DA CARISMÁTICA MEGAFAUNA DA ERA DO GELO

Franco Atirador

Alce-irlandês

Tommy de Arad

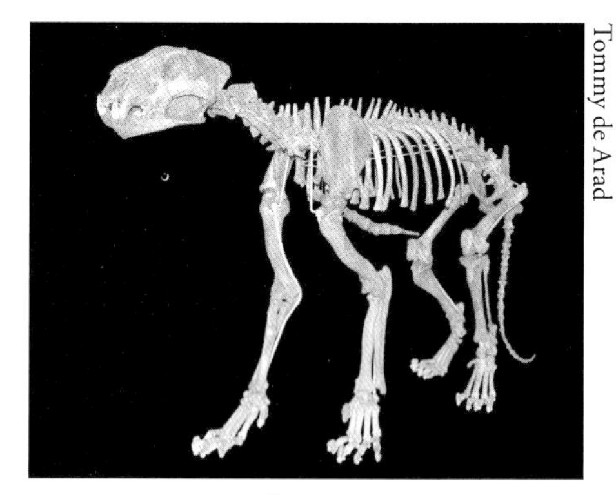

Leão-das-cavernas

Ryan Somma

Gliptodonte

Mariomassone & Momotarou2012

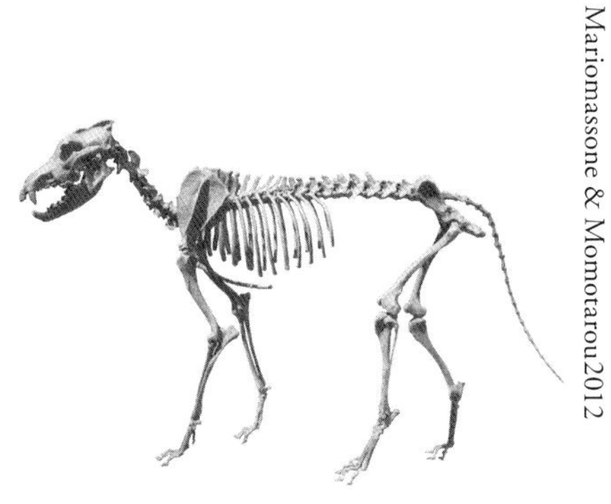

Lobo-terrível

Didier Descouens

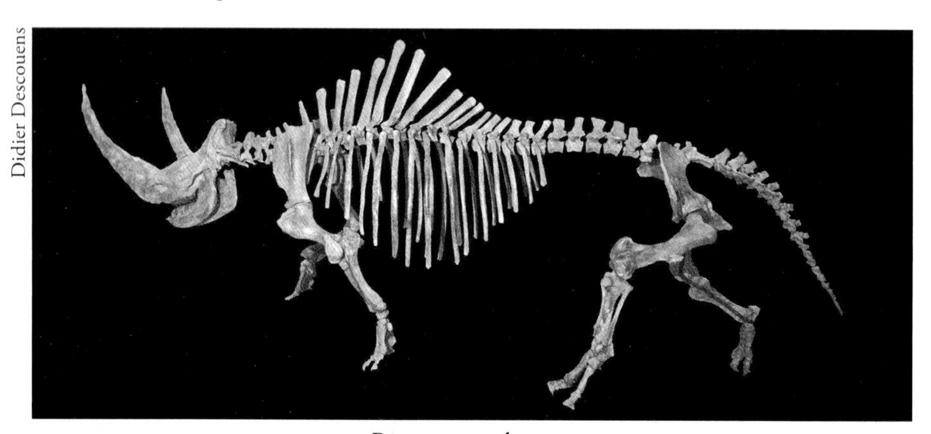

Rinoceronte-lanoso

Todd Marshall

Mamutes-columbianos

Ruth Hartnup

Múmias de mamutes-lanosos encontradas congeladas no permafrost da Sibéria: Lyuba (acima) e Yuka (abaixo).

Cyclonaut

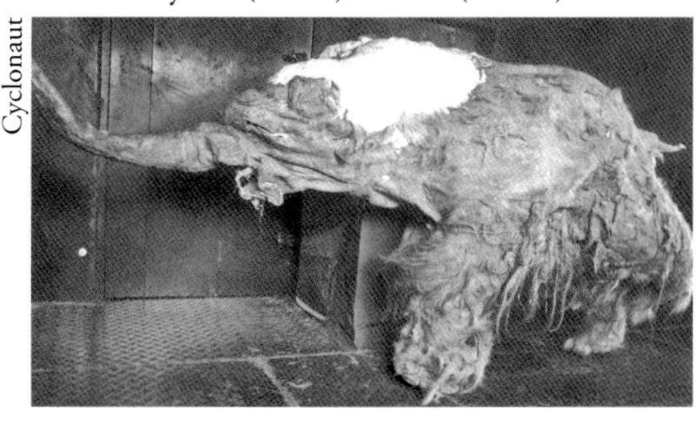

Haley O'Brien

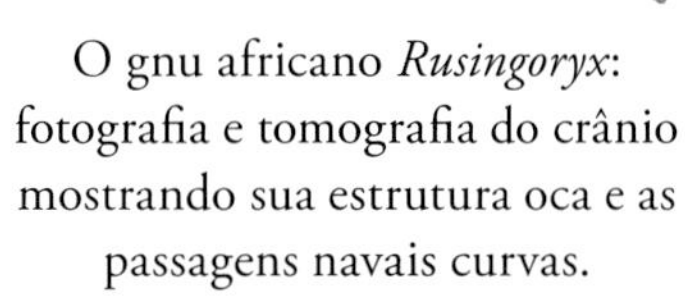

O gnu africano *Rusingoryx*: fotografia e tomografia do crânio mostrando sua estrutura oca e as passagens navais curvas.

Mamute e íbex desenhados por humanos paleolíticos na caverna Rouffignac, França, entre 13 e 10 mil anos atrás.

Todd Marshall

O *Smilodon* de dentes de sabre.

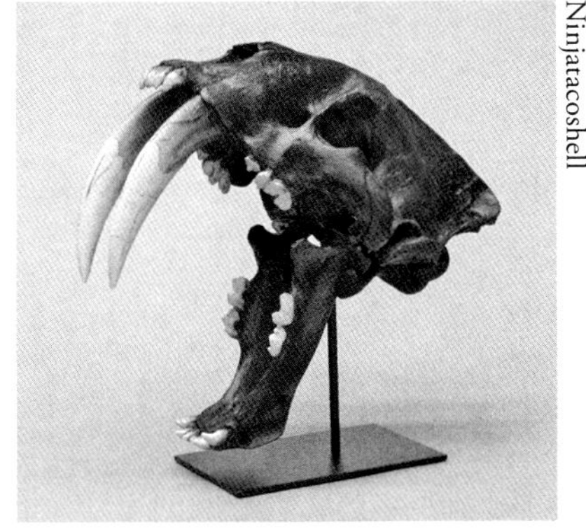

Ninjatacoshell

Crânio (acima) e esqueleto (abaixo) do *Smilodon*.

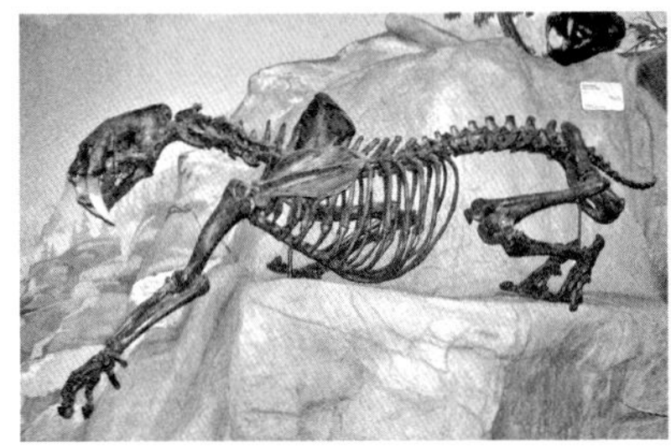

Bone Clones

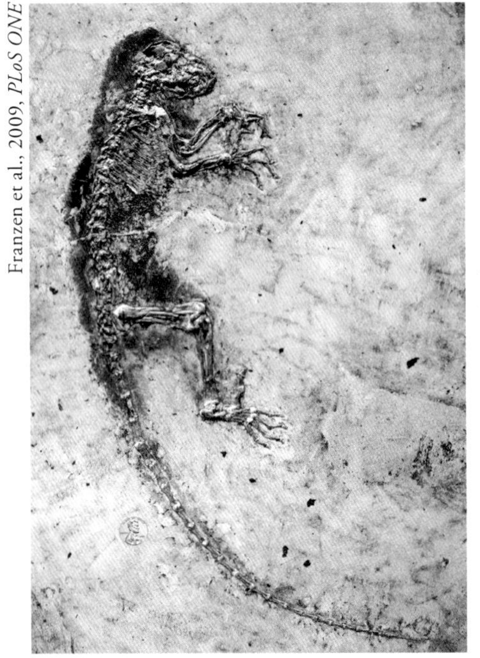

Franzen et al., 2009, *PLoS ONE*

Fóssil do primata *Darwinius* encontrado em Messel, Alemanha, mostrando os dedos delicados, com polegares e hálux capazes de agarrar.

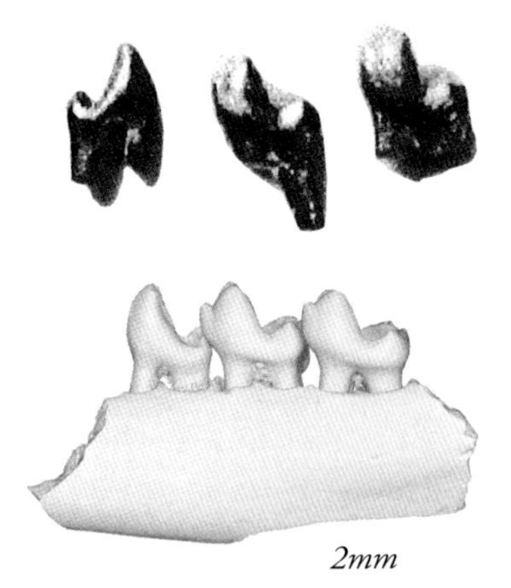

Leigh Van Valen em seu escritório lotado de livros em Chicago (à esquerda), fotocópia dos dentes do *Purgatorius* reproduzidos em seu jornal (acima à direita) e uma tomografia moderna dos dentes do *Purgatorius* (abaixo à direita).

Wilson Mantilla et al., 2021, Royal Society

A equipe etíope-americana e colegas de Tim White procurando fósseis de hominídeos em Aramis, Etiópia.

Kermit Pattison

Biblioteca AMNH

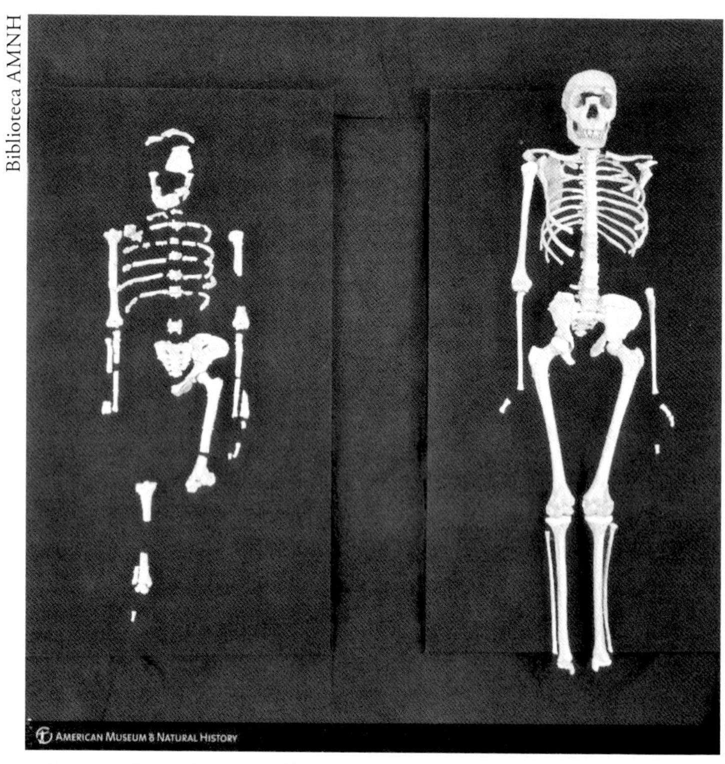

Os esqueletos do *Australopithecus* (Lucy) e do menino de Turcana (um integrante primitivo de nosso gênero *Homo*).

José Braga e Didier Descouens

Todd Marshall

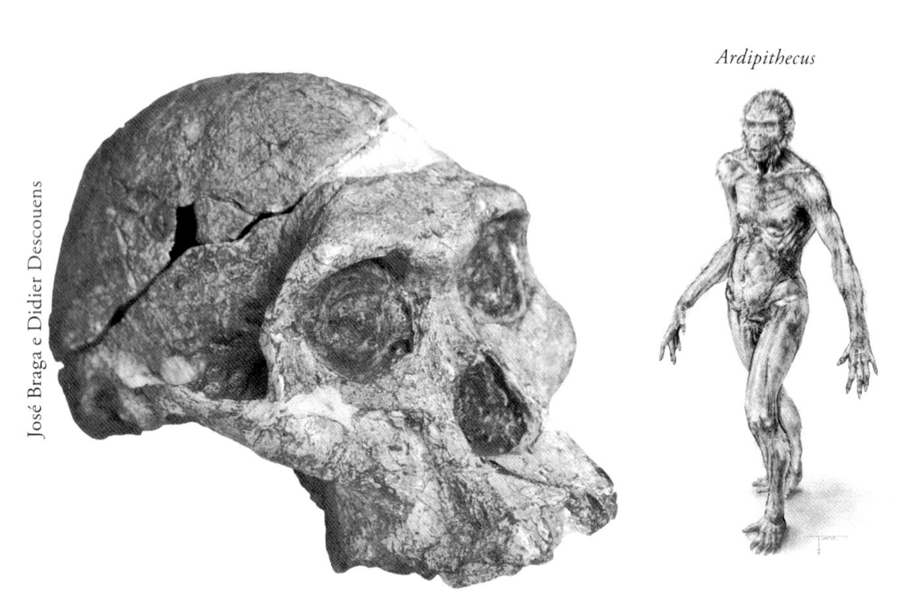

Ardipithecus

Crânio de um *Australopithecus*, um hominíneo primitivo e nosso primo humano próximo.

Dois *Australopithecus* deixando suas pegadas na Tanzânia há cerca de 3,7 milhões de anos.

Ferramentas feitas por várias espécies de humanos: cortador e núcleo de cortador provavelmente criados por uma espécie *Homo* primitiva há cerca de 2 milhões de anos na Tasmânia (esquerda); ferramentas provavelmente feitas pelos neandertais há cerca de 42 mil anos no Irã (centro); ferramenta e fragmento de ocre entalhado feitos por um *Homo sapiens* da Idade da Pedra na África (direita).

Fotografias retiradas de Mercader et al., 2021, *Nature Communications*; Heydari-Guran et al., 2021, *PLoS ONE*; Scerri et al., 2018, *Trends in Ecology & Evolution*

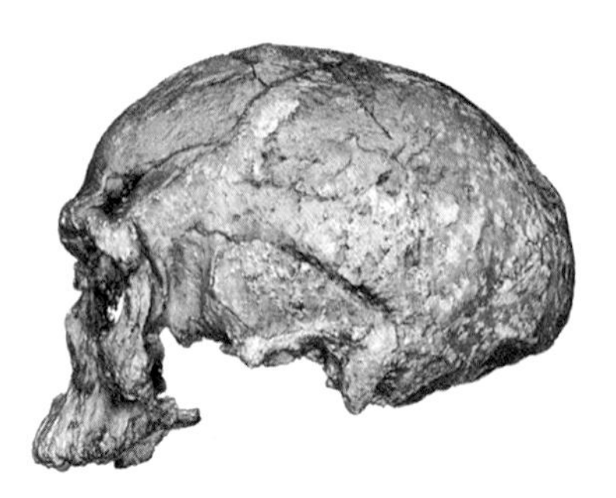

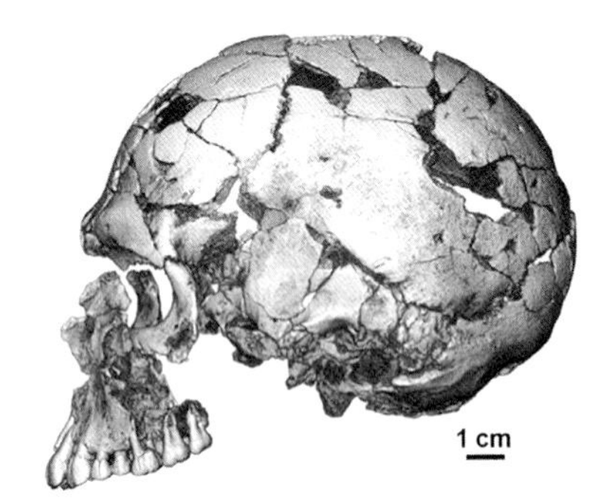

Scerri et al., 2018, *Trends in Ecology & Evolution*

Evolução da região cerebral do *Homo sapiens*, de uma condição mais achatada em um crânio de mais ou menos 300 mil anos encontrado na África do Norte a um formato mais globular em um fóssil de cerca de 95 mil anos encontrado no Levante.

Wikipédia 120 & V. Mourre

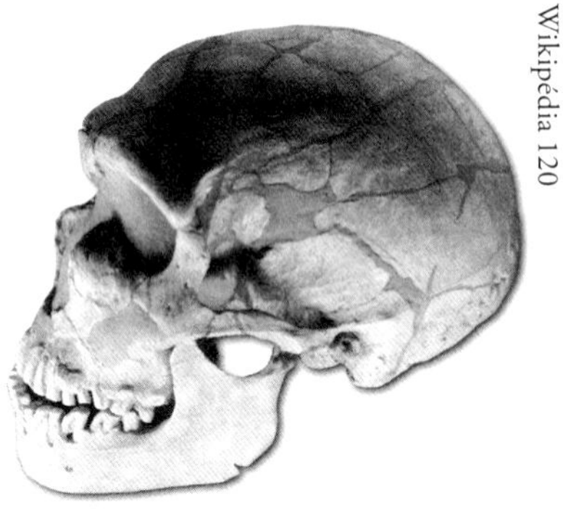

Wikipédia 120

Neandertais: reconstrução de um possível local de enterro em Chapelle-aux-Saints, França (à esquerda), e um crânio de La Ferrassie, França (à direita).

(o grupo dos peixes-bois) passaram por uma transformação similar, de "corredores" para "nadadores". Essa história é outro belo exemplo de evolução convergente. Os placentários primitivos se viram isolados em lugares diferentes, em um mundo subitamente livre de dinossauros. Estavam isolados uns dos outros — incapazes de se misturar ou compartilhar genes —, mas, ao se diversificar, a evolução tomou caminhos parecidos ao adaptar tanto afrotérios quanto laurasiatérios a nichos similares.

É difícil compreender a diversificação afrotéria do ponto de vista atual. Grande parte dela foi sobrescrita pela mais recente imigração dos mamíferos do norte — os ancestrais de zebras, gnus, leões e hienas — depois que a África e a Eurásia se conectaram. Mas, no Paleoceno, e especialmente no Eoceno e no subsequente intervalo do Oligoceno, a África era um reino de afrotérios. Devia ser uma visão e tanto.

Os híraces são mencionados na Bíblia — como os "querogrilos" que "fazem suas casas nas rochas" —, mas os habitantes dos continentes do norte provavelmente nunca ouviram falar deles. Cinco espécies persistem, somente na África e no Oriente Médio, como herbívoros atarracados parecidos com marmotas que escalam as aflorações rochosas sobre cascos ou como escaladores de árvores com ventosas nos pés. No Eoceno e Oligoceno, no entanto, havia dezenas de híraces africanos. Eles iam de alguns gramas ao *Titanohyrax*, do tamanho de um rinoceronte, que chegava a 1,3 tonelada. Alguns eram onívoros, outros tinham dentes convolutos para cortar plantas e outros ainda se especializavam em sementes e nozes. O *Antilohyrax* lembrava um antílope ao correr pelas florestas sobre membros finos como estacas, ao passo que outros fuçavam a terra com seus longos focinhos, como porcos. Esses híraces ocupavam nichos que mais tarde pertenceriam a gnus, antílopes, javalis, hipopótamos e rinocerontes. Essencialmente, eram versões híraces dos familiares mamíferos de casco da África moderna.

Entrementes, ao longo da costa, os primeiros sirênios mergulhavam os pés na água. Eles começaram como animais terrestres, com braços e pernas robustos, que também achavam úteis para "nadar cachorrinho" nas águas rasas. Durante o Eoceno, a evolução os moldou integralmente para o reino aquático, transformando seus braços em nadadeiras e apagando suas pernas, substituindo-as por uma grande cauda em forma de remo cujo movimento para cima e para baixo fornecia a propulsão necessária para nadar, embora de modo desajeitado. Os sirênios foram os primeiros afrotérios a se tornar globais, pois migraram ao longo dos litorais do mar de Tétis e além, com fósseis surgindo da Carolina do Norte à Hungria e ao Paquistão. Mas, como os híraces, pouco de sua grandeza permanece. Há somente três espécies modernas de peixes-bois, restritas ao Caribe, oeste da África e Amazônia, e um único dugongo que vive no oceano Índico e no sudoeste do oceano Pacífico. Eles são fofinhos, emblemas do perigo de extinção: seu estilo de vida lânguido, de nadar lentamente e fartar-se de ervas marinhas, os torna vítimas de redes de pesca e colisões com barcos.

Peixes-bois e dugongos podem sucumbir à extinção, se não tomarmos cuidado. Se isso acontecer, eles se unirão à triste legião de afrotérios que já foram diversificados e dominantes, mas então desapareceram. O mais memorável deles é o *Arsinoitherium*, um dos mamíferos extintos do panteão das feras fantásticas. Parecendo um rinoceronte que tomou esteroides, tinha dois chifres enormes na testa, ambos consideravelmente maiores que a cabeça, como o cabelo de Marge Simpson. Ao contrário do rinoceronte — que é um perissodáctilo de dedos pares —, os chifres do *Arsinoitherium* eram feitos de ossos, não de queratina, ocos e tão inclinados para a frente que certamente restringiam a visão ao caminhar. Talvez isso não fosse um grande problema, pois o *Arsinoitherium* era um imenso comedor de plantas que provavelmente não tinha muitos predadores. É difícil imaginar o propósito daqueles chifres gigantescos para além de atrair parceiras e intimidar rivais.

Então, é claro, havia os elefantes. Os icônicos afrotérios e, ainda mais que híraces, peixes-bois e o *Arsinoitherium*, um grupo que já foi magnífico, mas que agora não chega aos pés de sua antiga glória.

Como todos os gigantes, os elefantes começaram pequenos e humildes. Uma sequência transicional de fósseis das minas de fosfato do

Marrocos, estudada pelo paleontólogo francês Emmanuel Gheerbrant e seus colegas marroquinos, mostra como eles cresceram. O mais antigo desses elefantes extintos, chamado *Eritherium*, viveu no meio do Paleoceno, cerca de 60 milhões de anos atrás e não era lá grande coisa: seus ombros chegavam a 20 centímetros, ele pesava uns 5 quilos, teria se encolhido diante da maioria dos cãezinhos de colo de hoje e poderia facilmente ser esmagado por uma única pisada de um elefante moderno. Mas seus molares começavam a mostrar sinais de uma característica dos elefantes: as cristas transversas, que se estendem pelo dente, da face lingual à face vestibular, ligando as cúspides. Essas pontes de esmalte, como são chamadas, dão à superfície de trituração uma aparência corrugada, perfeita para pulverizar plantas.

Quando o Paleoceno deu lugar ao Eoceno e o aquecimento global do PETM veio e passou, os minúsculos elefantes marroquinos ficaram maiores e suas pontes de esmalte ficaram mais proeminentes. Primeiro veio o *Phosphatherium*, três vezes maior que o *Eritherium*, com dentes totalmente corrugados. Então o *Daouitherium*, o primeiro elefante realmente grande, pesando cerca de 200 quilos. Quando perambulava pelas florestas há 55 milhões de anos — muito antes de elas se tornarem savanas e prados —, ele era o maior mamífero africano a existir até então. Tanto o *Phosphatherium* quanto o *Daouitherium* tinham incisivos procumbentes, uma pista das presas que se desenvolveriam no estágio seguinte da evolução de espécies como o *Numidotherium* argelino, com mais de 1 metro de altura e pesando 300 quilos. Foi nesse ponto que os elefantes também adquiriram grandes testas e as narinas se moveram para trás, formando o encaixe para uma pequena probóscide, como o de uma anta. Com alguns outros ajustes, a evolução transformou o probóscide em tromba. Embora possam parecer tolas, as trombas mudaram as regras do jogo ao permitirem que elefantes buscassem água e comida sem ter que mover o corpo todo, o que desbloqueou o potencial para tamanhos ainda maiores.

E maiores eles ficaram. No início do Oligoceno, há 34 milhões de anos, espécies como o *Palaeomastodon*, com 2,5 toneladas, eram maiores que os elefantes-da-floresta africanos (a menor espécie sobrevivente). As presas superiores do *Palaeomastodon* eram viradas para baixo, ao passo que as inferiores se projetavam horizontalmente da mandíbula, estendendo-se para além das superiores em uma sobremordida. Elas eram apenas uma de uma variedade incontável de presas que os elefantes desenvolveram no Oligoceno (34 a 23 milhões de anos atrás) e no subsequente Mioceno (23 a 5 milhões de anos atrás). Havia espécies com presas inferiores que pareciam espátulas ou pás; outras com longos conjuntos de presas superiores e inferiores iguais que se projetavam da boca como pinças gigantes; e uma espécie chamada *Deinotherium*, que perdeu as presas superiores, mas curvou as inferiores para trás, de modo que se pareciam com um abridor de garrafas. Essa variedade de formatos provavelmente serviu a um duplo propósito: permitir que diferentes espécies se especializassem em diferentes plantas — por exemplo, as presas de abridor de garrafas do *Deinotherium* podiam arrancar galhos das árvores — e funcionar como exibição, propagandeando a força ou atratividade do indivíduo para a manada.

Alguns dos elefantes do Mioceno se tornaram gigantes, ultrapassando todas as espécies de hoje em tonelagem, e, ao fazerem isso, disseminaram-se para fora da África quando a Arábia fez contato com a Eurásia. O *Deinotherium* tinha uns 4 metros de altura na região dos ombros e pesava até 14 toneladas. Esse é o dobro do peso de um elefante-da-savana. Mas o *Deinotherium* não era sequer o maior. Esse título ia para uma espécie posterior chamada *Palaeoloxodon*, conhecida por seus ossos fragmentados de dimensões absurdas, indicando um corpo com mais de 5 metros de altura e cerca de 22 toneladas. Se esses números forem válidos — é sempre meio incerto extrapolar o peso de todo o corpo a partir de ossos isolados —, o *Palaeoloxodon* foi o maior mamífero que já viveu em terra. Ele rouba o recorde do mamífero que a maioria dos livros didáticos considera o maior de todos os tempos: um rinoceronte sem chifres chamado *Paraceratherium*, que viveu na transição Eoceno-Oligoceno e que se acreditava ter 4,8 metros de altura e pesar 17 toneladas.

No fim das contas, não importa quem ficou com a coroa: elefantes como o *Palaeoloxodon* e rinocerontes como o *Paraceratherium* eram gigantescos. Eles provavelmente eram muito parecidos em dimensões gerais, o que fala de um padrão mais amplo na evolução dos mamíferos: na transição Eoceno-Oligoceno, 34 milhões de anos atrás, os mamíferos terrestres chegaram ao maior tamanho de todos os tempos e, daquele ponto até o presente, rinocerontes e vários grupos de elefantes se alternaram no primeiro lugar. Isso sugere que há algum limite para o tamanho corporal dos mamíferos terrestres, talvez ditado por uma combinação de fatores. O primeiro é a dieta: os maiores mamíferos são sempre herbívoros e geralmente dez vezes mais pesados que os maiores predadores com os quais convivem. Para ficar epicamente grande, você precisa de uma fonte constante de calorias, e a melhor maneira de conseguir isso é comer plantas, muito mais facilmente disponíveis que a carne. O segundo fator tem a ver com a temperatura: os animais grandes correm o risco de superaquecer, e o problema piora quanto maiores eles são. Pode ser que o tamanho do *Palaeoloxodon* e do *Paraceratherium* estivesse próximo do limite funcional. Se fossem maiores, não conseguiriam ingerir comida suficiente ou eliminar calor corporal com a rapidez necessária. E pode ter havido outros fatores limitantes. Mas, novamente, a descoberta de um único fóssil de mamífero terrestre maior que eles nos faria reconsiderar.

Você pode estar se fazendo outra pergunta: por que os mamíferos terrestres não ficaram grandes como os dinossauros? Por maiores que fossem, o *Palaeoloxodon* e o *Paraceratherium* não tinham nem metade do peso dos enormes dinossauros de pescoço longo. Não há resposta fácil para esse enigma, mas suspeito que ela esteja relacionada aos pulmões. Os pulmões dos mamíferos funcionam como marés: o ar entra e sai, os pulmões se expandem e se contraem. Sentimos isso toda vez que nosso peito se ergue e então baixa novamente quando respiramos. As aves são diferentes: elas têm pulmões de fluxo, já que o ar só pode passar em uma direção. Esse feito de engenharia é coreografado por sacos aéreos parecidos com balões que conectam os pulmões e o funil de ar em uma sequência precisa. Quando uma ave inspira, parte do ar rico em oxigênio passa diretamente pelos pulmões e o restante é desviado para os sacos aéreos. Quando os sacos aéreos se contraem, o ar ainda oxigenado passa pelos pulmões durante a exalação, significando que as aves — e os dinossauros gigantescos que tinham os mesmos pulmões — absorvem oxigênio quando inspiram *e também* quando expiram. Ou seja, os dinossauros obtinham mais oxigênio a cada respiração que um mamífero do mesmo tamanho. E tem mais: os sacos aéreos se estendiam pelo corpo e até mesmo pelos ossos, agindo como um sistema de ar-condicionado e tornando o esqueleto mais leve. O resultado: dinossauros grandes respiravam com mais eficiência, resfriavam seus corpos mais facilmente e tinham esqueletos mais leves e flexíveis. Acho que é por isso que nenhum mamífero terrestre conseguiu se aproximar de seus tamanhos titânicos.

Embora não tenham as dimensões dos dinossauros, os elefantes africanos e indianos de hoje são — por qualquer métrica objetiva — muito, muito grandes. Seu corpo é todo adequado a esse tamanho. Seus membros são colunas gregas para suportar sua corpulência. Suas orelhas comicamente moles são painéis de resfriamento, ajudando a descartar o calor excessivo. Eles transformaram o tradicional alinhamento de dentes mamíferos em um conjunto simplificado de presas alongadas e molares e pré-molares do tamanho de sapatos, tão grandes que somente um ou dois cabem nas mandíbulas de cada vez. Isso exige uma nova maneira de crescimento dos dentes, chamada substituição em série. Seus maxilares são esteiras rolantes: novos molares surgem nos fundos e se movem gradualmente para a frente, são gastos pela mastigação e então caem, sendo substituídos pelo dente subsequente. Tudo isso para que possam comer muitas plantas — algumas centenas de quilos todos os dias — e manter sua estatura. E essa grandiosidade tem consequências: eles comem tanto que podem arrancar árvores e transformar savanas em prados e, quando cavam em busca de água, podem criar cacimbas que se tornam a força vital de novos miniecossistemas.

Mas não confunda os elefantes com gigantescos imbecis. O que os torna realmente impressionantes é o fato de combinarem inteligência e músculos. Seus cérebros são imensos em termos absolutos, como se esperaria de um animal gigantesco. Mas também são grandes em termos relativos: o volume do cérebro de um elefante, em comparação com seu corpo, está na mesma zona dos primatas. Juntamente com primatas e baleias, os elefantes são integrantes do Clube do Cérebro Grande: proporcionalmente, são os mamíferos com os maiores cérebros em relação ao peso, capazes de muitos feitos inteligentes. Eles têm uma memória de longo prazo excepcional, criam ferramentas com as trombas, exibem comportamento social complexo e a habilidade de solucionar problemas, e conseguem se reconhecer em um espelho. Conversam uns com os outros através de longas distâncias usando vocalizações infrassônicas de baixa frequência ou comunicação sísmica: eles falam criando pequenos terremotos! Talvez, debatem os biólogos, até mesmo exibam certa forma de empatia, demonstrando preocupação por integrantes doentes ou moribundos da manada e se interessando pelos ossos de ancestrais e primos.

Mas, apesar de suas habilidades, há uma coisa que os elefantes não podem fazer. Embora Dumbo, o herói das telas, fosse capaz de planar usando as orelhas, os elefantes reais da África e da Ásia obviamente não podem voar. Nem qualquer outro mamífero que já viveu, com exceção de um grupo: os morcegos.

QUANDO FIZ MEU doutorado em Nova York, eu tinha uma sala no Museu Americano de História Natural, no lado oeste do Central Park. Eu estava lá por causa dos dinossauros: o museu abriga uma das maiores coleções do mundo, incluindo alguns dos mais famosos esqueletos de *T. rex*. Quando caminhava até o depósito dos dinossauros, passando por corredores de pé-direito alto cujas paredes eram recobertas por armários de madeira, ocasionalmente esbarrava em Nancy Simmons.

Não a conhecia bem na época e provavelmente só conversei com ela uma ou duas vezes durante meus quase cinco anos no museu. E lamento o fato, porque, quando mudei aos poucos meu foco dos dinossauros para os mamíferos, ela se tornou uma de minhas heroínas científicas.

Nancy também é paleontóloga, embora essa não seja sua única ocupação. Na faculdade, começou sua carreira se tornando uma especialista de nível mundial em multituberculados, aqueles mamíferos dentuços e comedores de flores que viviam à sombra do *T. rex* no Cretáceo. Então, notavelmente, mudou de direção e se tornou uma especialista de nível mundial em morcegos. Alguns meses antes de eu começar meu doutorado, ela publicou uma descoberta sensacional que lhe rendeu uma capa na revista *Nature*: o morcego mais velho e primitivo do mundo, chamado *Onychonycteris*, do início do Eoceno, há 52,5 milhões de anos. Na maior parte do tempo, ela não descreve ossos antigos, mas abre caminho pelas selvas do Sudeste Asiático e da região neotropical em busca de novas espécies de morcegos vivos e coleta de amostras de sangue e outros tecidos a fim de obter DNA para árvores genealógicas.

Os morcegos não precisam de apresentação. Se você os adora ou teme, não importa: eles são instantaneamente reconhecidos como os únicos mamíferos que *realmente* voam. Alguns outros mamíferos conseguem se erguer do chão ou planar usando membranas de pele, a exemplo dos esquilos-voadores e dos colugos (os erroneamente chamados "lêmures-voadores", que não são primatas) ou dos extintos haramídeos do Jurássico e Cretáceo, como o fóssil secreto que vi na oficina chinesa em capítulos anteriores. Mas os morcegos são os únicos mamíferos que praticam voo *impulsionado*: ao bater ativamente as asas, eles geram o içamento e o empuxo necessários para se lançar no ar.

Voar batendo as asas não é fácil, e é por isso que a evolução só conseguiu produzir essa mecânica três vezes em toda a história da vida vertebrada. Cada exemplo foi um experimento diferente. Os pterodátilos esticavam os dedos anulares para sustentar uma gigantesca vela de pele. Os ancestrais dinossauros das aves alongaram os braços para ancorar um aerofólio de penas. Os morcegos, por sua vez, alongaram a maioria dos dedos para criar um tipo de "mão-asa". Essa asa possui um design engenhoso: a pele que se estende entre os dedos é fina e flexível e se agita quando os grandes músculos ligados ao esterno se contraem. Isso permite que o morcego voe rapidamente — alguns chegam a 160 quilômetros por hora — e manobre com facilidade em torno de obstáculos, um talento útil para animais de hábitos noturnos.

Voar é um superpoder dos morcegos. Isso lhes dá acesso a hábitats e alimentos inacessíveis para os mamíferos terrestres e certamente é a principal razão pela qual são tão diversos e abundantes hoje. Uma em cada cinco espécies mamíferas vivas é de morcego — em um total de 1.400 espécies —, e sua diversidade só é excedida pelos roedores. Não somente há muitas espécies de morcegos como são excelentes em coexistir: nos trópicos, há casos de mais de cem espécies habitando o mesmo ecossistema. E algumas dessas espécies são enormemente abundantes. Uma razão pela qual os morcegos parecem tão assustadores é o fato de viverem quase sempre em densas colônias, nas quais incontáveis indivíduos descansam de ponta-cabeça, pendurados pelos pés, em cavernas ou sob pontes, empilhados uns sobre os outros de modo que, a distância, parecem enormes cobertores, com sua natureza animal sendo traída por seu fedor e por copiosas quantias de guano. Sempre me lembrarei do espetáculo de uma dessas colônias, na qual *1,5 milhão de morcegos* se abrigava sob a ponte Congress Avenue, em Austin, Texas, emergindo durante o crepúsculo em uma onda de asas para a caçada noturna aos insetos. Foi uma performance biológica diferente de tudo que já vi. Mas é por causa dessa vida comunal que os morcegos são tão suscetíveis a infecções e doenças, e as colônias são incubadoras notórias de vírus que, mais tarde, são transmitidos para os humanos.

Como os morcegos evoluíram e adquiriram o superpoder de voar? Surpreendentemente, sabemos muito pouco sobre como desenvolveram asas e se tornaram capazes de voar. O que sabemos, em função dos testes de DNA, é que são integrantes do grupo do norte Laurasiatheria e se agrupam perto dos carnívoros (cães e gatos) e dos mamíferos com cascos (perissodáctilos de dedos ímpares e artiodáctilos de dedos pares) na árvore genealógica. Não é preciso dizer que um morcego não se parece em nada com um cavalo ou um cão; deve ter havido uma sequência transicional de espécies extintas que passaram de um mamífero preso ao solo a um voador com mãos-asas. O problema é que não temos muitos fósseis demonstrando essa transformação evolutiva. Os primeiros esqueletos de morcegos do Eoceno descobertos, como o *Onychonycteris* de Nancy Simmons, já se parecem com morcegos. Têm a inconfundível silhueta da logomarca do Batman: cabeça pequena, corpo compacto, cauda minúscula e asas amplas se estendendo de ambos os braços. Trata-se de animais muito leves cujos esqueletos delicados só são preservados em circunstâncias excepcionais. O *Onychonycteris*, por exemplo, foi enterrado nas pacíficas profundezas do lago Wyoming, de modo similar aos morcegos que foram enterrados no lago Messel, na Alemanha, mais tarde no Eoceno. Os ancestrais desses morcegos preservados do Eoceno provavelmente eram ainda menores e com mais tendência de se desmanchar após a morte. Não tivemos a sorte de encontrar seus fósseis... ainda.

Embora não tenhamos fósseis dos ancestrais dos morcegos que, pela primeira vez, desenvolveram asas e começaram a voar, há coisas que podemos inferir do *Onychonycteris* e outros morcegos antigos. Quando descreveram o *Onychonycteris*, Nancy e seus colegas perceberam que ele era muito mais primitivo que as espécies atuais. Sim, ele tinha mãos-asas e um grande sulco para os músculos do voo no esterno, então podia voar. Mas suas asas tinham um formato peculiar: eram curtas e robustas, se comparadas às asas mais amplas e graciosas dos morcegos modernos, significando que o *Onychonycteris* tinha menor capacidade de manobra e precisava bater as asas muito rapidamente para se manter no ar. Ele provavelmente tinha um estilo bizarro de voo, alternando entre bater as asas e planar, tremulando de um lado para o outro como uma borboleta bêbada. Também havia outras esquisitices anatômicas. De modo intrigante, com exceção das mãos-asas, o *Onychonycteris* tinha as proporções corporais características de um planador, como um esquilo-voador. Além disso, suas garras eram afiadas e curvas em todos os dedos — ao contrário dos morcegos modernos, que não têm garras nos dedos das asas —, um sinal de que era um escalador ágil que subia nas árvores usando as patas.

Juntando todas as pistas, a sugestão é que os morcegos evoluíram de um ancestral planador que vivia em árvores e se tornou capaz de voar ao alongar os dedos até se tornarem mãos-asas. As novas asas mudaram tudo: comparadas às abas de pele dos planadores, tinham o dobro da área para içamento e empuxo, sendo capazes de voos mais longos e precisos. Mesmo assim, os primeiros voos impulsionados devem ter sido estranhos. O *Onychonycteris* tinha menos eficiência aerodinâmica que os morcegos atuais, precisando se esforçar mais para sair do chão. Também não manobravam com facilidade em torno de galhos e outros obstáculos. Mas um patamar fora cruzado, e agora os morcegos batiam asas. Desse ponto em diante, a seleção natural pôde transformá-los em seres voadores cada vez melhores, com asas mais extensas que permitiam mais elevação, voos mais longos e maior poder de manobra.

É uma boa história, e faz sentido, com base no que sabemos atualmente, mas precisamos de fósseis das espécies intermediárias — cobrindo a transição "solo-planar-bater asas" — para comprová-la.

Independentemente de como adquiriram mãos-asas e começaram a batê-las, está claro que, uma vez capazes de voar, eles rapidamente se espalharam pelo mundo. Do início para o meio do Eoceno, apenas alguns milhões de anos após o aquecimento global do PETM, os morcegos começaram a deixar fósseis na América do Norte (como o *Onychonycteris*), Europa e África. Fósseis surgiram até mesmo na Austrália, que já era uma ilha na extremidade do mundo, como hoje, e na Índia, então uma ilha que ainda não se unira à Ásia. Como consequência, os morcegos se tornaram os primeiros mamíferos placentários cosmopolitas — os primeiros a se livrar das algemas geográficas, que ditara a evolução das espécies do Paleoceno e do Eoceno até aquele ponto. A razão não é mistério. Como eram capazes de voar, os morcegos podiam se dispersar facilmente pelas barreiras oceânicas que dificultavam ou impediam a migração dos mamíferos terrestres. Eles avançaram tão rapidamente pelo globo, como uma horda invasora, que chegaram à América do Sul e à África — os dois grandes continentes insulares — antes que os nativos fossem capazes de produzir suas próprias formas voadoras endêmicas. Provavelmente é por esse motivo que, infelizmente, não existam estranhos morcegos marsupiais ou afrotérios, somente laurasiaterianos.

Quando se dispersaram pela Terra — chegando à sua distribuição atual em todos os continentes, com exceção da Antártida e em praticamente qualquer extensão de terra que não esteja congelada —, os morcegos também diversificaram seu tamanho, estilo de voo, dieta e ecologia. No meio do Eoceno, cerca de 48 milhões de anos atrás, centenas de morcegos caíram na lama tóxica do lago Messel, e seus incríveis fósseis são um tesouro de diversidade. Há sete espécies conhecidas, e a forma de suas asas e o conteúdo petrificado de seus estômagos são testemunhos de seu estilo de vida diferenciado. Entre eles, há os de asas estreitas que pairavam sobre o lago, os intrépidos de asas amplas que disparavam em meio à densa vegetação do sub-bosque e aqueles com asas intermediárias que pairavam nos espaços abertos entre as árvores. Algumas espécies comiam mariposas e outras insetos voadores; algumas escolhiam besouros e outros insetos estacionários dos galhos.

Parece que todos os morcegos de Messel tinham um segundo superpoder, como o de muitas espécies atuais: a ecolocalização. Trata-se de um poderoso sistema biológico de sonar, sem comparação com qualquer coisa em nosso repertório sensorial. Os morcegos emitem guinchos de alta frequência ou estalam a língua, para ouvirem os ecos e criarem um "retrato" do cenário sonoro em seu cérebro. Dessa maneira, "enxergam" no escuro, um sexto sentido que desmascara predadores à espreita, insetos apetitosos e galhos de árvores. Para fazer isso, os morcegos que usam ecolocalização precisam de duas coisas: primeiro, uma grande e convoluta cóclea para ouvir os ecos; segundo, uma firme ligação entre garganta e ouvido, fornecida por um osso expandido chamado estilo-hióideo, que se enrola em torno do anel timpânico de maneira que o sistema nervoso possa comparar os guinchos que partem com os ecos que chegam, e também apoia os proeminentes músculos laríngeos que produzem os guinchos. Essas características anatômicas foram observadas em fósseis, e é assim que sabemos que os morcegos de Messel usavam ecolocalização, mas não o *Onychonycteris* de Nancy. A ecolocalização, portanto, provavelmente evoluiu após o voo.

Como no caso do voo, as primeiras tentativas de ecolocalização foram modestas. Alguns morcegos de Messel tinham cócleas pouco maiores que as das espécies sem ecolocalização, e provavelmente conseguiam captar somente alguns ecos, úteis para orientação geral e evitar obstáculos maiores. Com o tempo, esse sistema foi refinado pela seleção natural, transformando o Game Boy da década de 1990, com gráficos grosseiros e capacidades limitadas, nos consoles de videogame modernos. Cócleas maiores permitiram que morcegos mais avançados "enxergassem" melhor no escuro, dando-lhes a capacidade de fazer mais que simplesmente evitar obstáculos: eles podiam usar ativamente seu sonar para captar insetos em movimento. Os morcegos atuais são dos mais sofisticados caçadores aéreos, capazes de ouvir o tremular de um inseto na escuridão *e* definir sua posição com precisão suficiente para apanhá-lo, enquanto ambos estão em pleno voo. A ecolocalização mudou o destino dos morcegos, permitindo que dominassem os céus noturnos e impedindo as aves — que evoluíram mais cedo em relação à Era dos Dinossauros, mas, com exceção de um punhado de espécies, nunca desenvolveram ecolocalização — de conquistar os nichos noturnos.

Nem todos os morcegos com habilidade de ecolocalização usam seu sonar para encontrar insetos; alguns o usam para encontrar outros tipos de alimento. Os mais mal-afamados são os mais temidos de todos: os vampiros, que realmente bebem sangue. As três espécies vampiras, que vivem nas Américas Central e do Sul, são os únicos mamíferos que se alimentam exclusivamente de sangue, uma dieta muito incomum chamada hematofagia. Não há nada tão assustador na natureza quanto esses morcegos, que encontram suas vítimas adormecidas com ecolocalização e têm um cérebro capaz de decifrar ritmos respiratórios. Eles voam silenciosamente na direção do alvo — no escuro, é claro — e pousam por perto. Então se arrastam lentamente até a vítima, usam o sensor de calor no nariz para localizar um local com sangue perto da superfície e atacam com os dentes pontudos, lambendo o sangue com a língua. Eles fazem isso por cerca de meia hora, tendo o cuidado de não remover sangue demais, a fim de que o hospedeiro continue vivo para a próxima refeição. As vítimas normalmente são aves, vacas e cavalos, mas há casos conhecidos de morcegos-vampiros atacando humanos. Como se não fossem assustadores o suficiente quando sozinhos, os morcegos--vampiros vivem em colônias, onde centenas ou milhares se penduram do teto das cavernas durante o dia, saindo para caçar à noite. Em um ano, uma colônia com cem membros pode drenar o sangue de 25 vacas.

Será que algum morcego do Eoceno bebia sangue? Não temos certeza — e essa é uma das muitas perguntas em aberto sobre a evolução desses animais. Se quiser fazer sucesso como jovem paleontólogo, encontre fósseis de morcegos do Paleoceno ou início do Eoceno. E, se conseguir, sugiro que o batize em homenagem a Nancy, da mesma maneira que nossa equipe no Novo México formalmente batizou o "castor primitivo" — descoberto por Carissa Raymond na história de capítulos anteriores — de *Kimbetopsalis simmonsae*, em homenagem ao trabalho de Nancy com multituberculados no início de sua carreira, antes que começasse a estudar morcegos. Até que fósseis de transição mostrem como os morcegos passaram de corredores para planadores e então para voadores, considerável mistério persistirá. Outro grupo de mamíferos passou por uma transição muito diferente, mas igualmente notável — e, nesse caso, há fósseis para mostrar como isso aconteceu, passo a passo.

AS PIRÂMIDES DE GIZÉ resistem há mais de quatro milênios, fustigadas pelo sol e pelos ventos do Saara. Como muitos monumentos egípcios antigos, foram construídas com um material duradouro: calcário, com um histórico familiar muito mais antigo que o dos faraós. Essas rochas duras e ricas em cálcio se formaram nas águas quentes e mansas do mar de Tétis há mais de 40 milhões de anos, durante o Eoceno. As criaturas que viviam nesse mundo perdido — muito antes de o norte da África se tornar uma extensão de terra, depois um deserto, e então o berço da civilização humana — deixaram suas marcas como fósseis. Os próprios blocos das pirâmides de Gizé estão repletos de pedaços de carapaças, conchas de plânctons microscópicos e caracóis petrificados. Mais ou menos 160 quilômetros a sudoeste, perto do oásis de Fayum, repleto de palmeiras e irrigado pelo Nilo, fósseis muito maiores se projetam dos estratos do Eoceno.

Wadi al-Hitan, em árabe, significa "vale das baleias". Não é uma metáfora. Esqueletos de baleias cobrem o pavimento do deserto, como se tivessem atirado terra no leito oceânico do Eoceno e o transformado em pedra. A cena é impactante, um choque de realidade: milhares de baleias deitadas na areia, assando no calor, em uma das partes mais secas do mundo, a mais de 160 quilômetros do mar mais próximo onde baleias agora nadam. Elas são, de fato, baleias fora d'água, quase tão incompreensíveis quanto se tivessem sido arremessadas nas crateras da Lua. Muitos dos esqueletos são tão puros quanto ossos antigos podem ser: corpos enormes preservados em perfeita ordem, com cabeças dentadas conectadas a colunas gentilmente arqueadas, e costelas se projetando nas laterais. Se seguir os contornos serpentinos do tronco, você verá nadadeiras achatadas emergirem dos ombros, então a transição das vértebras para a cauda e, finalmente, quando a cauda começa a afinar, pequenos ossos desligados do restante do esqueleto.

Uma pelve e uma perna.

É estranho. Nenhuma baleia moderna tem pernas; não é algo de que precisam, porque usam as nadadeiras dianteiras para controlar a direção e a cauda para nadar.

Os esqueletos de Wadi al-Hitan — pertencentes ao *Basilosaurus*, de 15 metros; a seu primo menor, o *Dorudon*; e a algumas outras espécies — não são de baleias "normais". Eles remontam a um tempo no qual as baleias andavam. Embora vivessem no oceano, as espécies de Wadi al-Hitan mantinham as pernas de seus ancestrais terrestres, que, no início do Eoceno, ao longo de 10 milhões de anos, aventuraram-se na água, modificaram seus corpos, passando de corredores de membros longos para máquinas nadadoras parecidas com submarinos, e jamais retornaram à terra firme. Ao fazerem isso, ficaram cada vez maiores e mais adaptadas às ondas, gradualmente perdendo as partes corporais típicas dos mamíferos terrestres e adquirindo as partes necessárias para uma existência integralmente aquática.

Este é um excelente exemplo, saudado pelos textos didáticos de biologia por toda parte, de grande transição evolutiva: a mudança de um tipo de organismo para algo com aparência e comportamento radicalmente diferentes, com um corpo reprojetado e adequado ao novo estilo de vida. Não é algo hipotético; temos uma cadeia de fósseis, incluindo os esqueletos do *Basilosaurus* e do *Dorudon*, mostrando a metamorfose das baleias, estágio por estágio. Se ouvir alguém dizer que não existem "fósseis de transição" ou "elos perdidos" no registro fóssil, conte a história das baleias que andavam.

Antes de mergulharmos na história das baleias, vamos tirar algo do caminho e dizer o óbvio. Baleias se parecem com peixes. Não é vergonha confundi-las com peixes gigantes; eu já estava na escola havia muitos anos quando entendi que baleias são mamíferos. Elas se parecem com peixes porque a evolução convergente modelou seus corpos para o mesmo estilo de vida: nadar, comer e se reproduzir na água. Isso significa que não se parecem muito com outros mamíferos, porque a transição da terra para o mar durante o Eoceno apagou ou deu novo propósito a muitos dos comportamentos e características estereotipicamente "mamíferos". Assim, as baleias são mamíferos muito pouco mamaliformes — ainda que mesmo assim mamíferos. Se olhar com atenção, você verá os sinais. Elas possuem a mandíbula única e os três ossos no ouvido médio que definem os mamíferos, têm glândulas mamárias, alimentam seus filhotes com leite e, embora sua pele seja lisa, apresentam vestígios de pelos — como bigodes em torno da boca, que, em algumas espécies, estão presentes somente nos bebês. Além disso, baleias são placentárias: dão à luz filhotes grandes (às vezes *muito* grandes) e bem desenvolvidos, nutridos pela placenta. Se não acredita, a prova está em seus umbigos — de onde, no interior do útero, saía o cordão umbilical que se ligava à placenta.

As baleias definitivamente são mamíferos. Mas de que tipo? Ou, dito de outro modo, de que tipo de mamífero evoluíram? Essa pergunta confundiu pensadores durante milhares de anos. Aristóteles reconheceu que baleias não eram peixes, mas, naquele tempo, muito antes da teoria evolutiva, ele não tinha como conceitualizar que haviam surgido de outras espécies. Em um raro momento de constrangimento, Darwin especulou que poderiam ter evoluído de ursos que nadavam de boca aberta, recolhendo insetos na superfície da água — uma noção tão ridícula que ele a removeu das últimas edições de *A origem das espécies*. Quando desenhou sua famosa árvore genealógica, em 1945, George Gaylord Simpson ignorou a questão, posicionado as baleias em seu próprio ramo, bem separadas dos outros grupos. Finalmente, durante a segunda metade do século XX, um candidato promissor a ancestral das baleias se materializou no registro fóssil: placentários "arcaicos" do Paleoceno chamados mesoniquídeos, cujos dentes grossos e pontudos eram similares aos dos fósseis de baleias. Mas a ligação era tênue, como sempre são as associações baseadas em similaridades dentárias, por causa do problema da evolução convergente.

A resposta real emergiu no fim do século XX. O enigma foi solucionado com fósseis e testes de DNA, que, nesse caso — ao contrário de tantos outros sobre os quais conversamos —, chegaram à mesma conclusão. Baleias são artiodáctilos, membros da família dos mamíferos de casco com dedos pares.

Inicialmente, o DNA mostrou que as baleias se agrupavam na árvore genealógica junto a bois, carneiros, hipopótamos, camelos, cervos, porcos e outros herbívoros de casco fendido. E os fósseis provaram isso. Em 2001, foram encontrados vários esqueletos de baleias primitivas do Eoceno apresentando a mais distinta característica dos artiodáctilos: um tálus de polias duplas no tornozelo, com sulcos profundos nas duas pontas. Como aprendemos no último capítulo, os artiodáctilos desenvolveram esse sistema único no início do Eoceno, durante a explosão de aquecimento global do PETM, como maneira de correr rápido sem correr o risco de deslocar os tornozelos. Nenhum outro mamífero, nem mesmo corredores de alta velocidade como cavalos e cães, conta com esse sistema. É claro que as baleias modernas tampouco o têm, porque perderam todos os traços de tornozelos. A única razão pela qual as baleias antigas, no processo de se mudar para a água e já tendo "murchado" quase totalmente os membros traseiros, o possuíam era porque o retinham de seus ancestrais artiodáctilos. Como nosso apêndice, que já teve função e agora não tem, mas continua presente. E isso foi uma coisa boa, porque, ao contrário do DNA, um osso do tornozelo é tangível e convenceu imediatamente até mesmo os paleontólogos mais céticos de que as baleias são artiodáctilos.

O que suscita a próxima questão: de que tipo de artiodáctilo as baleias evoluíram? O teste de DNA dá uma espécie de resposta: os parentes vivos mais próximos das baleias são os hipopótamos. Mas hipopótamos e baleias não se parecem — você consegue imaginar a aparência do ancestral comum da baleia-azul e de um hipopótamo comum? Além disso, os primeiros hipopótamos viveram no Mioceno, vários milhões de anos depois de o *Basilosaurus* e o *Dorudon* começarem a nadar nos mares do Eoceno. Isso significa que os hipopótamos não são ancestrais das baleias, mas seus primos em primeiro grau. Os verdadeiros ancestrais são as espécies de transição do registro fóssil, a cadeia que inclui o *Basilosaurus* e o *Dorudon*. E aqui os paleontólogos podem se gabar: foram somente os fósseis, e não o DNA, que revelaram a história de como as baleias se mudaram para a água. É a história de como Bambi se transformou em Moby Dick.

A história começa mais de 10 milhões de anos antes das baleias egípcias, do outro lado das ondas do mar de Tétis, a leste. A Índia ainda era uma ilha, mas não por muito tempo. Ela avançava rapidamente para o norte através do mar equatorial, com destino à Ásia, o primeiro ato do fechamento do mar de Tétis. Entre 50 e 53 milhões de anos atrás, somente uma estreita faixa de águas tropicais permanecia entre as duas massas de terra. A região em breve se dobraria para formar os

Himalaias, a sutura entre dois blocos inamovíveis de crosta. Durante mais alguns milhões de anos, no entanto, seria um remanso quieto, uma zona rasa e ensolarada, iluminada pelos rios que fluíam da Índia. Esse lugar modesto foi o cadinho de um dos maiores experimentos da história evolutiva.

Um dos muitos mamíferos que viviam na ilha indiana era um artiodáctilo do tamanho de um guaxinim chamado *Indohyus*. Era um saltador pequeno e frágil, com focinho de cachorro no corpo de um filhote de cervo, que pisava com cuidado pela floresta em membros longos e levava uma vida humilde à base de folhagem e se escondendo dos predadores. Ele corria mais rápido que a maioria de seus perseguidores, com saltos coordenados pelos tornozelos de polias duplas. Ocasionalmente, no entanto, era surpreendido por um predador mais hábil e alado: uma ave de rapina. Mas o pequeno mamífero ungulado tinha um truque: como o trágulo africano de hoje, podia mergulhar em riachos e lagos e se esconder debaixo da água. Ele não era um grande nadador, mas usava a água como refúgio e talvez aproveitasse a oportunidade para mastigar plantas aquáticas enquanto esperava que seus perseguidores fossem embora. Isso, admito, é uma anedota ficcional — mas ficção com base em fósseis, que não somente esclarecem o estilo de vida do *Indohyus* como também mostram que essa pequena criatura, cujo corpo magricela não poderia ser mais diferente das proporções titânicas de uma baleia-azul, foi um ancestral das baleias.

Descritos em 1971, os primeiros fósseis de *Indohyus* foram coletados pelo geólogo indiano A. Ranga Rao na Caxemira — a região fronteiriça dos Himalaias disputada por Índia, Paquistão e China. Não eram numerosos, somente alguns dentes e parte de uma mandíbula, e, quando morreu, Rao não fazia ideia do tipo de animal que descobrira. Mas sua viúva não desistiu de encontrar a resposta. Ela guardou as caixas de rochas do sítio da Caxemira, muitas das quais nunca haviam sido abertas, e as entregou ao paleontólogo holandês-americano Hans Thewissen. Inicialmente, Thewissen não lhes deu muita importância... até que um técnico acidentalmente quebrou um crânio incrustado em uma das rochas. Thewissen não conseguia acreditar no que estava vendo: a bula oca em torno dos três ossos do ouvido médio tinha o formato de concha, com uma parede interna espessa e curva. Um osso aninhado na parte detrás do crânio podia passar despercebido para qualquer um que não fosse anatomista, mas tinha duas implicações imensas.

Primeira, genealogicamente, a bula incomum liga o *Indohyus* às baleias. Quase todos os animais têm uma bula delicada, algumas finas como a casca de um ovo, que se parece com uma bolha. Mas não as baleias, cujas bulas em formato de concha são duras feito rocha. Como o tornozelo de polias duplas dos artiodáctilos, essa bula é o cartão de visita das baleias. Na ausência de evidências de DNA, algo impossível no caso de um animal tão antigo quanto o *Indohyus*, esse é o mais perto de uma prova do legado familiar que a anatomia pode fornecer.

Segunda, a bula nos diz algo sobre o estilo de vida do *Indohyus*. As baleias têm uma bula estranha por uma razão. Em todos os mamíferos, esses ossos cavernosos — um de cada lado da cabeça — são abafadores de ruídos que isolam o ouvido interno enquanto eles transmitem sons para a cóclea e então para o cérebro. As baleias precisam ouvir debaixo da água, um meio mais desafiador que o ar. Portanto, precisam de aparelhos auditivos, e a casca mais grossa das bulas e seu formato curvo aprimoram a detecção de sons. Percebe-se que, se o *Indohyus* tinha os mesmos aparelhos auditivos, também devia ouvir bem debaixo da água. Isso está de acordo com outras peculiaridades dos fósseis de Rao. Os ossos dos membros do *Indohyus* eram extremamente densos, com paredes espessas e cavidades pequenas para a medula, uma marca registrada dos animais aquáticos que precisam de lastro para reduzir sua flutuabilidade e permanecer submersos. E suas dimensões corporais — cabeça pequena, tronco robusto, membros finos como gravetos e mãos e pés longos — eram misteriosamente similares às do trágulo, sugerindo que ele tinha um estilo de vida similar, procurando comida nas margens de rios e riachos e mergulhando na água quando ameaçado.

Some tudo isso e fica claro que o *Indohyus* era um mamífero terrestre fazendo experimentos com a água. Assim, ele deu o primeiro passo de uma longa jornada evolutiva, que nunca foi premeditada. A natureza não decidiu criar baleias. A evolução não funciona assim; ela não planeja, operando somente no presente, adaptando os organismos para seus desafios imediatos. Quando corria para a água, o *Indohyus* apenas tentava escapar ou encontrar comida. Ele não tinha ideia de que seus descendentes se tornariam leviatãs. Mas o Rubicão fora cruzado, e agora que os pequenos artiodáctilos haviam mergulhado os cascos na água, a seleção natural os transformaria em nadadores mais competentes.

A próxima tarefa era fazer algo com seus braços e pernas. Os membros finos e os dedos ungulados do *Indohyus* forneciam pouca propulsão na água. Se você já assistiu a um daqueles vídeos que viralizaram de um cervo que caiu na piscina, sabe do que estou falando. A resposta da evolução foi o *Pakicetus*, o elo seguinte na cadeia terra-mar, descrito pelo orientador do doutorado de Thewissen, Phil Gingerich, que encontramos no capítulo anterior como especialista no aquecimento global do PETM. Gingerich é igualmente conhecido como especialista em baleias primitivas, e o *Pakicetus* é seu maior prêmio. Ele era do tamanho de um cachorro grande, com o focinho longo e os dentes afiados de um lobo, um sinal de que sua dieta passara de vegetariana para carnívora. O que mais se destaca, no entanto, são os membros: são mais robustos que os do *Indohyus*, e as patas começam a se parecer com os pés de pato dos mergulhadores. O *Pakicetus* ainda era primariamente um caminhante em dois mundos: ele andava com competência em terra, com seus tornozelos de polias duplas, e pela parte rasa dos riachos de água doce que alimentavam o Tétis. Também podia nadar e sacudir um pouco o corpo, sendo um veículo anfíbio capaz de se mover de muitas maneiras diferentes.

Mesmo assim, estava longe de ser um nadador gracioso e vivia uma vida dupla, alternando entre terra e riachos. O elo seguinte na cadeia evolutiva, o *Ambulocetus*, descrito por Thewissen, aventurou-se pela ilha indiana até as margens salgadas do litoral do Tétis. Do tamanho de um leão-marinho grande, ele claramente era mais aquático que o *Pakicetus*, com um corpo mais comprido e tubular, membros mais curtos e patas largas que lembravam remos. Podia se movimentar pelas correntes costeiras de duas maneiras, uma antiga e uma nova: nadando com as patas, como seus ancestrais terrestres, ou ondulando a coluna para cima e para baixo, um talento projetado para a água. Outro aparelho auditivo também evoluiu: uma camada de gordura na mandíbula inferior conectada à bula, que captava as vibrações sob a água e as enviava ao ouvido. O *Ambulocetus* — como as baleias de hoje — literalmente ouvia com as mandíbulas, um truque evolutivo que contorna a pouca eficácia dos tímpanos dos mamíferos terrestres debaixo da água, como podemos atestar quando tentamos conversar na piscina. Um animal com o talento para nadar e a agilidade sensorial do *Ambulocetus* tinha pouco tempo para a terra. Ele provavelmente podia andar, ao menos de forma hesitante, mas vivia mais como um crocodilo: um predador de emboscada que preferia se esconder nas sombras e capturar peixes com seus dentes pontudos.

Até esse ponto, a evolução pegara o que se parecia com um cervo em miniatura e produzira um mamífero moderadamente grande, com nadadeiras, capaz de nadar, que ouvia bem debaixo da água, rompera laços tanto com a terra quanto com a água doce e agora nadava, se contorcia e preparava emboscadas nas águas rasas do litoral da ilha indiana. Não havia como voltar atrás. A terra estava no espelho retrovisor. À frente estavam os oceanos — todos eles. Não somente as margens de uma ilha, mas as águas abertas e as correntes profundas que cobrem 70% da superfície da Terra.

As primeiras baleias mundiais foram os protocetídeos, exemplificados pelo *Rodhocetus*, outra espécie batizada por Gingerich. Ainda eram baleias que andavam — mas por pouco. Suas patas dianteiras e, especialmente, as traseiras eram comicamente grandes, mas não por serem corredores. Não, patas eram equipamentos de natação e, embora os protocetídeos conseguissem suportar seus corpos em terra, eram tão desajeitados quanto um mergulhador tentando correr com pés de pato. Provavelmente viviam como focas, passando a maior parte do tempo na água, mas ocasionalmente se arrastando para as rochas a fim de tomar sol, acasalar, dar à luz e alimentar os filhotes. Fora isso, viam pouca utilidade na terra. Quando abandonaram seu lar ancestral e terrestre, eles se voltaram para os mares abertos. Há 40 milhões de anos — quando a Índia se chocava contra a Ásia —, havia protocetídeos nas costas da Ásia, África, Europa e América do Norte, e uma espécie chamada *Peregocetus* tão distante quanto a costa do Pacífico na América do Sul. Os protocetídeos e os peixes-bois africanos que migraram ao mesmo tempo seguiram os morcegos como segunda onda de mamíferos placentários cosmopolitas. Ao passo que os morcegos driblaram a geografia voando, os protocetídeos fizeram isso nadando e se arrastando em terra sobre as grandes patas de dedos palmados.

As baleias que andavam então pararam de andar. Com isso, finalizaram seu divórcio da terra. Os esqueletos egípcios de Wadi al-Hitan, particularmente os do *Basilosaurus*, capturam este momento crítico da evolução das baleias: elas adotaram integralmente a vida aquática e começaram a se parecer com algo que, hoje, reconheceríamos como baleias.

Vários elementos separavam o *Basilosaurus* dos protocetídeos. Para começar, era gigantesco: tinha 17 metros de comprimento e pesava mais de 5 toneladas, uma ordem de magnitude maior que a maioria dos protocetídeos. Para movimentar esse corpo gigantesco na água, o *Basilosaurus* inventou um novo mecanismo de natação, uma cauda suportada por vértebras largas que se movia para cima e para baixo a fim de gerar impulso. Esse movimento de chicotada só era possível porque a pelve e os membros traseiros encolheram ainda mais, desconectando-se da coluna vertebral e dando mais flexibilidade à cauda. As pernas do *Basilosaurus* eram patéticas, menores que as humanas, mas ligadas a um torso mais comprido que muitos iates. Elas ainda se projetavam do tronco, mas baleias posteriores perderiam todos os sinais externos de pernas, mantendo somente alguns encolhidos ossos pélvicos internos, mantidos porque ancoravam os músculos genitais. Os membros dianteiros do *Basilosaurus*, no entanto, permaneceram proeminentes, achatados e transformados em largos remos para servir de leme, mas que obviamente não podiam suportar um corpo de 5 toneladas em terra. O pescoço encolheu, fundindo-se ao corpo em um formato de torpedo, com os seios nasais invadindo os ossos em torno dos ouvidos para ajustar a pressão durante os mergulhos, e as narinas começando a se mover para trás a fim de se tornar espiráculos. Todas essas coisas ajudaram o *Basilosaurus* a se tornar um excelente nadador. E não apenas um nadador qualquer, mas um a ser temido: ele era um superpredador que comia outras baleias, um fato comprovado pelos ossos de *Dorudon* encontrados no estômago de um esqueleto.

No fim do Eoceno, todas as baleias que andavam haviam desaparecido. A transição estava completa: um animal terrestre se tornara obrigatoriamente um nadador, sem nenhuma possibilidade de retornar à terra — nem para fugir de um predador, nem para comer, dar à luz ou dormir. Dali em diante, as baleias fariam *tudo* na água. Mas a evolução não pararia por aí, pois há sempre algo novo para ajustar. Na transição entre o Eoceno e o Oligoceno, 34 milhões de anos atrás, começou a fase seguinte da história das baleias: estava na hora de transformá-las em sua melhor versão aquática.

Nessa época, as baleias seguiram dois caminhos distintos, levando a dois tipos de espécies modernas: baleias com dentes e baleias com barbatanas, cada uma com sua própria profusão de características anatômicas e comportamentos perfeitamente adaptados à vida no mar. Fósseis de ambos os grupos começaram a aparecer na transição Eoceno-Oligoceno. Daí em diante, as baleias de estilo moderno foram além dos limites dos protocetídeos e *Basilosaurus*, expandindo-se para latitudes mais altas e águas mais frias. Elas agora nadam perto da costa e em alto-mar, em temperaturas árticas e tropicais, em águas rasas e profundas, e até mesmo se aventuram em água doce, no caso dos golfinhos fluviais (sim, golfinhos são um tipo de baleia) e outras espécies que retornaram aos ambientes ribeirinhos do *Indohyus* e do *Pakicetus*. Por todas as métricas, as baleias se tornaram um império global.

As baleias com dentes — formalmente conhecidas como odontocetos — hoje incluem cachalotes, orcas, narvais, golfinhos e botos. São predadores ferozes, no topo da cadeia alimentar oceânica, com três armas principais à sua disposição.

Primeiro há os dentes afiados, tão modificados que já não parecem dentes de mamíferos. Desapareceram todas as complexas cúspides e cristas; o alinhamento de incisivos, caninos, pré-molares e molares; a substituição dos dentes de leite por dentes adultos; e a habilidade de mastigar. Em vez disso, todos os dentes são ganchos cônicos que simplesmente cortam a carne de peixes ou outras baleias, que os odontocetos então engolem. Alguns mal usam os dentes para se alimentar e preguiçosamente engolem a presa inteira.

A segunda arma, espantosamente, é partilhada com morcegos, embora evidentemente tenha evoluído de modo independente: a ecolocalização. Os odontocetos produzem cliques e assobios de alta frequência ao forçar ar pelos lábios fônicos, uma constrição carnosa nas passagens nasais, logo abaixo do espiráculo. Uma bolha de gordura chamada melão, que incha e se projeta a partir da testa, age como lente acústica e concentra os sons, que então reverberam e ecoam, detectados por cócleas especializadas nos ouvidos. Enquanto morcegos usam a ecolocalização para capturar insetos ou encontrar vítimas para sangrar, os odontocetos usam seu sonar para localizar cardumes de peixes ou lulas nas profundezas escuras e turvas dos oceanos. É um sentido tão aguçado que essas baleias já não precisam do olfato — e, de fato, já não conseguem sentir cheiros.

Finalmente, os odontocetos têm cérebros estupendamente grandes. A cachalote tem o maior cérebro de qualquer animal na Terra, talvez de todos os tempos. Com cerca de 10 quilos, pesa cinco vezes mais que um cérebro humano e é maior que o cérebro de qualquer elefante. Se dividirmos o tamanho do cérebro pelo tamanho do corpo a fim de termos uma medida grosseira e relativa da inteligência, os odontocetos têm a segunda proporção mais alta do reino animal, ficando atrás somente dos humanos. As cachalotes são espertas o bastante para enganar suas presas, usar ferramentas e se reconhecer em espelhos.

Todos esses poderes predatórios evoluíram muito antes das cachalotes modernas e aparentados, começando na transição do Eoceno para o Oligoceno. Os odontocetos fossilizados mais antigos, como o *Cotylo-*

cara e o *Echovenator* da Carolina do Sul, têm dentes cônicos, cérebros grandes e características cranianas relacionadas à produção e detecção de sons de alta frequência, como uma depressão em formato de tigela para o melão e os músculos que o controlavam, e uma cóclea com base expandida. Os odontocetos, portanto, desenvolveram cérebros grandes e ecolocalização ao se diferenciarem das baleias-de-barbatana, rapidamente estabelecendo seu próprio estilo cognitivo e de caça. Durante o Oligoceno e até hoje, elas aprimoraram sua especialidade em sonar, com músculos faciais maiores para produzir sons e melões para transmiti-los.

Alguns odontocetos antigos superam os modernos, incluindo cachalotes. O *Livyatan melvillei*, do Mioceno, batizado em homenagem a Moby Dick, nadava no Pacífico perto da costa da América do Sul há uns 12 milhões de anos. Foi um dos maiores predadores da história da Terra, com um corpo de 18 metros e uma cabeça de 3 metros que podia acomodar confortavelmente um ser humano — embora não fosse exatamente confortável para o ser humano em questão. Sua mordida era tão ampla que ele podia *facilmente* engolfar a cabeça do maior predador terrestre de todos os tempos: o primeiro e único *T. rex*. Além disso, seus dentes de 30 centímetros eram mais grossos que cravos de ferrovias, perfeitos para destruir os ossos de suas presas — ou seja, outras baleias, da variedade com barbas. Como se tivesse sido inventado por um diretor de filmes B, o *Livyatan* dividia as águas com o epicamente famoso supertubarão *Megalodon* — e, sem dúvida, o tubarão temia a baleia.

Por maiores que fossem o *Livyatan* e outros odontocetos fósseis, nenhum se aproximava, nem remotamente, das grandes baleias-de--barbatana. Formalmente chamadas de misticetos, incluem a baleia-azul, a baleia-franca, a baleia-de-minke e a baleia-jubarte. Seus esqueletos são caricatos, com cabeças grandes e ossos mandibulares lisos em formato de arco, como o aro de uma lata de lixo ou de uma cesta de basquete. Não há um único vestígio de dentes nessas fortes mandíbulas, pois os misticetos perderam os pinos de seus ancestrais e as substituíram pela coisa que lhes dá nome: as barbas [barbatanas], um conjunto de placas de queratina — a mesma coisa que forma nossas unhas —

proximamente distribuídas e suspensas do céu da boca, parecendo uma cortina. As barbatanas permitem que os misticetos façam algo que outros mamíferos não podem fazer: alimentar-se por filtragem ao separar pequenas presas da água. A dança alimentar de algumas espécies é um espetáculo: elas afastam as mandíbulas, abrem bem a bocarra, abocanham uma quantidade inacreditável de água do mar e então usam a língua e os músculos da garganta para forçar a água para fora da boca, passando pelas barbas, assim capturando milhares (ou mais) de plânctons de cada vez. É irônico: os maiores animais do mundo subsistem de presas minúsculas — mas com o apetite de um glutão. Elas não precisam ecolocalizar para encontrar sua comida ou aprimorar os grandes cérebros para caçar. Tudo que precisam fazer é vagar pela água e, ocasionalmente, abrir a boca.

O registro fóssil revela uma guinada na evolução dos misticetos. Os primeiros, como o *Mystacodon* do Peru e o *Llanocetus* da Antártida, ambos do Eoceno, ainda tinham dentes, alguns dos quais se pareciam com os pinos cônicos dos odontocetos e outros com elaborados leques de cúspides irradiando para fora a partir de um pico central. Eles não tinham barbatanas nem podiam se alimentar por filtragem, mas já eram muito maiores que as outras baleias de seu tempo. O *Llanocetus*, por exemplo, tinha ao menos 8 metros de comprimento, sendo uma das maiores baleias até que outros misticetos e odontocetos, como o *Livyatan*, explodiram de tamanho no Mioceno. Portanto, as barbatanas e a alimentação por filtragem evoluíram depois que os misticetos divergiram dos odontocetos e não foram o segredo para tornar os misticetos tão grandes, ao menos não inicialmente. Em vez disso, os fósseis mostram que os primeiros misticetos com dentes eram mordedores e então perderam os dentes e se tornaram sugadores, antes de acrescentar barbatanas a suas mandíbulas banguelas e desbloquear a habilidade de se alimentar por filtragem. Como no caso da transição de caminhar para nadar nas baleias ancestrais, a mudança de dentes para barbatanas e de morder para filtrar foi um processo gradual que se deu em estágios.

No entanto, quando a alimentação por filtragem baseada em barbatanas evoluiu, ela permitiu que os misticetos ficassem ainda maiores. Ao contrário dos odontocetos, que estão sempre à mercê da presença de lulas, peixes e outras baleias para comer, as baleias-de-barbatana têm um suprimento quase ilimitado de plâncton, que engolem sem gastar muita energia. Elas podem ficar passivas, de boa, e se fartar no bufê de frutos do mar, particularmente durante as proliferações sazonais ou em zonas de afloramento, nas quais os nutrientes que se soltam do fundo do oceano nutrem enxames de krill. As baleias-azuis — as maiores baleias vivas de hoje e de todos os tempos — são misticetos. São o ápice de uma tendência de longo prazo, que começou na transição Eoceno-Oligoceno e continua até hoje, de baleias cada vez maiores. Isso é diferente da evolução dos mamíferos terrestres, na qual, como aprendemos no início deste capítulo, elefantes e rinocerontes chegaram ao ápice na transição Eoceno-Oligoceno e então pararam de crescer.

Isso significa que leviatãs ainda maiores que as baleias-azuis evoluirão algum dia? Que esses mamíferos radicais podem se tornar ainda mais extremos? Parece uma aposta razoável... desde que as baleias-azuis e outros misticetos consigam sobreviver ao turbilhão atual de mudanças climáticas e ambientais, escapar da extinção e encontrar plâncton suficiente para comer nos oceanos do futuro.

8

MAMÍFEROS E MUDANÇAS CLIMÁTICAS

A SAVANA AMERICANA, HÁ CERCA de 12 milhões de anos (Mioceno).

Era uma manhã cálida do início da primavera. O inverno fora longo e tedioso; não particularmente frio ou nevado, mas seco e cinzento: mais de três meses de ar parado e dias curtos. Finalmente as chuvas haviam retornado algumas semanas antes. A savana começava a se transformar.

Quando subiu no horizonte, o Sol iluminou uma região plana e ampla no interior do continente, a 1.600 quilômetros do oceano mais próximo. A relva acarpetava o solo. Ela secara durante o inverno, mas não morrera de todo, e agora brotava da lama como trilhões de dedos minúsculos tentando alcançar o céu. Havia algumas árvores espalhadas, dispersas demais para formar uma cobertura, as quais, vistas de cima, pareciam ilhotas em um mar de grama. As árvores ressurgiam de sua letargia, com as pontas dos galhos se abrindo em folhas tenras e flores perfumadas.

A chuva da noite anterior abria caminho até um emaranhado de riachos que fluíam para um lago. O lago era uma cacimba, onde os animais da savana americana se congregavam para matar a sede, tomar banho, socializar e se agrupar como forma de proteção contra o que se escondia entre as árvores: um cão do tamanho de um urso, um verdadeiro cão do inferno, com mandíbulas protuberantes e uma mordida que estilhaçava ossos.

Os animais reunidos perto da água naquela manhã formavam um grupo heterogêneo. Havia vários tipos de cavalos — de "miniaturas" com três dedos nos pés delicados a garanhões cujos membros terminavam em um único casco. Os pequenos mastigavam os arbustos das margens e os grandes chutavam a lama ao correr em torno do lago, pausando ocasionalmente para arrancar bocados de capim.

Com eles havia cervos e camelos. Alguns camelos eram da espécie padrão com membros longos, sorrisos desajeitados e pequenas corcundas nas costas. Um deles, no entanto, mal pareciam camelos. Tinha a silhueta de uma girafa, com o pescoço magricelo esticado bem acima do corpo, a uns 3 metros do solo, perfeito para arrancar folhas apetitosas dos galhos mais altos. Normalmente, essas girafas-camelos passavam a manhã mastigando nas ilhas de árvores. Mas não naquela manhã. Como qualquer alvorecer após uma chuva intensa, o risco de um ataque do cão do inferno era alto demais, então as girafas-camelos pularam o café da manhã e foram até a cacimba para buscar segurança coletiva.

Havia rinocerontes — muitos, muitos rinocerontes, no mínimo trezentos deles, talvez mais, divididos em poucas manadas. Como os camelos de pescoço comprido, havia algo familiar e ao mesmo tempo estranho neles. Eram rinocerontes, sem dúvida, com um chifre cônico se projetando do nariz; mas sua barriga cavernosa, membros rechonchudos, cabeça inflada e pescoço quase inexistente lhes davam um ar de hipopótamos. Alguns rinocerontes se banhavam nas águas rasas, aproveitando o frescor de uma manhã que se tornava mais quente a cada minuto. Outros, no entanto, não estavam no clima de brincadeira. Suas grandes barrigas roncavam, então eles se puseram a comer. Todos os dias, precisavam devorar dezenas de quilos de capim para sobreviver. Quanto antes começassem a comer, melhor.

Embora fosse uma bela manhã, havia tensão no ar. Não era somente o medo dos cães do inferno, mas algo mais — algo curioso, que se agitava entre as manadas de rinocerontes. Havia rivalidades, dificilmente perceptíveis para qualquer um que não os próprios rinocerontes. Cada manada tinha um líder: um macho, mas não qualquer um; era um macho musculoso, com as maiores presas incisivas do grupo. Ele se cercava de fêmeas, de modo que cada manada era na verdade um harém. Quase todas as fêmeas estavam prenhas, e a hora do parto se aproximava rapidamente. Entrementes, muitas delas ainda cuidavam dos filhotes do ano anterior, agora adolescentes brincalhões que às vezes ainda precisavam do conforto e da nutrição das mães.

Essa estrutura familiar deixava poucas opções para os machos adultos menores, que eram muitos. Alguns buscavam companhia em grupos de "solteirões" — gangues governadas pela testosterona e impulsionadas pelo ressentimento de não pertencer à manada. De tempos em tempos, um desses solteirões juntava coragem para desafiar o macho dominante pelo controle do harém, mas isso raramente terminava bem para ele. Ainda mais tristes eram os proscritos, os machos desafortunados que vagavam como zumbis excluídos das manadas. Sempre que um desses desajustados chegava muito perto das fêmeas, o macho dominante fazia o que fosse necessário para proteger seu harém. Chifres e presas costumavam estar envolvidos, e a luta não durava muito.

Enquanto um dos machos observava um proscrito se aproximar de seu harém — e filhotes de rinoceronte brincavam na água, cavalos mastigavam capim e girafas-camelos analisavam se era seguro se aproximar das árvores —, um estrondo sacudiu a savana.

Todos os animais perto da cacimba ficaram imóveis.

Era o barulho mais alto que já tinham ouvido. Na verdade, era o barulho mais alto que ouviriam, pois era a trombeta anunciando o apocalipse.

Rinocerontes e camelos esticaram o pescoço na direção do céu e viram uma nuvem perturbar o horizonte azul. Os animais da savana não sabiam, mas a nuvem começara como uma pluma, parecida com fumaça, 1.600 quilômetros a noroeste. Ela disparara para o céu antes de assumir a forma de um cogumelo e atingir as camadas mais altas da atmosfera. O que quer que fosse, a nuvem estava bem distante — talvez a algumas centenas de quilômetros. Nada com que se preocupar, a julgar pela maneira como os animais reagiram. O macho dominante observou novamente seu suposto rival; os filhotes continuaram a chapinhar na água; os cavalos voltaram a mastigar a relva; e as girafas-camelos decidiram que nenhum cão do inferno as manteria longe de suas folhas.

Mas a nuvem não parou de se mover. Varrida pelos ventos vindos do oeste, ela se arrastou pelo horizonte, como que em câmera lenta, aproximando-se cada vez mais da savana, ficando maior e maior.

O Sol surgia no leste, a nuvem avançava de oeste e as duas forças rivais colidiram sobre a savana. Quando a nuvem passou entre o Sol e a terra, o dia se transformou em noite. Tudo ficou escuro.

Não era uma escuridão calma, mas violenta. Para os animais da savana, parecia uma nevasca estranha e intensa. Algo caía do céu — a coisa que formava a nuvem fumacenta não estava somente passando por ali, mas caindo no solo. As pequenas partículas, a maioria do tamanho de flocos de neve, algumas do tamanho de grãos de areia, criavam buracos na escuridão. Uma nevasca varria as planícies, mas aquilo não era neve. Não era frio, mas morno. Não era branco, mas cinzento. Não era molhado, mas abrasivo — minúsculas balas de vidro riscando a pele dos animais da savana e fazendo com que sentissem uma coceira que nunca haviam sentido antes. E esses fragmentos exalavam forte cheiro. Fediam a enxofre e fogo e tornavam o ar tóxico.

Aves começaram a cair do céu. Suas carcaças flácidas bombardearam o solo, algumas ricocheteando nas costas dos rinocerontes. Eles não conseguiam ver o que estava acontecendo, pois seus olhos eram incapazes de penetrar a escuridão. Além disso, começavam a lacrimejar — a coisa arenosa da nuvem entupia tudo que encontrava: olhos, ouvidos, narizes, bocas. Embora suas orelhas estivessem cheias de sujeira, os rinocerontes ainda conseguiam ouvir os sons da savana. Eram assustadores. Ventos sibilantes, uma cacofonia de manadas inteiras engasgando e aves mortas batendo na grama com o tamborilar de armas de fogo. Chovia cadáveres de aves.

A nuvem se movia com o vento e, finalmente, o vento se afastou da savana. A nevasca escura durou algumas horas, mas, para os animais, pareceu uma eternidade. Quando o Sol por fim rompeu o nevoeiro de fumaça e a nuvem continuou sua jornada para leste, rinocerontes, cavalos e camelos retomaram a consciência. O que viram em torno — com olhos injetados e cobertos de sujeira — era sobrenatural.

A savana estava recoberta por uma manta de 15 centímetros de espessura. Eram cinzas.

As cinzas encobriram todo o solo. Nem uma única haste de capim estava visível no chão, nem uma única flor ou folha permanecia limpa nas árvores. A cacimba continuava lá, mas um turbilhão de cinzas girava na superfície, gradualmente transformando a água em uma pasta.

O estupor deu lugar ao pânico. Os rinocerontes se reuniram em um grupo maciço, com harém se juntando a harém, e as gangues de solteirões e proscritos se juntando às fêmeas férteis e aos machos dominantes. Com os corpos batendo uns contra os outros como bolinhas de gude, os animais debandaram pelas planícies repletas de cinzas, transformando aves mortas em panquecas, antes de ficar sem energia e voltar gemendo ao único lugar onde se sentiam seguros: a cacimba. Mas já não era segura, e já não era uma cacimba, mas sim um buraco de sílica gotejante.

Os dias seguintes foram difíceis. Sem água para beber, rinocerontes, camelos e cavalos ficaram sedentos, com os lábios rachando enquanto tentavam, sem sucesso, sugar água da borra da antiga cacimba. Alguns se aventuraram longe demais e foram engolfados pelo lodo de cinza movediça do qual não tinham energia para escapar.

Todos os animais gemiam de fome. Tudo que podiam fazer era tentar usar patas e línguas para remover as cinzas do campo. Mas era inútil: grande parte do capim morrera, sufocado e envenenado por cinzas que agiam como herbicida. Para piorar as coisas, toda vez que os animais tentavam limpar um trecho do solo, eles chutavam cinzas para o ar — e então as inalavam.

A cada respiração, inalavam mais cinzas. As partículas eram pequenas o suficiente para se alojar profundamente no pulmões e cada inalação os enchia um pouco mais, como areia sendo acrescentada a um saco. Inicialmente, seu peito pareceu pesado, mas, nos dias seguintes, inalação após inalação, suas entranhas ficaram tão petrificadas que mal conseguiam respirar. Tão pouco oxigênio fluía por seus corpos que eles começaram a delirar, e suas patas, inchar.

Um por um, enquanto tropeçavam, zonzos, sobre os membros inflamados, rinocerontes, cavalos e camelos cederam ao inevitável. Cansados, famintos, sedentos, incapazes de respirar, eles caíram, um a um, sobre as cinzas. Os corpos se empilharam em torno da cacimba e ao longo das planícies, como vítimas no campo de batalha de alguma guerra terrível.

A distância, emergindo de uma das ilhas de árvores, uma fera solitária caminhou penosamente entre as cinzas, deixando pegadas enquanto navegava pela carnificina. Um cão do inferno. Apenas alguns dias antes, ele era o terror de todo rinoceronte, cavalo e camelo da savana. Agora, todos esses animais estavam mortos, e o cão do inferno parecia fadado ao mesmo destino. Exausto e faminto, estava prestes a desistir quando viu carne apodrecendo em torno do lago. Caminhou até a carcaça de um rinoceronte e deu algumas mordidas hesitantes em seu flanco, cuspindo cinzas enquanto mastigava. Uma última refeição antes de se deitar ao lado de suas presas.

O vento ganhou força novamente, gerando um eco horripilante pelo cenário vazio. As cinzas caíram como neve e soterraram a cacimba e todos os animais.

HÁ 12 MILHÕES de anos, no meio do Mioceno, o topo de um vulcão explodiu no que hoje é o estado de Idaho, nos Estados Unidos. A região era alimentada pelo mesmo sistema de calor e magma que repousa sob Yellowstone atualmente, impulsionando Old Faithful e todos os outros gêiseres. Cinzas caíram sobre a maior parte da América do Norte, carregadas para leste pelos ventos prevalentes. A uns 1.600 quilômetros, no que agora é o Nebraska, 15 centímetros de uma substância vítrea, suja e com cheiro de enxofre caiu no solo como neve. Muitos animais morreram na hora, particularmente aves, que foram pegas de surpresa quando estavam no ar e sufocaram com as cinzas. Outros, incluindo muitos mamíferos que viviam no chão, suportaram dias e mesmo semanas de fome, sede, doenças e exaustão antes de sucumbir. Então, como um último insulto, seus corpos foram soterrados pelas mesmas cinzas que haviam entupido seus pulmões, poluído sua água e envenenado sua comida.

Essa história distópica é verdadeira. O massacre vulcânico foi registrado em rocha, com aves, rinocerontes, camelos e cavalos cristalizados no momento da morte, como em uma Pompeia pré-histórica. É possível ver os esqueletos em um dos museus mais impressionantes e inesperados do mundo. Do lado de fora, o "estábulo dos rinocerontes" — no que agora é o Parque Histórico Estadual Ashfall, no condado rural de Antelope, com uma população de cerca de 6.600 habitantes — se parece com um daqueles armazéns para distribuição de grãos ao longo das estradas descampadas do centro dos Estados Unidos. Sua silhueta baixa parece se fundir com as plantações onduladas do nordeste do Nebraska. Não dá para dizer, mas, do lado de dentro, há mais de cem esqueletos fossilizados *in situ*... e ainda não acabou.

Os primeiros ossos foram descobertos pelo paleontólogo Mike Voorhies em 1971, quando explorava com sua esposa, Jane, uma ravina na beira de uma plantação de milho. Voorhies viu o brilho inconfundível de dentes se projetando das macias cinzas vulcânicas. Os dentes estavam incrustados em mandíbulas, que se conectavam a um crânio acompanhado de um esqueleto. Mais tarde, uma escavadeira removeu 600 metros quadrados da camada superior do solo, expondo dezenas de novos esqueletos — em sua maioria rinocerontes, mas também cavalos, camelos, cervos e numerosas aves, esmagadas perto das pegadas dos rinocerontes. Dezenas se tornaram centenas quando os paleontólogos continuaram a escavar, década após década. O trabalho prossegue até hoje, sob o teto reto do estábulo dos rinocerontes, onde os visitantes podem observar, em tempo real, cientistas e voluntários removendo as cinzas de ossos de 12 milhões de anos.

Fósseis são notoriamente frustrantes. Com muita frequência, tudo que encontramos são alguns ossos — se tivermos sorte. Mais comumente, como nossas equipes de campo no Novo México demonstram muito bem, encontrar fósseis de mamíferos significa encontrar dentes. Algumas vezes, poucos dentes incrustados em uma mandíbula, mas em geral um único dente — quebrado, gasto, fragmentado. Normalmente esses dentes e ossos não estão situados onde o animal morreu, tendo sido arrastados por rios, carregados por ventos ou espalhados por carniceiros antes de serem cobertos pela lama ou areia e endurecerem até virar fósseis. Se paleontólogos são detetives, quase sempre trabalhamos em cenas de crime que foram corrompidas pelo tempo e pelas circunstâncias.

Mas não é isso que acontece nos leitos fósseis de Ashfall. O supervulcão de Yellowstone, em todo o seu poder destrutivo, congelou um retrato de uma comunidade do Mioceno. É um retrato trágico, claro. As aves estão no fundo da pilha de cinzas, um sinal de que foram as vítimas mais imediatas, com esqueletos de mamíferos empilhados no topo, indicando que rinocerontes, cavalos e camelos aguentaram ao menos alguns dias de tortura antes de morrerem. Filhotes de rinoceronte estão próximos das mães, em um último e desesperado abraço, enquanto refeições vegetais ficam suspensas no interior de caixas torácicas. Em alguns esqueletos de rinocerontes, extremidades inchadas — patas, punhos e tornozelos — são emblemas de asfixia. Outros esqueletos estão esburacados, em um sinal revelador da doença óssea causada pela falha pulmonar e com pedaços arrancados pelos carniceiros — mais provavelmente cães do inferno, cujo nome científico é *Epicyon*, um brutamontes esmigalhador de ossos de 1,50 metro e 90 quilos. Até mesmo a mente distorcida de Alfred Hitchcock teria dificuldades para criar uma cena tão bárbara.

Ao mesmo tempo, no entanto, essa fotografia é incrivelmente valiosa para os paleontólogos, pois diz muito sobre a vida e o comportamento dos mamíferos do Mioceno, particularmente os rinocerontes, que pertencem a uma espécie chamada *Teleoceras*. Mais obviamente, se tantos rinocerontes morreram juntos, devem ter vivido juntos, em grupos sociais. Seus esqueletos, quando estudados estatisticamente, divulgam as demografias de uma população pré-histórica. Alguns rinocerontes ainda têm dentes de leite e se encaixam em um de três grupos etários: 1, 2 e 3 anos. Isso significa que o acasalamento ocorria uma vez ao ano. Os rinocerontes remanescentes, com dentes adultos, dividem-se em dois grupos: aqueles com presas pequenas na frente da boca e aqueles com presas grandes. Fetos são encontrados no interior dos indivíduos com presas pequenas, provando que são fêmeas. Por implicação, os indivíduos com presas grandes são machos. Isso levou a uma incrível revelação: no cemitério dos rinocerontes, há cerca de cinco fêmeas adultas para cada macho adulto. Essa distorcida proporção sexual, que não faria sentido em uma população humana, caracteriza as espécies mamíferas modernas que formam haréns, nos quais um único macho alfa acasala com um grupo de fêmeas.

Nessa estrutura de harém, os rinocerontes de 12 milhões de anos parecem quase modernos. De fato, em muitos aspectos de sua aparência e biologia, os mamíferos de Ashfall são facilmente reconhecíveis. É verdade que os rinocerontes se parecem um pouco com hipopótamos, e alguns camelos têm pescoços compridos como as girafas, mas não há como não saber que animais são. São rinocerontes. São camelos. São cavalos. E, como aprendemos nos dois últimos capítulos, os principais grupos de mamíferos placentários — primatas, ungulados de dedos pares e ímpares, carnívoros como cães, gatos, elefantes, morcegos e baleias — começaram a proliferar durante o Eoceno, há 56 milhões de anos. Disto isto, os primeiros membros desses grupos modernos dificilmente se pareciam com seus descendentes atuais. Olhe para uma baleia que anda, um protoelefante do tamanho de um cachorrinho ou um daqueles cavalos minúsculos que caíram no lago Messel e isso fica evidente. Mas Ashfall conta uma história diferente. As vítimas vulcânicas são mamíferos que qualquer aluno do jardim de infância conseguiria identificar, os mesmos que vemos nos zoológicos. No Mioceno, os grupos se modernizaram e ficaram muito próximos do que conhecemos hoje.

Os mamíferos de Ashfall, todavia, parecem deslocados. Esperamos ver rinocerontes na África e camelos no Oriente Médio, mas não bem no meio dos Estados Unidos da América. Passeie por uma fazenda do Nebraska e, se achar ter visto um rinoceronte, você provavelmente viu um touro bem grande. Ou teve uma alucinação. O mesmo vale para os camelos: a única maneira de um deles acabar no Nebraska é escapar de um zoológico e não conseguir voltar.

Por que, então, havia rinocerontes e camelos no Nebraska durante o Mioceno? Outros fósseis de Ashfall fornecem a resposta. Eles não são atrações de museu como os esqueletos de mamíferos, mas espécimes muito mais humildes: microscópicas sementes de grama presas nos dentes, dentro das bocas e gargantas e no interior das caixas torácicas dos rinocerontes. Essas sementes não teriam se transformado no mesmo tipo de grama que sussurra ao vento nas pradarias americanas de hoje. Ao contrário, elas pertencem a espécies subtropicais, semelhantes às que atualmente florescem na América Central. Além disso, outras plantas fossilizadas de Ashfall indicam pequenos bosques de nogueiras e alfarrobeiras. Assim, durante o Mioceno, Nebraska era uma savana: uma terra coberta de capim, com amontoados ocasionais de árvores, regada por poucas chuvas. Lembrava um bocado as savanas africanas de hoje, onde correm leões, elefantes e gnus.

Por mais absurdo que pareça, se vivesse no Mioceno, você faria safáris no Nebraska.

As savanas americanas eram diferentes não somente dos ambientes atuais, mas também dos que as precederam no Paleoceno e Eoceno. Lembre-se de que o mundo do Paleoceno, depois que o asteroide matou os dinossauros há 66 milhões de anos, era uma estufa, com selvas cobrindo grande parte da América do Norte e nenhum gelo nos polos. Na transição do Paleoceno para o Eoceno, há 56 milhões de anos, a estufa esquentou ainda mais, em um espasmo de aquecimento global. As temperaturas caíram um pouco durante o remanescente do Eoceno, mas o mundo permanecia uma estufa. As selvas persistiram e os polos permaneceram livres de gelo. Então, há 34 milhões de anos, quando o Eoceno deu lugar ao Oligoceno, o mundo mudou. A estufa se tornou uma geladeira e, mais tarde, um freezer.

A mudança foi súbita, como se a torneira de água quente fosse subitamente fechada e a de água fria aberta. Tudo somado, foram necessários quase 300 mil anos — no máximo — para que as temperaturas globais caíssem. As latitudes mais altas esfriaram em média 5ºC, e os efeitos foram ainda mais pronunciados no interior dos continentes, como as áreas que se tornariam a savana americana. Ali, as temperaturas caíram 8ºC. Quanto a terra e os mares esfriaram, os climas se tornaram mais sazonais, mais variáveis e muito mais imprevisíveis. Essa foi a mudança de temperatura mais severa e permanente desde a queda do asteroide.

O aquecimento global contemporâneo pode ser mais intenso, na direção contrária, mas ainda não temos como saber.

Uma série de coincidências causou todo esse tumulto. Primeiro, o dióxido de carbono na atmosfera diminuiu gradualmente, significando que havia cada vez menos gás de efeito estufa para isolar a Terra e mantê-la aquecida. Segundo, os verões ficaram mais frios que de costume, provavelmente devido a flutuações na órbita da Terra em torno do Sol. E terceiro, e talvez mais crítico, os continentes ainda estavam em movimento. Gondwana, o último remanescente da antiga Pangeia, finalmente terminara seu difícil divórcio.

Durante o Paleoceno e início do Eoceno, a Antártida ainda estava conectada à Austrália e à América do Sul, embora tenuemente. Após milhões de anos de terremotos, ela se soltou de ambos os lados durante o Eoceno. A água logo preencheu os vazios, criando uma nova corrente de água gelada que circulava o Polo Sul, impedindo que águas mais quentes chegassem ao oceano sulista. A corrente circumpolar se comportava como um ar-condicionado, congelando a Antártida e alimentando geleiras que rapidamente esfriaram as terras polares. Pela primeira vez em centenas de milhões de anos, desde a era dos distantes ancestrais dos mamíferos no Carbonífero-Permiano, grandes mantos de gelo avançaram sobre um continente. O gelo ainda não revestira o norte, já que lá era mais difícil criar geleiras por não haver uma única massa de terra, no estilo da Antártida, "estacionada" sobre o polo. Mas o gelo chegaria finalmente, muito mais tarde, trazendo consigo mamutes e tigres-dentes-de-sabre — uma história para o próximo capítulo.

As geleiras da Antártida foram a consequência mais óbvia do resfriamento do Eoceno-Oligoceno, mas os efeitos da queda de temperatura foram sentidos em todo o globo. A dezenas de milhares de quilômetros dos novos campos de gelo, as regiões norte-americanas também sofreram traumas. Tornaram-se não somente mais frias, mas também mais secas, e plantas com ciclos de vida mais curtos e menos tecido lenhoso floresceram, à custa das árvores de crescimento lento. As selvas encolheram, substituídas primeiro por bosques mais esparsos, depois savanas, depois prados abertos. Esse foi um processo demorado que começou durante o Oligoceno (34 a 23 milhões de anos atrás) e continuou durante o Mioceno (23 a 5 milhões de anos atrás), o período dos mamíferos de Ashfall e além. Com tal mudança geral de temperatura, clima e vegetação, os mamíferos só tiveram uma saída: a adaptação.

MEU PAI ODEIA cortar grama. Quando, há alguns anos, minha mãe e ele se mudaram da casa onde cresci, eles alegaram que queriam estar mais perto dos netos. Suspeito que foi muito mais para terem uma casa menor com um jardim minúsculo. E, depois de ter minha própria casa, eu entendo. A grama nunca para de crescer. O inverno oferece uma breve trégua, mas, na primavera, as hastes de grama despontam da terra com a ferocidade de mísseis. Você deixa de usar o cortador de grama por uma semana e sua casa começa a se parecer com o cenário abandonado de um filme de terror. E nunca é suficiente. Como um adolescente aparando o bigode, quanto mais você corta a grama, mais ela cresce — mais espessa, mais pesada, mais densa.

Eu não deveria reclamar da grama, porque um mundo sem grama seria um mundo alienígena — e, para os seres humanos, um mundo inóspito. As gramíneas são mais que tapetes decorativos para nossos quintais, parques e campos de golfe. Há mais de 11 mil espécies de gramíneas hoje, e elas cobrem 40% da superfície terrestre: savanas, pradarias e prados, mas especialmente as áreas cultivadas por humanos. Gramados, sim, mas também plantações, muito mais importantes. Muitos de nossos alimentos são gramíneas: trigo, milho e arroz, para citar alguns. Para pessoas como eu, que cresceram em uma região rural, os verões passados brincando de esconde-esconde nos campos e nos labirintos de pés de milho deixam óbvio o que esses grãos e todas as gramíneas são: um tipo especializado de planta que, ao crescer por tempo suficiente sobre o caule reto, fino e oco, dá flores e frutos comestíveis. O grão de trigo é um fruto, embora de um tipo altamente peculiar. O grão de milho também.

As gramíneas são uma parte tão onipresente que não dá para imaginar um mundo sem elas. Mas não foi bem assim. Os primeiros 4,43 bilhões de anos de história da Terra foram sem gramíneas. Mas, depois que evoluíram, elas mudaram tudo. George Gaylord Simpson — o homem que criou a famosa árvore genealógica dos mamíferos na década de 1940 — reconheceu isso. O desenvolvimento dos prados, argumentou, representou uma profunda mudança nos mamíferos que viviam neles, mais notadamente os cavalos. Simpson chamou isso de "Grande Transformação". Além de ser um paleontólogo extraordinário, também era um prolífico escritor científico, e publicou um livro inteiro sobre como as gramíneas geraram os cavalos. Foi somente nas duas últimas décadas, no entanto, que entendemos como ocorreu essa revolução.

Caroline Strömberg escreveu a nova história das gramíneas. Ela cresceu em Lund, na Suécia, e quando criança recolhia trilobitas nas praias rochosas de Gotland, um ilha em forma de vírgula no mar Báltico, a leste da costa sueca. Ela estudou geologia e arte, escrevendo sua tese de mestrado sobre minúsculos dentes fossilizados com mais de 420 milhões de anos enquanto fazia estágio com um ilustrador científico. Uma bolsa de doutorado a levou para a Califórnia, onde, por acaso, assistiu a uma palestra sobre a evolução dos cavalos. E ela se perguntou: a clássica história de Simpson sobre a Grande Transformação estava correta ou era somente uma história? Só havia uma maneira de descobrir: ela precisava compilar registros detalhados de fósseis de gramíneas *e* de mamíferos ao longo do tempo, para ver como haviam mudado juntos. Essa se tornaria sua tese de doutorado, que lhe daria o prestigiado Prêmio Romer de melhor apresentação estudantil da Sociedade de Paleontologia de Vertebrados em 2004. Foi a primeira reunião da sociedade a que compareci, como estudante universitário de olhos arregalados, e admiro o trabalho de Caroline desde então.

As gramíneas são um fenômeno recente no grande esquema da história da Terra. O *Brontosaurus* nunca comeu ou sequer viu um talo de grama. O *Triceratops* pode ter visto, mas só de relance. Foi somente no fim do Cretáceo — os últimos dias do império dos dinossauros, quando os mamíferos ainda viviam nas sombras — que as gramíneas surgiram. As evidências são escassas e meio repulsivas: microscópicas gotas de sílica, chamadas fitólitos, nas fezes endurecidas de dinossauros de pescoço longo da Índia. Foi Caroline quem as identificou. Ela viu fotografias tiradas por colegas indianos na mesma reunião de 2004 durante a qual obteve seu prêmio e, instantaneamente, reconheceu as gotas cretáceas como quase idênticas aos fitólitos modernos, que as gramíneas depositam em seus tecidos para fornecer apoio estrutural e proteção contra o consumo excessivo pelos animais. Ela comemorou: sabia que tinha feito uma descoberta revolucionária. Cerca de um ano depois, ela e seus amigos indianos descreveram esses modestos fósseis. Como se poderia esperar de pioneiros, as primeiras gramíneas eram pequenas, marginais, olvidáveis. Limitavam-se a pequenas extensões de ervas daninhas e nunca chegaram perto de formar prados. Se você já viu a ilustração de um dinossauro em um campo coberto de relva, ela estava errada.

Depois do asteroide, as coisas permaneceram praticamente as mesmas. As primeiras gramíneas tinham de lutar por espaço com a desordeira maçaroca de árvores e videiras da selva, energizadas pelas temperaturas escaldantes do Paleoceno e do Eoceno. As gramíneas se diversificaram, se adaptaram a seus ambientes e algumas, como os bambus, tornaram-se especialistas em viver no confinamento claustrofóbico das selvas. Mesmo assim, havia pouco espaço aberto, e o que estava disponível era recoberto por samambaias e arbustos. Portanto, não havia prados relvados quando os placentários "arcaicos" construíram os primeiros ecossistemas dominados por mamíferos do Paleoceno, no Novo México. Ou quando a trindade de primatas, perissodáctilos de dedos ímpares e artiodáctilos de dedos pares avançaram pelos continentes do norte juntamente com o aquecimento global do PETM. Ou quando os estranhos mamíferos da América do Sul e da África começaram a evoluir isoladamente.

A estufa se transformou em geladeira quando o Eoceno cedeu lugar ao Oligoceno. Os climas esfriaram, as precipitações se tornaram mais raras, as selvas sedentas encolheram e as paisagens se abriram gradualmente. As gramíneas tiraram vantagem, e sua capacidade de crescer rapidamente e tolerar condições muito difíceis permitiu que substituíssem as florestas, pouco a pouco, como um lento exército avançando e conquistando terras. A pesquisa de doutorado de Caroline mostrou que, na América do Norte, onde o registro fóssil da transição está quase completo, gramíneas de hábitats abertos começaram a marcar presença no Oligoceno. Elas se tornaram ainda mais abundantes — engolfando trechos cada vez maiores entre florestas cada vez menores — em um período de quase 10 milhões de anos, culminando em prados de verdade no Mioceno, há 23 milhões de anos.

Isso foi muito importante. Um ecossistema inteiramente novo surgiu então, com um bufê de vegetação que crescia constantemente do solo. Crescia de baixo para cima, ao contrário das folhas das árvores, que cresciam de cima para baixo. Além disso, quando era arrancada, crescia ainda mais. E mais espessa. Mais pesada. Mais densa. O mero ato de comer o capim, portanto, ajudou a expansão dos prados. Além disso, a pastagem constante fazia com que plantas de crescimento mais lento, como arbustos e árvores, tivessem dificuldade para subsistir. O interior dos continentes se tornou um oceano de capins e, para cavalos e outros mamíferos, foi um presente, como o maná bíblico enviado do céu que sustentou os israelitas durante o êxodo pelo deserto. O capim, por analogia, sustentou os cavalos — e ainda o faz.

Só tem um problema. As gramíneas são um desafio para o paladar. Ao contrário de folhas, frutos e flores tenras, capim é abrasivo. Sua textura filamentosa e fibrosa costuma ser mais rija que a das folhas, mas há duas dificuldades ainda maiores. Primeiro há os fitólitos, as gotas de sílica que as gramíneas secretam e que são úteis para nós, pois são facilmente preservadas como fósseis, mas um incômodo para os animais, pois são pequenos grãos de areia no meio da salada de capim. Depois há a areia. Como crescem perto do solo em espaços amplos e abertos, as gramíneas são um ímã para terra, poeira e outras partículas sopradas pelo vento. Muitos mamíferos ingerem uma quantidade enorme dessa areia quando pastam. Em média, o gado doméstico engole entre 4% e 6% de terra ao comer, comparados aos menos de 2% dos animais que comem folhas. As ovelhas, que arrancam as lâminas de grama mais perto do solo que as vacas, estão em situação ainda pior: na Nova Zelândia, chegam a consumir 33% de terra — em outras palavras, uns 30 gramas de terra para cada 60 gramas de capim.

A terra e os fitólitos funcionam como lixas, limando os dentes dos animais enquanto comem. Essa não é uma preocupação trivial: eles perdem cerca de 3 milímetros dos dentes a cada ano, com o esmalte sendo literalmente corroído. Pode não parecer grande coisa, mas pense no seguinte: meus molares ficam cerca de 1 centímetro (10 milímetros) acima da linha da gengiva. Se eu comer somente grama, meus dentes só durarão três anos. Como mamífero, sei que novos dentes não crescerão; quando meus dentes de leite e depois meus dentes adultos desaparecerem, precisarei de uma visita ao dentista. Cavalos e ovelhas não podem usar dentaduras e, quando seus dentes se reduzem a pó, a única opção é passar fome.

Era uma faca de dois gumes para os mamíferos do Oligoceno e do Mioceno: havia muita nutrição gramínea esperando para ser consumida e, quanto mais comessem, mais haveria para comer; mas as gramíneas eram letais se consumidas em excesso. A evolução encontrou uma solução: a hipsodontia. Essa é somente uma palavra chique para "dentes altos", que prolongam o período durante o qual um mamífero pode mastigar. Se meus molares tivessem 2 centímetros (20 milímetros) de comprimento, eu poderia consumir relva e sua cobertura de sujeira abrasiva pelo dobro do tempo antes que meus dentes se desintegrassem. Quanto mais meus molares fossem "esticados", mais longa seria minha janela alimentar. Os humanos, é claro, não fizeram isso, porque nossa dieta não exige. Mas muitos animais de pasto — mais famosamente os cavalos de Simpson — chegaram a essa solução simples. Eles desenvolveram molares (e, às vezes, os pré-molares) que parecem feitos de puxa-puxa, esticados a um nível cômico. Os dentes se tornaram tão altos que a coroa — a parte coberta de esmalte e exposta acima da gengiva — ficou grande demais para caber na boca. Assim, ela permanecia escondida no interior da gengiva e das mandíbulas, irrompendo gradualmente ao longo da vida do animal, como o grafite no interior de um lápis. Em alguns mamíferos, os dentes até mesmo adquiriram crescimento contínuo.

O desenvolvimento da hipsodontia como resposta à disseminação dos prados é o principal arco narrativo da "Grande Transformação" de Simpson. Foi isso que, supostamente, motivou o desenvolvimento dos cavalos, que passaram de habitantes anônimos da floresta e consumidores de frutos e folhas aos majestosos ícones de graça e velocidade que tanto adoramos hoje. A pesquisa de Caroline — e o trabalho de muitos colegas — confronta essa parábola simplista de causa e efeito. Sem dúvida, os prados promoveram a evolução dos cavalos e muitos outros mamíferos, mas a história é mais sutil — e consideravelmente mais rica — do que Simpson imaginou.

Os cavalos, aliás, chegaram tarde. Eles foram lentos na aquisição de dentes com coroas altas e no aproveitamento da nova abundância de relva. Tão lentos, na verdade, que muitos outros mamíferos fizeram isso antes deles. Conforme as paisagens ficavam cada vez mais abertas no Oligoceno e as gramíneas preenchiam os retalhos entre as selvas, os mamíferos menores se adaptavam primeiro. Roedores e coelhos, com suas insanas taxas de nascimento e seu baixo tempo de gestação, foram mais maleáveis aos caprichos da seleção natural. Eles esticaram seus dentes e começaram a mordiscar grama e lidar com a sujeira abrasiva no mínimo 10 milhões de anos antes de os cavalos se tornarem hipsodontes. Então alguns grandes mamíferos ungulados pensaram no truque de alongar seus molares — mas foram artiodáctilos de dedos pares, incluindo uma multidão de camelos, que se tornaram os maiores animais de pasto do Oligoceno. Entrementes, os cavalos do Oligoceno mantiveram os dentes curtos de seus ancestrais do Eoceno, com desgaste mínimo do esmalte, um sinal de que comiam folhas macias, ao passo que coelhos, roedores e camelos exploravam os mais variados nichos de gramíneas.

No início do Mioceno, 23 milhões de anos atrás, as selvas eram uma lembrança distante e os prados ocupavam grandes extensões da América do Norte. Foi somente então, quando havia oceanos de capim, em vez de somente ilhas entre florestas cada vez menores, que os cavalos finalmente a notaram. É como se percebessem que o antigo estilo de vida acabara e, relutantes, começassem a trocar as folhas pela relva. O desgaste de seus dentes subitamente se tornou mais extremo, com as cúspides altas de seus ancestrais comedores de folhas se transformando em montes menos acentuados, dizimados pelos fitólitos e pela terra. Quando começaram a se desgastar, os dentes começaram a ficar mais altos, ao longo de gerações. Mesmo assim, os hipsodontes chegaram lentamente — a seleção natural demorou um pouco para pegar o ritmo. Houve um atraso de 5 milhões de anos entre os primeiros cavalos do início do Mioceno com desgaste severo nos dentes e os primeiros cavalos hipsodontes genuínos do meio do Mioceno, de coroas altas, como os de hoje. Ao se tornarem hipsodontes, esses cavalos desenvolveram outra ferramenta para lidar com os rigores do pasto: um labirinto de cristas finíssimas de esmalte nas superfícies mastigadoras dos dentes, usadas para macerar e cortar, que se tornam ainda mais afiadas ao serem desgastadas pela relva e pela sujeira abrasiva.

Os cavalos demoraram, mas, no fim do Mioceno, há 5 milhões de anos, já tinham aperfeiçoado a arte de pastar, tornando-se um dos mais habilidosos comedores de capim da história da vida. E não estavam sozinhos: de maneira independente, ao menos dezessete grupos de mamíferos de casco se tornaram hipsodontes, incluindo os rinocerontes barrigudos que foram enterrados em massa no Nebraska, quando as cinzas exterminaram seu estoque de relva. Os animais da savana americana também se adaptaram de outras maneiras. Cavalos, camelos e outras espécies unguladas se tornaram grandes corredores, esticando e endireitando seus membros a fim de galopar pelos pastos abertos. Os cavalos simplificaram seus membros até chegarem a um único dedo, transformando-os em alavancas cujo único trabalho era correr, em resposta à aceleração da vida. Já não estando presos às florestas, roedores e coelhos experimentaram novas maneiras de se mover, como saltar e pular, e novas maneiras de se proteger, como buracos no solo, onde ficavam escondidos pelo capim acima.

Todos esses herbívoros mastigando capim a céu aberto eram um convite para os predadores, que também tinham um bufê liberado, se conseguissem apanhá-lo. O Oligoceno e o Mioceno foram o palco para uma corrida armamentista, um tango de predadores se diversificando com suas presas, com cada lado tentando superar o outro. Muitos novos mamíferos comedores de carne aterrorizaram a savana americana: ursos, gatos e cães, de inúmeros tamanhos e formatos, alguns com dentes-de-sabre para cortar a carne, outros com "molares de pistão" para esmigalhar os ossos. Alguns eram predadores de emboscada, capazes de se esconder no capim alto ou entre os grupos remanescentes de árvores antes de chocarem suas vítimas com uma explosão de violência. Outros alongaram os membros para perseguir suas presas por curtas distâncias antes de saltar para abatê-las.

Olhando para essa coleção de assassinos, é difícil decidir qual predador era mais aterrorizante. Talvez os borofagíneos, um grupo felizmente extinto de cães — incluindo o cão do inferno *Epicyon* — que agiam como hienas em pele de lobo, perseguindo as presas e então as desmembrando com mordidas esmigalhadoras de ossos. Ou talvez os anficionídeos, outro grupo de parentes letais dos cães apelidados de "ursos-cães", porque pareciam uma mistura aterrorizante dessas duas criaturas. O *Amphicyon*, que dá nome ao grupo, tinha mais ou menos 2,5 metros de comprimento e pesava 600 quilos, sendo um dos maiores carnívoros a viver na América do Norte desde a extinção do *T. rex* 66 milhões de anos atrás.

Mas eu aposto nos entelodontes. Os chamados porcos do inferno podiam facilmente vencer cães do inferno, se necessário. Eram medonhos, com cabeças enormes, corpos gordos e costas corcundas, mas pernas esguias para correr, terminadas em cascos — uma terrível combinação de força e velocidade. O maior deles, o *Daeodon*, tinha 2,1 metros até os ombros e pesava quase 450 quilos. Suas presas caninas e suas mandíbulas que lembravam tornos podiam lidar com qualquer coisa, fossem folhas ou raízes, carcaças ou presas vivas. Para os animais da savana americana, o único consolo era que os porcos do inferno provavelmente passavam mais tempo atacando uns aos outros que caçando outras espécies. Suas cabeças eram cobertas por nódulos e bolhas ósseas, uma máscara medonha para que os rivais pensassem duas vezes antes de começar uma briga. Muitos dos crânios fossilizados estão marcados por ferimentos e marcas de mordida, cicatrizes de batalha obtidas em disputas por parceiras ou território.

Ao olharmos para a savana americana, a Grande Transformação de Simpson parece igualmente uma grande diversificação. A mudança de florestas para prados introduziu um novo conjunto de mamíferos: pastadores como cavalos e rinocerontes, supercarnívoros como cães e porcos do inferno, velocistas, saltadores, puladores. Os prados criaram novos nichos para se unir aos já presentes nas florestas. Temperaturas mais baixas, espaços abertos e gramíneas funcionaram em conjunto para transformar um elenco limitado de mamíferos em um grupo maior, mais diversificado, especializado e interessante de espécies, quando comparadas aos moradores das selvas. É como colocar lado a lado o elenco original de *Os Simpsons* em 1989 com as centenas de personagens de hoje, cada um com seus próprios papéis recorrentes e bordões.

Quanto mais personagens há em uma história, mais convoluta ela se torna. Infelizmente, ainda haveria muitas guinadas no roteiro da Grande Transformação de Simpson.

A evolução dos cavalos pode parecer uma narrativa organizada, de comedores de folhas se tornando pastadores conforme as savanas se expandiam, rinocerontes e outros fazendo o mesmo e então predadores se tornando mais ferozes para acompanhar suas presas. Mas essa é somente uma trama em meio a muitas outras, todas entremeadas, da savana americana. Quando os dentes de coroas altas dos cavalos evoluíram para aparar a relva dos prados, nem todos seguiram essa jornada. Muitos cavalos do Mioceno continuaram a comer folhas e permaneceram nas florestas, que, é claro, não desapareceram, mas recuaram, primeiro para bolhas no interior dos oceanos de grama; depois para trópicos e subtrópicos mais quentes, de acordo com as mudanças no clima. Vale lembrar que não eram somente os garanhões pastadores de um só dedo que se congregavam na cacimba do Nebraska antes de as cinzas caírem do céu. Havia também cavalos menores, de três dedos, menos adaptados para correr, com dentes curtos que não podiam lidar com a sujeira abrasiva, mas eram perfeitos para moer folhas.

Mais que uma marcha ordenada na direção do pasto, o Mioceno foi uma grande festa de cavalos. Foi seu auge, uma época de espantosa diversidade. Comedores de folhas prosperaram ao lado de comedores de gramíneas, dividindo as florestas e prados em muitos nichos, de modo que até doze espécies podiam coexistir. Duas famílias prosperaram paralelamente por quase 20 milhões de anos: os especialistas em gramíneas do grupo equino e os comedores de folhas chamados anchiteríneos. Se fôssemos transportados de volta ao Mioceno, a probabilidade de ver um cavalo comendo capim ou folhas seria igual.

ESSES DIAS GLORIOSOS, que persistiram até alguns milhões de anos atrás, foram o clímax da saga dos cavalos. Desse ponto em diante, ela se transformou em uma drama de passagem, de perda e da mais inesperada redenção.

No Plioceno, o intervalo de tempo após o Mioceno, a geladeira se transformou em freezer. Geleiras começaram a deslizar pelos continentes do norte e prados abertos e mais secos se espalharam ainda mais. Os cavalos comedores de folhas foram extintos, não somente na América do Norte, mas em todo o mundo, deixando somente os equinos pastadores. Eles se tornaram os cavalos de hoje, o gênero *Equus*, que se originou entre 4 e 5 milhões de anos atrás na América do Norte. Então o *Equus* declinou, extinguindo-se na América do Norte há uns 10 mil anos, vítima das mudanças climáticas e da caça excessiva por parte de um novo e aterrorizante predador bípede, mais astuto e letal que qualquer cão ou porco do inferno. Por acaso, alguns membros do gênero *Equus* escaparam para o Velho Mundo, onde foram domesticados por um bando de caçadores hominídeos na Ásia, há uns 6 mil anos. Os cavalos asiáticos encontraram caminho até a Europa, e então os espanhóis levaram alguns para a América do Norte durante sua brutal conquista, algumas centenas de anos atrás. Sempre que vir uma manada de cavalos "selvagens" nas planícies americanas, saiba que eles não são nativos, com uma linhagem contínua até os pastadores do Mioceno que transformaram seus dentes e corpos na savana americana. Eles são descendentes selvagens de cavalos espanhóis.

Isso mostra que focar somente na América do Norte pode obscurecer o retrato mais amplo. Afinal, o mundo inteiro esfriou no Oligoceno e Mioceno (embora com alguns picos de calor aqui e ali). Os prados se tornaram globais, mas em diferentes ritmos em diferentes lugares. A Ásia Oriental parece ter se transformado ao mesmo tempo que a América do Norte, começando no Oligoceno e acelerando no Mioceno. Na Ásia e na Europa ocidentais no fim do Mioceno, havia conjuntos disseminados de cavalos, rinocerontes e antílopes de savana dos Bálcãs ao Afeganistão. Na África, também havia prados, os progenitores dos ecossistemas de safári de hoje, com leões, gnus e zebras. A América do Sul, isolada abaixo do Equador, mudou mais lentamente. Alguns de seus mamíferos, incluindo os ungulados de Darwin, se tornaram hipsodontes muito antes de seus distantes primos norte-americanos. Mas, como demonstrou a pesquisa de Caroline, fizeram isso para lidar com as cinzas dos vulcões andinos, e não com a relva, que só se disseminou pelas partes não tropicais do continente no fim do Mioceno.

E então havia a Austrália, que, após se separar da Antártida na transição Eoceno-Oligoceno, ficou isolada na parte de baixo do mundo. Os prados do Outback só chegariam muito, muito mais tarde, depois de um espetáculo ocorrido durante o Mioceno, diferente de tudo que acontecia no restante do globo.

TODOS OS ANOS, durante mais ou menos uma semana, Mike Archer explode pequenas partes do Outback australiano. Ele costuma chegar de helicóptero: algumas vezes são aeronaves militares, mais frequentemente alugadas dos vaqueiros ou dos caçadores que atiram em cervos do ar. Uma vez, ele foi levado por um lunático (ou, em inglês australiano, um *larrikin*) que gostava de reproduzir a famosa cena do filme *Apocalypse now* na qual um esquadrão de artilheiros americanos ataca um vilarejo vietnamita. Toda noite, esse piloto — que Mike acha que pode ter servido no Vietnã, embora não tenha certeza — voava sobre o rio Gregory, um fiozinho de água naquele ressecado fim de mundo no noroeste de Queensland. Ele voava a cerca de 1 metro acima da superfície e mantinha os rotores silenciosos até ver um barco desprevenido. Então, como no filme, botava para tocar "Cavalgada das Valquírias" no último volume, disparava o helicóptero verticalmente pelo céu e ria do caos no rio abaixo.

"Mesmo após todos esses anos, eu me pergunto se aquele piloto ainda está vivo", disse Mike, rindo enquanto lidava com a diferença de onze horas entre Sydney e Edimburgo durante uma chamada na época da pandemia.

Não importa quem esteja pilotando, Mike desliza sobre as charnecas procurando trechos de calcário cinzento se projetando da grama seca. Ele busca lugares nos quais o solo tenha sido recentemente atingido pelo fogo, expondo o escalpo rochoso normalmente recoberto pelas lâminas pontiagudas do capim *Spinifex* e uma ou outra árvore. Quando vê pedras, ele instrui o piloto a pousar. Um regimento de estudantes e colegas o segue — um "exército científico", que, assim como um exército de verdade, tem muito poder de fogo. Sua arma favorita é o cordão detonante, finos tubos de plástico que se parecem com cabos de computador, cheios de um explosivo de baixa intensidade. Quando aceso, o cordão fatia as rochas como uma faca em um bolo. Enquanto corta, ele explode, porém com pouco ruído. Mas nem sempre é assim.

Da primeira vez que tentou liberar fósseis com explosivos, Mike usou um quarto de tubo de gelatina explosiva, uma substância parecida com dinamite que era a favorita do IRA, o Exército Republicano Irlandês. "Quando o pavio foi aceso, a rocha simplesmente evaporou", contou ele. Bom, quase: "Havia uma peça maior, mais ou menos do tamanho de um computador, que disparou pelo ar e quase caiu sobre um de nossos veículos." Lembrando desses tempos selvagens na década de 1970, quando poucas pessoas procuravam fósseis de mamíferos australianos e quase ninguém sabia como coletá-los, Mike deu de ombros: "Acho que, naquele tempo, éramos imortais." Mas ele aprendeu a lição. Se quiser estudar fósseis, crânios e esqueletos serão muito mais informativos que uma pilha de entulho.

Mike poderia ter acabado como aquele piloto maluco, não um professor piadista, se as circunstâncias tivessem sido diferentes. Nascido em Sydney, mas criado nos Estados Unidos, ele ganhou uma bolsa Fulbright de um ano. Decidiu permanecer na Austrália durante o período da bolsa, a conselho de um de seus professores da faculdade, que lhe disse que havia fósseis a ser encontrados no Outback australiano se alguém procurasse por eles. Isso foi em 1967, e os Estados Unidos estavam desesperadamente atolados na guerra contra o Vietnã. Mike disse aos oficiais de alistamento em Nova York que sairia do país a menos que recebesse ordens em contrário. Em função da incompetência do esforço de guerra, eles o ignoraram. Dois meses depois de ele chegar à Austrália, a junta de alistamento lhe enviou uma carta dizendo que ele devia retornar para seu exame físico. A comissão Fulbright se recusou a pagar pelo voo. Mike escapou de novo, mas apenas por alguns meses, já que sua bolsa de um ano estava quase no fim e o fundo, prestes a falir. Se a lenda for verdadeira — e Mike acha que é —, o administrador da bolsa pegou o dinheiro que ainda restava, apostou tudo em um cavalo e venceu. Subitamente, houve mais um ano de financiamento para Mike continuar seu doutorado sobre carnívoros australianos fossilizados e modernos. Pouco tempo depois, a guerra terminou. Mas, àquela altura, Mike estava totalmente envolvido com o país. Ele enviou uma carta ao pai dizendo que não retornaria aos Estados Unidos, e está na Austrália desde então.

Em meados da década de 1970, Mike se viu na Estação Riversleigh, nos espaços vazios a noroeste de Queensland. Fósseis de mamíferos haviam sido relatados na área, mas pouca gente parecia se importar, ao menos não o bastante para suportar o calor extremo e a solidão de tal posto avançado. Mike encontrou fósseis — e continuou a encontrá-los, ano após ano. Seu maior achado ocorreu em 1983, em um local que ele apelidou de Gag Site. "Olhei para meus pés e vi crânios e mandíbulas se projetando da rocha. Foi incrível, tudo que sonhávamos encontrar na Austrália", lembrou ele. Mas havia um problema: a rocha era dura como concreto, e os fósseis não podiam ser removidos da maneira tradicional, com martelos, pincéis e ferramentas odontológicas. A equipe de Mike precisaria usar explosivos, dividir a rocha em pedaços menores e levá-los de volta ao laboratório, onde o calcário seria lentamente dissolvido por ácido acético — basicamente vinagre diluído —, deixando os ossos à mostra. Muitos dos crânios eram tão perfeitos, com dentes brilhantes e ossos brancos, que pareciam mais frescos que os de um animal recém-morto na estrada.

Os fósseis de Riversleigh vão, com algumas lacunas, do fim do Oligoceno, há 25 milhões de anos, ao início do Pleistoceno, um intervalo de mais ou menos 24 milhões de anos. Quando Mike começou a coletá-los na década de 1970, todo mundo achava que a Austrália era recoberta de prados desde o meio do Mioceno, assim como a América do Norte e grande parte do restante do mundo. Mas, a cada novo fóssil, aumentavam as dúvidas de Mike. "Estava dolorosamente óbvio que nenhum dos herbívoros que eu encontrava poderia ter sobrevivido em prados", disse ele, afirmando que o esmalte era fino como papel e os dentes apresentavam molares com coroas baixas, não os dentes hipsodontes de comprimento obsceno dos cavalos, rinocerontes e outros pastadores da savana americana. Aqueles dentes pareciam adequados para comer vegetação mais macia e viçosa, como folhas, flores e frutos das florestas úmidas tropicais. Também estava muito óbvio que os mamíferos de Mike não eram cavalos, rinocerontes, camelos, cães ou porcos do inferno nem qualquer outro habitante da savana americana durante o Mioceno. Eles tampouco eram algo que se conhecesse do Oligoceno e Mioceno na Europa, Ásia, África e América do Sul.

Todos os mamíferos do Oligoceno e Mioceno encontrados por Mike, com exceção de alguns monotremados ovíparos e um punhado de morcegos, eram marsupiais. Alguns esqueletos tinham filhotes preservados na região do marsúpio, mãe e filho tendo sido fossilizados juntos — em um trágico último abraço — durante o desamparado estágio da vida do filhote no qual ele está permanentemente ligado ao mamilo da mãe.

Isso não é bem uma surpresa, já que a Austrália está tomada por marsupiais. Muitos dos mais carismáticos mamíferos da região são marsupiais, como coalas, cangurus, wallabees, bandicoots, gambás e diabos-da-tasmânia, em um total de 250 espécies. Há duas exceções. Primeira: um punhado de monotremados, como o ornitorrinco e a equidna, remanescentes do Cretáceo, sobre os quais aprendemos há alguns capítulos. Segunda: alguns poucos placentários, como morcegos que voaram para a Austrália durante sua diáspora mundial no Eoceno e então se diversificaram em muitas espécies; roedores que chegaram de jangada da Nova Guiné e da Indonésia há somente alguns milhões de anos; e espécies invasoras como dingos e coelhos, levados recentemente pelo placentário mais invasor de todos os tempos, o *Homo sapiens*.

Como os marsupiais chegaram à Austrália? Essa era uma questão que não saía da cabeça de Robin Beck, um dos muitos estudantes que Mike treinou ao longo dos anos. Fiquei amigo de Rob quando ele era pesquisador de pós-doutorado no Museu Americano de História Natural e eu fazia doutorado. Antes de Rob ir para Nova York, ele trilhou um caminho parecido com o de seu mentor pelo mundo, embora felizmente sem a ameaça de guerra. Rob é do norte da Inglaterra, ganhou uma bolsa internacional para fazer doutorado e escolheu a Austrália depois que Mike lhe ofereceu um projeto sobre "estranhos fósseis de marsupiais", incluindo um que ele chamou de "Coisodonta". Mudar-se para milhares de quilômetros de distância para estudar marsupiais esquisitões foi um salto no escuro para Rob e sua família. Na noite antes de ele partir para Sydney, a mãe dele olhou sua mala e perguntou, suspirando: "Então você vai mesmo?"

O mesmo poderia ser dito dos marsupiais. Como a pesquisa de Rob demonstrou, a Austrália foi a parada final de uma aventura global que durou milhões de anos. Vale lembrar que, durante o Cretáceo, os ancestrais metatérios dos marsupiais eram prolíficos nos continentes do norte. O asteroide pôs um fim em seus sonhos de domínio, pois eles quase seguiram o caminho do *T. rex* e do *Triceratops*. Alguns conseguiram fugir para a América do Sul, onde se misturaram aos ungulados de Darwin e aos xenartros (como preguiças e tatus) no continente insular. Não contentes em permanecer confinados a um único lugar, os metatérios continuaram sua jornada, usando como rodovias as estreitas faixas de terra que conectavam a América do Sul à Antártida e à Austrália. Por alguma razão, os placentários sul-americanos fizeram incursões à Antártida e ao menos um grupo parece ter chegado à Austrália, mas não estabeleceu raízes — deixando os metatérios sozinhos para se misturar aos monotremados nativos. Quando a Austrália "se soltou", no Eoceno, tornou-se um laboratório no qual os marsupiais podiam fazer o que bem quisessem. Muitos convergiram nos placentários; há versões marsupiais de tamanduás, toupeiras, lobos, leões e marmotas. Outros, como veremos, seguiram seu próprio caminho.

A radiação marsupial australiana começou no início do Eoceno, há uns 55 milhões de anos — a idade dos mais antigos fósseis australianos de metatérios. Mas engrenou mesmo no Oligoceno, como registrado pelos primeiros fósseis das linhagens modernas, como cangurus e coalas, em Riversleigh, e chegou ao auge no Mioceno. Embora o clima e as temperaturas variassem no Oligoceno e no Mioceno e as florestas oscilassem entre selvas mais densas e bosques mais abertos, o ambiente geral permaneceu o mesmo. Aquele era um reino de florestas, não de capim. Provavelmente era saturado de umidade, vibrante com folhas gigantescas e frutos coloridos pendurados de árvores muito altas e perfumado pelo cheiro de frutas maduras parecidas com ameixas — cujos fósseis foram encontrados em Riversleigh. Muito mais comuns, no entanto, são os fósseis de mamíferos — as joias dos sonhos de Mike —, que ficaram presos no granito ao caírem em lagos no meio da floresta ou em cavernas.

Um dos melhores exemplos é o *Nimbadon*. Mais de duas dúzias desses primos do vombate foram encontradas em uma antiga caverna, tendo tropeçado no que provavelmente era um buraco escondido no chão da floresta. Os vombates modernos são bolas de pelo fofinhas que andam lentamente sobre as patas, frequentemente parando para depositar suas fezes em formato de cubo. O *Nimbadon* não era nem um pouco parecido. Com braços musculosos mais longos que as pernas e grandes garras em formato de gancho, ele era um escalador que se sentia à vontade nas árvores. Mike acha que eles talvez se pendurassem de cabeça para baixo em suas garras-ganchos, como as preguiças. Os adultos pesavam cerca de 70 quilos, sendo os maiores mamíferos arborícolas da Austrália de todos os tempos. As folhas e os brotos no topo das árvores alimentavam seus corpos gorduchos, e eles provavelmente viajavam em grupos numerosos.

Um *Nimbadon* era uma refeição saborosa — se você conseguisse pegá-lo. Dois tipos de predadores se especializaram para fazer exatamente isso. Os primeiros foram os thylacíneos, caçadores parecidos com cães que agora estão extintos, mas sobreviveram até 1936, quando o último "lobo-marsupial" de costas listradas morreu em um zoológico na Tasmânia. Muitos tipos diferentes de thylacíneos fossilizados foram encontrados em Riversleigh, incluindo uma espécie do tamanho de uma raposa chamada *Nimbacinus*, descoberta na mesma caverna de todos aqueles *Nimbadon*. Seu crânio cheio de músculos e sua mordida feroz teriam dilacerado presas muito maiores — como, talvez, um robusto *Nimbadon*. Mas nem todos os thylacíneos queriam sangue. Em sua história evolutiva, eles foram de carnívoros-padrão a especialistas esmagadores de ossos, de onívoros a comedores de insetos.

Os segundos predadores eram ainda mais ferozes. Eles eram os thylacoleonídeos, com nomes confusamente parecidos com os thylacíneos, mas de ascendência distinta — e mais estranha. Eram integrantes do grupo dos vombates e coalas, lânguidos vegetarianos que evoluíram para um estilo de vida supercarnívoro. Apelidados de "leões-marsupiais", tornaram-se um dos mais monstruosos assassinos da história dos mamíferos após seus pré-molares se transformarem em navalhas gigantescas que cortavam carne como guilhotinas opostas quando as mandíbulas se fechavam. Se você fosse um *Nimbadon*, era inútil fugir para as árvores: os leões-marsupiais sabiam escalar, usando os ombros e membros dianteiros flexíveis. Esses monstros agora estão extintos, mas os primeiros indígenas australianos conheceram o maior e mais assustador deles, o *Thylacoleo*, do tamanho de uma leoa real (placentária), chegando a 160 quilos, e com guilhotinas pré-molares tão poderosas que agiam como alicates, esmagando os ossos e dilacerando a carne.

Completando o grupo de marsupiais de Riversleigh, há milhares de outros fósseis, pertencentes a dezenas de espécies. Alguns são ancestrais dos marsupiais de hoje, lembretes de que quase todas as marcas registradas dos "mamíferos australianos" têm origem nas florestas ombrófilas de outrora. Havia cangurus, muitos dos quais galopavam em vez de saltar, e um parente próximo chamado *Ekaltadeta*, que adaptou seus grandes e afiados pré-molares para comer tanto plantas quanto presas pequenas, ganhando o apelido de "canguru assassino". Havia coalas de diferentes tipos vivendo juntos no topo das árvores, provavelmente tão preguiçosos e barulhentos quanto a única espécie ainda existente, mas de modo geral menores e com comportamentos mais parecidos com os dos macacos. A equipe de Mike encontrou até mesmo os frágeis ossos de uma toupeira-marsupial que se abrigava na serapilheira de folhas mortas e musgo das florestas úmidas. Como as toupeiras-marsupiais contemporâneas nadam na areia do deserto, esse fóssil é um lembrete de que a Austrália que conhecemos — plana e árida — já foi povoada por habitantes das florestas úmidas que se adaptaram às mudanças de seu ambiente.

E, por fim, temos os marsupiais de Riversleigh, completamente "doidos": são totalmente diferentes de qualquer espécie sobrevivente, vestígios de um tempo no qual mamíferos com marsúpio eram ainda mais diversificados na Austrália. Os pré-molares superiores do *Malleodectes*, um primo distante do diabo-da-tasmânia, transformaram-se em martelos inflados, parecendo bolas de boliche cortadas ao meio, usados para esmagar as conchas dos caramujos e extrair o conteúdo suculento. E quanto ao "Coisodonta", formalmente *Yalkaparidon*, o enigma que

Mike usou para atrair Rob à Austrália? Rob passou anos estudando os dentes do *Yalkaparidon* e, ao terminar seu doutorado, propôs uma interpretação radical. Os incisivos enormes e de crescimento contínuo e os molares pequenos com cristas em forma de bumerangue trabalhavam juntos para abrir buracos no tronco das árvores e coletar e mastigar macias larvas de insetos — fazendo dele um pica-pau-marsupial, um mamífero com marsúpio convergente com uma ave!

Tais animais notáveis, vivendo em um ambiente tão verdejante, não podiam durar para sempre. Finalmente, os prados chegaram à Austrália durante o Plioceno, cerca de 5 milhões de anos atrás. O capim avançou e vombates e cangurus se tornaram pastadores; dentes alongados hipsodontes evoluíram para lidar com os fitólitos e a sujeira abrasiva. As florestas encolheram, empurrando os coalas para bosques restritos, onde restou apenas uma única espécie, hiperespecializada em um único tipo de árvore adequado às novas e mais secas condições: o eucalipto.

Novamente, a causa disso foi uma mudança climática. A mesma mudança climática que condenou os cavalos e rinocerontes da América do Norte e pôs fim ao reino da savana americana. A geladeira relativamente estável do Oligoceno e do Mioceno se transformou em freezer. A *Era do Gelo estava chegando.* Geleiras invadiram o norte e o sul, e grande parte da Terra permaneceu congelada durante o Plioceno e o Pleistoceno — gélida, seca, ventosa. Os mamíferos responderam, como sempre. Dessa vez, alguns cresceram, outros criaram lã, e outros mais desceram das árvores, começando a andar sobre duas pernas, com cérebros inflados.

9

MAMÍFEROS DA ERA DO GELO

Quem descobriu o primeiro fóssil de mamífero? É uma pergunta simples que simplesmente não tem uma resposta. As pessoas encontram fósseis há milênios, mas, até recentemente, poucas mantiveram registros detalhados de quando e do que encontraram. Então há a questão do que significa, exatamente, "descobrir". Quem deve receber o crédito? A primeira pessoa a ver um fóssil? A primeira a coletar um fóssil? Ou a primeira a identificá-lo corretamente e entender que pertencia a um tipo particular de animal que vivera em uma era distante?

Eis algo que sabemos. As primeiras pessoas na América do Norte a encontrar, identificar corretamente e registrar por escrito suas impressões sobre fósseis de mamíferos foram os africanos escravizados. Toda a empreitada da paleontologia de vertebrados americanos pode ser traçada até um grupo de pessoas sujeitadas a trabalhos forçados, com seus nomes esquecidos, sequestradas de suas casas em Angola ou no Congo e obrigadas a labutar nos pântanos cheios de malária do litoral da Carolina do Sul.

Sua descoberta ocorreu em algum momento de 1725, em uma fazenda chamada Stono, na periferia de Charleston. Pouco mais de uma década depois, o nome Stono se tornaria infame, local da mais sangrenta rebelião de escravizados das colônias americanas, que deu fim a mais de cinquenta vidas e levou à brutal redução dos já poucos direitos de reunião e educação concedidos aos africanos. Mais tarde, houve um conflito na região durante a guerra revolucionária americana — uma constrangedora derrota ianque que custou a vida do irmão do futuro presidente Andrew Jackson. A história sendo como ela é, Stono voltou a viver momentos de ação durante a Guerra Civil. Os confederados capturaram um barco a vapor da União no rio Stono como parte de uma série de vitórias antes que a maré da guerra virasse e os escravizados fossem libertos.

Muito antes dessas batalhas, um grupo de escravizados de Stono escavava um pântano, talvez plantando algodão ou arroz. Ao tocar o solo enlameado, com mosquitos zunindo em meio à umidade, eles sentiram algo sólido. E mais algo. Cada "algo" era do tamanho de um tijolo e estava coberto de esmalte brilhante, com cristas corrugadas alinhadas paralelamente em uma das superfícies. Para nós, o padrão pareceria a sola de um tênis de corrida. Mas os escravizados não precisavam de analogias, pois sabiam exatamente do que se tratava.

Eles mostraram suas descobertas aos donos da fazenda. Seus senhores, confusos, perceberam que se tratava de uma criatura bem grande. Mas qual? Eles usaram a explicação preferida por tantas pessoas daquela época quando apresentadas a curiosidades estranhas retiradas do solo: deviam ser partes de corpos de animais bíblicos que pereceram durante o dilúvio. Eu consigo ver os escravizados revirando os olhos. Não, insistiram eles. Eles podiam explicar.

Aqueles objetos eram dentes. Dentes de elefante.

Mais precisamente, eram molares, os assim chamados moedores que os elefantes usavam para triturar relva e folhas. Os escravizados estavam familiarizados com elefantes, tendo vivido ao lado deles na África. Mas, até onde alguém da época sabia, não havia elefantes nos pântanos da Carolina ou em qualquer outro lugar do continente americano. Eles eram animais exóticos e estrangeiros. Eu consigo ver o ceticismo no rosto dos donos da fazenda. Ridículo! Os escravizados deviam estar enganados.

Mas eles estavam corretos — e, em breve, todo mundo reconheceria isso. Mais "moedores" começaram a surgir nas extremidades norte e leste das colônias americanas, em geral associados a longas presas de marfim. Ficou evidente que havia duas variedades de molares: os com cristas corrugadas como os espécimes de Stono e os com fileiras de cúspides pontiagudas em forma de pirâmide. Durante algum tempo, todos os fósseis foram agrupados como "mamutes", em referência aos elefantinos similarmente brutos cujos ossos começavam a se soltar do permafrost da Sibéria. Mais tarde, os anatomistas perceberam que havia dois elefantes americanos distintos: mamutes verdadeiros, com dentes com cristas para comer relva; e mastodontes, com dentes com cúspides para cortar e comer folhas.

Um colono americano ficou obcecado por mamutes. No fim do século XVIII, havia muita coisa na mente de Thomas Jefferson: escrever a Declaração de Independência, vencer uma guerra revolucionária, evitar que seu novo país desmoronasse, participar de duas das mais contenciosas campanhas presidenciais da história americana e criar (ou ao menos produzir) duas famílias. Em meio a tudo isso, ainda pensava em mamutes. E escrevia sobre eles, implorando às pessoas para lhe enviar ossos e ordenando que seus generais procurassem esqueletos. Em parte, isso era escapismo. Jefferson amava a natureza e, em suas palavras, preferia "as tranquilas empreitadas da ciência" ao pugilismo da política. Mas, além disso, ele tinha motivos bem importantes. Em um livro campeão de vendas, o naturalista francês conde de Buffon apresentara sua "teoria da degenerescência americana", que defendia que o clima frio e úmido da América do Norte tornara os animais "frágeis" e as pessoas "frias", quando comparados à grandiosidade do Velho Mundo. Cheio de patriotismo, Jefferson via o mamute — um elefante maior que os da África e da Ásia! — como uma maneira de retrucar essa teoria. Era prova de que os Estados Unidos não eram um fim de mundo, mas uma terra cheia de vitalidade, com um futuro brilhante e industrioso.

Em sua tentativa de provar que Buffon estava errado, Jefferson também se apaixonou por outros ossos gigantescos. Em 10 de março de 1797, ele discursou para a Sociedade Filosófica Americana na Filadélfia. Apenas seis dias antes, ele havia sido empossado como segundo vice-presidente dos Estados Unidos, após perder para John Adams na corrida para suceder George Washington como presidente. Mas ali estava ele, falando sobre um punhado de ossos encontrados em uma caverna da Virgínia. Três deles eram garras — grandes, afiadas e assustadoras. Com seu talento para os floreios retóricos, Jefferson os identificou como pertencentes a "um animal do tipo do leão, mas de tamanho exagerado". Ali estava, pensou ele, um titânico leão americano, três vezes maior que os supostamente superiores felinos do Velho Mundo. Uma fera tão selvagem merecia um nome adequado, e Jefferson o chamou de *Megalonyx*: a "grande garra". O animal se revelou ainda mais estranho do que se imaginava. Alguns meses depois, Jefferson, sempre um leitor voraz, encontrou um obscuro relato do Paraguai sobre um "animal enorme do tipo com garras". Ele tinha as mesmas garras do *Megalonyx*, ainda que o restante do esqueleto fosse como o de uma preguiça — mas de proporções monstruosas. Naturalistas posteriores concordaram, e o *Megalonyx* foi formalmente batizado como uma espécie de preguiça-gigante, com o epíteto *Megalonyx jeffersoni* em homenagem a Jefferson.

Uma coisa que Jefferson não conseguia aceitar era que mamutes e leões (ou preguiças) gigantescos estavam extintos. A extinção, para ele, era impossível: perturbava a ordem natural, pois remover um elo da cadeia de seres geraria caos em toda a criação. Ao defender essa posição, ele atraiu outro rival, novamente um francês, Georges Cuvier, o talentoso e arrivista anatomista que reconhecera formalmente a distinção entre mamutes e mastodontes. Cuvier afirmara que ambos eram tão diferentes dos conhecidos elefantes africanos e indianos que deviam ser espécies distintas. Mas ninguém jamais vira um mamute ou mastodonte vivo; tudo que havia eram ossos, dentes e a ocasional carcaça congelada. Para Cuvier, a explicação mais simples era que essa "megafauna" já não vivia. Mas Jefferson não aceitava isso. "No interior de nosso continente, certamente há espaço suficiente para elefantes, leões, mamutes e o *Megalonyx*", disse ele em seu discurso de 1797, na esperança de que a megafauna emergisse quando o oeste americano fosse mais explorado.

Alguns anos depois, ele finalmente pôde fazer algo a respeito. Ele concorreu à presidência novamente em 1800, mais uma vez contra seu agora amargo adversário John Adams. Tecnicalidades no colégio eleitoral fizeram com que a competição terminasse sendo entre Jefferson e o homem que deveria ser seu vice-presidente, Aaron Burr (que mais tarde mataria Alexander Hamilton em um duelo). Em fevereiro de 1801, enquanto a capital mergulhava em intrigas e seu futuro político estava em risco, Jefferson se correspondia com um médico tentando conseguir mais ossos de mamutes, dessa vez de Nova York. Entrementes, a eleição foi entregue ao Congresso e, em sua trigésima sexta votação, Jefferson finalmente foi eleito presidente.

Em posse das finanças nacionais, ele comprou grande parte do oeste da América do Norte — a Louisiana — dos franceses em 1803 e encarregou um político e um tenente, Meriwether Lewis e William Clark, de explorá-la. Suas tarefas eram muitas, mas houve uma coisa que Jefferson lhes pediu pessoalmente para fazer: encontrar animais "considerados raros ou extintos" para provar que Cuvier estava errado.

Infelizmente, em sua jornada do rio Mississippi ao oceano Pacífico, Lewis e Clark não viram mamute, preguiça-gigante, leão, nada; nem qualquer outro integrante da megafauna. Jefferson permaneceu irredutível. Não muito depois de retornar de sua expedição no oeste, Clark recebeu outra missão presidencial: reunir ossos de animais da megafauna de um lugar chamado Big Bone Lick, perto do rio Ohio, no norte do Kentucky. Ali, nativos americanos haviam encontrado incontáveis esqueletos, que eles acreditavam ser de búfalos gigantes e outras presas saborosas, mortos por "animais gigantescos" que, como resultado, foram destruídos pelos raios do "Grande Homem" no céu. Desenterrar fósseis era uma missão mais fácil que encontrar mamutes vivos, e nisso Clark teve muito sucesso. Ele retornou com mais de trezentos ossos, que Jefferson espalhou pelo chão do salão leste da Casa Branca. Nas pausas entre os assuntos de Estado, o presidente ia para o salão dos ossos e conectava fêmures, tíbias e colunas vertebrais para formar esqueletos, como se estivesse trabalhando em um quebra-cabeça gigante.

Quando seu segundo mandato presidencial chegou ao fim, Jefferson certamente se deu conta do inevitável. O oeste americano estava sendo explorado, mas ninguém se deparara com um mamute ou mastodonte vivo. A cada dia, as chances diminuíam e aumentava a probabilidade de Cuvier estar certo. Quando deixou a Casa Branca, Jefferson levou parte da coleção de ossos para sua casa, Monticello, onde alguns espécimes permanecem até hoje. Outros foram para a Academia de Ciências Naturais da Filadélfia, onde, durante uma viagem de pesquisa para estudar dinossauros como aluno de doutorado, tive um dos momentos mais surreais de minha vida: colocar um par de delicadas luvas brancas — como as usadas por Michael Jackson — para abrir um armário e pegar as garras do *Megalonyx*. Os fósseis que Jefferson segurou, analisou, identificou e anunciou como um selvagem leão americano há 225 anos.

Em 1823, Jefferson, já idoso, escreveu uma carta para seu antigo inimigo John Adams, agora novamente amigo. Durante uma reflexão, ele admitiu, de má vontade, que "certas raças de animais se tornaram extintas". Com essa admissão, o debate havia chegado ao fim. As implicações eram imensas — e passaram a ser amplamente aceitas.

A América do Norte já fora habitada por inúmeros mamíferos gigantescos. Alguns eram versões maiores de espécies ainda presentes, como os castores. Outros eram variantes de animais ainda vivos, mas ausentes da América do Norte, como preguiças e elefantes. Outros ainda eram criaturas bizarras com somente elos muito tênues com os mamíferos modernos. Esses gigantes viveram em todo o mundo e até muito recentemente, há apenas algumas dezenas de milhares de anos. Muitos deles resistiram até 10 mil anos atrás, a mesma época em que humanos construíam templos e cidades no Oriente Médio, domesticavam gado e cultivavam grãos. Os mamíferos da megafauna podem estar mortos, mas nossos ancestrais os conheceram.

PASSE TEMPO SUFICIENTE no norte do Illinois, onde cresci, e talvez você passe a acreditar em teorias da conspiração. Porque o lugar... é... totalmente... *plano*. Tão plano que embota os sentidos e faz você esquecer que vivemos em um planeta esférico e tridimensional. Os campos de milho e feijão se estendem ao infinito, com Chicago em algum ponto à distância, e as estradas são retas, por dezenas de quilômetros, e silos solitários são os únicos monolitos a quebrar a monotonia. Tão plano que não parece natural; é como se alguém tivesse usado um ferro de passar roupas gigantesco e alisado o cenário. E, em certo sentido, foi isso que aconteceu.

Quando eu era criança, o que estava ao meu redor não me inspirava. Eu queria escavar dinossauros em terras baldias, atravessar desertos, escalar montanhas. Então, no último ano do ensino médio, tive uma aula de geologia. Minha perspectiva mudou. O sr. Jakupcak — aquele professor especial que faz tudo se encaixar — me ensinou não somente a apreciar minha geografia local, mas também a ler e reconhecer suas sutilezas. Sim, o norte do Illinois é plano. Há algumas dezenas de milhares de anos, tudo foi recoberto por geleiras, que se arrastaram desde o Ártico durante a época do congelamento global que chamamos de Era do Gelo. Os mantos de gelo tinham quase 2 quilômetros de espessura e fluíam como melado, expandindo-se e contraindo-se de acordo com as alterações de temperatura. Conforme avançavam, as geleiras corroíam o cenário, arrancando rochas e terra, preenchendo vales, desgastando colinas. Comportando-se mais como uma esponja de aço que como um ferro de passar, elas devastaram a topografia e a tornaram plana.

Majoritariamente plana. Afinal, essas camadas de gelo continentais não eram totalmente lisas e uniformes como a cobertura de um bolo, mas sim atravessadas por fissuras e perfuradas por túneis nos quais riachos de água deslizavam como sangue pelas veias. Eram permeadas por fendas que rugiam como placas tectônicas quando o gelo se movia por um terreno irregular. E eram muito, muito sujas. A frente glacial era uma sopa de gelo viscosa misturada com areia, cascalho e poeira retirados da terra, uma versão em grande escala daquilo que é empurrado para o acostamento pelos limpa-neves. Toda essa complexidade deixou marcas no cenário. Quando as geleiras derreteram, uma cena de vandalismo ficou para trás: quase totalmente plana, mas esburacada e cheia de cicatrizes — feridas sutis que, para o olhar especializado dos geólogos, são os cartões de visita de uma era glacial.

Nas excursões escolares e durante passeios de verão em seu Buick para coletar fósseis, o sr. Jakupcak me ensinou a localizar essas pistas. Conforme meu olhar ficava afiado, cada vez mais sinais de gelo surgiam nas terras aráveis, como tinta invisível exposta à luz, transformando o terreno aparentemente tedioso em uma tapeçaria de características glaciais. Cerca de 16 quilômetros ao sul de minha cidade natal, Ottawa — na beira de um vale inundado por uma geleira derretida 19 mil anos atrás —, há um monte de terra longo e curvo que se ergue a uns 60 metros do solo. Ele é uma de várias morainas concêntricas que, no mapa, parecem emanar do lago Michigan como ondulações provocadas por uma pedra jogada na água. Na verdade, são ondas de recuo, voltadas para dentro: cada uma marca o lugar em que uma geleira parou, despejou sua carga sedimentar e recuou para nordeste, quando as temperaturas subiram. Outros acidentes geográficos são ainda menos perceptíveis. Lagoas minúsculas, que eu achava servirem de escoamento para as fazendas, na verdade são chaleiras formadas pelo recuo glacial. Sulcos [*eskers*] rasos e sinuosos são o fundo arenoso dos riachos que corriam no interior das geleiras e os montículos [*kames*] são cascalho e areia que se acumulavam nas depressões da superfície das camadas de gelo.

Muitos sulcos, montículos e morainas da área de Ottawa são explorados em busca de pedras, misturadas no concreto daquelas estradas retíssimas que ligam as fazendas. Quando eu era criança, nós chamávamos as pedreiras de poços de cascalho, mas elas contêm mais que isso. Lá dentro, é possível encontrar tudo que foi congelado no interior das geleiras e então descongelado quando o gelo derreteu. Há material mais fino, como a areia e a poeira sopradas pelo vento que formam o rico solo agrícola do Illinois, entulhos maiores como pedras e rochas e, às vezes... fósseis. Presos no interior dessa caótica mistura de lixo glacial, há ossos e dentes de todos os animais favoritos de Thomas Jefferson, como mamutes, mastodontes e preguiças-gigantes, com várias outras curiosidades: enormes castores, bisões, bois-almiscarados e cervos-alces. Esses foram os animais que passaram pela era glacial. Eles viram penhascos de gelo mais altos que arranha-céus, tremeram enquanto procuravam comida na neve e sentiram os ventos enregelantes da frente glacial.

É incrível pensar nisto: há pouco mais de 10 mil anos, cerca de metade da América do Norte estava congelada. O que agora são Chicago, Nova York, Detroit, Toronto e Montreal estavam cobertos por uma camada de gelo com quilômetros de espessura. E esse não foi simplesmente um fenômeno americano: grande parte do norte da Eurásia também estava sob o gelo, com geleiras cobrindo Dublin, Berlim, Estocolmo e meu lar atual, Edimburgo. Ao sul do equador, a camada de gelo antártica não conseguiu fazer o caminho contrário e avançar para norte sobre os continentes, mas só porque essas grandes massas de terra estavam muito distantes. Mas geleiras surgiram nos Andes e em parte da Patagônia. E, embora o restante do sul estivesse livre de gelo, muitas regiões se tornaram frias e secas, um tipo estranho de deserto.

Ainda mais incrível é saber que esse congelamento global — que começou há 130 mil anos, atingiu o auge há 26 mil anos e terminou há 11 mil anos — não foi a Era do Gelo. Foi somente uma fase da Era do Gelo, um dos muitos ciclos de avanços e recuos glaciais dos últimos 2,7 milhões de anos (principalmente durante o Pleistoceno) que, somados, formam o que então chamamos de Era do Gelo. Em vez de um longo inferno congelado, a Era do Gelo foi uma montanha-russa de ondas de frio quando as geleiras se disseminavam dos polos para os continentes (períodos glaciais) e ondas de calor quando o gelo derretia (períodos interglaciais). E uma montanha-russa alucinante, com clima extremamente variável e violentas alternâncias entre calor e frio. Apenas nos últimos 130 mil anos, houve vezes em que a Grã-Bretanha esteve sob 2 quilômetros de gelo e outras nas quais esteve quente o bastante para que leões caçassem cervos e hipopótamos se banhassem no Tâmisa. As mudanças entre esses estados bipolares aconteceram rapidamente, em poucas décadas ou séculos. Às vezes, durante uma única vida humana.

O mais incrível de tudo é um fato simples. *Ainda estamos na Era do Gelo*. Só que no período interglacial, e os mantos de gelo estão em um hiato. Daqui a pouco, retornaremos a um período glacial e o gelo cobrirá Chicago e Edimburgo novamente. No entanto, todos os gases de efeito estufa que estamos lançando na atmosfera provavelmente o suprimirão: um efeito colateral positivo, e talvez inesperado, do aquecimento global.

Somente um punhado de momentos na história da Terra se qualificam como eras do gelo genuínas, com as geleiras que cobrem os polos ficando excessivamente ambiciosas e se expandindo para outras latitudes, no centro dos continentes. São necessárias mudanças notáveis no sistema climático para que isso aconteça. As raízes da Era do Gelo atual remontam à transição entre Eoceno e Oligoceno, 34 milhões de anos atrás, sobre a qual aprendemos no último capítulo, quando a Antártida ficou encalhada sobre o Polo Sul e coberta de geleiras, cruzando um limiar climático que transformou a estufa mundial em geladeira. Isso forneceu uma linha de base de temperaturas globais frias que ficaram ainda mais frias no Plioceno, entre 3,3 e 2,7 milhões de anos atrás. Outro limiar foi cruzado e uma grande calota de gelo se formou no Polo Norte. Com mantos de gelo em ambos os polos, ávidos para crescer e se movimentar, a Terra, por fim, entrou oficialmente na Era do Gelo.

O que fez com que as temperaturas caíssem no Plioceno? Parece ter havido dois grandes fatores. Primeiro, algo a que aludimos no capítulo anterior: o declínio de longo prazo de um importante termostato que controla a temperatura global — a quantidade de dióxido de carbono na atmosfera. Isso provavelmente se deu, de modo indireto, à ascensão das cordilheiras dos Himalaias, Andes e Rochosas nas últimas dezenas de milhões de anos. Quando ficam mais altas, as montanhas inevitavelmente são corroídas pela erosão. Quando erodidas, as rochas se dissolvem e reagem com o dióxido de carbono, formando novos minerais — e efetivamente capturando o dióxido de carbono e o impedindo de aquecer a atmosfera. Montanhas mais altas significam mais erosão e mais dióxido de carbono retirado da atmosfera, enfraquecendo o efeito estufa e esfriando a Terra.

Segundo, além dessa tendência de longo prazo, ocorreu um evento geográfico inesperado, um encontro fortuito entre estranhos que empurrou o mundo para uma nova direção. Desde antes do impacto do asteroide assassino de dinossauros, a América do Sul estava isolada, sendo um continente insular com fauna peculiar, rica em marsupiais mas sem placentários, com exceção de esquisitões como as preguiças e os ungulados de Darwin, e incluindo os descendentes dos roedores e primatas que haviam chegado da África em jangadas transatlânticas. Cerca de 2,7 milhões de anos atrás, o isolamento da América do Sul acabou. O istmo do Panamá se formou e as Américas do Norte e do Sul se uniram, com filetes de crosta se aproximando como as mãos de Deus e Adão na pintura de Michelângelo na Capela Sistina. Quando norte e sul gentilmente se tocaram, a nova ponte terrestre da América Central pôs fim à corrente que fluía anteriormente pelo golfo do México, ligando o Pacífico ao Atlântico. O fluxo foi rearranjado e mais água do Atlântico foi para o norte, levando mais umidade ao Polo Norte. Mais umidade significou mais material para congelar e se transformar em gelo, fazendo as geleiras crescerem.

O novo casamento entre norte e sul teve consequências mais imediatas para os mamíferos. Dois reinos separados durante 100 milhões de anos foram conectados por uma rodovia migratória, e os mamíferos fluíram nas duas direções, misturando-se como orientais e ocidentais nos frenéticos momentos após a queda do Muro de Berlim. Foi um evento tão importante da história dos mamíferos que recebeu um nome grandioso: Grande Intercâmbio Americano. Para as espécies sul-americanas, havia muito isoladas em seu continente insular, foi uma fuga da prisão. Mas, como ocorre com muitos fugitivos, as coisas não deram muito certo. Somente alguns conseguiram se estabelecer no norte, incluindo tatus, preguiças e gambás — os primeiros marsupiais a criar seus bebês em terras norte-americanas desde sua aniquilação, milhões de anos antes. Os ungulados de Darwin tentaram fazer o mesmo e, durante um breve período, uma espécie chamada *Mixotoxodon* viveu no Texas, mas não teve sucesso, desaparecendo por completo em ambos os lados da ponte terrestre no fim da Era do Gelo.

A história foi muito diferente para os mamíferos norte-americanos. Para eles, uma oportunidade de tomada hostil, e, ao forçar sua presença em uma nova vizinhança, conquistaram as florestas úmidas e os prados sul-americanos e expulsaram os nativos. Muitos mamíferos de casco foram para o sul, incluindo camelos, antas, cervos e cavalos. A pressão desses invasores — cujos descendentes incluem lhamas e alpacas, dois dos mais icônicos mamíferos sul-americanos hoje — provavelmente foi uma das razões para o fim dos ungulados de Darwin. Muitos predadores também se moveram para o sul, sendo os ancestrais das onças, suçuaranas, lobos e ursos sulistas de agora. Eles podem ter sido a sentença de morte dos superpredadores mamíferos de então, esparassodontes como o "marsupial dentes-de-sabre" *Thylacosmilus*, embora esses marsupiais dominantes já parecessem estar no fim de sua existência, de qualquer modo.

Enquanto os mamíferos migravam e se misturavam, as correntes oceânicas levavam umidade para o norte, e as calotas de gelo cresciam. Então o gelo começou a estalar, expandindo-se e contraindo-se com o aumento e a queda da temperatura. Os pacificadores eram os ciclos celestiais, variações pequenas e repetitivas nos movimentos da Terra que controlam a quantidade de luz que nosso planeta recebe. A órbita da Terra não é perfeitamente circular, mas elíptica, e a forma dessa elipse se estica e se comprime ao longo do tempo. A Terra gira sobre um eixo inclinado, e o grau de inclinação também muda ao longo do tempo, assim como a quantidade de oscilações sobre o eixo, se pensarmos na Terra como um pião. Nos três ciclos, há vezes em que a Terra está mais próxima do Sol e, consequentemente, recebe mais luz; e há vezes em que está mais longe e assim recebe menos luz.

Frequentemente, essas três fases estão fora de sincronia — como três músicos em uma banda de garagem ruim — e se anulam. Às vezes, no entanto, trabalham em harmonia. O baixo se junta à bateria e à guitarra para criar belas músicas, assim como há vezes em que as fases frias dos ciclos coincidem e fazem cair as temperaturas. Temperaturas mais frias significam mantos de gelo avançando sobre os continentes. Esses são os períodos glaciais. Quando os ciclos estão fora de sincronia, as temperaturas sobem e o gelo derrete: os períodos interglaciais. Esses ciclos estão sempre em operação — mesmo agora, enquanto você lê —, mas é somente quando têm gelo suficiente para brincar que causam confusão e levam a eras do gelo.

Quando um manto de gelo de 2 quilômetros de espessura avança sobre um continente, os efeitos são hiperbólicos. Podemos ver isso melhor focando no mais recente avanço glacial, que chegou ao auge 26 mil anos atrás e, ao recuar, encheu o norte do Illinois de morainas e ossos de mamutes. Quando os ciclos celestiais entraram em sincronia, as temperaturas globais caíram mais de 12 graus em relação a seu ponto mais alto no período interglacial. Como o ar frio contém menos umidade, o mundo ficou não somente mais frio, como também mais seco. A calota de gelo no norte inchou, sugando água dos oceanos para produzir mais gelo, fazendo com que o nível dos mares caísse mais de 100 metros. Grandes áreas de plataformas continentais foram expostas, conectando massas de terra até então separadas, como a Ásia e a América do Norte no estreito de Bering ou a Austrália e a Nova Guiné. Um vasto cinturão no sul dos mantos de gelo — estendendo-se da Grã-Bretanha à Espanha, atravessando o continente asiático e avançando sobre a ponte terrestre de Bering para continuar sobre a América do Norte — foi transformado em um novo ecossistema. A chamada estepe dos mamutes era uma pradaria desidratada e resfriada pelos ventos vindos das geleiras onde somente gramíneas fortes, arbustos baixos, flores silvestres e pequenas ervas conseguiam crescer. As árvores, quando presentes, estavam restritas às margens dos rios gelados que fluíam da frente glacial. A temperatura média no inverno era de 30ºC negativos — talvez menos.

A estepe dos mamutes foi o mais extenso bioma da Terra durante a Era do Gelo, e um lugar bem difícil para se viver. Como sempre, os mamíferos deram um jeito. Muitos eram grandes e ultrajantemente peludos. Essa era a megafauna típica, incluindo os gigantes que tanto inspiraram Thomas Jefferson, principal e obviamente, os mamutes--lanosos, que davam nome ao ecossistema. Mas também rinocerontes--lanosos, brutamontes de 2 toneladas com tremendos chifres no nariz e espessas pelagens felpudas, muito diferentes da pele glabra e quase reptiliana dos rinocerontes de hoje. Então havia os monstruosos bisões e os últimos cavalos americanos, que alimentavam inúmeros predadores, como leões maiores e mais musculosos que os modernos e hienas comedoras de ossos que se escondiam em cavernas. É fácil entender como bastos pelos e barrigas grandes mantinham os mamíferos da megafauna protegidos do frio.

Ambientes mais temperados, mais ao sul das geleiras, tinham uma fauna igualmente notável. Havia ursos de cara achatada com 3,5 metros e 1 tonelada — os maiores e mais ferozes de todos os tempos — e castores maiores que humanos. Havia preguiças-gigantes, como o *Megalonyx* de

Jefferson, que alcançavam uma altura de 4 metros quando se erguiam sobre as pernas e poderiam executar uma enterrada sem pular. Havia felinos dentes-de-sabre, a versão americana do guepardo; lobos-terríveis; e o erroneamente batizado "alce-irlandês", um cervo com uma galhada tão incrivelmente grande que parecia ter sido projetada por um cirurgião plástico maluco.

Por toda parte, mesmo longe do toque invernal das geleiras, os mamíferos do Hemisfério Sul tinham de sobreviver ao frio e à falta de umidade. Muitos deles também eram enormes. A Austrália era povoada por marsupiais de proporções gigantescas. Vombates que pesavam 3 toneladas, como o *Diprotodon*, o maior marsupial de todos os tempos. Cangurus com cara de pug cujos corpos de 225 quilos eram gordos demais para saltar. E os "leões-marsupiais" que conhecemos no capítulo anterior, tão grandes quanto os leões placentários de hoje, com pré-molares fortes como alicates para matar e processar suas presas como algum tipo de aterrorizante híbrido de leão e hiena.

Na América do Sul, havia tatus chamados gliptodontes, do tamanho — e do formato — de fuscas, vivendo ao lado de preguiças maiores que o *Megalonyx* de Jefferson do outro lado da ponte terrestre do Panamá. Além deles, os últimos e maiores ungulados de Darwin, como o *Toxodon*, de 1,5 tonelada, cujas fortuitamente preservadas proteínas, como vimos há alguns capítulos, provaram que esses mamíferos ungulados do sul, que tanto confundiram Darwin, eram parentes de cavalos e rinocerontes.

A África também tinha sua cota de animais assombrosos. Havia um tipo de gado de 2 toneladas chamado *Pelorovis*, o boi mais musculoso que já existiu, com chifres arqueados que pareciam um bigode retorcido. Mas ninguém era mais estranho que o *Rusingoryx*, um gnu com focinho protuberante e oco em forma de cúpula. Haley O'Brien, que fez uma tomografia de um dos crânios para ver dentro da cúpula e entender sua função, descreveu o *Rusingoryx* como "um gnu que podia fazer sons de peido com o focinho". Para se comunicar, é claro.

Durante a Era do Gelo, em todos os lugares, próximos ou distantes das geleiras, havia mamíferos estranhos, estupendos, peludos e, acima de tudo, gigantescos. Foi uma época de magnificência mamífera que, no relógio da história da Terra, terminou há apenas alguns minutos.

DE TODA A MEGAFAUNA da Era do Gelo, dois animais recebem mais atenção: os mamutes e os tigres-dentes-de-sabre. Eles são superastros, as exposições mais populares dos museus, os que se transformaram em metáforas (foi o próprio Jefferson quem popularizou o termo "mamute" como sinônimo de grande) e as grandes estrelas de Hollywood. Sem surpresa, Manny, um mamute, e Diego, um tigre-dentes-de-sabre, protagonizam a infinita franquia *A era do gelo*. Como com quaisquer celebridades, enganos sobre os mamutes e os dentes-de-sabre são abundantes. Façamos então uma biografia adequada desses dois ícones da Era do Gelo.

Os mamutes provavelmente são os animais extintos mais bem compreendidos. Ao contrário do *T. rex*, do *Brontosaurus* ou de quase todos os mamíferos pré-históricos deste livro, realmente sabemos qual era a aparência dos mamutes. Isso porque nossos ancestrais *Homo sapiens* e nossos primos neandertais os viram e os desenharam, constantemente, nas paredes das cavernas. Grutas na França e na Espanha estão cobertas de imagens de mamutes, sendo as formas mais antigas de grafite humano. Parece que nossos ancestrais eram tão obcecados por mamutes quanto Jefferson.

A arte é surpreendentemente exata. Sabemos disso porque podemos conferir com as carcaças de mamutes reais encontradas na Sibéria e no Alasca. Congelados por dezenas de milhares de anos, não são meros esqueletos, mas múmias congeladas, cobertas de pelos; com músculos ainda grudados nos ossos; com corações, pulmões e órgãos internos ainda em seu interior; olhos nas órbitas; genitais expostos; últimas refeições alojadas nas vísceras. E essas múmias não são tão raras quanto se poderia pensar. O Ártico contém dezenas de milhares de mamutes, talvez mais, e, conforme o permafrost descongela, eles caem como nozes em uma poça de sorvete derretido, outro efeito colateral inesperado do aquecimento global — e provavelmente um efeito lucrativo para aqueles que podem extrair presas de mamutes da tundra e vender no mercado paralelo de marfim. Enquanto você lê este livro, legiões de "caçadores de mamutes" russos, homens grisalhos como os mineiros de ouro de outrora, aquecidos por goles de vodca, esperam pelo grande achado que os salvará de uma vida de pobreza pós-comunismo. É um trabalho difícil. Os caçadores retiram a água dos rios e removem o permafrost utilizando equipamentos de bombeiros, destruindo as margens e poluindo o ambiente. Também é perigoso: os caçadores cavam túneis em busca das presas, criando cavernas no permafrost que podem desabar a qualquer momento. Se algum deles se ferir, o hospital mais próximo fica a vários quilômetros e muitos dias de jornada. E, só para deixar claro, o que fazem é ilegal.

As pinturas nas cavernas e as múmias do Ártico apresentam uma imagem evocativa do mamute-lanoso da vida real. Ele tinha mais ou menos o tamanho de um elefante africano moderno: os machos chegam a uns 3 metros até a altura dos ombros e pesavam até 6 toneladas, e as fêmeas eram ligeiramente menores. Alto e compacto, com cabeça arredondada, ombros caídos, costas arqueadas, barriga grande e membros robustos, não havia confusão quando se tratava de um mamute. Ele tinha duas garras longas e curvas no rosto, mas a cauda era pequena e fina como proteção contra o enregelamento. Pela mesma razão, as orelhas também eram pequenas, muito menores que as antenas de satélite dos elefantes de hoje, excessivamente grandes para produzir o efeito oposto: liberar calor na savana escaldante.

A diferença mais palpável entre nossos elefantes e os lanosos, obviamente, é o pelo. Os mamutes-lanosos eram cobertos de pelos: uma camada externa e áspera de pelos protetores, cada um com até 90 centímetros de comprimento, e uma camada interna mais curta e macia. Os pelos estavam associados a glândulas sebáceas muito grandes que secretavam fluidos para repelir a água e fornecer isolamento térmico. Embora frequentemente sejam retratados em filmes e livros como uniformemente marrons ou alaranjados, os mamutes possuíam cores diversas, assim como os humanos. Seus pelos podiam ser dourados, alaranjados, marrons ou pretos; alguns pelos eram tão claros que se tornavam essencialmente transparentes, ao passo que outros tinham duas cores, uma mixórdia de tintas no mesmo fio. Pelos claros e escuros coexistiam no mesmo animal, com os claros ou incolores sendo especialmente comuns na camada interna e os mais escuros na camada externa. Alguns mamutes podiam ter uma aparência sarapintada, grisalha; outros tinham uma pelagem rajada de cores contrastantes. De modo geral, os mamutes de pelos claros eram muito mais raros que os de pelos escuros, o que pode parecer peculiar, pois muitos mamíferos atuais do Ártico — como ursos-polares — têm pelos brancos para se misturar à neve. Na verdade, isso não é surpresa: os mamutes não viviam nas geleiras, mas na estepe, que provavelmente só nevava no inverno.

Você pode estar se perguntando como sabemos dessas coisas. Em parte, porque as múmias preservaram os pelos e podemos observá-los fisicamente. Mas há outra pista para a cor dos pelos e muitos outros aspectos da biologia dos mamutes: os genes. As múmias estão tão bem preservadas que contêm material genético. DNA de espécies mortas! Em um dos feitos mais notáveis da ciência moderna, os geneticistas mapearam todo o genoma dos mamutes-lanosos em 2015 — um inventário de mais de 3 bilhões de pares de bases, as letras A, C, T e G que escreveram o código nuclear que construiu, operou e perpetuou a espécie dos mamutes. É chocante, mas verdadeiro: sabemos mais sobre o DNA de mamutes do que sobre a maioria dos animais vivos.

O genoma dos mamutes revela muitos segredos. Quando submetido a testes de paternidade e usado para construir a árvore genealógica, ele confirma que os mamutes de fato eram elefantes. Na verdade, elefantes altamente avançados, profundamente aninhados no álbum familiar, mais aparentados aos elefantes indianos que aos elefantes africanos de hoje. Os mastodontes, outro grupo de paquidermes famosos da Era do

Gelo que Jefferson agrupou com os mamutes, são de uma linhagem relacionada de modo muito distante: não elefantes verdadeiros, mas primos arcaicos. Um estudo descobriu que os mamutes-lanosos partilhavam espantosos 98,55% de seu DNA com os elefantes africanos. Muitas das diferenças estão relacionadas a características específicas que permitiam que os mamutes sobrevivessem ao frio. Os geneticistas identificaram os genes que tornavam as orelhas e os rabos pequenos, suas glândulas sebáceas grandes, seus pelos luxuriantes e seus corpos mais isolados pela gordura. Alguns genes modificaram seu ritmo circadiano para que esses animais pudessem prosperar na escuridão dos longos invernos das altas latitudes, alteraram seus sensores de temperatura para que não congelassem e transformaram sua hemoglobina a fim de que seu sangue pudesse carregar oxigênio suficiente em temperaturas enregelantes.

Essas mutações genéticas foram adaptações decisivas, porque os mamutes evoluíram de elefantes que migraram de climas mais quentes. O mamute-lanoso — tecnicamente conhecido pelo nome da espécie, *Mammuthus primigenius* — não foi o único mamute, mas o último de uma família outrora populosa, com uma vontade insaciável de explorar novos lugares. Os mamutes se originaram na África durante o Plioceno, cerca de 5 milhões de anos atrás, antes que a calota de gelo do Polo Norte começasse a se arrastar sobre os continentes. Uns 2 milhões de anos depois, pularam para o norte e se espalharam pela Europa e pela Ásia, gerando novas espécies enquanto avançavam sobre novos territórios. Por volta de 1,5 milhão de anos atrás, uma dessas espécies atravessou a ponte terrestre de Bering durante uma queda glacialmente induzida do nível do mar e se viu na América do Norte, onde se tornou o mamute-columbiano. Então, um pouco mais de 1 milhão de anos depois, os mesmos ancestrais asiáticos vagaram novamente pela América do Norte durante outra queda do nível do mar. Tornaram-se os mamutes-lanosos — um dos *últimos* imigrantes da megafauna na América do Norte. Eles se reuniram com os mamutes-columbianos e chegaram a um acordo: os lanosos manteriam a maior parte das estepes perto das geleiras e os columbianos ficariam com os prados mais quentes no sul. Ocasionalmente, eles se encontravam na parte central dos Estados Unidos e ainda compartilhavam DNA suficiente para acasalar entre si — como demonstrado por material genético preservado de ambas as espécies.

Longe de seus lares mais quentes na África, com corpo grande, metabolismo rápido e a necessidade de permanecer aquecido, o mamute-lanoso desenvolveu um apetite voraz. Os elefantes modernos podem comer até 135 quilos de plantas por dia, e os mamutes deviam comer a mesma quantia, se não mais. Eram pastadores que tiravam vantagem das estepes e, como mostra o conteúdo estomacal das múmias congeladas, preferiam capim e flores (como ranúnculos), especialmente durante os longos verões, suplementadas com folhas, galhos e cascas de árvores no inverno.

Eles dispunham de várias ferramentas para obter e consumir seus alimentos favoritos. Primeiro havia as presas, que, a despeito da aparência ameaçadora, eram usadas menos como armas e mais como "pás" para remover neve de áreas de pasto e escavar tubérculos e raízes. As presas — os incisivos modificados da mandíbula superior — eram imensas, chegando a 4 metros de comprimento, e curvadas para fora e para cima, em um elegante floreio. Cresciam alguns centímetros por ano durante toda a vida do mamute. De certas maneiras, eram parecidas com nossas mãos: variavam tremendamente de tamanho e formato na população e eram assimétricas, talvez indicando um lado dominante, esquerdo ou direito.

Quando as presas obtinham o alimento, chegava a hora de os molares o esmigalharem. Os molares também eram imensos — o maior tinha 30 centímetros de comprimento e pesava 2 quilos — e complexos, com uma superfície corrugada de pontes de esmalte para triturar vegetação. Foi essa morfologia inconfundível — o tamanho, o formato, as pontes de esmalte — que os escravizados de Stono reconheceram imediatamente como elefantina quando retiraram os dentes gigantescos do pântano e fizeram a primeira identificação bem-sucedida e registrada de um mamífero fossilizado na América do Norte. Como os elefantes de hoje, tinham somente quatro molares de cada vez, e os novos emergiam no fundo da boca, como em uma esteira rolante. Outra coisa intrigante sobre os molares dos mamutes é que eram *altos*. Há uma palavra para essa condição, como vimos no capítulo anterior: hipsodontia. Ou seja, assim como ocorreu com os cavalos da savana americana no Mioceno, os dentes dos mamutes se tornaram superprofundos, a fim de que se desgastassem lentamente, uma adaptação para comer vegetação abrasiva, como as gramíneas.

Os mamutes eram animais sociais e passavam ao menos algum tempo pastando em grupos. Um sítio em Alberta, no Canadá, preserva pegadas do tamanho de pratos de uma manada de mamutes, caminhando sobre dunas de areia criadas pela poeira que se desprendia da frente glacial. Rastros de adultos grandes, jovens de tamanho intermediário e adolescentes bem menores estão entremeados em proporções quase iguais. Há razões para acreditar que a maioria desses rastros pertencia a fêmeas. Os elefantes de hoje são matriarcais, organizados em pequenos grupos de mães e filhotes. Os machos fazem parte da manada quando filhotes, mas, durante a adolescência, afastam-se e se tornam independentes ou vivem juntos em manadas de solteirões. Pinturas em cavernas mostram grupos de mamutes menores, com características clássicas das fêmeas, congregados — um dos primeiros exemplos de vida social animal registrada por humanos.

A infância dos mamutes não era fácil. Sabemos disso por causa da incrivelmente bem-preservada múmia congelada de uma filhote de 1 mês descoberta na península de Yamal, um dedo congelado da Sibéria que se projeta no oceano Ártico, em 2007. O cadáver — do tamanho de um cachorro grande — foi visto por um pastor de renas nenet chamado Yuri Khudi, roubado por um breve período e trocado por duas motoneves, roído por cães selvagens, resgatado, colocado em um museu e batizado de Lyuba em homenagem à esposa de Yuri. Há 41.800 anos, a filhote pereceu enquanto cruzava um rio, atolada na margem e morta por asfixia ao inalar a lama fria. Uma vida curta e difícil, ceifada pela implacável estepe dos mamutes. Mas, ao morrer, a filhote se tornou uma cápsula do tempo contendo informações sobre o crescimento e desenvolvimento dos mamutes — o que, ironicamente, pode ajudar a ressuscitar a espécie, se os mamutes algum dia forem clonados. Lyuba é pequena: uma bebê do tamanho de um cão São Bernardo, cujo peso ao nascer deve ter sido uns 90 quilos. Se não fosse o acidente, ela teria crescido e se transformado em uma adulta de 4 toneladas com uma expectativa de vida de mais de 60 anos — um número determinado ao se contar os anéis de crescimento nos ossos e presas de mamutes adultos, que eram depositados uma vez ao ano como as listras no tronco de uma árvore. A gestação dos mamutes devia durar bem mais de um ano, provavelmente 21 meses, como os elefantes modernos. A temporada de acasalamento provavelmente era no verão ou no outono, com nascimentos na primavera ou no verão, como indicado pela época do ano em que Lyuba morreu, semanas depois de vir ao mundo. Sua barriga estava cheia, mas não com copiosas quantidades de capim, como seria o caso de um mamute adulto, já que ainda mamava. Ela provavelmente dependeria do leite da mãe por alguns anos e começaria a comer plantas no segundo ou terceiro ano de vida. Outros fósseis de mamutes jovens registram o momento de desmame como uma mudança na composição dos isótopos dos ossos e dentes. Os elefantes de hoje desmamam mais cedo; o desmame tardio dos mamutes provavelmente era consequência da menor quantidade e qualidade dos alimentos em seu hábitat frio e escuro. Mas Lyuba não ingerira somente leite: em seu estômago, havia remanescentes de material fecal. Ela provavelmente comera as fezes da mãe. Por mais repulsivo que pareça, é algo normal para muitos mamíferos, isso garante que os filhotes desenvolvam sua própria flora intestinal.

A natureza reivindicou Lyuba, mas, se ela não tivesse morrido naquela margem de rio, predadores poderiam tê-la matado mais tarde. A estepe dos mamutes tinha uma abundância de carnívoros — leões-das-cavernas, hienas, lobos, ursos —, e os mamutes eram um jantar delicioso. Adultos saudáveis eram grandes a ponto de estar a salvo mesmo dos mais ferozes predadores, que se voltavam para os jovens e enfermos. Mas talvez, e somente talvez, houvesse na estepe um monstro comedor de carne capaz de derrubar um mamute adulto.

QUANDO VOCÊ PENSA em fósseis e onde encontrá-los, é provável que sua mente vá direto ao estereótipo do Discovery Channel. Terras baldias em algum fim de mundo anônimo e um cara parecido com Indiana Jones removendo areia dos ossos com um pincel e parando de vez em quando para secar o suor da testa. Você provavelmente não pensa no centro de Los Angeles. Todavia, pertinho de Hollywood, a leste de Beverly Hills, está um dos mais incríveis sítios fossilíferos do mundo.

Durante a Era do Gelo, feras vagavam pelo vale e pelas colinas dali. Com minhas desculpas a Tom Petty, mamíferos que se pareciam com vampiros habitaram o vale e provavelmente avançaram para oeste (e presumivelmente para leste) do que é agora Ventura Boulevard, e deslizaram — ou, ao menos, emboscaram suas presas — no terreno acidentado de Mulholland Drive. Eles eram grandes felinos, com facas nos lugar dos caninos se projetando da mandíbula superior aberta em uma terrível mordida.

Tigres-dentes-de-sabre.

Durante o último avanço glacial, entre 40 e 10 mil anos atrás, muitos deles caíram em uma armadilha. Asfalto vazou para a superfície no que agora é o bairro de La Brea e, como papel-mosca, prendeu dezenas de mamutes, bisões, camelos e preguiças-gigantes de Jefferson. Atraídos pelo que pensaram ser um almoço grátis, muitos dentes-de--sabre também ficaram presos no piche: ao menos 2 mil deles, a se julgar pelo número de esqueletos já coletados nos poços de piche de La Brea, agora uma atração turística popular. O asfalto embalsamou seus ossos, tornando-os resistentes à putrefação e fornecendo um registro incomparável do mais famoso predador da Era do Gelo.

Tigres-dentes-de-sabre. O nome causa medo, certa ansiedade em nosso subconsciente, provavelmente herdada de ancestrais que, a cada saída para caçar, coletar frutinhas ou trocar fofocas da Era do Gelo, sabiam que esses demônios com facões na boca estavam à espreita. Embora indubitavelmente evocativo, o nome não é totalmente verdadeiro. É claro que tigres-dentes-de-sabre tinham sabres no lugar dos dentes: cada canino chegava a quase 30 centímetros de comprimento. O nome formal do dentes-de-sabre de La Brea, *Smilodon*, significa "dente de escalpelo", e por uma boa razão: os caninos eram grandes, afiados e finos como um bisturi. Mas o *Smilodon* não era um tigre. DNA extraído dos ossos de La Brea e de outros fósseis de *Smilodon* nas Américas do Norte e do Sul confirma que o dentes-de-sabre era felino, mas fazia parte de uma família arcaica que se ramificou da árvore genealógica há mais de 15 milhões de anos, com parentesco distante em relação aos tigres siberianos e indianos de hoje.

O *Smilodon* foi o último de seu gênero. A família dentes-de-sabre foi uma dinastia com raízes no Mioceno e, durante seu longo reinado evolutivo, gerou dezenas de espécies. No início, a Europa e a Ásia foram seu domínio, mas, durante o Plioceno — antes de os mantos de gelo começarem a dançar —, um deles chegou à América do Norte. Esse migrante ficou maior e mais ávido por território e, quando as calotas de gelo ficaram maiores, separou-se em duas espécies: *Smilodon fatalis*, a ameaça de La Brea, e uma espécie ainda maior, *Smilodon populator*, que participou do grande intercâmbio americano, marchando pela ponte terrestre do Panamá e entrando na América do Sul há mais ou menos 1 milhão de anos. Mais ou menos do tamanho de um leão africano moderno, porém mais corpulento e chegando a quase 400 quilos, o *Smilodon populator* foi um dos maiores felinos de todos os tempos. Ele tinha um adversário digno: o *Smilodon fatalis*. O dentes-de-sabre de La Brea também atravessou a América Central. Foi uma invasão dupla, que colocou preguiças, tatus, ungulados de Darwin e marsupiais sul-americanos na defensiva. Os dois dentes-de-sabre chegaram a uma trégua desconfortável: o *fatalis* vagava pela costa do Pacífico a oeste dos Andes e o *populator* pela porção leste da América do Sul. Às vezes eles se encontravam e... você pode imaginar as consequências. No norte, todavia, o *Smilodon fatalis* não tinha essas preocupações: a América do Norte era toda sua.

O *Smilodon fatalis* era um animal aterrorizante, digno das hipérboles. Sim, ele era menor que seu primo sul-americano, o *Smilodon populator*, mas não muito. Com cerca de 280 quilos, o *fatalis* tinha mais ou menos o peso de um tigre-siberiano moderno, embora seus ossos fossem mais robustos, seu corpo mais volumoso e musculoso e seus membros mais fortes. Pense em um tigre usando esteroides: esse era o *Smilodon fatalis*. Quando caminhava, seus ombros se projetavam acima das costas, um sinal de aviso, como a barbatana de um grande tubarão-branco se projetando da água. Ninguém sabe a cor de sua pelagem. Seria ele listrado como um tigre, pintado como um leopardo, uniformemente pardo como um leão? Ao contrário dos mamutes-lanosos, ainda não encontramos múmias congeladas de *Smilodon* com pelos luxuosamente preservados. Encontrar uma será difícil: o *Smilodon* não habitava a estepe dos mamutes, onde poderia congelar imediatamente se caísse em um rio ou banco de neve. Seu hábitat era mais ao sul das geleiras, nos prados e florestas mais quentes e agradáveis.

O que isso significa, talvez de modo decepcionante, é que tigres-dentes-de-sabre e mamutes-lanosos não eram adversários. Eles podem ter se encontrado ocasionalmente nos limites de seu hábitat, onde a estepe dos mamutes cedia lugar a biomas mais temperados. Mas não eram Batman e Coringa, Sherlock Holmes e professor Moriarty ou *T. rex* e *Triceratops*. Quaisquer batalhas entre eles estariam muito fora da norma. Ao menos alguns dentes-de-sabre comeram alguns mamutes. Há uma caverna no Texas, que já foi a toca de um primo do *Smilodon*, o *Homotherium*, abarrotada de ossos de mamutes-columbianos jovens, repletos de marcas e arranhões — marcas de mordida pré-históricas. Como o mamute-columbiano era maior que o mamute-lanoso e o *Homotherium* era menor que o *Smilodon*, a batalha teria sido ainda mais impressionante.

O *Smilodon* caçava presas grandes. Ele preferia as que moravam em florestas, como cervos, antas e bisões-das-florestas. Embora o *Smilodon* não recusasse cavalos ou camelos, esses corredores e pastadores eram mais regularmente devorados por outro carnívoro abundante nos poços de piche de La Brea: lobos-terríveis, do tipo visto em *Game of Thrones* — cães selvagens ligeiramente maiores que os lobos de hoje, com mordidas muito mais fortes. Lobos-terríveis eram predadores de perseguição: eles iam atrás de suas presas por longas distâncias, com membros otimizados para a velocidade, mas eram incapazes de agarrá-las ou se lançar sobre elas. Para capturar e matar, contavam somente com as mandíbulas. Predadores com essa resistência chegaram tarde na história da Terra: somente durante o Plioceno. Mesmo nos prados da savana americana no Mioceno não havia predadores como os lobos-terríveis — a mais recente invenção entre os mamíferos carnívoros.

O *Smilodon* certamente corria curtas distâncias, mas não era um perseguidor. Ele era um predador de emboscada, que esperava — talvez camuflado entre árvores e gramíneas — por uma vítima desavisada. Quando se lançava sobre ela, usava seus dentes-de-sabre com muito cuidado. Algo se projetando para tão longe a partir da mandíbula podia quebrar com facilidade e, como mamífero, um novo canino não voltaria a crescer se um dos seus se quebrasse. Portanto, não podia se comportar como um maníaco com uma faca, cortando descontroladamente. Ele tampouco era especialista em pancadas por força bruta nem era capaz de agarrar a garganta e sufocar a presa, como um leão. Não, o *Smilodon* era um assassino de precisão. Ele saía da toca, dominava a presa com seus braços musculosos, abria bem a boca, fazia uma perfuração no local perfeito com seus sabres e esperava a vítima sangrar até morrer.

Os caninos de sabre, portanto, eram menos facas que picadores de gelo. E meramente davam o golpe final — embora fosse mais um golpe que uma cutucada. Isso pode soar imaginativo, mas é apoiado por simulações computadorizadas a partir de crânios de *Smilodon*, que mostram que esse tipo de golpe predatório é não somente plausível como também necessário. Apesar de todos os seus pontos fortes, o *Smilodon* tinha uma mordida fraca na parte pós-canina da fileira de dentes, então concentrava o impacto nos sabres. Contudo, era abençoado com maxilares elásticos com uma abertura enorme, sendo capazes de apunhalar no pescoço presas muito maiores que ele, como bisões. Talvez até mesmo mamutes-columbianos — especialmente se estivesse preso em um poço de piche, uma sereia cujo canto traiçoeiro prometia uma refeição fácil.

Ser sugado pelo piche não é uma maneira agradável de morrer. Mas mesmo antes de seus traumáticos últimos momentos, os dentes-de--sabre de La Brea tiveram vidas sofridas. Seus esqueletos estão cheios de cicatrizes. Os paleontólogos que catalogaram os fósseis de La Brea encontraram cerca de 5 mil ossos de *Smilodon* com ferimentos, fraturas ou outros sinais de lesão. Apresentaram quase o dobro de patologias de seus rivais, os lobos-terríveis. Em parte, isso provavelmente aconteceu porque seu estilo de caça baseado em emboscadas era mais perigoso que a caça de perseguição, o que é comprovado pela alta incidência de lesões em ossos de *Smilodon* envolvidos no lançar-se sobre a presa e segurá-la, como ombros e coluna vertebral.

Pode haver outra razão para todas as cicatrizes: o *Smilodon* provavelmente era um animal social, mais que muitos grandes felinos de hoje, e pode ter se envolvido em ferozes conflitos por parceiras e território. As evidências de sociabilidade do *Smilodon* são limitadas, mas cativantes. Primeiro, seria estranho que tantos indivíduos de uma espécie solitária terminassem nos mesmos poços de piche. Segundo, os ossos hioides da caixa de voz do *Smilodon*, que ancoram os músculos e ligamentos da garganta, têm o formato característico dos ossos dos felinos modernos que rugem. Os rugidos — além de petrificantes — são como os felinos sociais se comunicam, a fim de projetar poder e avisar sua alcateia do perigo. Se um único *Smilodon* emboscando e perfurando sua presa não for suficientemente horrível, pense em um grupo deles matando e se alimentando juntos.

Nem tudo era sombrio e havia momentos de ternura na dura vida do *Smilodon*. Os dentes-de-sabre eram pais atenciosos, como revelado por um sítio fossilífero no Equador em que os ossos de uma mãe e seus dois filhotes foram encontrados juntos. Essa família de *Smilodon fatalis* sulista, descendente da segunda onda de migrantes que cruzaram a ponte terrestre do Panamá, foi varrida pela água em um canal costeiro e enterrada com conchas e dentes de tubarão. Os filhotes tinham ao menos 2 anos, indicando que permaneciam com a mãe por muito tempo após o nascimento. Nisso eram como leões, que se tornam independentes por volta dos 3 anos, e não como tigres, que deixam os pais muito mais cedo, uns 18 meses após o nascimento. Em termos de taxa de crescimento, no entanto, os bebês *Smilodon* amadureciam rapidamente como tigres, não lentamente como leões. Assim, eles se desenvolviam de uma maneira única, combinando o rápido crescimento de um tigre com a infância prolongada de um leão.

Mas por que a longa adolescência ao lado da mãe? Os filhotes de *Smilodon* nasciam com as proporções robustas e musculosas dos adultos; não precisavam crescer para ficar fortes. No entanto, não nasciam com dentes-de-sabre. Na verdade, um ano inteiro se passava antes que seus caninos de leite emergissem inteiramente. Quando caíam, eram substituídos por um segundo conjunto de caninos, mas esses dentes adultos só se desenvolviam completamente uns três anos após o nascimento, às vezes mais. Sem caninos totalmente desenvolvidos, talvez os jovens *Smilodon* não pudessem realizar o ritual de emboscar rapidamente a presa e perfurar com delicadeza sua garganta. E talvez esse estilo de caça fosse tão especializado que eles precisassem de um longo treinamento antes de poder caçar por si mesmos.

De qualquer modo, quando chegavam aos 3 anos, 4 no máximo, já estavam crescidos. Seus dentes-de-sabre eram armas de 30 centímetros, ávidos pela carne de bisões, cervos e talvez mamutes-columbianos e outros integrantes da megafauna da Era do Gelo. A temporada de caça estava aberta.

HÁ POUCO MAIS de 10 mil anos, mamutes-lanosos e tigres-dentes-de--sabre rapidamente se tornaram raros. Alguns mamutes-lanosos conseguiram fugir para a ilha Wrangel, um pontinho de terra congelada um pouco menor que a Jamaica sobre o Círculo Ártico, ao norte da

Sibéria. Lá, fizeram o que mamíferos frequentemente fazem em ilhas, desde o tempo dos dinossauros: ficaram menores. Os mamutes-lanosos de Wrangel conseguiram resistir por vários milênios, mas não estavam bem. A ilha só conseguia suportar uma população de algumas centenas de indivíduos, talvez mil, no máximo. Eles acumularam defeitos genéticos que se disseminaram feito rastilho de pólvora em uma comunidade tão pequena. Seu olfato se atrofiou e seus pelos perderam o esplendor e se tornaram um cetim sem graça. Há 4 mil anos — quando os faraós estavam construindo pirâmides e irrigando terras aráveis ao longo do Nilo —, os últimos mutantes de Wrangel desapareceram. Com isso, os mamutes-lanosos foram extintos, unindo-se aos dentes-de-sabre, que haviam desaparecido alguns milênios antes.

Antes desse fim patético da megafauna, no auge da Era do Gelo, você teria visto mamíferos gigantescos como mamutes-lanosos e tigres-dentes-de-sabre em todo o mundo. Usei "você" intencionalmente, não de maneira imaginária ou editorial. Somos produtos da Era do Gelo, e integrantes de nossa espécie, *Homo sapiens*, viram, encontraram, se esconderam e se engajaram com muitos mamíferos da megafauna. Hoje, meras dezenas de milhares de anos depois, os gigantes desapareceram quase totalmente. Somente alguns mamíferos terrestres atuais podem ser genuinamente chamados de megafauna: rinocerontes, bisões e alces, com os parentes mais próximos dos mamutes e dos dentes-de-sabre, os ameaçados elefantes e grandes felinos que, caso a tendência atual continue, podem muito bem ser os últimos integrantes de grupos outrora orgulhosos, diversificados e conquistadores do globo.

Se o mundo parece meio vazio agora é porque está. A megafauna ainda deveria estar aqui, e as redes alimentares ainda não se ajustaram totalmente à sua ausência. Há buracos do tamanho de um mamute-lanoso na tundra e do tamanho de um dentes-de-sabre em Los Angeles. Seus fantasmas permanecem. Por que eles desapareceram?

10

MAMÍFEROS HUMANOS

MARGEM GLACIAL, WISCONSIN, 12.500 anos atrás.

O inverno chegara com violência. Um mamute solitário estava sobre a crista de uma moraina, com as presas de 2 metros se projetando para cima, em uma posição de desafio. O vento soprava do nordeste, cobrindo sua lã alaranjada de neve. O sol estava baixo e a escuridão da noite se aproximava. Impassível, o mamute ergueu a tromba peluda para o céu e rugiu, como se desafiasse a natureza. Instantaneamente, sua respiração se transformou em névoa.

Era uma época difícil para ser um mamute-lanoso solteiro. Enquanto as manadas exclusivamente de fêmeas se agrupavam para manter os bebês aquecidos, os machos tinham pouco a fazer nos seis meses seguintes, até que os botões de ranúnculo assinalassem o início da temporada de acasalamento. Alguns se reuniam em manadas improvisadas, mas nosso mamute preferia a solidão. Aos 36 anos, estava no seu auge. Se tudo corresse bem, sobreviveria por outros vinte anos, talvez mais. Ele sempre estava sozinho, e isso lhe convinha. Dezenas de filhotes nas estepes e nas florestas de abetos perto do lago Chicago eram seus.

O gelo já não cobria a área. Ele estava recuando, encolhendo na direção do Círculo Ártico, mas não pacificamente. A um dia de caminhada na direção norte, ainda havia geleiras. Elas controlavam as estações: os ventos originados na frente glacial mantinham os verões frescos e os invernos infernais, evitando que as emergentes florestas de abetos cobrissem completamente a tundra relvada. Também controlavam a topografia: a moraina sobre a qual estava o mamute era uma nova adição ao cenário, um monte de cascalho, terra, madeira e ossos derrubados pelo gelo ao derreter.

Quando a lua surgiu em meio ao crepúsculo, os ventos ficaram mais fortes. Aquela não era uma nevasca normal. Redemoinhos ribombavam, com o manto de gelo exalando as finas partículas de rocha que pulverizara anteriormente, durante sua marcha para o sul. A poeira misturada com neve formava uma bagunça suja e lamacenta. A geleira emanava irritação, e o ponto mais alto da planície não era um bom lugar para se estar. O mamute olhou para o norte: uma zona proibida com gelo de 1.600 metros de espessura. O leste não era melhor: as águas geladas do lago Chicago, onde icebergs haviam se soltado das geleiras no verão, agora um vidro congelado. O sul era mais promissor, mas, quando o mamute se virou naquela direção, sentiu o impacto do frio, que ganhava força nos entornos do lago, como se fosse um túnel de vento.

O oeste era a única opção.

Cuidadosamente, para não cair na neve, o mamute desceu da moraina, pé ante pé peludo. Cada passo trazia mais perigo, com a neve escurecida mal sendo capaz de sustentar suas 6 toneladas — até que deixou de ser. Um pé escorregou, então os outros, e o mamute caiu de costas e desceu rolando o declive.

Não foi um espetáculo gracioso. Felizmente, a moraina não era muito alta e a queda foi mais constrangedora que debilitante. Quando se levantou e limpou a neve do rosto com a tromba, o mamute inalou profundamente e sentiu dor nas costelas feridas. Estava na hora de fazer uma pausa e esperar o tempo melhorar. Ele teria de passar a noite ali.

Havia lugares piores para se passar uma noite na Era do Gelo. A queda do mamute o levara até a beira de uma lagoa congelada. Ela estava em um vale, mantida no lugar por duas morainas, que forneciam abrigo contra o vento e os redemoinhos. Alguns abetos emergiam dos bancos de neve, com as agulhas verdes cobrindo o solo, convidando o mamute a se deitar sobre elas e cochilar durante a tempestade.

Mas algo não parecia certo.

O mamute sentiu um arrepio, e não foi pelo frio. Era o tipo de instinto que se manifestava quando havia um leão-das-cavernas ou um lobo-terrível por perto. Havia um predador escondido entre as árvores, camuflado por folhas, neve e escuridão. O mamute ouviu o farfalhar dos galhos e então um som curioso. Não era um rugido, nem um latido, rosnado ou grunhido. Era algo muito mais complexo, agudo no início, subindo e descendo como em uma melodia. Era uma canção, feroz e urgente. Então outro a imitou e, em breve, elas aumentaram em um coro: muitos monstros gritando em uníssono, comunicando-se, provocando sua presa. Estavam marchando para a guerra.

A luz da lua se infiltrou no bosque de abetos e o mamute finalmente viu uma silhueta. Não corria sobre quatro pernas, como um lobo ou um leão, mas somente duas. Não tinha focinho longo nem dentes retorcidos, mas uma cabeça gigantesca e redonda sobre ombros orgulhosos. Seus braços não terminavam em garras, mas seguravam uma lança. O caçador não estava sozinho. Era parte de um bando que gritava e uivava ao atacar.

O líder atirou sua lança e, durante os poucos segundos em que a arma esteve no ar, os olhos do predador se cruzaram com os da presa. Mamutes, com seus cérebros grandes e habilidades sociais, estavam acostumados a ser os animais mais espertos da estepe. Lobos e leões eram ferozes, mas pequenos e não muito inteligentes — ao menos comparados a um mamute. A lança se alojou em seu pescoço e o mamute arquejou, com um último pensamento vindo à sua mente. Esse novo predador era diferente. Mais ávido, mais astuto, mais letal.

Os caçadores se reuniram em torno de seu prêmio. Após se assegurar de que o mamute estava morto, puseram-se ao trabalho. De suas túnicas de pele de mamute, eles tiraram várias ferramentas. Lâminas, raspadores, trituradores, todos feitos de rochas brilhantes e duras que haviam encontrado nos montes de cascalho glacial. Correndo contra a noite e a tempestade, trabalharam com propósito e precisão. Cortaram os pés e as pernas do mamute primeiro, com golpes para fender os ossos, e então removeram a carne dos ombros e flancos. Quando terminaram, uma pilha de ossos era tudo que restava. Puseram a carne do mamute sobre os ombros e reuniram seus equipamentos de pedra. Por que desperdiçar uma boa lâmina? Mas, em sua pressa, esqueceram duas ferramentas, escondidas sob a pelve do mamute na pilha de ossos.

Com um grito de vitória que ecoou na tempestade, o grupo de caçadores seguiu em frente, sobre as morainas, a caminho de seu acampamento perto do lago Chicago. A poeira e a neve diminuíram, o céu clareou e a temporada de acasalamento chegou — com menos um mamute alfa. As geleiras continuaram a derreter, com suas águas escorrendo para a lagoa entre as morainas, cobrindo os ossos do mamute e as ferramentas de pedra.

ESTE NÃO É um livro sobre humanos. Nós, os *Homo sapiens*, somos somente uma das mais de 6 mil espécies de mamíferos vivas hoje. Analisando de uma perspectiva mais longa da evolução mamífera, somos um pontinho entre milhões de espécies e mais de 200 milhões de anos.

Nem tudo é sobre a gente. A história dos mamíferos contada nestas páginas — desde aquelas criaturas escamosas nos pântanos de carvão, sobrevivendo a extinções em massa, dinossauros e climas cruéis — não foi somente um pano de fundo para nossa inevitável coroação. Baleias do tamanho de submarinos, mamutes-lanosos e dentes-de-sabre, macacos em jangadas marítimas e morcegos ecolocalizadores são especiais graças a seus próprios méritos. Assim como nós, é claro: primatas de duas pernas, cérebros grandes e mãos ágeis, cuja inteligência e capacidade de destruição não têm comparação entre os mamíferos. Além disso, somos os únicos capazes de contemplar nossa própria origem.

Um dos humanos mais fascinantes que já conheci era um homem que via regularmente caminhando pelo bairro de Hyde Park, em Chicago, quando eu estava na faculdade. Direi isso da maneira mais delicada, porém sincera, possível: ele parecia um sem-teto. Movia-se vagarosamente, como se não tivesse para onde ir, com as costas arqueadas e um chapéu de pesca vermelho e mole sobre o rosto repleto de cicatrizes. Normalmente, murmurava algo para si mesmo, com as palavras abafadas pela longa barba branca no estilo de Gandalf — ou seria mais como a barba de Deus? Um protetor de bolso lotado de canetas e cartões com uma letra minúscula ficava no bolso de sua camisa de flanela desbotada. Às vezes, nossos olhares se cruzavam e, por um breve segundo, eu via seus olhos — gentis e meio tristes, mas com um lampejo de genialidade por trás de óculos de lentes tão grossas que nem mesmo o hipster mais devotado conseguiria deixá-los elegantes.

Seu nome era Leigh Van Valen. A despeito de sua aparência (ou, diriam alguns, de modo condizente com ela), ele era professor e estava na linha tênue que separa o brilhantismo da loucura. A princípio, ele era um biólogo evolutivo, mas se aventurava pela matemática e pela filosofia. Quando não estava vagando pelo campus, ele se fechava em seu escritório, que supostamente continha 30 mil livros. Entrar naquela sala era colocar a segurança em risco: pilhas de fotocópias se erguiam como torres, mais altas que o próprio Leigh. Alguns de seus alunos, que eram meus amigos, temiam que uma das pilhas caísse e o esmagasse. Era uma preocupação genuína: seus alunos o adoravam.

"Ele era uma 'figura' no sentido real da palavra, e não um 'babaca', que parece ser o caso de muitos na academia que recebem essa descrição", lembrou Christian Kammerer durante nossa conversa por e-mail. (Falei sobre Christian anteriormente, como especialista na origem da linhagem mamífera.) Ele assistiu às tempestuosas aulas de Teoria Evolutiva de Leigh como parte de seu estágio de doutorado na Universidade de Chicago, cujas leituras obrigatórias incluíam poesia do próprio Leigh, como um lascivo poema sobre a cópula dos dinossauros, citado em seu obituário no *New York Times* quando ele morreu em 2010.

As histórias sobre ele são lendárias. Dizem que seu almoço era uma caixinha de leite com uma banana podre. Ele recebera um enxerto retirado do traseiro para substituir a pele perdida em uma lesão cancerosa no rosto. Muitas vezes, eu o vi monopolizar a atenção das pessoas durante um seminário ao fazer ao palestrante uma pergunta tão sinuosa que levava no mínimo três minutos para ser formulada, pontuada pelos arquejos agudos que seus estudantes de pós-graduação chamavam de *gronks*. No fim da pergunta, o palestrante normalmente já se esquecera do início e não ousava pedir que ele repetisse. Leigh chegou até a se aventurar pelo ramo editorial: irritado com os periódicos que regularmente rejeitavam seus artigos (muito acima da compreensão de seus colegas mortais), fundou sua própria revista científica, que ele mesmo diagramava e imprimia. "Conteúdo acima da forma" era seu lema — sua maneira de admitir que a revista era muito feia.

De todos os seus interesses e obsessões, a real especialidade de Leigh eram os fósseis de mamíferos. Sua maior descoberta — que ele publicou na *Science* em 1965, cerca de uma década antes de fundar seu próprio periódico — aparentemente era pequena, mas dificilmente poderia ser maior em implicações. Ela revelava nossas origens mais profundas.

Um ano antes, uma equipe de campo liderada por Robert Sloan, da Universidade de Minnesota, coletara seis dentes das terríveis terras baldias da colina Purgatory, em Montana. É notável que tenham conseguido enxergar os dentes: eles são minúsculos, com o maior molar mal chegando a 3 milímetros da raiz à coroa. E também são muito antigos, vindos de rochas depositadas no início do Paleoceno, que agora sabemos ter sido somente algumas centenas de milhares de anos depois que o asteroide matou os dinossauros, no fim do Cretáceo. A maioria dos dentes de pequenos mamíferos dessa época e do início do Cretáceo tem cúspides altas e afiadas para cortar insetos, a maneira mais fácil de um mamífero peso-pena se alimentar. Para Leigh, no entanto, os seis dentes eram sutilmente diferentes. Sob seu microscópio, ele viu cúspides mais delicadas e bulbosas cujo tamanho, formato e posição não eram ideais para lacerar o exoesqueleto de insetos, mas sim processar vegetação macia, como frutas. Ele fez a conexão: aqueles dentes minúsculos, que ele chamou de *Purgatorius* em referência à colina, eram um elo entre ancestrais insetívoros e os primatas de hoje. O título de seu artigo de 1965 com Sloan — escrito com jargões pouco conhecidos sobre cúspides e pontes de esmalte — diz claramente: "Os primeiros primatas."

Para minha colega Mary Silcox, da Universidade de Toronto, que considero a principal especialista atualmente sobre as origens dos primatas, a conclusão de Van Valen foi revolucionária. "Entender que o *Purgatorius* era um primata foi coisa de gênio. Ele não se parece com um primata, mas agora sabemos que foi um ponto de partida", disse ela durante a sessão de perguntas e respostas de um seminário on-line que ofereceu para meus estudantes de Edimburgo durante a pandemia. Isso foi em resposta a uma pergunta minha, muito mais curta do que as que Leigh fazia aos palestrantes: qual era a descoberta relacionada aos primatas que eu *precisava* relatar em meu livro? Mary nem parou para pensar. Embora os livros de Donald Johanson sobre Lucy e outros fósseis humanos a tivessem colocado no caminho da paleoprimatologista, ela se apaixonou pelo *Purgatorius* e focou sua pesquisa nesse primata mais antigo.

O *Purgatorius* é um plesiadapiforme, o nome trava-línguas da ordem ancestral da qual os primatas evoluíram. Alguns cientistas, como Mary, seguem Leigh e chamam os integrantes dessa ordem de primatas; outros preferem chamá-los de "primatas-tronco" e restringir o título primário para o grupo coroa que consiste nas espécies atuais e todos os descendentes de seu ancestral comum mais recente (esses são os "primatas verdadeiros" que discutimos anteriormente, os quais migraram durante o aquecimento global da transição Paleoceno-Eoceno). Tanto faz. É nomenclatura, um exercício humano de organização. Não é importante. O importante é que o *Purgatorius* é o mais antigo animal conhecido da linhagem dos primatas depois que ela se separou de outros grandes grupos de mamíferos e o primeiro a exibir mudanças-chave na dieta e no comportamento que indicam um novo estilo de vida.

Esses primeiros primatas não somente comiam plantas com seus molares modificados como migraram do solo para as árvores — um refúgio do caos, das oscilações climáticas e dos predadores pós-dinossauros. Cinquenta anos depois do artigo original de Leigh, Stephen Chester descreveu os ossos do tornozelo do *Purgatorius*, cada um menor que a ponta de uma unha. Eles têm superfícies articulares altamente móveis, que teriam permitido ampla variedade de movimentos para agarrar e escalar, como nos mamíferos arbóreos de hoje. Alguns anos depois, Stephen confirmou essa inferência ao descrever um fóssil mais completo: o mais antigo esqueleto em boas condições de um plesiadapiforme, chamado *Torrejonia*, coletado por Tom Williamson em rochas de 62 milhões de anos no Novo México. E não foram somente seus tornozelos que se mostraram altamente móveis, mas também seus ombros e quadris, permitindo que seus braços e pernas deslizassem e girassem em muitas direções.

Essas mudanças de dieta e hábitat aconteceram de uma hora para outra, logo após a extinção dos dinossauros. "Esses primatas parecem ter se erguido do solo como Zeus", disse Mary. Os fósseis de *Purgatorius* mais antigos até agora são de Montana, encontrados em uma faixa estreita de rocha imediatamente após a extinção, não mais de 200 mil anos depois do impacto do asteroide. Há rumores de fósseis ainda mais antigos. O próprio Leigh descreveu um sétimo dente de Montana encontrado ao lado de um esqueleto de *Triceratops*, que ele achou ser do Cretáceo. Desde então, foi interpretado como dente do Paleoceno misturado a dinossauros do Cretáceo por um rio antigo querendo enganar paleontólogos. Mesmo assim, as árvores genealógicas baseadas em DNA dos mamíferos implicam que os primatas se originaram no Cretáceo; então, talvez nossos ancestrais primatas tenham sobrevivido ao asteroide, em vez de somente ter tirado vantagem dele.

Durante o Paleoceno e o Eoceno, os plesiadapiformes se diversificaram em relação a suas origens no *Purgatorius*. Tornaram-se um grupo altamente bem-sucedido de mais de 150 espécies conhecidas que viveram na América do Norte, Europa e Ásia. Chegaram até a ilha Ellesmere, acima do Círculo Ártico: os primatas que mais se aproximaram do polo antes dos humanos. Com sua espantosa diversidade de tamanhos, dietas e comportamentos, foram uma das primeiras grandes irradiações de um subgrupo mamífero placentário que subsiste até hoje. Os menores eram pouco mais pesados que uma uva — os menores primatas de todos os tempos —, ao passo que outros eram tão grandes quanto um macaco-prego esmagador de ossos. Entre seus alimentos estavam frutos, gomas, sementes, polens, folhas e alguns dos insetos favorecidos por seus ancestrais pré-*Purgatorius*. Todos eram arbóreos, mas com diferentes níveis de habilidade. Os maiores provavelmente se moviam lentamente e se atinham aos troncos, outros passeavam pelas copas, e um deles, chamado *Carpolestes*, tinha dedos compridos e opositores para se agarrar firmemente aos galhos.

Ao traçarmos a evolução dos plesiadapiformes durante o Paleoceno, certas tendências se revelam. Animais como o *Purgatorius* foram para as árvores antes de desenvolver dietas unicamente vegetarianas ou frugívoras e seus cérebros crescerem. Mesmo quando começaram a comer frutas de maneira mais exclusiva, seus cérebros permaneceram pequenos — como Mary demonstrou ao fazer tomografias dos crânios e reconstruir digitalmente os cérebros de vários plesiadapiformes. Sua visão também era limitada, pois as regiões ópticas do cérebro eram triviais e os olhos voltados para os lados, excluindo a visão em três dimensões e a percepção de profundidade. Assim, cérebros grandes e alta inteligência não foram necessários para que os primatas fossem para as árvores nem para que começassem a comer frutas. Mas o hábitat arbóreo e a dieta rica em frutas podem ter sido pré-requisitos para o surgimento de cérebros grandes, ao fornecer refeições altamente calóricas inacessíveis à maioria dos outros mamíferos.

Parece haver ligação, porém, entre a evolução da habilidade de agarrar e a ingestão de frutas. Características das mãos e dos pés que permitiam agarrar melhor os galhos evoluíram paralelamente a características dentárias que permitiam mastigar melhor as frutas. Para Mary, isso sugere que a evolução dos primeiros primatas foi impulsionada pela "alimentação na ponta dos galhos": os primatas avançavam milímetro a milímetro na ponta dos galhos para arrancar as melhores frutas e folhas. Alguns componentes fundamentais de nosso projeto humano — como mãos de dedos longos, punhos e tornozelos flexíveis e molares com cúspides baixas — são vestígios dessa época em que nossos ancestrais saltavam pelas árvores em busca de comida.

Quando o Paleoceno se transformou em Eoceno e as temperaturas dispararam durante o aquecimento global do PETM, 56 milhões de anos atrás, alguns plesiadapiformes levaram suas habilidades sensoriais e sua capacidade de escalar a outro nível. Ao fazerem isso, tornaram-se os primeiros primatas originais — o grupo coroa, aquele que todos concordam merecer o título. O *Teilhardina*, o viajante global que colonizou a bacia Bighorn, no Wyoming, e o restante dos continentes do norte em rápida sucessão, é o arquétipo desses primeiros primatas canônicos.

Eles eram diferentes de seus ancestrais, que se pareciam com o *Purgatorius*, em dois principais aspectos. O primeiro é que se tornaram arboristas ainda mais habilidosos, capazes de saltar entre os galhos, modificando as garras para unhas achatadas. Acrescentaram polegares opositores e dedos dos pés longos aos hálux opositores e dedos das mãos longos de seus ancestrais e criaram um tornozelo mais rígido, que ainda era capaz de se mover em muitas direções, mas tornou-se estável o bastante para que pudessem saltar e aterrissar com segurança. O segundo é que ficaram mais espertos e sua visão passou a ser muito mais aguçada. Seus cérebros não somente ficaram maiores, como também foram reorganizados, com um neocórtex maior para a integração sensorial e regiões visuais maiores, que se desenvolveram conforme as regiões olfativas diminuíam, refletindo a troca do olfato pela visão. Seus olhos bulbosos e voltados para a frente podiam ver em três dimensões e, em alguns casos, em tecnicolor. Olhos e cérebro maiores e nariz atrofiado significavam rosto mais achatado, com menos focinho. Muitos outros aspectos do projeto humano — nosso rosto de olhos arregalados e nariz de pug, nossa capacidade de fazer o sinal de positivo com os polegares ("joinha"), nossa habilidade de ver os belos tons de um arco-íris, as cores dos semáforos e as raízes de nossa inteligência — são vestígios dessa época na qual nossos ancestrais saltavam de árvore em árvore enquanto o mundo fervilhava.

Com essas novas adaptações, os primatas se disseminaram e se diversificaram com uma intensidade que equivalia às extremas temperaturas do Eoceno. Rapidamente partiram para o sul, na direção da Arábia e da África. Sua árvore genealógica cresceu, gerando lêmures — com incisivos inferiores e caninos transformados em pentes para cuidar de sua pelagem — e macacos do Novo Mundo, que fizeram a monumental jornada transoceânica da África para a América do Sul. Ao menos uma vez, talvez duas, os lêmures também enfrentaram as ondas, pegando uma carona para leste em correntes que partiam de Moçambique e chegavam a uma ilha que se tornaria seu parque de diversões e, mais tarde, único santuário: Madagascar. Cerca de cem espécies de lêmures vivem hoje em Madagascar, mas alguns milhares de anos atrás havia muitas mais, todas magníficas. Havia coalas-lêmures altos como humanos; preguiças-lêmures que se penduravam de cabeça para baixo usando seus membros finos e longos; e o mais psicodélico de todos, gorilas-lêmures, como o *Archaeoindris*, gigantes de 200 quilos que mastigavam folhas enquanto andavam se arrastando pelo solo. Todos desapareceram mais ou menos na mesma época, em uma onda de extinções nas ilhas de todo o mundo, seguindo o extermínio de mamutes-lanosos, dentes-de-sabre e outros integrantes da megafauna continental da Era do Gelo.

Se a estufa do Eoceno promoveu a diversificação dos primatas, o resfriamento do Oligoceno fez o oposto. Quando a Antártida ficou órfã e as geleiras começaram a se formar no sul, os primatas foram dizimados na Europa e erradicados na América do Norte. Por razões que não estão claras, não foram substituídos por nenhum macaco do Novo Mundo, os quais, após a improvável odisseia transatlântica, subitamente ficaram cansados de viajar, chegando no máximo à América Central antes de se acomodar. Por essa razão, não há primatas — para além dos humanos, dos espécimes de zoológico e de alguns macacos selvagens na Flórida — nos Estados Unidos ou no Canadá hoje. Mas as coisas foram mais promissoras nas partes mais quentes do mundo do Oligoceno. Embora os primatas asiáticos tenham sofrido, havia bolsões tropicais onde alguns resistiram — principalmente formas parecidas com lêmures e outras menores aparentadas com os macacos.

Mas a real história de sucesso foi a África. Mesmo quando as altas latitudes se tornaram mais frias e secas, o sol ainda brilhava nas florestas úmidas da África e do Oriente Médio. E o epicentro da evolução dos primatas mudou para lá. Durante o Oligoceno, os primatas africanos prosperaram, como registrado pela abundância de fósseis em Fayum, no Egito, acima das rochas do Eoceno cheias de esqueletos de baleias. Alguns desses primatas se tornaram macacos do Velho Mundo, outros se tornaram antropoides. E os antropoides...

GADA HAMED FOI um afar que viveu na região de Awash, na Etiópia, perto do ponto, no leste da África, onde o mar Vermelho se encontra com o golfo de Adem. Seu apelido era Gadi, mas os paleoantropólogos americanos o chamavam de Zipperman ["Homem-Zíper"]. Seus caminhos se cruzaram pela primeira vez no início da década de 1990, quando integrantes de uma equipe da Universidade da Califórnia, durante uma busca por fósseis, olharam para cima e depararam com um homem baixo e corcunda, de rifle na mão e cinturão de munição cruzado no peito. Seus incisivos haviam sido lixados e transformados em presas afiadas e, em torno de seu pescoço, havia um colar feito de zíperes — troféus de quando as tribos haviam lutado contra a junta militar comunista durante a guerra civil que durara uma década.

Aquele não era um homem com quem brincar; os integrantes etíopes da expedição sabiam disso. Também haviam sido atingidos pela guerra: um deles, Berhane Asfaw, fora pendurado de cabeça para baixo e torturado pelos comunistas; de alguma forma escapou da morte. Mais tarde, obteve um diploma de Geologia e se tornou o principal especialista etíope em origens humanas. Ele e os outros integrantes etíopes da equipe imploraram ao líder da expedição — o eminente paleoantropólogo americano Tim White — para desmontar o acampamento. White, perfeccionista belicoso e um dos mais tenazes investigadores das origens humanas, não era homem de desistir. Mas, daquela vez, foi obrigado.

No ano seguinte, a equipe de White retornou e, mais uma vez, encontrou Zipperman. Dessa vez, eles fizeram um acordo: Gadi se uniria à equipe. Ele rapidamente se tornou um integrante importante da operação, atuando como guarda, guia, fiscal, trabalhador braçal e coletor de fósseis. White sempre fizera questão de trabalhar colaborativamente com seus anfitriões, mas forjou um laço especial com Gadi. Zipperman se tornou um companheiro regular no veículo de White, sacudindo silenciosamente seu rifle enquanto o chefe corria pelo deserto em uma caça a fósseis. Certo dia, no fim de dezembro de 1993, White teve um palpite e parou perto de um afloramento rochoso. A estranha dupla desceu para dar uma olhada.

"Doutor Tim", gritou Gadi, "venha aqui!"

Entre as pedras, ele vira um pequeno dente descolorido: o molar de um hominídeo, um integrante antigo da linhagem humana. Outro troféu humano para Zipperman, mas decididamente vintage, com 4,4 milhões de anos.

White chamou sua equipe, e todos os doutorandos vasculharam a área onde o guerreiro afar, treinado em combate e pastoreio de camelos, mas nunca escolarizado em ciência, fizera sua descoberta. A equipe encontrou mais fósseis: primeiro um canino e então outros dentes, em um conjunto de dez, pertencentes a um único indivíduo. White, Asfaw e seu colega japonês Gen Suwa mais tarde descreveram o indivíduo como uma nova espécie: *Ardipithecus ramidus*, com *ardi* significando "solo" e *ramidus* significando "raiz" na língua afar. Ele sem dúvida pertencia à linhagem humana: tinha caninos superiores pequenos e em formato de diamante, uma marca registrada dos humanos, e não as adagas de chimpanzés e gorilas, afiadas pelo atrito com os pré-molares inferiores. Quase todo o restante era incerto. Ele caminhava ereto sobre as pernas traseiras, como os humanos, ou escalava árvores, como os antropoides? Para que usava as mãos? Tinha um cérebro grande, como o nosso, ou um menor, como o dos chimpanzés? Essas perguntas teriam de esperar por fósseis mais completos.

Eles seriam encontrados na temporada seguinte. Em novembro de 1994, White voltou à Etiópia e, para dar início à expedição, levou a equipe de volta ao sítio descoberto por Gadi. Não tinham muita esperança, pois achavam ter recolhido tudo no ano anterior. Mas, para sua surpresa, mais ossos surgiram. Yohannes Haile-Selassie, outro paleoantropólogo etíope de destaque treinado por White, encontrou um par de ossos pertencentes a mãos cerca de 50 metros ao norte dos dentes de Gadi. Com isso, o jogo começou. A equipe não vasculhou somente a superfície, mas peneirou os sedimentos em busca de fósseis menores e escavou o solo. Durante o restante da temporada, coletaram mais de cem ossos do esqueleto de uma fêmea, que teria pesado mais ou menos 50 quilos e chegado a 1,20 metro.

Enquanto a equipe trabalhava, Gadi montava guarda no topo de um espinhaço com vista para o local da escavação, com o rifle pendurado nos ombros. Infelizmente, ele não estaria presente na finalização do projeto. Em 1998, Gadi acabou se envolvendo em um tiroteio com uma tribo rival e levou um tiro na perna, que infeccionou e posteriormente ocasionou sua morte. White o homenageou colocando uma fotografia de Zipperman emoldurada em sua mesa em Berkeley. Além disso, anunciou a descoberta com alarde internacional em 2009, após quinze anos de meticuloso estudo. O chamado esqueleto de Ardi recebeu uma edição especial da revista *Science* e um documentário no Discovery Channel. Se algum fóssil merecia tanta promoção era aquele: um animal que parecia parte humano, parte antropoide, e andava sobre os membros traseiros — o superpoder da humanidade —, mas retinha hálux opositores e braços e mãos enormes para escalar árvores. Seu rosto era pequeno como o de um humano; seu cérebro, pequeno como o de um chimpanzé.

O *Ardipithecus* era um hominíneo, que pendia ligeiramente para o nosso lado da árvore genealógica depois que nos separamos de nossos parentes antropoides. Desde o tempo de Darwin, reconhece-se que os humanos são parentes próximos de chimpanzés, gorilas e orangotangos, um fato confirmado recentemente pelos testes de DNA. Chimpanzés são nossos primos mais próximos: partilhamos 98% de nossos genes. Podemos colocar o início da humanidade nesta bifurcação da árvore genealógica: os hominíneos foram para um lado, os chimpanzés para o outro. A divisão foi recente e confusa. Ela começou entre 5 e 7 milhões de anos atrás, no fim do Mioceno, mas foi um adeus demorado: parece que os genes continuaram fluindo entre os ramos de humanos e chimpanzés até mais ou menos 4 milhões de anos atrás, no início do Plioceno. Esse foi o período do *Ardipithecus*. Mas não pense que o *Ardipithecus* evoluiu dos chimpanzés ou mesmo de um ancestral que se parecia com um chimpanzé. Os chimpanzés de hoje são animais altamente especializados, o produto de mais de 4 milhões de anos de evolução independente — assim como os humanos de hoje são altamente especializados após 4 milhões de anos de evolução independente.

Essas transformações evolutivas aconteceram em meio a mudanças climáticas e ambientais. Antes da divisão, chimpanzés e humanos tinham ancestrais antropoides mais distantes, que floresceram no Mioceno. Era um verdadeiro planeta dos macacos naquela época, ao menos no Velho Mundo. Eles habitavam a África e a Ásia e "reinvadiram" a Europa depois que os primatas foram praticamente extintos durante o resfriamento do Oligoceno. Embora os prados se expandissem durante o Mioceno, ainda havia trechos de florestas, e os antropoides se adaptaram à vida nas árvores, desenvolvendo braços compridos e ombros com uma ampla variedade de movimentos e perdendo a incômoda cauda. Durante o auge do Mioceno, alguns antropoides da África se tornaram gorilas, e uma população chegou ao Sudeste Asiático, transformando-se em orangotangos. Quando se diversificaram, os antropoides experimentaram novas maneiras de se locomover nas árvores: alguns andavam sobre galhos, agarrando com as mãos os galhos sobre suas cabeças, a fim de se equilibrar. Deviam parecer crianças pequenas — quase andando, mas ainda não tendo chegado lá —, segurando-se nos móveis e oscilando para os lados ao andar. Mesmo assim, foi um começo.

No Plioceno, a tendência de resfriamento e ressecamento continuou. O que estivera ocorrendo aos saltos no restante do mundo finalmente atingiu a África: as florestas úmidas se reduziram a bolsões, substituídas em muitas áreas por prados abertos. Os antropoides africanos se adaptaram, uma história contada por uma incrível sequência de fósseis do Grande Vale do Rifte, uma cicatriz se estendendo para o sul, das terras tribais de Gadi, na Etiópia, até o Quênia e a Tanzânia, que se formou enquanto a África se despedaçava lentamente, acumulando sedimentos e fósseis do Mioceno em diante. Alguns antropoides, cada vez menores, permaneceram nas florestas, como gorilas e chimpanzés. Mas os hominíneos seguiram outro caminho, saindo das florestas e entrando em campos abertos. Para tanto, tiveram de aprender a andar direito.

Erguer-se e caminhar sobre duas pernas não é fácil. Quando pensamos a respeito, observamos que é algo extremamente raro no reino animal. Há uma razão para Platão ter definido os humanos como "bípedes sem penas": com exceção das aves (e seus ancestrais dinossauros), somos alguns dos únicos animais a se mover habitualmente sobre dois pés, liberando as mãos para fazer outras coisas. Platão também devia ter mencionado outras marcas registradas dos humanos: nossos cérebros enormes e nossa inteligência; mãos hábeis que podem agarrar e segurar de muitas maneiras diferentes; nosso uso de ferramentas; habilidade de manipular o fogo; e a tendência de nos separarmos em grupos culturais. Esse é o pacote que nos torna humanos, e não gorilas ou outros macacos. Há muito se debate como esses componentes se uniram: eles evoluíram de uma única vez ou aos poucos? Um deles resultou a evolução dos demais? Agora sabemos que algumas partes de nosso projeto são relíquias herdadas daqueles primeiros primatas estudados por Leigh Van Valen, mas muitos outros foram forjados somente depois que a linhagem dos hominini se separou da linhagem dos chimpanzés.

De todas as coisas que se combinaram para nos tornar humanos, o caminhar bípede e ereto parece ser a principal. O *Ardipithecus* de Gadi é nossa primeira pista sobre como esse modo de caminhar evoluiu. Ardi podia andar sobre os membros traseiros: tinha proeminentes ligações musculares nos quadris para ancorar os poderosos quadríceps dos bípedes e pés fortes e largos que podiam empurrar o solo em movimentos a partir dos calcanhares e dos dedos dos pés. Mas não era exclusivamente um caminhante, pois seus grandes braços e hálux opositores eram equipamentos de escalada. Ardi mostra que os primeiros hominíneos não trocaram as árvores pelo solo em um breve floreio, tendo passado por um estágio no qual podiam caminhar, escalar e passar um tempo tanto na copa das árvores quanto nos prados. Eles eram generalistas —

e não deixavam de explorar novos terrenos. Por que foram para áreas abertas é um mistério. Estariam fugindo de predadores, ansiando por novos tipos de alimento ou só tentando sobreviver ao encolhimento das florestas? O que sabemos é que esses primeiros hominíneos começaram a caminhar sobre duas pernas *antes* de desenvolver cérebros grandes e criar ferramentas de pedra. O caminhar ereto parece ter permitido essas outras inovações humanas — provavelmente ao liberar as mãos das tarefas de locomoção e permitir que os hominínis comessem novos alimentos ricos em calorias que podiam ser transformados em tecido cerebral.

Com um pouco mais de tempo e a mão orientadora da seleção natural, esses metade caminhantes, metade escaladores se tornaram bípedes habituais que se moviam e viviam quase que exclusivamente no solo. Para completar a transformação, os hominíneos passaram por uma renovação de corpo inteiro. A cabeça foi reposicionada no topo do pescoço, em vez de se projetar na frente dele. A coluna vertebral, horizontalmente orientada e perpendicular aos membros traseiros em cavalos, camundongos, baleias e em praticamente todos os outros mamíferos, "girou" e ficou paralela às pernas, assumindo formato curvo. Se você sente dores no pescoço ou nas costas, pode culpar essas reconfigurações anatômicas de nossos ancestrais.

Esse novo perfil humano — alto, digno, com pernas, coluna, pescoço e cabeça alinhados e equilibrados sobre dois pés arqueados — é visto no *Australopithecus*, outro tipo de hominíneo primitivo que viveu um pouco depois do *Ardipithecus*. O *Australopithecus* é o mais conhecido antecessor humano, porque é representado por um dos mais famosos fósseis já encontrados: o esqueleto de "Lucy", descoberto na Etiópia em 1974 e batizado em referência à canção dos Beatles "Lucy in the sky with diamonds", que tocava repetidamente enquanto seus ossos eram escavados. Um de seus descobridores, Donald Johanson, fez carreira popularizando Lucy em livros e documentários após publicar uma descrição científica inicial do esqueleto com o jovem Tim White, muito antes de ele conhecer Gadi e o *Ardipithecus*.

O *Australopithecus* era um caminhante; disso temos certeza. Não se trata de pura conjectura baseada no formato de seus ossos porque, há uns 3,6 milhões de anos, um grupo de dois ou três homininíneos (ou talvez parentes muito próximos) deixaram pegadas em uma camada de cinzas vulcânicas que haviam coberto o solo como neve e então se transformado em uma espécie de cimento molhado. O rastro se parece com o que poderíamos encontrar em uma praia: marcas somente de pés, não de mãos, com impressões profundas dos calcanhares e dos dedos e a marca sutil do arco entre eles, sinal de alguém que andava com confiança. Contudo, não era alguém muito esperto: o cérebro do *Australopithecus* era pequeno e estruturado como o dos chimpanzés, mas se desenvolvia lentamente durante um extenso período de crescimento. Em outras palavras, Lucy e seus familiares gozavam de infâncias longas como as nossas, outra marca registrada dos humanos.

Do *Ardipithecus* e do *Australopithecus* surgiu uma rica árvore genealógica de homininíneos. Não se tratava simplesmente de uma árvore escalonada, com o *Ardipithecus* evoluindo até o *Australopithecus*, que evoluiu até os humanos, em uma sequência arrumadinha como avó-filha-neta. Nossa árvore genealógica é mais como um arbusto, com uma luxuriante e espinhosa maçaroca de ancestrais e primos. Esse arbusto esteve firmemente enraizado na África — o lar da humanidade — durante os primeiros milhões de anos de nossa história. Inicialmente, os humanos eram um grupo endêmico, restrito à África, onde ocorreram todas as nossas grandes invenções, como bipedismo, inteligência e uso de ferramentas. Transformamos a África em nosso lar e nos tornamos parte de seu tecido, tão nativos da savana quanto leões, elefantes e gazelas. No meio do Plioceno, no mínimo, há uns 3,5 milhões de anos, numerosas espécies de homininíneos viviam juntas em todo o leste e sul da África. É algo lógico: assim como havia muitos tipos de caninos e felinos, havia muitos tipos de humanos. Tal diversidade era normal para a humanidade e persistiria até muito recentemente. A única espécie humana moderna, *Homo sapiens*, é o ponto mais baixo de nossa diversidade e uma grande exceção à norma histórica.

Toda a incrível diversidade humana inicial foi sustentada pela dieta. Diferentes espécies de hominíneos se especializaram em diferentes alimentos e os coletavam e processavam de maneiras distintas. Os primeiros hominíneos provavelmente eram similares a outros antropoides e comiam uma grande variedade de frutas, folhas e insetos. Quando se moveram das florestas para ambientes mais irregulares e depois para os prados, alguns se tornaram consumidores de alimentos duros, com mandíbulas profundas equipadas com grandes pré-molares e molares para triturar alimentos como raízes e tubérculos. Eles foram, em certo sentido, a versão humana dos cavalos hipsodontes da savana americana. Outros passaram por uma mudança ainda mais profunda e começaram a comer carne. Os primeiros carnívoros humanos deixaram seu cartão de visita: ossos de animais com marcas de ferramentas de pedra começaram a surgir há 3,4 milhões de anos, seguidos rapidamente pelas próprias ferramentas. Esse é o início do registro arqueológico. Nossa presença já não era mais documentada somente por ossos, dentes e pegadas fossilizadas, mas também pelas coisas que passamos a fazer.

Comer carne foi uma virada de chave. A carne tem muito mais calorias que folhas e insetos, e essas calorias nutriram cérebros maiores. Refeições fartas e ricas em energia também permitiam que esses humanos passassem menos tempo procurando comida e menos tempo e energia obtendo nutrição de raízes e folhagens. Seus dentes e músculos mastigatórios ficaram menores, gerando nossos sorrisos de acolhimento e rostos mais estreitos. Mais tempo ocioso significou mais oportunidades de socialização, comunicação, ensino e aprendizado — as origens de nossa cultura. A criação de ferramentas também foi algo muito importante. Pela primeira vez, os humanos não precisavam mais esperar que a seleção natural produzisse novos utensílios — dentes, garras ou qualquer outra coisa — para obter novos alimentos. Podíamos criar nós mesmos os cortadores, raspadores e trituradores. Essa diversidade de armamentos, juntamente com nosso apetite flexível e cada vez maior, fez com que nos tornássemos supremamente adaptáveis. Por volta de 2 milhões de anos atrás, os humanos viviam em um caleidoscópio de ambientes africanos: campos, bosques, margens de lagos, prados, estepes secas e paisagens marcadas pelo fogo.

Da maçaroca de ramos ancestrais da árvore genealógica veio um novo tipo de humano, que surge no registro fóssil há cerca de 2,8 milhões de anos: *Homo*, nosso gênero. Eles — ou talvez eu devesse dizer nós — surgiram quando o clima local se tornou ainda mais seco e variável, com mais capim e territórios abertos. Havia muitas espécies do primeiro *Homo*, e a classificação de nossos parentes mais próximos é uma grande bagunça. Dessa bagunça surgiu o *Homo erectus*: mais alto, mais ereto sobre pernas mais longas, com braços mais curtos que assinalavam o divórcio completo das árvores, rosto mais achatado e um cérebro muito maior que o dos hominíneos anteriores. Ele era um velocista que perseguia presas por longas distâncias. Livre da sombra das florestas e exposto ao Sol, provavelmente esteve entre os primeiros humanos a perder a pelagem mamífera. Aparentemente era social, provavelmente sabia manipular fogo para cozinhar e era muito violento. E também criava belas ferramentas: machados de mão em formato de pera, com o design intrincado de um artesão especializado, muito além das simples rochas lascadas dos primeiros ferramenteiros humanos.

O *Homo erectus* também foi o primeiro hominíneos a percorrer longas distâncias e, até onde sabemos, a deixar a África. A longa, convoluta e cada vez mais ambiciosa saga da migração humana começou com ele, inicialmente no interior da África. Há cerca de 2 milhões de anos, ele se expandiu dos vales do rifte do nordeste para a extremidade sul do continente, onde se misturou aos últimos *Australopithecus*, empurrados para o sul meio milhão de anos depois de entrarem em extinção no norte. O *Homo erectus* não parou ali. Com a jornada para o sul impedida pelo oceano, ele foi para o norte, saindo da África para o Oriente Médio e depois para a Europa e a Ásia. Minha prosa aqui implica uma cruzada heroica, mas, na realidade, esses grupos de *Homo erectus* apenas estavam atrás de alimentos e hábitats adequados enquanto os climas da Era do Gelo oscilavam. Eles chegaram à Ásia há uns 2 milhões de anos, deixando ferramentas de pedra incrustadas em falésias de poeira glacial. Entre os *Homo erectus* asiáticos estava o Homem de Beijing: uma população que viveu há cerca de 750 mil anos e cujos esqueletos são encontrados em cavernas na periferia de Beijing.

Quando os *Homo erectus* se espalharam pela Ásia, eles deram de cara com outro percalço. Ao chegarem à extremidade do Sudeste Asiático, contemplaram um irrequieto mar azul. Novamente na ponta de um continente, foram mais longe e cruzaram a enorme massa de água. Essa sim foi uma jornada heroica, comparável a nossa viagem à Lua. Foi muito, muito mais que animais percorrendo corredores migratórios em resposta às mudanças do clima. A viagem exigiu planejamento, premeditação e trabalho de equipe. As tribos de *Homo erectus* precisaram construir embarcações e navegar águas desconhecidas. Provavelmente precisaram de algum tipo de linguagem para isso. Como quer que tenham feito, eles o fizeram. E várias vezes.

Diferentes populações de *Homo* alcançaram diferentes ilhas, tornando-se ao menos duas espécies: *Homo luzonensis,* em Luzon (agora parte das Filipinas), e *Homo floresiensis,* em Flores (agora Indonésia). Quando se estabeleceram nas ilhas, esses humanos fizeram o que os mamíferos costumam fazer ao ficarem isolados: encolheram. O anão de Flores foi apelidado de "hobbit", e por uma boa razão. Mal chegando a 1 metro na idade adulta, ele pesava 25 quilos e tinha um cérebro minúsculo que revertera ao tamanho do cérebro de um chimpanzé. Mas estava bem-adaptado a seu ambiente, vivendo por muitas centenas de milhares de anos em isolamento e se extinguindo há somente 50 mil anos, por volta da mesma época em que outra espécie de humano passou pelo Sudeste Asiático a caminho da Austrália.

Enquanto o *Homo erectus* explorava, o gênero *Homo* continuou a evoluir na África. Algumas dessas populações de *Homo* vagaram pelas costas mediterrâneas, entraram no Oriente Médio, no Cáucaso, nos Bálcãs e cruzaram a Europa. Outras permaneceram na África, ao menos por algum tempo. Há cerca de 300 mil anos, no que agora é o Marrocos, os primeiros ossos esmigalhados de *Homo sapiens* entraram no registro fóssil. Se pudesse olhá-los no rosto, você veria a si mesmo. Se vestíssemos um deles com terno e gravata e o colocássemos no metrô de Nova York, ninguém notaria. Todavia, esses primeiros *sapiens* não eram exatamente como nós: eles tinham nosso rosto pequeno e achatado, mas não o crânio em forma de globo que abriga nosso cérebro inflado — o maior de qualquer espécie humana (com uma possível exceção).

Nas centenas de milhares de anos seguintes, outros *Homo sapiens* foram fossilizados na África, formando um grupo diversificado. Alguns tinham rosto achatado, outros, nem tanto; alguns tinham queixo pontudo, outros, queixo pequeno; alguns tinham arcadas supraciliares proeminentes, outros, discretas; alguns tinham uma cabeça grande e cérebro globular, outros, não. Parece que o *sapiens* não evoluiu em um canto da África após uma divisão clara de outras espécies *Homo*, mas teve uma gênese mais pan-africana, em forma de mosaico. Havia uma constelação de populações de *sapiens* primitivos em toda a África, e eles se acasalaram e migraram em uma placa de Petri do tamanho de um continente, misturando suas características anatômicas até que, entre 100 e 40 mil anos atrás, chegamos ao corpo clássico do humano moderno: rosto pequeno e achatado; queixo pontudo; arcadas supraciliares pequenas sobre os olhos e separadas sobre o nariz; um cérebro de tamanho estupendo no interior de um crânio em forma de balão; além da miríade de outras características que herdamos de nossos ancestrais hominíneos, primatas e mamíferos.

Algumas coisas notáveis aconteceram na época em que o corpo moderno dos *sapiens* tomou forma.

Primeiro, o tamanho das populações humanas aumentou, e as inovações tecnológicas e cognitivas se disseminaram. Como as mudanças em nosso corpo, isso não aconteceu de uma só vez, mas ao longo do tempo, conforme diferentes populações de *sapiens* desenvolviam novas ferramentas e maneiras de pensar e então entravam em contato umas com as outras. Há cerca de 50 mil anos, ferramentas e outros artefatos se tornaram mais elaborados. Os humanos começaram a produzir ornamentos e obras de arte, a realizar velórios mais complexos para seus mortos, a manufaturar "kits" de implementos com propósitos específicos

— de pontas líticas a brocas e de ferramentas de gravação a lâminas para facas — e a construir moradias e outras estruturas complexas e resistentes o bastante para sobreviverem, como material arqueológico, até hoje. Parece ter sido mais ou menos então que os humanos se tornaram modernos — não somente na aparência, mas na maneira como pensavam, se comunicavam, veneravam e buscavam sentido no mundo a sua volta. Aquelas pessoas eram nós.

Segundo, esses humanos — *Homo sapiens*, nós — começaram novamente a se locomover. Na verdade, provavelmente sempre estivemos nos deslocando, ziguezagueando em torno do Mediterrâneo e pela Ásia, mas incapazes de ir muito longe no sentido norte por causa dos mantos de gelo. O crânio de um *sapiens* de aproximadamente 210 mil anos, encontrado em 2019 em uma caverna grega, pode ser a prova de uma dessas primeiras migrações. Então, entre 50 e 60 mil anos atrás, as ocasionais aventuras se tornaram algo frequente e os *sapiens* saíram em massa da África. Eles foram mais longe que qualquer *Homo sapiens* ou *Homo erectus* antes deles, alcançando a Austrália há 50 mil anos; cruzando a ponte terrestre de Bering em direção à América do Norte durante um intervalo glacial entre 30 e 15 mil anos atrás; rapidamente se dirigindo para a América do Sul e, mais tarde, para as ilhas mais distantes do Pacífico, chegando a colocar os pés nos campos de gelo da Antártida e então, em 1969, na Lua.

Quando a avalanche de *sapiens* partiu da África e chegou pela primeira vez a Europa e Ásia, eles não encontraram um território virgem, ou seja, não reivindicado por outros humanos. Não, eles depararam com ao menos duas outras espécies, ambas de parentes próximos e também classificadas no gênero *Homo*: os neandertais na Europa e os denisovanos na Ásia. Esses humanos eram descendentes dos primeiros migrantes *Homo*, que se moviam por ali desde antes de a espécie *Homo sapiens* se estabelecer como única, com nosso plano corporal clássico.

Coloque-se nos mocassins de couro de mamute de nossos distantes compatriotas *sapiens*. Tendo deixado os cálidos confins da África para se fixar nas estepes da Europa, onde mamíferos lanosos vagam e placas de gelo de 2 quilômetros de espessura chegam do norte, você se abriga do vento gelado em uma caverna. Um feixe de luz dança pelas paredes dessa caverna, iluminando figuras de cervos e cavalos, pintados com ocre vermelho. A luz se aproxima e a sombra de um animal surge em frente às figuras. Você se encolhe de medo, pois é confrontado por alguém que se parece com você, mas um pouco mais robusto, com membros mais curtos, nariz mais saliente e cabelo mais desgrenhado.

Sapiens, esses são os neandertais. Quando nossos ancestrais entraram em contato com esses humanos nativos da Europa, eles não encontraram os estereotípicos homens das cavernas, babões abobalhados que respiravam pela boca. De muitas maneiras, os neandertais eram como nós. Seus cérebros tinham mais ou menos o tamanho dos nossos. Eles tinham cultura. Eram sociais. Decerto pintavam, enterravam seus mortos e cuidavam dos doentes com remédios feitos de plantas; usavam joias e talvez maquiagem; manipulavam o fogo, realizavam rituais e construíam estruturas — santuários, quem sabe — com estalactites e estalagmites. Provavelmente falavam.

A leste, na Ásia, sabemos muito pouco sobre os denisovanos. Na verdade, não sabíamos quase nada até que um osso solitário do dedo de uma jovem foi encontrado em uma caverna da Sibéria, em 2008. Seu genoma foi sequenciado em 2010 e, para grande surpresa de paleoantropólogos do mundo inteiro, revelou uma configuração genética altamente incomum, divergente de *sapiens* e neandertais, indicando uma nova espécie. Uma "espécie-fantasma", ainda só conhecida a partir de um punhado de ossos, com nossas informações sobre seu DNA sendo muito maiores que nosso entendimento sobre sua aparência e seus comportamentos. Sabemos que eles povoaram grande parte da Ásia a partir de no mínimo 195 mil anos atrás — a idade do fóssil mais antigo na caverna da Sibéria. Eles até mesmo chegaram ao Tibete, ajustando sua hemoglobina para poder absorver mais oxigênio e sobreviver nas punitivas altitudes do topo do mundo. Mas qual era a aparência dos denisovanos? Será que reconheceríamos seu rosto? Quão grande era seu cérebro? Eles tinham cultura, produziam arte, praticavam religião? O esqueleto de um denisovano seria o maior prêmio atual da paleoantropologia e se tornaria tão famoso quanto Ardi e Lucy.

Então o que aconteceu quando nossos ancestrais *sapiens* africanos encontraram os neandertais na Europa e os denisovanos na Ásia? Eles acasalaram, no que parece ter sido um desvairado bacanal transcontinental que durou algumas dezenas de milhares de anos. Embora pertencêssemos a três espécies diferentes, éramos próximos o bastante para que trocas genéticas ocorressem — e ocorreram. Neandertais e denisovanos acasalaram e foram capazes de produzir prole viável, como atestou outra improvável descoberta, a de um único osso na mesma caverna siberiana, anunciada em 2018. Em geral, são esqueletos que recebem apelidos, não um único fragmento de osso, mas Denny merece sua fama. A garota de 13 anos a que o fragmento de osso pertenceu era uma híbrida de primeira geração, com mãe neandertal e pai denisovano. Nossos ancestrais *sapiens* também acasalaram com neandertais e denisovanos, e toda essa "promiscuidade" contribuiu para nossos genomas: hoje, as pessoas da Ásia Oriental e da Oceania partilham entre 0,3% e 5,6% de seus genes com denisovanos, e todas as pessoas não africanas, incluindo eu mesmo, são entre 1,5% e 2,8% neandertais. (Os africanos modernos descendem majoritariamente de populações *sapiens* que permaneceram na África, de modo que seus ancestrais não conheceram os neandertais europeus.) E assim nossa árvore genealógica não é uma escada, nem mesmo um arbusto. Ela é mais como uma cerca viva de muitos arbustos, retorcidos, embaralhados e crescendo juntos.

Quando o *Homo sapiens* se expandiu para além da África, pelo mundo afora, tudo mudou. Enquanto caminhávamos, caçávamos. Queimávamos. Levávamos outros animais conosco, verdadeiros miniecossistemas ambulantes de espécies invasoras, com nós mesmos atuando como a mais invasora de todas. Nós conquistamos, colonizamos e matamos. Muitos neandertais e denisovanos provavelmente encontraram a morte na lança de um *sapiens*. O restante foi basicamente absorvido, vivendo hoje em nossos genomas e, talvez, em alguns dos comportamentos, rituais e hábitos avançados que eles nos ensinaram. No fim de tudo, há uns 40 mil anos, neandertais e denisovanos haviam desaparecido, assim como os últimos remanescentes isolados de *Homo erectus*, como o hobbit de Flores.

A diversificada árvore genealógica da humanidade foi podada e reduzida a uma única espécie. Nós, sozinhos, para ponderar de onde viemos.

QUANDO O *HOMO SAPIENS* saiu da África e se dispersou pelo mundo, encontrou não somente outros tipos de humanos, mas muitos animais pouco familiares. Mamutes-lanosos, tigres-dentes-de-sabre e as preguiças-gigantes de Thomas Jefferson na América do Norte. E então mais preguiças imensas, tatus do tamanho de carros e os estranhos ungulados de Darwin na América do Sul. Marsupiais monstruosos — vombates de muitas toneladas e cangurus com rosto de pug — na Austrália. Nós encontramos a megafauna da Era do Gelo, e então grande parte dessa megafauna morreu.

As mortes ocorreram nos últimos 50 mil anos, durante o que é chamado de extinção recente. Não foi uma extinção por igual: as mortes aconteceram quase que totalmente em terra, não nos oceanos; e as vítimas eram desproporcionalmente grandes, muitas mamíferas.

Durante a maior parte da Era do Gelo na América do Norte, houve cerca de quarenta espécies mamíferas que pensavam mais de 44 quilos; agora restam doze. Tudo que era maior que 1 tonelada morreu, assim como metade dos mamíferos entre 1 tonelada e 32 quilos. Entre as perdas, estavam os últimos elefantes (mamutes e mastodontes) e perissodáctilos de dedos pares (cavalos) norte-americanos. Foi pior na América do Sul: mais de cinquenta mamíferos grandes foram extintos — mais de 80% da megafauna —, incluindo todos os ungulados de Darwin e todas as grandes preguiças e tatus, deixando somente seus diminutos primos modernos. Entrementes, na Austrália, tudo que pesava mais de 45 quilos desapareceu, como os vombates gigantes e os "leões-marsupiais". As coisas foram melhores no Velho Mundo: cerca de 35% dos grandes animais morreram na Europa e no norte da Ásia, ao passo que o Sudeste Asiático e a África mal tiveram perdas. Hoje é somente nas savanas africanas e nas florestas úmidas asiáticas que ainda existe "supermegafauna" com mais de 2 toneladas: elefantes e rinocerontes.

Tantas mortes assim não foram algo normal. A extinção recente foi um dos maiores eventos de mortalidade em massa desde que o asteroide matou os dinossauros há 66 milhões de anos. Ela supera em muito o poder letal tanto do auge do aquecimento global do PETM quanto da queda súbita da temperatura na Era do Gelo, e foi a única extinção de mamíferos desse período focada em grandes espécies. Logicamente, é fácil entender por que os mamíferos maiores morreram. Espécies grandes têm taxas de reprodução mais baixas, produzindo menos filhotes, que levam mais tempo para se desenvolver. Quaisquer forças que perturbem a estrutura populacional e aumentem a mortalidade juvenil podem destruir esses reprodutores lentos de corpos grandes. Mas que forças foram essas? Essa questão gerou intensos debates, que perduram até hoje.

A resposta mais óbvia somos nós, os humanos. Algumas pistas inconvenientes apontam em nossa direção. Quase toda a carismática megafauna da América do Norte, América do Sul e Austrália — massas de terra intocadas por humanos de qualquer tipo até as recentes migrações do *Homo sapiens* — foi extinta *depois* de nossa chegada. Também sabemos que humanos podem acabar com espécies inteiras: conforme pulávamos de ilha em ilha no último milênio, dodôs em Maurício, raposas nas Malvinas, o "lobo-marsupial" na Tasmânia, os lêmures de Madagascar e muitos outros animais desapareceram. Se exterminamos ilhas no tempo histórico, talvez tenhamos exterminado continentes inteiros no tempo pré-histórico. Isso levou o paleontólogo Paul Martin a propor a hipótese de *blitzkrieg* para a extinção da megafauna da Era do Gelo: quando entrava em novos continentes, o *Homo sapiens* varria a terra como uma maré de assassinos, literalmente caçando e matando os animais grandes até não restar nenhum.

É uma ideia provocativa, embora gratuitamente violenta e muito triste. Mas a teoria da *blitzkrieg* tem suas falhas. A mais problemática: onde estão os corpos? Se caçamos dezenas de grandes mamíferos até a extinção, então o registro fóssil recente deveria estar repleto de mamutes massacrados e dentes-de-sabre com marcas de lâminas. Há alguns poucos exemplos: a reconstituição que abre este capítulo é baseada em dois mamutes mutilados de Wisconsin, encontrados ao lado das ferramentas de pedra que os desmembraram. Mas eles são raros, e em número muitíssimo menor que os ossos marcados por ferramentas de outro grande mamífero norte-americano, o bisão, que é um sobrevivente! Da mesma maneira, sabe-se de preguiças-gigantes e grandes tatus mortos na América do Sul, mas menos do que se esperaria em um ataque dessa magnitude. E então há a Austrália: até agora, não emergiu um único caso convincente de marsupial da megafauna morto por humanos.

A falta de cenas de crime pode apontar para um assassino diferente, mais sutil. Para muitos paleontólogos, a suspeita óbvia é a mudança climática. Afinal, a megafauna viveu na Era do Gelo e, durante os últimos 50 mil anos, o clima, a temperatura e as precipitações mudaram drasticamente. Meros 26 mil anos atrás, grande parte da América do Norte estava coberta de gelo. Então, há cerca de 11 mil anos, as geleiras recuaram. A Austrália não estava bloqueada pelo gelo, mas experimentou frio e ressecamento extremos. Algumas dessas mudanças climáticas provavelmente permitiram que os humanos migrassem, mas talvez tenham tido o efeito oposto na megafauna. A mudança súbita de frio para quente e de seco para úmido foi insuportável, e eles morreram. Mas há um problema óbvio nessa hipótese: o último "avanço e recuo" glacial foi somente um de dezenas de outros durante a Era do Gelo. A megafauna lidou perfeitamente com a montanha-russa de períodos glaciais e interglaciais antes. Por que o tempo recente — somente os últimos 50 mil anos em mais de 2 milhões — seria diferente?

Por causa dos humanos. O último ciclo glacial-interglacial foi o único, em toda a Era do Gelo, no qual havia *Homo sapiens* vivendo em todo o globo.

Enquanto o debate sobre a extinção da megafauna não chega a uma conclusão, há a crescente percepção de que provavelmente foram os humanos e o clima, trabalhando juntos, que causaram essa destruição. Embora certamente tenhamos caçado parte da megafauna, provavelmente não a destruímos através de *blitzkrieg*. Podemos matar de muitas outras maneiras, que não deixam marcas físicas nem cadáveres espalhados por campos de batalha: superexploração de espécies por gerações; introdução de espécies exóticas que perturbam o ambiente; e destruição ambiental, como usar fogo para limpar terrenos. Acrescente a isso as mudanças climáticas e você tem um potente coquetel. Uma perspectiva angustiante para o mundo moderno.

Como, exatamente, os humanos e o clima conspiraram para matar a megafauna? Ainda há muito que precisamos aprender, mas um estudo intrigante da megafauna da América do Norte e do norte da Eurásia revelou um mecanismo potencial. Nos últimos 50 mil anos, as extinções de grandes mamíferos estiveram concentradas em rápidos episódios de aquecimento que abalaram subitamente a estabilidade do clima. DNA extraído de ossos sugere que as populações da megafauna encolhiam durante esses intervalos de aquecimento, mas normalmente se restabeleciam com o tempo, com ajuda de dispersões que misturavam diferentes populações. Tudo isso pode ser explicado pelo clima. Mas, se humanos estivessem presentes para interromper a conexão entre as populações, o declínio de pequenos grupos poderia se somar em todo o continente, transformando os encolhimentos locais causados pelo clima em extinções completas causadas por humanos.

No fim das contas, esse efeito dominó de impacto climático e humano pode não explicar a extinção de toda a megafauna. Certamente há alguma variabilidade: mamíferos distintos podem ter morrido por razões variadas, e o ritmo provavelmente foi diferente em diferentes lugares. Pode ter sido incrivelmente rápido nas Américas, com a maioria dos mamíferos desaparecendo nos poucos milhares de anos após a chegada dos humanos, porém mais lento na Austrália, onde os humanos chegaram mais cedo e o clima frio e seco pode ter criado dificuldades diversas da mudança glacial-interglacial na América do Norte. Também temos de lidar com a questão da extinção — ou ausência dela — na África e no

Sudeste Asiático, mas talvez a explicação seja tão simples quanto o fato de esses animais, vivendo ao lados dos humanos (*Homo sapiens* e muitas outras espécies) durante milhões de anos, terem evoluído conosco e se adaptado a nossos truques.

Tudo se resume a isto: se a espécie humana não tivesse se espalhado pelo mundo, grande parte da megafauna ainda estaria aqui. Talvez não toda, mas provavelmente a maioria. Dinossauros como o *T. rex* e o *Triceratops* foram mortos por um asteroide. Para mamutes e dentes-de-sabre, *nós* fomos o asteroide.

ENQUANTO MATÁVAMOS A MEGAFAUNA, começamos a fazer algo que nenhum mamífero fizera antes. Passamos a criar nossos próprios mamíferos.

Há uns 23 mil anos, na Sibéria, durante as profundezas amargas do máximo glacial mais recente, *Homo sapiens* e lobos se viram isolados pela geografia dos mantos de gelo. E eles interagiram, brevemente no início. Os lobos eram predadores ferozes que tínhamos de evitar, mas alguns começaram a se aproximar de nossas fogueiras, pois o cheiro de churrasco de mamute era delicioso demais para ignorar, e havia pouco que pudéssemos fazer a respeito. Passaram a retornar com mais frequência e a ficar mais tempo, procurando sobras, e de vez em quando talvez jogássemos alguns ossos de mamute para eles. Aprenderam a viver conosco, ajudando-nos a caçar e se tornando companheiros indispensáveis na estepe. Não somente viveram conosco, como cuidamos deles, controlando sua reprodução e modificando seus genes para torná-los mais dóceis. Esses lobos se tornaram cães: a primeira espécie mamífera domesticada. Quando cruzaram a ponte terrestre de Bering e entraram na América do Norte, os *sapiens* siberianos levaram seus cães consigo. E também os levaram para a Europa e outros lugares do mundo. Seu dachshund, pug ou golden retriever descende desses primeiros lobos domesticados da Era do Gelo — assim como todos os quase 1 bilhão de cães vivos hoje.

E não paramos com os lobos. Enquanto viajávamos, procuramos outros animais para moldar a nossas necessidades, em troca de comida e segurança — uma parceria mútua. Procuramos aqueles que podiam se tornar alimento, ajudar a conseguir alimento ou fornecer transporte e companhia. Mais de 25 vezes domesticamos mamíferos selvagens, transformando-os em algo que podemos controlar através do acasalamento seletivo: uma versão da seleção natural sob nossos auspícios, em vez de ao sabor dos caprichos da mutação aleatória. Desses experimentos de acasalamento surgiram os bilhões de porcos, carneiros, bois e muitos outros mamíferos que são parte integral de nosso mundo e representam uma parcela enorme da biomassa total da Terra — quatorze vezes mais peso que todos os mamíferos selvagens combinados.

Grande parte dessa domesticação ocorreu em um início frenético entre 12 e 10 mil anos atrás. Foi no Neolítico, a última parte da Idade da Pedra e o maior passo da história humana depois do desenvolvimento do plano corporal e da cognição avançada dos *sapiens* 40 mil anos antes. Durante o Neolítico, aprendemos a domesticar também as plantas, dando início à Revolução Agrícola. Nosso estilo de vida mudou rapidamente da caça e coleta nômades para uma existência mais sedentária, com muitas pessoas se estabelecendo em cidades e vilarejos. Nossos campos, canais de irrigação e edifícios transformaram o cenário, levando a mais devastação ambiental, muito além do que causamos à megafauna. Com uma fonte sempre disponível de alimentos, nossa população se expandiu exponencialmente. E como somente algumas pessoas tinham de produzir esses alimentos, nossa raça, que florescia, se viu livre para assumir novas tarefas, dividir o trabalho e criar sociedades. Alguns de nós se tornaram médicos, padres, arquitetos, mensageiros, construtores, professores, políticos.

E cientistas. Há pouco mais de um quarto de século, aqui na Universidade de Edimburgo, onde leciono e escrevo, um cientista fez algo considerado impossível. Ian Wilmut escolheu uma ovelha adulta — uma das incontáveis descendentes de uma espécie agrícola domesticada durante o Neolítico — e fez uma *cópia*. Dolly, o primeiro clone de mamífero. Clonar agora se tornou comum, a ponto de as pessoas pagarem dezenas de milhares de dólares para criar duplicatas de seus amados cães e gatos — ambos, é claro, mamíferos domesticados.

A tecnologia de clonagem progride rapidamente, levando ao inevitável dilema sobre se humanos poderiam — ou deveriam — clonar a si mesmos. Também há constante discussão sobre usar a clonagem para recuperar algo completamente desaparecido: os mamutes-lanosos. Os caçadores de mamutes da Sibéria encontraram múmias congeladas com material genético, seu genoma está totalmente sequenciado e os mamutes são extremamente próximos dos elefantes indianos modernos, que poderiam ser uma potencial espécie "mãe" para os clones. Criar um mamute certamente não será fácil, e podemos debater se será ética e moralmente aceitável (com todo o dióxido de carbono que jogamos na atmosfera, em breve o clima estará muito mais quente que qualquer coisa experimentada por eles), mas acho que vai acontecer e alguém ganhará um Prêmio Nobel por isso.

E, se acontecer, nos dará a mais rara das oportunidades: a chance de nos redimir de alguns de nossos pecados e ressuscitar algo que ainda estaria vivo se não fosse por nossas ações.

EPÍLOGO

FUTUROS MAMÍFEROS

É FIM DE JULHO E estou em Chicago. Meu trabalho de campo escavando fósseis de mamíferos no Novo México chegou ao fim, então tenho algumas raras semanas para ficar com meus pais e irmãos antes de voltar para a Escócia. Em um dia como hoje — com o calor de verão irradiando das calçadas e o ar pesado de umidade enquanto uma tempestade se arma —, é impossível acreditar que, há pouco mais de 10 mil anos, essa área estava sob uma calota de gelo. O gelo desapareceu, mas deixou parte de si para trás. O lago Michigan, de onde vêm as correntes de ar da Cidade dos Ventos, é uma gigantesca poça de degelo glacial.

Estamos no Zoológico Lincoln Park, a 150 metros do lago. Caçadores de mamutes já acamparam aqui, pouco depois de atravessarem a ponte terrestre de Bering e entrarem em um Novo Mundo. Seus herdeiros, muitas tribos sucessivas de nativos americanos, assentaram-se de maneira permanente. Quando os europeus chegaram agressivos, no começo do século XVII, e confrontaram os Potawatomi, as margens do lago eram um pântano encharcado que fedia a cebolas selvagens — uma planta que os nativos chamavam de *shikaakwa* e os franceses soletraram como "Chicago". Um punhado de europeus ficou por aqui e militares americanos instalaram um forte que foi saqueado pelos Potawatomi (nesse momento alinhados com os britânicos) durante a guerra de 1812. Mas foi só na década de 1830 — há menos de duzentos anos! — que Chicago se tornou uma cidade.

Dos primeiros duzentos habitantes em diante, as coisas aconteceram com rapidez. Os arranha-céus foram inventados aqui, e agora se erguem em torno do lago como montanhas criadas pelo homem. Tentáculos de linhas ferroviárias irradiam do centro, estendendo-se por todo o país e conectando um continente. Mais tarde vieram os horrores de O'Hare, um dos aeroportos mais movimentados do mundo, quando o *Homo sapiens* se tornou uma espécie global, capaz de se deslocar de um continente para outro em um único dia. Durante algum tempo, Chicago cresceu mais rapidamente que qualquer outra cidade do mundo, tão cheia de gente que parte do lago foi transformada em terras habitáveis, jogando-se areia — outrora movida pelas geleiras — para preencher a bagunça que o gelo deixou para trás. Quando olho para além dos muros do zoológico, vejo o trânsito engarrafado na Lake Shore Drive. Cada carro discretamente expele dióxido de carbono, que se espalha de modo invisível pela atmosfera, uma molécula de cada vez.

Um rugido interrompe a quietude da tarde. Todo mundo olha para o cercado dos leões. Um macho alfa, com a juba gloriosa, exibe-se sobre a borda de uma rocha como um ditador em seu púlpito, rosnando para a plebe abaixo. Chicago é a cidade dos ursos [Bears] — embora seja estranho que meu amado (e sempre exasperante) time de futebol americano [Chicago Bears] tenha sido batizado em referência a um animal que os colonos europeus expulsaram de Illinois na década de 1870. Hoje, no entanto, o leão reivindica o título. Uma espécie de felino de savana, já espalhada por toda a África, o sul da Europa e a Ásia, agora se reduz a algumas dezenas de milhares de indivíduos em prados cada vez menores. Por enquanto, seu destino está indefinido, enquanto milhares deles andam de um lado para o outro no purgatório dos zoológicos. Felinos grandes parecem fora de lugar em uma metrópole do meio-oeste, mas, durante a Era do Gelo, leões americanos viveram aqui ao lado de tigres-dentes-de-sabre.

O irritadiço leão é um dos muitos mamíferos do Zoológico Lincoln Park. Essas criaturas peludas são alguns de nossos primos mais próximos — no esquema geral de 4,5 bilhões de anos de história da Terra e dos muitos milhões de espécies que já existiram. Cada um deles carrega as marcas registradas dos mamíferos que evoluíram, um de cada vez, nos últimos 325 milhões de anos, começando com as criaturas escamosas dos pântanos de carvão que se separaram da linhagem reptiliana. Pelos; cérebros grandes; olfato e audição fantásticos; incisivos, caninos, pré-molares e molares; metabolismo rápido de sangue quente; filhotes alimentados com leite. Todos esses mamíferos — incluindo nós mesmos — têm ancestrais que sobreviveram às extinções em massa, encolheram-se à sombra dos dinossauros e enfrentaram asteroide e gelo.

Enquanto eu e minha esposa Anne passamos pelos cercados e gaiolas, a história da evolução mamífera se desdobra a nossa frente — passado, presente e futuro. A maioria dos mamíferos aqui é placentária, mas há um canguru-vermelho "emprestado" pela Austrália, uma marsupial carregando seu filhote em uma bolsa. Girafas e zebras — dois dos muitos mamíferos de casco que proliferaram quando os prados se tornaram comuns — tentam os leões de um cercado distante. Um afrotério (um porco-formigueiro) e um xenartro (uma preguiça) remontam ao tempo em que a África e a América do Sul eram continentes insulares, incubando seus estranhos mamíferos em isolamento. Há morcegos: mamíferos que se reinventaram ao transformar braços em asas e começar a voar. Felizmente, não há baleias nesse pequeno zoológico urbano, mas há focas, outro tipo de mamífero que transformou seu corpo terrestre e adquiriu o físico de um nadador. Muito menos exóticos são os bois, porcos, bodes e coelhos, mamíferos que conhecemos bem, que comemos e mantemos como pets, que domesticamos enquanto construíamos cidades e civilizações.

Nem todos esses mamíferos estão em uma situação agradável. Muitos, como os leões, refugiam-se de um presente desagradável e aguardam por um futuro incerto. Na extremidade norte do zoológico, estão os ursos-polares. Nenhum animal simboliza tão bem a perda quanto esses carnívoros brancos — os maiores animais terrestres comedores de carne da atualidade —, que perdem seus campos de caça para o degelo. Durante a Era do Gelo, a calota do Ártico esteve onde está hoje, no paralelo 42 norte; nos próximos séculos, pode deixar de existir. Adiante dos ursos ficam os camelos — que não estão vulneráveis, mas não podemos esquecer que se originaram na América do Norte, viveram aqui por dezenas de milhares de anos e então desapareceram com a megafauna. Portanto, há camelos asiáticos no zoológico de Chicago, mas não camelos norte-americanos, e, é claro, nenhum mamute-lanoso ou preguiça-gigante. Há *um* rinoceronte-negro, um dos últimos sobreviventes da "supermegafauna", mas quanto tempo será que ainda lhe resta? Enquanto penso nisso, ouço a tagarelice de algo mais humano, mas não totalmente. Chimpanzés e gorilas, nossos parentes antropoides mais próximos, ambos em grande perigo.

Não é uma boa época para ser mamífero. Nossa família não fica em uma situação tão precária desde que o asteroide quase nos destruiu no fim do Cretáceo, quando nossos ancestrais eram criaturas parecidas com ratos tentando evitar ser pisoteadas por um *T. rex*.

Mais de 350 mamíferos foram extintos desde que o *Homo sapiens* começou a vagar pela Terra no fim da Era do Gelo. Desses, uns oitenta morreram nos últimos quinhentos anos. Isso significa que 1,5% de todas as espécies mamíferas foram extintas no curto período desde que os humanos começaram a manter registros. Pode não parecer muito, mas essa taxa de extinção é mais de vinte vezes maior que a taxa da era pré-humana. Se esse ritmo incendiário continuar, teremos mais 550 extinções antes de 2100, quase 10% da diversidade mamífera. E, se todos os mamíferos atualmente em risco forem extintos, ficaremos com somente metade das espécies existentes há meros 125 mil anos. Mesmo que tudo congelasse agora, as extinções fossem interrompidas e os mamíferos recebessem a oportunidade de se recuperar, seriam necessários muitos milhares de anos para retomar a diversidade perdida.

Da mesma maneira que a economia de um país não está relacionada somente ao seu produto interno bruto, não se trata apenas do número total de espécies morrendo. As distribuições de mamíferos mudam rapidamente, e as populações são perturbadas. Os mamíferos maiores foram extintos quando a megafauna pereceu e são os que têm a maior probabilidade de desaparecer hoje em dia, a diferença é que agora espécies de todos os tamanhos estão morrendo. Se essa tendência persistir, em algumas centenas de anos os rinocerontes e os elefantes terão desaparecido e os maiores mamíferos restantes serão as vacas domesticadas. As comunidades de mamíferos estão não apenas diminuindo, mas também se tornando mais homogêneas, e o futuro próximo pode não ter grandes símios e leões, mas sim uma infinidade de roedores. Entrementes, os mamíferos migram como refugiados desesperados. Mamíferos grandes — como os outrora reais ursos de Chicago [Chicago Bears, como o time] — estão sendo exilados das zonas climáticas dominadas pela agricultura e pelas cidades e empurrados para regiões mais frias e secas. Por enquanto, os mamíferos menores estão ocupando seu lugar e se movendo para fazendas e subúrbios, mas não está claro por quanto tempo conseguirão durar.

Odeio ser portador de más notícias, mas tudo isso está acontecendo por nossa causa.

Conforme nossa população se multiplica, exigimos cada vez mais recursos e transformamos a Terra cada vez mais em nosso parquinho e nossa despensa, com cada vez menos espaço para os outros mamíferos. Desmatamos florestas úmidas e transformamos savanas em terras aráveis. Poluímos. Queimamos. Caçamos, legal e ilegalmente. Mais que tudo, alteramos o clima.

As temperaturas estão subindo, isso é fato. Como vimos neste livro, elas já subiram antes. A diferença agora é a velocidade. O aquecimento que levou muitas dezenas de milhares de anos no fim do Permiano e no fim do Triássico — que, não esqueçamos, foram períodos de extinção em massa! — agora ocorre em algumas gerações humanas. Muito em breve — no próximo século, no máximo —, chegaremos a um estado climático como o do Plioceno, antes da Era do Gelo. Se continuarmos a emitir gases de efeito estufa, chegaremos ao clima do Eoceno em alguns séculos. Lembre-se de que se tratava de uma estufa, com florestas úmidas cobrindo o Ártico e crocodilos nadando onde agora, e ao menos por mais algum tempo, há uma calota de gelo. Dito de outro modo, alguns séculos de atividade humana podem voltar o relógio em 50 milhões de anos, revertendo a tendência de resfriamento que vigorou durante a maior parte do tempo em que os mamíferos têm sido dominantes.

Não sei exatamente o que trará o futuro. Não pretendo especular. Com o clima mudando tão rapidamente, entramos em território inexplorado. Mas acho que nossa espécie está encrencada. As novas temperaturas, mais altas, estarão além da variação na qual evoluímos. Seremos arrancados de nosso confortável interglacial, o pano de fundo de toda a história global do *Homo sapiens*, no qual as temperaturas são agradáveis, o gelo polar conduz correntes oceânicas que levam água quente para as latitudes mais altas e as plantações crescem facilmente sobre solo glacial. O nível dos mares está subindo, como faz com frequência, mas essa será a primeira vez que os mares invadirão nossas cidades, muitas das quais exatamente sobre os pontos em que a terra encontra o oceano. Podemos entrar em extinção ou podemos nos adaptar. Essa é a escolha — e, como somos seres conscientes, com cérebros grandes, ferramentas, tecnologias e alcance global, realmente é uma questão de escolha.

E quanto aos outros mamíferos? As extinções certamente continuarão, de uma forma ou outra. Fala-se muito da "sexta extinção", causada pelos humanos, tão intensa quanto as outras "cinco grandes" da história da Terra, três das quais discutimos neste livro (fim do Permiano, fim do Triássico, fim do Cretáceo). Nosso dilema atual pode chegar ao nível dessas aniquilações da pré-história ou a um nível ainda pior? Até agora, o número de extinções modernas está muito abaixo das mortes apocalípticas das extinções em massa do passado, então não devemos ser alarmistas. Além disso, temos uma solução: podemos escolher preservar as espécies ameaçadas! Mas o medo é de que, se continuarem, as extinções atuais criem um efeito dominó e os ecossistemas desabem como castelos de cartas, com as comunidades globais entrando em colapso como um blecaute em cascata em uma malha energética se desligando. Se for assim, para um paleontólogo do futuro, a morte da megafauna na Era do Gelo, dos lobos-marsupiais e das raposas das Malvinas na história recente e dos leões e gorilas no futuro serão uma só. Condensadas em uma linha fina nas rochas. Muitos mamíferos abaixo, alguns (talvez nenhum?) mamíferos acima, tão abrupta quanto a linha que divide a Era dos Dinossauros da Era dos Mamíferos.

Isso me deixa inquieto e, enquanto olho para além dos ursos-polares e vejo o céu cada vez mais escuro sobre o lago Michigan, meus pensamentos sombrios são interrompidos por um grito.

Os bugios estão fazendo uma algazarra.

Olho para minha mulher e sorrio. Esses macacos descendem daqueles jangadeiros do Eoceno que, de algum modo, suportaram uma jornada transatlântica pelas ondas, deixando a África com relutância, mas se adaptando aos novos cenários e climas da América do Sul. Muito antes disso, tinham ancestrais que sobreviveram a três extinções em massa. Os macacos e os demais mamíferos são resistentes.

E também sei do seguinte. A evolução nos dotou — uma única mas esplêndida espécie mamífera, *Homo sapiens* — de cérebros grandes e capacidade de cooperar em grupos. Sabemos o que estamos fazendo com o nosso planeta e podemos trabalhar juntos para criar soluções. Os mamutes, os dentes-de-sabre e milhões de outros primos mamíferos extintos jamais tiveram o poder de alterar o mundo ou melhorá-lo. *Nós* temos.

Não sei o que há adiante para a dinastia humana e nossa família mamífera, mas tenho a esperança de que o reinado dos mamíferos irá perdurar.

AGRADECIMENTOS

ESCREVER ESTE LIVRO DURANTE um ano de isolamento por conta da pandemia da Covid-19, com um bebê em casa e tendo de transferir todas as aulas, a administração do laboratório e a supervisão dos alunos para a esfera on-line foi a coisa mais difícil que já fiz em minha vida profissional. Minha profunda gratidão a minha esposa Anne, que garantiu que eu tivesse tempo para me dedicar ao trabalho e por seu amor e apoio emocional enquanto aprendíamos a ser pais e a equilibrar o estresse do trabalho e da família junto à melancolia por estar longe de meus pais, irmãos e todos da família que vivem em Illinois. Tenho muita sorte por ter encontrado uma esposa tão solidária e viver em um país no qual ela foi capaz de ter uma licença-maternidade real — embora uma licença-maternidade durante a pandemia estivesse longe do ideal.

Também sou grato por meu tempo com Anthony, que não somente me inspirou a escrever, mas também me deu esperança, otimismo e um incrível insight sobre o que significa ser mamífero: aleitamento, desmame, dentição e assim por diante. Quando o (primeiro) lockdown chegou ao fim após os primeiros e aterrorizantes meses do novo coronavírus, os pais de Anne, Pete e Mary, foram capazes de cuidar de Anthony. Mais tarde, a irmã de Anne, Sarah, fez o mesmo, e sem eles eu não poderia ter escrito este livro ou mantido a sanidade. A meus orientandos de pós-doutorado, alunos e colegas: obrigado por entender que, com um livro para escrever, um filho para criar, uma mulher para amar e apoiar e uma família com a qual falar por Facetime todos os dias, não pude devotar o tempo que gostaria às reuniões de supervisão, aos encontros do laboratório e aos cuidados pastorais. Finalmente, ao Serviço Nacional de Saúde da Grã-Bretanha, aos trabalhadores da saúde pública, aos cientistas que desenvolveram vacinas e a outros que nos mantiveram seguros e nos orientaram sobre o caminho a seguir durante a pandemia: OBRIGADO!

Minha formação é sobre dinossauros, e depois me interessei por mamíferos. Isso se deveu quase inteiramente a Tom Williamson, meu amigo e colega no Novo México, que começou a me converter quando eu fazia meu doutorado. Além de Tom, tive grandes mentores sobre mamíferos em John Wible, Zhe-Xi Luo, Meng Jin, John Flynn, Michelle Spaulding e Ross Secord. Mais recentemente, tive a chance de ser orientador e aprendi muito com meus alunos. Sarah Shelley foi a primeira pessoa a correr o risco e se unir a meu laboratório depois que comecei em Edimburgo — que loucura da parte dela iniciar um doutorado com alguém que acabara de terminar seu próprio, e estudar mamíferos com um cara que mal começara a estudar mamíferos. Agora tenho um grupo de alunos fantástico, muito internacional e diversificado, estudando vários aspectos da história dos mamíferos. Eles sabem muito mais sobre mamíferos que eu, e me inspiram com suas ideias e insights. Eles (além de Sarah, Tom e John Wible) também leram o manuscrito, indicaram erros, deram sugestões, informaram quando eu estava sendo tolo e me mantiveram motivado com palavras gentis. Então obrigado a Ornella Bertrand, Greg Funston, Paige dePolo, Sofia Holpin, Zoi Kynigopoulou e Hans Püschel.

Tive muitos outros alunos maravilhosos, que estudaram coisas para além dos mamíferos, e sou grato a eles por me manter alerta e contribuir para um ambiente afetuoso em Edimburgo; agradeço especialmente a meus doutorandos Davide Foffa, Natalia Jagielska, Michela Johnson e Julia Schwab. Meus colegas em Edimburgo sempre foram solidários, e agradeço a minha mentora e colega de trabalho mais próxima, Rachel Wood; a meus chefes Peter Mathieson, Simon Kelley, Bryne Ngwenya e Mark Chapman; e a meus colegas paleontólogos Dick Kroon, Sean McMahon, Sandy Hetherington, Tom Challands e Mark Young.

Muitos colegas responderam minhas perguntas, forneceram informações, concordaram com entrevistas por Zoom e leram passagens do texto: Mike Archer, Robin Beck, Eliza Calder, Stephen Chester, Dave Grossnickle, Huw Groucutt, Tom Holland, Adam Huttenlocker, Joe Jakupcak, Christian Kammerer, Adrienne Mayor, Robert Patalano, Michael Petraglia, Eleanor Scerri, Mary Silcox, Isla Simmons, Anne Weil e outros. Meus agradecimentos aos alunos de meu curso de Paleontologia e Sedimentologia que leram esboços da seção sobre baleias e me forneceram feedback como parte do curso. Qualquer erro remanescente, obviamente, é meu. Também agradeço a meus amigos no Twitter por me dar sugestões sobre temas a tratar neste livro. Embora não tenha podido incluir todo mundo em meus agradecimentos, fiz meu melhor!

Minha pesquisa científica sobre mamíferos, ao menos até agora, foi mínima. Agradeço a todos que me receberam na comunidade de mamíferos, colaboraram comigo e com meus alunos em projetos, compartilharam dados e participaram do trabalho conjunto de campo. Embora eu certamente esteja esquecendo alguém, agradeço especialmente a Sophia Anderson, Joe Cameron, Stephen Chester, Ian Corfe, Zoltan Csiki-Sava, Nick Fraser, Luke Holbrook, Marina Jimenez, Tyler Lyson, James Napoli, Mike Novacek, Elsa Panciroli, Dan Peppe, Ken Rose, Helena Scullion, Thierry Smith, Calin Suteu, Radu Totoianu, Carl van Gent, Stig Walsh, Greg Wilson Mantilla e outros. Muitos desses colegas — e outros — graciosamente me ajudaram com as imagens.

Meu mais profundo agradecimento a três personagens deste livro que faleceram enquanto eu o escrevia: meu querido amigo Mátyás Vremir na Romênia (descobridor do *Litovoi* e alguém em quem sempre confiei para estar a meu lado no campo, qualquer que fosse a situação); meu colega chinês dos dinossauros Junchang Lü (que me mostrou o mamífero misterioso em Liaoning); e o grande especialista em mamíferos do Cretáceo e do Paleoceno Bill Clemens (sempre um cavalheiro comigo e com outros jovens acadêmicos).

Meu nome está na capa do livro, mas este foi um trabalho de equipe e sei que tenho a melhor equipe da indústria de publicações científicas. Minha agente, Jane von Mehren, fez este livro acontecer e, antes dele, o livro sobre dinossauros que tornou este aqui possível. Ela nunca deixa de me impressionar, e suas colegas na Aevitas frequentemente a ajudam nisso: Esmond Harmsworth, Chelsey Heller, Shenel Ekici-Moling, Erin Files, Nan Thornton, Allison Warren. Tenho o mais entusiástico, encorajador e sábio editor de todos, Peter Hubbard, que viu uma história nos dinossauros e depois nos mamíferos, sempre tem uma palavra amiga e livra o texto de meus piores vícios. Meu editor britânico, Ravi Mirchandani, é igualmente incrível. E tenho muita sorte por ter comigo tantos outros profissionais da indústria editorial, especialmente Maureen Cole, Molly Gendell e Kell Wilson. Minha imensa gratidão a Todd Marshall e Sarah Shelley, dois artistas do mais alto calibre, cujas ilustrações dão vida à prosa deste livro — afinal, as palavras sozinhas jamais poderiam expressar a majestade de um mamute ou um dentes-de-sabre. Obrigado também a Colin Trevorrow, Kev Jenkins, Marc Gordon, Sandy Jarrell, Carrie-Rose Menocal, Erin Derham, Cathy Veisel, Mark Mannucci, Jon Halperin e Phillip Watson por manterem minha energia criativa fluindo. Finalmente, obrigado aos muitos editores e tradutores por levarem minhas palavras a um público internacional, particularmente Sylvain Collette, Thür-Bédert Prisca, May Yang, Lucas Giossi e Elisa Montanucci.

Qualquer habilidade de escrita que eu possua, para o bem ou para o mal, foi forjada em dois lugares. Primeiro, a redação do jornal *Times* em minha cidade natal, Ottawa, Illinois, onde trabalhei durante os verões e as férias como adolescente e calouro na faculdade. Escrever sobre tantos assuntos diferentes com um prazo a cumprir me ensinou a pensar rapidamente e avançar pelas avalanches de informação a fim de desenredar os fios certos da meada. Essa provavelmente foi a habilidade mais útil que já aprendi e, sem ela, este livro teria sido impossível de escrever durante o lockdown. Lonny Cain, Mike Murphy e Dave Wischnowsky: vocês são os melhores professores de escrita que já tive. Segundo, escrevi muitos (muitos!) artigos para websites e revistas amadoras de paleontologia durante meus anos formativos como adolescente obcecado por fósseis. Obrigado a Fred Bervoets, Lynne Clos, Allen Debus e Mike Fredericks por não somente lidarem comigo naquela idade, mas também fornecerem feedback e uma plataforma para minhas palavras.

Devo agradecer às agências que financiaram minha pesquisa: o Conselho Europeu de Pesquisa, a Fundação Nacional de Ciências, o Bureau of Land Management dos Estados Unidos, o Fundo Leverhulme, a National Geographic, a Fundação Família Blavatnik e a Sociedade Real. Obrigado por seu apoio financeiro para tornar meu trabalho de campo e meus estudos de laboratório possíveis... e obrigado aos contribuintes e benfeitores que fornecem dinheiro a essas agências, que então o distribuem entre cientistas sortudos como eu e meus alunos.

A minha família em Illinois, embora, no momento em que escrevo, eu não os veja há muito tempo: sinto muita saudade e agradeço por todo o seu apoio ao longo dos anos. Meus pais, Jim e Roxanne; meus irmãos, Mike e Chris; a mulher de Mike, Stephenie, e aos filhos deles, Lola, Luca, Giorgi. E a meus amigos do outro lado do oceano, em particular o sr. Jakupcak, o professor que realmente fez tudo se encaixar.

Finalmente, como menciono nos agradecimentos de meu livro sobre dinossauros, tenho uma grande dívida de gratidão para com todos os heróis não celebrados, as pessoas que geralmente permanecem anônimas, mas sem as quais nosso campo entraria em extinção. Isso inclui preparadores de fósseis, técnicos de campo, assistentes da graduação, secretários e administradores universitários, patronos que visitam museus e doam para universidades, jornalistas científicos, artistas e fotógrafos, editores de jornal e revisores de artigos, colecionadores amadores que doam seus fósseis para os museus, pessoas que administram terras públicas e processam nossos pedidos de entrada (particularmente meus amigos no Bureau of Land Management, Scottish Natural Heritage e no governo escocês), políticos e agências federais que apoiam a ciência (e enfrentam os que não apoiam), todos os professores de ciências de todos os níveis, e tantos outros.

NOTAS SOBRE AS FONTES

As notas a seguir mencionam material e fontes suplementares que usei e que indico para os que quiserem mais informações sobre os temas tratados nos capítulos desta obra.

Em geral, baseei-me extensivamente em um punhado de livros excelentes, incluindo *The Origin and Evolution of Mammals* (Oxford University Press, 2005), de Tom Kemp; *I, Mammal* (Bloomsbury, 2017), de Liam Drew; *Beasts of Eden* (University of California Press, 2004), de David Rains Wallace; *Princeton Field Guide to Prehistoric Mammals* (Princeton University Press, 2017), de Donald Prothero; *Horns, Tusks, and Flippers* (The Johns Hopkins University Press, 2002), de Donald Prothero e Robert Schoch; *The Beginning of the Age of Mammals* (The Johns Hopkins University Press, 2006), de Kenneth Rose; *In Pursuit of Early Mammals* (Indiana University Press, 2012), de Zofia Kielan-Jaworowska; e *End of the Megafauna* (W.W. Norton & Company, 2019), de Ross MacPhee. Ao descrever a paleogeografia da Terra antiga, usei os excelentes mapas de Ron Blakey (https://deeptimemaps.com/).

CAPÍTULO 1: MAMÍFEROS ANCESTRAIS

A história das "criaturas escamosas" ocorre em uma floresta de carvão do Período Carbonífero. Em algumas partes do mundo, o Carbonífero é visto como um único período geológico indo de 359 a 299 milhões de anos atrás; em outras partes do mundo, notadamente na América do Norte, ele é separado no Mississipiano (359-323 milhões de anos atrás) e no Pensilvânico (323-299 milhões de anos atrás). Para dar vida ao pântano de carvão, usei as descrições do sítio fossilífero de Mazon Creek, no Illinois, especialmente a revisão de Clements *et al.* (*Journal of the Geological Society*,

2019, 176: 1-11); o influente livro de Shabica e Hay *Richardson's Guide to the Fossil Fauna of Mazon Creek* (Northeastern Illinois University Press, 1997); e os livros de Jack Whitry *The Mazon Creek Fossil Fauna* (2012) e *The Mazon Creek Fossil Flora* (2006), ambos publicados pelo Earth Science Club da Universidade do Norte de Illinois. Suplementei isso com informações de outro sítio fossilífero dos pântanos de carvão, Joggins (Nova Escócia), como descrito por Falcon-Lang *et al.* (*Journal of the Geological Society*, 2006, 163: 561-76).

Minha descrição das "criaturas escamosas" fictícias, que representam o mais recente ancestral comum de sinapsídeos e diapsídeos, foi baseada no *Hylonomus* (o mais antigo diapsídeo conhecido e inequívoco do registro fóssil) e no *Archaeothyris* (o mais antigo sinapsídeo conhecido e inequívoco com fósseis razoavelmente completos). A estimativa do relógio molecular do DNA para a divisão sinapsídeos-diapsídeos é uma média de 326 milhões de anos atrás (entre 354 e 311 milhões de anos atrás), retirada de Blair e Hedges (*Molecular Biology and Evolution*, 2005, 22: 2275-84). Uma estimativa muito similar sobre a divergência (média 324,51, entre 331-319 milhões de anos atrás) foi relatada por Ford e Benson (*Nature Ecology & Evolution*, 2020, 4: 57-65), usando relógios morfológicos em uma filogenia de amniotas extintos. Os relacionamentos filogenéticos relatados no estudo de Ford e Benson foram o contexto que usei para discutir relacionamentos entre amniotas. Esse empolgante novo estudo, baseado em um abrangente conjunto de dados e analisado por vários métodos, encontra algumas novas relações quando comparado ao prolongado consenso sobre a genealogia inicial dos amniotas. Mais notavelmente, os varanopídeos — por muito tempo considerados sinapsídeos primitivos — foram agrupados com os diapsídeos. Foi por isso que não incluí os varanopídeos em minha narrativa sobre a evolução inicial dos sinapsídeos, ao passo que publicações mais antigas costumam fazer isso.

Para mais informações sobre o clima do mundo dos pântanos de carvão e durante o colapso das florestas úmidas carboníferas, há dois excelentes artigos de Isabel Montañez e colegas (Montañez *et al.*, *Science*, 2007, 315: 87-91; Montañez e Poulsen, *Annual Review of Earth and Planetary Sciences*, 2013, 41: 629-56). Para informações sobre como o oxigênio mudou ao longo da história da Terra e como os geólogos calculam os níveis de oxigênio do passado, por favor consulte o livro de David Beerling, *The Emerald Planet* (Oxford University Press, 2007), e o livro de Berner (*Geochimica et Cosmochimica Acta*, 2006, 70: 5653-64).

Há muitas obras sobre a origem dos tetrápodes e a evolução inicial dos amniotas. Não há fonte melhor que o magistral livro *Gaining Ground* (Indiana University Press, 2012), escrito por Jennifer Clack, a maior especialista do mundo na transição peixes-tetrápodes, que infelizmente faleceu na primavera de 2020, enquanto eu escrevia este livro. Também há dois livros de divulgação científica sobre o tema de muito destaque, escritos por dois dos melhores autores científicos que conheço: *Your Inner Fish*, de Neil Shubin (Pantheon, 2008), e *At the Water's Edge*, de Carl Zimmer (Free Press, 1998).

Os sinapsídeos de Florença *Archaeothyris* e *Echinerpeton* foram descritos por Robert Reisz em um artigo de 1972 (*Bulletin of the Museum of Comparative Zoology*, 144: 27-61). Mais recentemente, o *Echinerpeton* foi redescrito por Mann e Paterson (*Journal of Systematic Palaeontology*, 2020, 18: 529-39). As expedições de Romer à Nova Escócia, incluindo a descoberta dos troncos de árvore contendo esqueletos, são contadas por Sues *et al.* (*Atlantic Geology*, 2013, 49: 90-103). A carreira de Robert Reisz é apresentada em um comovente artigo biográfico de Laurin e Sues (*Comptes Rendus Palevol*, 2013, 12: 393-404).

O artigo de Emma Dunne sobre o colapso das florestas úmidas carboníferas, escrito com vários colegas, foi publicado em *Proceedings of the Royal Society, Series B* (2018: 20172730). Ele segue — às vezes atualizando, às vezes contrastando — um estudo anterior de Sarda Sahney e colegas (*Geology*, 2010, 38: 1079-82). Outro artigo fascinante sobre as mudanças climáticas na transição Carbonífero-Permiano e seu impacto sobre a evolução e distribuição dos vertebrados foi recentemente publicado por Jason Pardo e colegas em *Nature Ecology & Evolution* (2019, 3: 200-206). Extinções e diversificações no registro fóssil das plantas — incluindo a descoberta de que só houve dois eventos de extinção em massa — são cobertas por Cascales-Miñana e Cleal (*Terra Nova*, 2014, 26: 195-200). Para mais informações sobre as calotas de gelo do Carbonífero e do Permiano e por que elas se formaram, consulte o artigo de Georg Feulner (*Proceedings of the National Academy of Sciences [USA]*, 2017, 114: 11333-37) e suas referências bibliográficas.

Os pelicossauros são o que os paleontólogos chamam de "grado" de espécies. Eles não formam um "clado", que é definido como grupo que inclui um ancestral comum e todos os seus descendentes. Em vez disso, um grado é uma série de espécies na direção de um clado — um grupo ancestral. Assim, quando falo de pelicossauros, falo de uma sucessão de espécies na direção de um clado terapsídeo mais avançado (que inclui os mamíferos). De modo geral, não gosto de falar sobre grados ou lhes dar nomes, mas, nesse caso, é conveniente porque os pelicossauros são similares em anatomia e biologia, e o grupo do qual os terapsídeos evoluíram. De fato, o clado terapsídeo evoluiu de um único ancestral comum que *fazia* parte do grado pelicossauro. Há várias obras sobre o *Dimetrodon* e outros pelicossauros, incluindo artigos de muitos dos líderes da paleontologia do século XIX e início do século XX: Cope, Case, Matthew, Olson, Sternberg, Romer, Vaughn e outros. Isso é habilmente resumido por Tom Kemp em seu livro *The Origin and Evolution of Mammals*, que usei extensamente.

Se você ainda não acredita que o *Dimetrodon* é mais próximo de nós que dos dinossauros, confira o esclarecedor e bem-escrito ensaio de Ken Angielczyk — um dos principais especialistas do mundo na evolução inicial dos sinapsídeos (*Evolution: Education and Outreach*, 2009, 2: 257-71). Esse ensaio também é uma excelente introdução ao "pensamento sobre árvores": como os paleontólogos constroem e falam sobre árvores genealógicas. A questão grado *versus* clado deve ser esclarecida após a leitura do ensaio de Ken, assim como a sequência de mudanças na linhagem-tronco dos mamíferos, dos pelicossauros aos terapsídeos e aos mamíferos.

O colapso dos pelicossauros entre o início e o meio do Permiano é parte de um evento de extinção chamado de extinção de Olson, em referência ao paleontólogo que o mencionou pela primeira vez (*Geological Society of America Special Papers*, 1982, 190: 501-12). E. C. Olson, também aluno (embora muitas décadas antes de mim) do programa de Geologia da Universidade de Chicago, foi um prolífico pesquisador dos sinapsídeos do Permiano e publicou artigos referenciais, como sua monografia comparando as espécies norte-americanas e soviéticas (*Transactions of the American Philosophical Society*, 52: 1-224, 1962). Há um debate sobre se a extinção de Olson foi um evento real ou uma miragem causada por um registro fóssil enviesado e com amostras irregulares (uma visão sugerida por Benson e Upchurch, *Geology*, 2013, 41: 43-46). Recentemente, Neil Brocklehurst, outro paleontólogo jovem e interessado por estatísticas da geração de Emma Dunne, liderou uma equipe que contribuiu para o debate usando grandes bases de dados e análises estatísticas e descobriu que a extinção foi um evento real (*Proceedings of the Royal Society, Series B*, 2017, 284: 20170231).

Um conceito-chave que tentei articular neste capítulo é que as características que hoje tornam os mamíferos únicos (comparados a outros tetrápodes, como aves, lagartos e anfíbios) não evoluíram de uma só vez, mas foram adquiridas lentamente em milhões de anos de evolução, ao longo da "linhagem-tronco" dos mamíferos: a série de grupos sinapsídeos em fila até os mamíferos, incluindo pelicossauros, terapsídeos e cinodontes (note que terapsídeos e cinodontes são ambos clados; assim, tecnicamente, os mamíferos fazem parte dos dois grupos!). Como de hábito, Tom Kemp faz um ótimo trabalho na hora de resumir uma longa e profunda literatura sobre o assunto. Seu livro *The Origin and Evolution of Mammals*, particularmente os capítulos 3 e 4, é leitura obrigatória para qualquer um interessado no assunto, assim como dois artigos em estilo de ensaio (*Journal of Evolutionary Biology*, 2006, 19: 1231-47; *Acta Zoologica*, 2007, 88: 3-22) e seu capítulo no livro *The Forerunners of Mammals* (2012). Bruce Rubidge e Chris Sidor também escreveram um artigo influente (*Annual Review of Ecology and Systematics*, 2001, 32: 449-80) e, mais recentemente, Ken Angielczyk e Christian Kammerer fizeram um trabalho maravilhoso resumindo as evidências até agora (em seu capítulo no *Handbook of Zoology: Mammalian Evolution, Diversity and Systematics*, DeGruyter, 2018). Para uma visão mais técnica dessa questão, consulte Sidor e Hopson (*Paleobiology*, 1998, 24: 254-73).

A bacia do Karoo, na África do Sul, é o melhor lugar do mundo para encontrar fósseis preservados de terapsídeos do Permiano. Uma análise esclarecedora da bacia, suas rochas e seus fósseis é feita por Roger Smith e colegas no capítulo deles no livro *The Forerunners of Mammals* (Indiana University Press, 2012). A história das primeiras descobertas de terapsídeos de Andrew Geddes Bain e a obra inicial de Richard Owen sobre esses "répteis parecidos com mamíferos" (perdoe meu uso do termo) são incluídas por David Rains Wallace em seu livro *Beasts of Eden*. As duas mais importantes obras de Owen sobre terapsídeos, que menciono neste livro, foram publicadas em 1845 (*Transactions of the Geological Society of London*, 7: 59-84) e 1876 (*Descriptive and Illustrated Catalogue of the Fossil Reptilia of South Africa in the Collection of the British Museum*, Taylor & Francis, Londres). Edward Drinker Cope esboçou o elo entre ancestrais "reptilianos" como os fósseis de Karoo, pelicossauros e mamíferos em 1884, algo narrado por Henry Fairfield Osborn (*The American Naturalist*, 1898, 32: 309-34) e Angielczyk e Kammerer em seu capítulo já mencionado.

Robert Broom, sua vida e sua pesquisa são comovedoramente lembrados em um obituário escrito por D. M. S. Watson (*Obituary Notices of Fellows of the Royal Society*, 1952, 8: 36-70) e um artigo escrito por Bruce Rubidge, neto do mais produtivo fazendeiro-coletor de Broom, Sidney Rubidge (*Transactions of the Royal Society of South Africa*, 2013, 68: 41-52). A *magnum opus* de Broom, sua monografia de 1910 ligando pelicossauros e terapsídeos, foi publicada no *Bulletin of the American Museum of Natural History* (28: 197-234). Neste ponto, devo reconhecer que, embora sua obra tenha estabelecido a fundação dos estudos sobre a origem dos mamíferos, Broom era uma figura irritante. Ele alegou que espíritos o guiavam até os fósseis, que espíritos no interior dos animais agiam sobre seus cromossomos para causar mudanças evolutivas e, o mais preocupante, abraçou ideias racistas e se envolveu em roubo de sepulturas (além das origens dos mamíferos, ele também estudou as origens dos humanos). Para uma discussão do legado do racismo na pesquisa das origens humanas, incluindo a obra de Broom, leia o livro *Darwin's Hunch: Science, Race and the Search for Human Origins* (Jacana Media, 2016), de Christa Kuljian.

Muitas das descrições de dicinodontes, dinocefálios e gorgonopsídeos foram inspiradas pela meticulosa prosa de Tom Kemp em *The Origin and Evolution of Mammals*. Minha descrição do ancestral comum dos terapsídeos foi retirada do artigo de 2006 de Kemp já citado.

O artigo do *Dicynodon* por Christian Kammerer foi publicado em 2011 (*Society of Vertebrate Paleontology Memoir*, 11: 1-158). Essa monografia também inclui uma revisão histórica das pesquisas sobre o *Dicynodon* (aqui foi cunhada a expressão "despejo taxonômico" usada por mim!) e uma abrangente análise genealógica dos dicinodontes, que Christian e seus colegas atualizaram em 2013 (*PLoS ONE*, 8: e64203) e continuam a atualizar, com a versão mais recente (no momento da publicação deste livro) publicada em 2021 (Kammerer e Ordoñez, *Journal of South American Earth Sciences*, 108: 103171). Duas outras obras essenciais sobre os dicinodontes foram publicadas por G. M. King, incluindo um artigo em *Handbuch der Paläoherpetologie*, Gustav Fischer Verlag, 1988) e um livro (*The Dicynodonts: A Study in Palaeobiology*, Chapman & Hall, 1990).

Dinocefálios batedores de cabeça foram propostos por Barghusen (*Paleobiology*, 1975, 1: 295-311) e recentemente explorados com mais detalhes em imagens de radiação sincrotrônica da anatomia interna do crânio do *Moschops*, que mostra que seu cérebro e outras estruturas neurais estavam envolvidos por ossos muito densos que os protegiam de impactos (Benoit *et al.*, *PeerJ*, 2017, 5: e3496). Informações sobre o gigantesco *Anteosaurus* foram retiradas de Boonstra (*Annals of the South African Museum*, 1954, 42: 108-48) e Van Valkenburgh e Jenkins (*Paleontological Society Papers*, 2002, 8: 267-88).

Existe um debate sobre a mecânica mandibular dos gorgonopsídeos. A hipótese de boca escancarada é apoiada pelas obras de Tom Kemp (*Philosophical Transactions of the Royal Society of London, Series B*, 1969, 256: 1-83) e L. P. Tatarinov (*Russian Journal of Herpetology*, 2000, 7: 29-40), ao passo que uma visão discordante foi proposta por Michel Laurin (*Journal of Vertebrate Paleontology*, 1998, 18: 765-76). A anatomia do cérebro e os sistemas sensoriais dos gorgonopsídeos foram recentemente descritos por Ricardo Araújo e colegas, usando dados de tomografias computadorizadas (*PeerJ*, 2017, 5: e3119).

Para uma excelente pesquisa da origem do metabolismo mais acelerado e do controle de temperatura mais preciso dos terapsídeos, hipóteses sobre por que isso aconteceu e um estudo minucioso da literatura sobre o assunto, veja o artigo de James Hopson publicado em 2012 (*Fieldiana*, 5: 126-48).

Anusuya Chinsamy-Turan descreveu seus métodos para produzir e estudar finas seções de ossos em seu livro *The Microstructure of Dinosaur Bone* (Johns Hopkins University Press, 2005). Ela escreveu e foi coautora de vários capítulos do livro *The Forerunners of Mammals* (2012) (que editou), sobre a textura óssea, o crescimento e o metabolismo dos ancestrais mamíferos. Outros artigos-chave sobre esse assunto são o estudo que ela escreveu com Sanghamitra Ray e Jennifer Botha (*Journal of Vertebrate Paleontology*, 2004, 24: 634-48) e estudos feitos por Huttenlocker e Botha-Brink (*PeerJ*, 2014, 2: e325) e Olivier *et al.* (*Biological Journal of the Linnean Society*, 2017, 121: 409-19) e Rey *et al.* (2017, *eLife*, 6: e28589). Detalhes sobre a vida e a carreira de Anusuya foram retirados de uma entrevista com ela publicada em https://scibraai.co.za/anusuya-chinsamy-turan-breathing-life-bones-extinct-animals/.

A evolução da locomoção mais ereta em terapsídeos é discutida por Blob (*Paleobiology*, 2001, 27: 14-38) e nas obras sobre dicinodontes de King já citadas. Um estudo recente de outra brilhante doutoranda, Jacqueline Lungmus, e seu orientador, Ken Angielczyk, demonstrou como os terapsídeos desenvolveram uma variedade maior de formatos e movimentos de membros dianteiros, permitindo que se diversificassem ecologicamente (*Proceedings of the National Academy of Sciences*, 2019, 116: 6903-07). O livro de Liam Drew *I, Mammal* tem um capítulo fantástico sobre a origem dos pelos, contendo uma descrição detalhada das hipóteses sensorial, exibição e proteção contra a água e como os pelos foram cooptados por razões fisiológicas. Coprólitos do Permiano contendo estruturas parecidas com pelos foram descritos por Bajdek *et al.* (*Lethaia*, 2016, 49: 455-77) e por Smith e Botha-Brink (*Palaeogeography, Palaeoclimatology, Palaeoecology*, 2011, 312: 40-53). Os vasos sanguíneos e os nervos no crânio que inervavam pelos são revistos por Benoit *et al.* (*Scientific Reports*, 2016, 6: 25604). Atualmente, parece que os ossos faciais dos primeiros terapsídeos contêm evidências equívocas de pelos, mas não há dúvida de que terapsídeos posteriores, como cinodontes e seus parentes próximos, evoluíram bigodes e pelos.

CAPÍTULO 2: CRIANDO UM MAMÍFERO

A história do escavador *Thrinaxodon* esperando o fim da estação seca e se preparando para comer e acasalar após a chegada da chuva foi baseada no registro fóssil e rochoso da bacia do Karoo na transição Permiano-Triássico. Minhas fontes primárias foram artigos de Smith e Botha-Brink (*Palaeogeography, Palaeoclimatology, Palaeoecology*, 2014, 396: 40-53) e Botha *et al.* (*Palaeogeography, Palaeoclimatology, Palaeoecology*, 2020, 540: 109467), juntamente com a obra de Peter Ward e colegas (*Science*, 2000, 289: 1740-43; *Science*, 2005, 307: 709-14).

O melhor livro de divulgação científica sobre as extinções em massa é *The Ends of the World*, de Peter Brannen (Ecco, 2017). Considero Peter um dos melhores escritores de divulgação científica da atualidade, e seus textos sobre a ciência da Terra estão de acordo com meu autor favorito sobre geologia, John McPhee. Há dois excelentes livros de divulgação científica sobre a extinção do fim do Permiano, um de meu antigo orientador de mestrado Michael Benton (*When Life Nearly Died*, Thames & Hudson, 2003) e outro de Douglas Erwin (*Extinction: How Life on Earth Nearly Ended 250 Million Years Ago*, Princeton University Press, 2006). Zhong-Qiang Chen e Mike Benton escreveram uma análise esclarecedora sobre a extinção e sua recuperação subsequente para a *Nature Geoscience* (2012, 5: 375-83). Informações atualizadas sobre o *timing* e a natureza das erupções vulcânicas que causaram a extinção foram publicadas por Seth Burgess e colegas (*Proceedings of the National Academy of Sciences [USA]*, 2014, 11: 3316-21; *Science Advances*, 2015, 1: e1500470). Um importante artigo sobre mudança climática e aquecimento durante a extinção foi publicado por Joachimski e colegas (*Geology*, 2012, 40: 195-98); essa foi minha fonte para o aquecimento de 5 a 8 graus Celsius.

O colapso ecológico dos ecossistemas do Karoo e sua prolongada recuperação foram estudados por Peter Roopnarine, Ken Angielczyk e colegas, usando modelos de redes alimentares ecológicas (*Proceedings of the Royal Society, Series B*, 2007, 274: 2077-86; *Science*, 2015, 350: 90-93; *Earth-Science Reviews*, 2019, 189: 244-63). A obra de Adam Huttenlocker sobre o efeito Lilliput foi publicada em *PLoS ONE* (2014, 9: e87553). Adam fez parte de uma equipe liderada por Jennifer Botha-Brink, que tratou da questão mais ampla da sobrevivência dos cinodontes no fim do Permiano e propôs a hipótese de que se reproduzir e criar filhotes rapidamente foi decisivo (*Scientific Reports*, 2016, 6: 24053). Outra obra importante sobre a evolução do tamanho corporal dos primeiros sinapsídeos foi publicada por Roland Sookias e colegas (*Proceedings of the Royal Society, Series B*, 2012, 279: 2180-87; *Biology Letters*, 2012, 8: 674-77). Chris Sidor e colegas publicaram um importante estudo sobre a distribuição das espécies por Pangeia durante a transição Permiano-Triássico (*Proceedings of the National Academy of Sciences, USA*, 2013, 110: 8129-33).

Há muitas obras sobre o *Thrinaxodon*, o cinodonte que é o herói do capítulo. Tom Kemp, como sempre, fez um resumo escrupuloso em seu livro *The Origin and Evolution of Mammals*. Um dos principais artigos descritivos é o de Richard Estes (*Bulletin of the Museum of Comparative Zoology, Harvard University*, 1961, 125: 165-80), e um importante estudo sobre os dentes foi publicado por A. W. "Fuzz" Crompton (*Annals of the South African Museum*, 1963, 46: 479-521). O próprio

Robert Broom descreveu a anatomia craniana do *Thrinaxodon* em um artigo de 1938 (*Annals of the Transvaal Museum*, 19: 263-69), ao dividir o crânio em dezoito fatias da frente para trás. Ele resmungou que, embora quisesse seções mais finas, um "médico precisa se contentar com técnicas mais simples e menos perfeitas", o que é irônico, porque os paleontólogos contemporâneos usam tomografia computadorizada para produzir fatias digitais de crânios fossilizados e têm de implorar aos médicos e hospitais para ter acesso às máquinas!

Tocas importantes com esqueletos de *Thrinaxodon* do lado de dentro foram descritas por Damiani *et al.* (*Proceedings of the Royal Society, Series B*, 2003, 270: 1747-51) e Fernandez *et al.* (*PLoS ONE*, 2013, 8: e64978); este último artigo descreve os notáveis fósseis de um *Thrinaxodon* e de um anfíbio juntos em uma única toca. A postura do *Thrinaxodon* e de outros cinodontes foi habilmente estudada por Farish Jenkins, e duas de suas obras mais importantes são a monografia *The Postcranial Skeleton of African Cynodonts* (*Peabody Museum of Natural History Bulletin*, 1971, 36: 1-216) e um artigo publicado em *Evolution* (1970, 24: 230-52). Outras informações sobre a postura dos cinodontes foram retiradas do artigo de 2001 de Richard Blob, já citado. A histologia óssea e o crescimento do *Thrinaxodon* foram descritos por Jennifer Botha e Anusuya Chinsamy (*Palaeontology*, 2005, 48: 385-94). Os dentes, maxilares e músculos de fechamento das mandíbulas do *Thrinaxodon* — incluindo como mudavam durante o crescimento — foram o foco das publicações de Sandra Jasinoski, Fernando Abdala e Vincent Fernandez (*Journal of Vertebrate Paleontology*, 2013, 33: 1408-31; *The Anatomical Record*, 2015, 298: 1440-64), e Jasinoski e Abdala descreveram agrupamentos sociais e cuidados parentais em um artigo no *PeerJ* (2017, 5: e2875). Os fósseis de *Thrinaxodon* na Antártida foram descritos por James Kitching (filho do construtor de estradas e coletor de fósseis do Karoo Croonie Kitching, do capítulo 1) e colegas (*Science*, 1972, 175: 524-27; *American Museum Novitates*, 1977, 2611: 1-30).

Agradeço a Christian Kammerer e sua conta no Twitter por chamarem minha atenção para a vida notável de Walter Kühne. A monografia de 1956 de Kühne sobre o *Oligokyphus* foi publicada pelo Museu Britânico de História Natural e está disponível gratuitamente on-line (https://www.biodiversitylibrary.org/item/206348#page/5/mode/1up). Alguns detalhes da vida e do encarceramento de Kühne foram descritos na monografia, mas encontrei mais informações no livro de Zofia Kielan-Jaworowska, *In Pursuit of Early Mammals* (Indiana University Press, 2012), na revisão da monografia de Kühne feita por Alfred Romer na *Quarterly Review of Biology*, e no artigo de Rex Parrington sobre os mamíferos britânicos do Triássico, um grande recurso geral sobre muitas descobertas em cavernas, como *Morganucodon*, *Kuehneotherium* e *Eozostrodon* (*Philosophical Transactions of the Royal Society, Series B*, 261: 231-72). A citação desdenhosa do curador do Museu Britânico foi parafraseada da revisão de Romer.

Os relacionamentos filogenéticos dos cinodontes foram tema de extensas análises, reanálises e debates nas últimas décadas. Tritilodontes como o *Oligokyphus* são reconhecidos como alguns dos parentes mais próximos dos mamíferos, com dois grupos chamados tritelodontídeos e brasilodontídeos. São todos grupos avançados de cinodontes que floresceram mais ou menos na mesma época, no fim do Triássico. Minha concepção da genealogia do cinodonte foi baseada em um estudo recente de Marcello Ruta e colegas, do qual fui um dos revisores (*Proceedings of the Royal Society, Series B*, 2013, 280: 20131865). Outra importante obra recente foi publicada por Jun Liu e Paul Olsen (*Journal of Mammalian Evolution*, 2010, 17: 151-76).

As mudanças na linhagem dos cinodontes — ligando o *Thrinaxodon* ao *Oligokyphus* e aos mamíferos — são habilmente relatadas no livro de Tom Kemp. Fuzz Crompton e Farish Jenkins escreveram um influente artigo sobre o tema para o primeiro volume de *Annual Review of Earth and Planetary Sciences* (1973, 1: 131-55). Mudanças na coluna vertebral dos cinodontes foram escrutinadas por Katrina Jones — outra vencedora do Prêmio Romer, em 2014, um ano depois de Adam Huttenlocker — e colegas (*Science*, 2018, 361: 1249-52; *Nature Communications*, 2019, 10: 5071). Os artigos de Farish Jenkins e Richard Blob, já citados, discutem as mudanças posturais e locomotoras em detalhes, em particular o desenvolvimento de um estilo totalmente mamífero de andar com os membros eretos após uma fase de transição semiespalhada.

Quando se trata da história das origens e da evolução inicial dos dinossauros, sem muita modéstia aconselho aos leitores meu livro *Ascensão e queda dos dinossauros* (Record, 2019) e um artigo que escrevi sobre o assunto, com meus colegas Sterling Nesbitt, Randy Irmis, Richard Butler, Mike Benton e Mark Norell (*Earth-Science Reviews*, 2010, 101: 68-100). Em meu livro, também forneço uma descrição mais detalhada de Pangeia e de seu clima, e delineio as fontes mais importantes.

Vários autores opinaram sobre um "gargalo noturno" no início da evolução dos mamíferos, com alguns localizando essa fase na origem dos mamíferos no Triássico e outros a usando para se referir a mamíferos pequenos e noturnos que podem ter sobrevivido preferencialmente à extinção dos dinossauros. Um estudo esclarecedor de Ken Angielczyk e Lars Schmitz demonstrou — usando medidas dos olhos — que os comportamentos noturnos provavelmente evoluíram cedo na linhagem dos sinapsídeos, e vários pelicossauros, terapsídeos e cinodontes eram noturnos (*Proceedings of the Royal Society, Series B*, 2014, 281: 20141642). Outros artigos a considerar são os de Margaret Hall e colegas (*Proceedings of the Royal Society, Series B*, 2012, 279: 4962-68), Jiaqi Wu e colegas (*Current Biology*, 2017, 27: 3025-33) e Roi Maor e colegas (*Nature Ecology & Evolution*, 2017, 1: 1889-95). Meus comentários sobre os mamíferos "apostarem tudo" no olfato e no tato foram inspirados por uma entrevista com meu orientador de doutorado Mark Norell publicada, acredite ou não, pela Marvel Comics, em 2019.

A maneira como debati sobre o sangue quente (endotermia) se baseou extensivamente no livro de Tom Kemp, *The Origin and Evolution of Mammals,* e a seção de discussão do artigo sobre evolução da coluna dos mamíferos de Katrina Jones e colegas na *Nature Communications*, já citado. A afirmação de que os mamíferos de sangue quente podem correr oito vezes mais rápido que lagartos foi publicada em um artigo posterior, com base nas obras de Kemp (*Zoological Journal of the Linnean Society*, 2006, 147: 473-88) e Bennett e Ruben (*Science*, 1979, 206: 649-54). A crescente prevalência de ossos fibrolamelares em cinodontes é discutida em dois capítulos muito fáceis de ler de *The Forerunners of Mammals*, um de Jennifer Botha-Brink e colegas (capítulo 9) e outro de Jørn Hurum e Anusuya Chinsamy (capítulo 10). O tamanho decrescente das células ósseas e, por extensão, das hemácias foi notado por Adam Huttenlocker e Colleen Farmer (*Current Biology*, 2017, 27: 48-54). Kévin Rey e sua equipe publicaram sua obra sobre os isótopos de oxigênio na *eLife* (2017, 6: e28589). A restrição de Carrier foi batizada por Richard Cowen, em homenagem ao primeiro cientista que dissertou sobre ela, David Carrier, em *Paleobiology* (1987, 13: 326-41). Um ótimo artigo sobre a evolução das conchas nasais foi escrito por Crompton e colegas (*Journal of Vertebrate Paleontology*, 2017, e1269116). Há certa incerteza sobre exatamente quando as conchas nasais revestidas de vasos sanguíneos evoluíram. Parece que alguns cinodontes não mamíferos as tinham, embora fossem feitas de cartilagem, não de ossos, mas a evidência óssea inequívoca mais antiga é dos primeiros mamíferos. É muito difícil determinar o tamanho, formato e quantidade de vasos sanguíneos dessas delicadas estruturas a partir de fósseis.

A evolução do sistema de músculos maxilares em três partes dos mamíferos foi revisada de modo abrangente por Lautenschlager *et al.* (*Biological Reviews*, 2017, 92: 1910-40), com copiosas referências à literatura histórica sobre o tema. A mesma equipe publicou um importante artigo na *Nature* (2018, 561: 533-37) que usou softwares de engenharia para testar a função das mandíbulas em uma série de espécies fossilizadas, levando-os a argumentar que a miniaturização foi o impulso básico para a evolução da nova articulação dentário-esquamosal. Quando os ancestrais dos mamíferos ficaram menores, houve um momento no qual o tamanho pequeno diminuiu o estresse e a tensão desproporcionalmente à perda da força absoluta de mordida que acompanhou os maxilares menores. Chris Sidor escreveu um estudo em *Evolution* (2001, 55: 1419-42) mostrando como o crânio dos ancestrais dos mamíferos foi simplificado (= menos ossos e mais fusão de ossos).

A definição de mamíferos que usei neste livro — qualquer descendente do primeiro cinodonte a desenvolver uma robusta articulação dentário-esquamosal — é prevalente na literatura histórica. É mais ou menos a definição usada por Kielan-Jaworowska, Cifelli e Luo em seu magistral panorama sobre os primeiros mamíferos, *Mammals from the Age of Dinosaurs* (Columbia University Press, 2004). (Tecnicamente, eles afirmam que os mamíferos são "clado definido por um ancestral partilhado comum de *Sinoconodon*, *Morganucodonta*, docodontes, monotremados, marsupiais e placentários, além de qualquer táxon extinto incluído nesse clado", o que basicamente equivale ao grupo, na árvore genealógica, que desenvolveu a articulação dentário-esquamosal). Esse grupo — o que chamo de "mamíferos" — é chamado de mamaliforme pelos pesquisadores que preferem a definição de "grupo coroa" dos mamíferos e o nome "mamíferos" seja limitado ao grupo da árvore genealógica que inclui os mamíferos modernos (monotremados, marsupiais, placentários) e todos os descendentes de seu ancestral comum mais recente. O artigo de Timothy Rowe no *Journal of Vertebrate Paleontology* (8: 241-64) de 1988 usou pela primeira vez a definição baseada na coroa dos mamíferos e o nome mamaliformes para o grupo mais amplo com articulação dentário-esquamosal. E isso é tudo que direi sobre essa classificação — um exercício mais de semântica que de ciência — antes de pedir novamente que meus colegas me perdoem por não usar grupo coroa como definição.

Há ampla literatura sobre a mastigação dos mamíferos e, novamente, o livro de Tom Kemp *The Origin and Evolution of Mammals* e o livro de Kielan-Jaworowska *et al. Mammals from the Age of Dinosaurs* foram fontes inestimáveis e são leitura obrigatória para qualquer um interessado no tema. Kai Jäger e colegas recentemente publicaram um artigo fundamental sobre a mastigação e a oclusão dental do *Morganucodon* (*Journal of Vertebrate Paleontology*, 2019, 39: e1635135). Bhart-Anjan Bhullar e Armita Manafzadeh e equipe publicaram um intrigante estudo na *Nature* (2019, 566: 528-32) que usou análises de raios X de marsupiais vivos mastigando para argumentar que a ação de rolamento da mandíbula — que evoluiu por volta da mesma época que a articulação dentário-esquamosal — é central para os movimentos de mastigação. David Grossnickle escreveu uma resposta a esse artigo (*Nature*, 2020,

582: E6-E8), tratando principalmente de outros aspectos. Minhas discussões com Dave me ajudaram a entender a evolução da mastigação dos mamíferos. Também devo mencionar que Anjan Bhullar usou a expressão "fornalha interna" ao descrever a endotermia em uma entrevista, e eu a empreguei no capítulo.

Há imensa literatura sobre o *Morganucodon*, o espécime exemplar dos primeiros mamíferos. Ele foi descrito e batizado por Kühne (*Proceedings of the Zoological Society of London*, 1949, 119: 345-50), e fósseis mais completos foram descritos mais tarde por Kenneth Kermack, Frances Mussett e Harold Rigney em dois artigos para o *Zoological Journal of the Linnean Society* (1973, 53: 86-175; 1981, 71: 1-158). Rigney descreveu o crânio do *Morganucodon* chinês, fonte de tantos problemas, na *Nature* (1963, 197: 1122-23). Sua autobiografia, *Four Years in a Red Hell*, foi publicada por Henry Renery, em Chicago. A difiodontia — as duas gerações de dentes — do *Morganucodon* foi descrita por Rex Parrington (*Philosophical Transactions of the Royal Society, Series B*, 261: 231-72), e o esqueleto pós-crânio, por Jenkins e Parrington (*Philosophical Transactions of the Royal Society, Series B*, 1976, 273: 387-431).

Tim Rowe publicou dois importantes estudos sobre a evolução do cérebro dos primeiros mamíferos, incluindo o desenvolvimento de bulbos olfativos maiores e do neocórtex. O primeiro foi na *Science* (1996, 273: 651-54) e o segundo com coautoria de Ted Macrini e Zhe-Xi Luo na *Science* (2011, 332: 955-57). Eles apresentam tomografias do *Thrinaxodon*, do *Morganucodon* e de outras espécies-chave da linhagem cinodontes-mamíferos.

Literatura relevante sobre outros primeiros mamíferos, que não o *Morganucodon*, inclui a descrição do *Eozostrodon* feita por Parrington (*Annals and Magazine of Natural History*, 1941, 11: 140-44); a descrição do *Kuehneotherium* feita por Diane Kermack (*Journal of the Linnean Society [Zoology]*, 1968, 47: 407-23); a descrição do *Megazostrodon* de Ione Rudner por Crompton e Jenkins (*Biological Reviews*, 1968, 43: 427-58); e a descrição do *Hadrocodium* feita por Luo *et al.* (*Science*, 2001, 292: 1535-40). Pam Gill e sua equipe publicaram seu estudo sobre a dieta do *Morganucodon* e do *Kuehneotherium* — usando não somente o desgaste dos dentes, mas também modelos das mandíbulas — na *Nature* (2014, 512: 303-5). Um artigo afim, também apoiando as diferenças alimentares entre essas espécies, foi escrito por Conith *et al.* (*Journal of the Royal Society Interface*, 2016, 13: 20160713).

Farish Jenkins é uma lenda em meu campo e, embora não o conhecesse pessoalmente, sempre me lembrarei de ter estado presente quando ele, que à época lutava contra um câncer, recebeu a Medalha Romer-Simpson da Sociedade de Paleontologia de Vertebrados em 2009. Ele morreu três anos depois, em 2012, supostamente tendo dito aos amigos que se sentia em paz porque, como paleontólogo, estava familiarizado com a extinção. Li essa citação, com outros detalhes biográficos, nos obituários publicados no *New York Times*, *Economist*, *Boston Globe* e *Nature* (escrito por Neil Shubin) — um sinal de sua proeminência. A famosa ilustração do *Megazostrodon* foi publicada por Jenkins e Parrington em seu artigo de 1976, já citado. Nos agradecimentos, eles dão crédito às reconstruções feitas por Laszlo Meszoly, um artista do Museu de Zoologia Comparada de Harvard cujo perfil foi publicado no *Harvard Gazette* em 2003.

A ideia de que a diversificação de importantes novos grupos de mamíferos começa no nicho de pequenos comedores de insetos foi apresentada por Dave Grossnickle e colegas em um artigo maravilhosamente escrito na *Trends in Ecology and Evolution* (2019, 34: 936-49).

CAPÍTULO 3: MAMÍFEROS E DINOSSAUROS

A vida fascinante de William Buckland é contada em muitos livros sobre o início da paleontologia, incluindo meu favorito, o de Deborah Cadbury, *The Dinosaur Hunters* (Fourth Estate, 2000), publicado internacionalmente sob o título *Terrible Lizard.* O papel de Buckland no estudo dos primeiros mamíferos foi relatado em *Beasts of Eden*, de Wallace, e colhi detalhes adicionais em uma biografia da série on-line "Learning More", da Universidade de Oxford, e em um artigo do *Guardian* sobre as preferências gastronômicas de Buckland ("*The Man Who Ate Everything*", fevereiro de 2008). Buckland descreveu o *Megalosaurus* e as minúsculas mandíbulas de mamíferos em uma versão escrita de seu discurso na Sociedade Geológica (*Transactions of the Geological Society of London*, 1824, 2: 390-96). Várias décadas depois, Richard Owen publicou um panorama histórico dos mamíferos mesozoicos conhecidos na época ("Monograph of the Fossil Mammalia of the Mesozoic Formations", *Monographs of the Palaeontographical Society*, 1871).

O estereótipo dos mamíferos do Mesozoico como generalistas pequenos e tediosos foi articulado nas duas principais revisões do início do século XX, ambas escritas pelo eminente especialista em mamíferos e biólogo evolutivo George Gaylord Simpson (*A Catalogue of the Mesozoic Mammalia in the Geological Department of the British Museum*, Oxford University Press, 1928; American Mesozoic Mammalia, *Memoirs of the Peabody Museum*, 1929, 3: 1-235).

Para mais informações sobre a extinção do fim do Triássico, indico aos leitores a discussão em meu livro *Ascensão e queda dos dinossauros* e as referências citadas. O livro *Triassic Life on Land: The Great Transition* (Columbia University Press, 2010), de Nicholas Fraser e Hans-Dieter Sues, é uma grande síntese do mundo Triássico, de seus habitantes, sua geografia física e a extinção. As erupções de lava no fim do Triássico criaram muitas rochas basálticas que cobrem parte de quatro continentes hoje, chamadas de Província Magmática do Atlântico Central (CAMP em inglês) e descritas por Marzoli e colegas (*Science*, 1999, 284: 616-18). A cronologia das erupções da CAMP foi estudado por Blackburn e colegas (*Science*, 2013, 340: 941-45), mostrando que as erupções ocorreram em quatro grandes pulsos há mais de 600 mil anos. A obra de Jessica Whiteside, Paul Olsen e colegas mostra que as extinções em terra e no mar ocorreram ao mesmo tempo no fim do Triássico, e que as primeiras pistas de extinção são sincrônicas com os primeiros fluxos de lava no Marrocos (*Proceedings of the National Academy of Sciences [USA]*, 2010, 107: 6721-25). Mudanças durante a transição Triássico-Jurássico no dióxido de carbono na atmosfera, temperatura global e comunidades de plantas foram estudadas por McElwain *et al.* (*Science*, 1999, 285: 1386-90; *Paleobiology*, 2007, 33: 547-73), Belcher *et al.* (*Nature Geoscience*, 2010, 3: 426-29), entre outros.

A nova imagem dos mamíferos do Jurássico-Cretáceo como diversos, dinâmicos e empolgantes foi apresentada pela primeira vez para um grande público no artigo de Zhe-Xi Luo na *Nature* (2007, 450: 1011-19), que resumiu a primeira década de descobertas em Liaoning. Em 2014, Meng Jin escreveu um panorama atualizado dos fósseis chineses, demonstrando ainda mais sua inesperada diversidade (*National Science Review*, 1: 521-42). Roger Close e colegas aplicaram vários métodos estatísticos às árvores genealógicas dos mamíferos, demonstrando que eles tiveram rápidas taxas de evolução no meio do Jurássico (*Current Biology*, 2015, 25: 2137-42). Ajudei a desenvolver um desses métodos — uma maneira de calcular as taxas de evolução dos esqueletos — com meus colegas Graeme Lloyd e Steve Wang (*Evolution*, 2012, 66: 330-48). Close *et al.* apresentaram a hipótese de que a divisão de Pangeia pode ter causado esse aumento nas taxas de evolução e a explosiva diversificação, de modo geral, dos mamíferos no meio do Jurássico.

O primeiro fóssil de mamíferos reportado em Liaoning, chamado *Zhangheotherium*, foi descrito por Zhe-Xi Luo e seus colegas Yaoming Hu e Yuanqing Wang *et al.* (*Nature*, 1997, 390: 137-42). Dois anos depois, Ji Qiang e Ji Shu-na descreveram o *Jeholodens*, também na *Nature* (1999, 398: 326-30). O devorador de dinossauros *Repenomamus* foi descrito em 2005 por Meng Jin e sua equipe, liderada por Yaoming Hu (*Nature*, 433: 149-52).

Os docodontes e haramídeos foram avaliados em livros como o de Kemp, *The Origin and Evolution of Mammals*, e de Kielan-Jaworowska *et al.*, *Mammals from the Age of Dinosaurs*, mas estão bastante ultrapassados, por causa de todas as novas descobertas na China. É divertido ler passagens desses livros — escritos entre o início e meados da década de 2000 — tratando ambos os grupos como mistérios persistentes, representados quase exclusivamente por fósseis fragmentários. Como as coisas mudaram! Mais informações sobre as espécies mencionadas no texto podem ser encontradas nos artigos que as descrevem: *Microdocodon* (Zhou *et al.*, *Science*, 2019, 365: 276-79); *Agilodocodon* (Meng *et al.*, *Science*, 2015, 347: 764-68); *Docofossor* (Luo *et al.*, *Science*, 2015, 347: 760-64); *Castorocauda* (Ji *et al.*, *Science*, 2006, 311: 1123-27); *Vilevolodon* (Luo *et al.*, *Nature*, 2017, 548: 326-29); *Maiopatagium* (Meng *et al.*, *Nature*, 2017, 548: 291-96); e *Arboroharamiya* (Zheng *et al.*, 203, *Nature*, 500: 199-202; Han *et al.*, *Nature*, 2017, 551: 451-56). Também há um intrigante haramídeo que sobreviveu na América do Norte até mais tarde, no Cretáceo, descrito recentemente: *Cifelliodon*, batizado por Adam Huttenlocker e colegas em homenagem ao eminente especialista em fósseis de mamíferos Rich Cifelli (*Nature*, 2018, 558: 108-12).

Atualmente, há muito debate sobre o posicionamento dos haramídeos na árvore genealógica dos mamíferos. Há duas linhas de pensamento. Uma delas, liderada por Zhe-Xi Luo, argumenta que são mamíferos primitivos e os coloca no tronco da árvore genealógica, não muito longe do *Morganucodon*. A outra linha, liderada por Meng Jin, defende uma posição muito mais derivada, na qual o grupo coroa dos mamíferos (o que inclui todas as espécies modernas e todos os descendentes de seu ancestral comum mais recente) é irmão dos multituberculados, um grupo de mamíferos comedores de plantas que eram diversificados no Cretáceo. Não tenho uma opinião formada a respeito. Pode parecer um debate puramente acadêmico, mas sua implicação é mais ampla: como os haramídeos surgiram no Triássico, se forem mamíferos da coroa isso significa que os mamíferos modernos são ainda mais antigos, surgidos há cerca de 208 milhões de anos. Se eles são mamíferos-tronco primitivos, então o grupo coroa surgiu mais provavelmente no início do Jurássico, há cerca de 178 milhões de anos.

Descrevemos nossas descobertas de dinossauros em Skye em uma série de artigos (Brusatte e Clark, *Scottish Journal of Geology*, 2015, 51: 157-64; Brusatte *et al.*, *Scottish Journal of Geology*, 2016, 52: 1-9; dePolo *et al.*, *Scottish Journal of Geology*, 2018, 54: 1-12; Young *et al.*, *Scottish Journal of Geology*, 2019, 55: 7-19; de Polo *et al.*, *PLoS ONE*, 2020, 15[3], e0229640). Meu trabalho em Skye foi conduzido junto a uma grande equipe de colegas e estudantes: Tom Challands, Mark Wilkinson, Dugald Ross, Paige dePolo, Davide Foffa, Neil Clark e muitos outros. Neil Clark escreveu vários artigos importantes sobre os dinossauros de Skye, e Dugie Ross descobriu muitos fósseis importantes.

O livro de Hugh Miller, *The Cruise of the Betsey*, foi publicado em 1858 em Edimburgo e pode ser encontrado on-line no link: https://minorvictorianwriters.org.uk/miller/b_betsey.htm. Uma fascinante biografia de Miller foi publicada por meu colega no Museu Nacional da Escócia, o paleontólogo Michael Taylor (*Hugh Miller: Stonemason, Geologist, Writer*, National Museum of Scotland, 2007). Waldman e Savage publicaram sua descrição do *Borealestes* (*Journal of the Geological Society*, 1972, 128: 119-25). A descrição de Elsa do crânio do *Borealestes* foi publicada (Panciroli *et al.*, *Zoological Journal of the Linnean Society*, 2021, zla144), além de um artigo separado sobre as mandíbulas e os dentes (*Journal of Vertebrate Paleontology*, 2019, 39: e1621884) e outro sobre o osso pétreo que cerca a cóclea (*Papers in Palaeontology*, 2018, 5: 139-56). Ela também escreveu artigos sobre os mamíferos de Skye, que são bastante diversificados. Há o *Stereognathus*, um tritilodonte, um integrante do grupo dos não-exatamente-mamíferos que inclui o *Oligokyphus* e o *Kayentatherium*; ele foi descrito inicialmente por Waldman e Savage em seu artigo de 1972 e então redescrito por Elsa, por mim e colegas em um artigo de 2017 (*Journal of Vertebrate Paleontology*, e1351448). Há o *Wareolestes*, um mamífero primitivo parecido com o *Morganucodon* (Panciroli *et al.*, *Papers in Palaeontology*, 2017, 3: 373-86), e o *Palaeoxonodon*, um mamífero mais derivado, bem aparentado aos terianos (placentários e marsupiais) (Panciroli *et al.*, *Acta Paleontologica Polonica*, 2018, 63: 197-206).

Liam Drew apresenta uma excelente discussão sobre a lactação em seu livro *I, Mammal*. Ao escrever essa seção, também me apoiei extensivamente na fascinante pesquisa das glândulas mamárias e da lactação feita por Olav Oftedal e publicada em 2002 (*Journal of Mammary Gland Biology and Neoplasia*, 7: 225-52). Eva Hoffman e Tim Rowe descreveram a sublime família fossilizada *Kayentatherium* na *Nature* (2018, 561: 104-8). O artigo de Zhou *et al.* sobre o *Microdocodon*, já citado, é a melhor fonte de informação sobre a evolução do hioide e da musculatura da garganta.

Há vasta literatura sobre os ossos do ouvido médio nos mamíferos, e indico aos leitores quatro artigos. Primeiro, Zhe-Xi Luo escreveu um fantástico artigo da evolução do ouvido em 2011 (*Annual Review of Ecology, Evolution, and Systematics*, 42: 355-80), que trata da anatomia do ouvido, das homologias do ouvido médio, da sequência evolutiva entre cinodontes com muitos ossos nas mandíbulas e dos mamíferos e dos dados genéticos, embrionários e de desenvolvimento que nos ajudam a entender como o ouvido evoluiu. Segundo, Neal Anthwal e colegas apresentaram um panorama que mistura um resumo histórico de importantes obras sobre o ouvido dos mamíferos e evidências anatômicas, genéticas e embriológicas de evolução do ouvido (*Journal of Anatomy*, 2012, 222: 147-60). Terceiro, Wolfgang Maier e Irina Ruf escreveram uma peça histórica explicando como os pesquisadores — desde o século XVI — estudaram os ossos do ouvido dos mamíferos e passaram a entender suas origens e sua trajetória evolutiva (*Journal of Anatomy*, 2015, 228: 270-83). Finalmente, o artigo de referência escrito por Edgar Allin — que mostra a sequência da evolução do ouvido dos mamíferos — é uma excelente leitura (*Journal of Morphology*, 1975, 147: 403-38).

Outros importantes artigos a considerar, que tratam das espécies que menciono no texto, é a descrição do *Liaoconodon*, um mamífero com ouvido médio transicional, feita por Meng *et al.* (*Nature*, 2011, 472: 181-85); a descrição de Mao *et al.* do *Origolestes*, o mamífero com o ouvido médio separado da faixa óssea tecnicamente chamada de elemento de Meckel (*Science*, 2019, 367: 305-8; Zhe-Xi propôs a explicação alternativa de que o "desligamento" da cartilagem é na verdade uma fratura no fóssil, não uma ocorrência genuína); a descrição feita por Wang *et al.* do multituberculado *Jeholbaatar*, que revelou que a articulação do ouvido reflete o formato dos movimentos de mastigação antigos, quando ela era uma articulação da mandíbula (*Nature*, 2019, 576: 102-5); a descrição, feita por Rich *et al.*, dos ouvidos e maxilares dos primeiros monotremados, que revela uma evolução de seus ouvidos médios desconectados independentemente de marsupiais e placentários (*Science*, 2005, 307: 910-14); e a descrição, feita por Han *et al.*, do *Arboroharamiya allinhopsoni*, o haramídeo com os ossículos do ouvido separados da mandíbula (*Nature*, 2017, 551: 451-56). Alguns desses artigos podem parecer bastante complexos para não especialistas (ou para um paleontólogo originalmente treinado para estudar dinossauros), e o leitor que vos fala ficou grato pelos comentários de Anne Weil — uma especialista em mamíferos multituberculados — que acompanham alguns desses artigos na *Nature*.

Vários meses após o esboço do capítulo, minha ex-estudante de doutorado Sarah Shelley, meu colega e mentor John Wible e seus colegas publicaram um importante artigo sobre o ouvido dos haramídeos, com implicações mais amplas para o entendimento dos múltiplos desligamentos de ossos do ouvido na história dos mamíferos (Wang *et al.*, *Nature*, 2021, 590: 279-83). Eles redefiniram alguns termos com bagagem histórica e eu sigo seu exemplo aqui. Mais importante, eles usaram o termo "ouvido médio separado" para se referir a ossos do ouvido médio sem nenhuma ligação óssea ou cartilaginosa com a mandíbula; é o que muitos autores precedentes chamaram de Ouvido Médio Definitivo dos Mamíferos (ou DMME em inglês). Finalmente: o artigo de Wang *et al.* (2021) apresentou uma nova hipótese para explicar o formato diferente das articulações mandibulares de monotremados e marsupiais e do grupo placentário: em vez de terem um formato diferente porque refletem diferentes movimentos de mastigação dos ossos maxilares ancestrais (como proposto por Wang *et al.* [2019] no artigo já mencionado e como afirmei no capítulo 3), eles propõem que a articulação sobreposta dos monotremados é um precursor evolutivo de nossas mais intrincadas articulações integradas. Este é um assunto que segue em debate!

Dois estudos recentes do mesmo time de embriologistas e paleontólogos mostram como é direta a separação do divertículo de Meckel dos ossos do ouvido em mamíferos vivos. O primeiro, escrito por Anthwal *et al.* (*Nature Ecology & Evolution*, 2017, 1: 0093), foca nos condroclastos de camundongos (mamíferos placentários); e o segundo, escrito por Urban *et al.* (*Proceedings of the Royal Society, Series B*, 2017, 284: 20162416), foca na morte celular em gambás (mamíferos marsupiais). Embora eu não tenha falado sobre isso no texto principal, há outro aspecto fascinante da história mandíbula-ouvido: alguns dos mesmos genes expressos nas mandíbulas dos répteis são expressos nos ouvidos dos mamíferos (como, por exemplo, o gene *Bapx1*), uma prova mais definitiva de que os ossos das mandíbulas se tornaram ossos dos ouvidos. Esse trabalho foi publicado em 2004 por Abigail Tucker e sua equipe, incluindo meu colega de Edimburgo, o lendário geneticista Bob Hill (*Development*, 131: 1235-45).

CAPÍTULO 4: A REVOLUÇÃO MAMÍFERA

Zofia Kielan-Jaworowska conta sua própria história no *In Pursuit of Early Mammals* (Indiana University Press, 2012), que também fornece sucintos resumos sobre a origem dos mamíferos, a transição cinodonte-mamífero e os grupos mamíferos do Mesozoico. Outros aspectos da biografia de Zofia vieram de nossa discussão em uma tarde de verão em 2010, registrada em minhas notas de campo. Ela também escreveu um relato em primeira mão das primeiras expedições polonesas-mongóis em seu livro *Hunting for Dinosaurs* (MIT Press, 1969). As descobertas da equipe polonesa-mongol foram descritas em uma vasta série de artigos, extensivamente citados no livro de 2012 de Zofia. Muitos deles foram publicados em *Palaeontologia Polonica* — uma rápida olhada no catálogo on-line do periódico em uma biblioteca revelou um tesouro de informações. Entre elas, os artigos críticos de Zofia sobre os multituberculados, publicados em 1970 e 1974.

A vida de Roy Chapman Andrews e suas expedições asiáticas são o tema do livro de Charles Gallenkamp *Dragon Hunter* (Viking, 2001). As expedições do Museu Americano de História Natural e da Academia Mongol de Ciências no início da década de 1990 são relatadas por Mike Novacek em seu viciante livro *Dinosaurs of the Flaming Cliffs* (Anchor Books, 1996), uma de minhas leituras favoritas quando era um adolescente entusiasmado por fósseis. Ukhaa Tolgod — local de tantas descobertas de multituberculados fósseis — foi inicialmente descrito por Dashzeveg, Novacek, Norell e colegas (*Nature*, 1995, 374: 446-49). Informações sobre a geologia do local e detalhadas evidências forenses de que os fósseis se formaram em dunas de areia derrubadas por enchentes podem ser encontradas nos artigos de Loope *et al.* (*Geology*, 1998, 26: 27-30) e Dingus *et al.* (*American Museum Novitates*, 2008, 3616: 1-40).

Detalhes da transição Jurássico-Cretáceo são descritos em meu livro *Ascensão e queda dos dinossauros*, com citação das referências relevantes. A mais útil descrição geral das mudanças climáticas e ambientais é um artigo de Jon Tennant e colegas (*Biological Reviews*, 2017, 92: 776-814). Jon, um jovem paleontólogo e defensor de destaque da ciência aberta e das publicações abertas, morreu tragicamente em um acidente de motocicleta na primavera de 2020, enquanto eu escrevia este capítulo.

Bons recursos gerais sobre os multituberculados podem ser encontrados no livro de 2012 de Zofia (já citado), no livro de Tom Kemp *The Origin and Evolution of Mammals* e na magnífica enciclopédia editada por Zofia, Zhe-Xi Luo e Richard Cifelli (*Mammals from the Age of Dinosaurs*, também já citada). O número que citei — o de que os multituberculados constituem 70% da fauna mamífera de Gobi — vem de um artigo de Chinsamy e Hurum sobre a microestrutura óssea e o crescimento dos primeiros mamíferos (*Acta Palaeontologica Polonica*, 2006, 51: 325-38).

Importantes obras sobre a alimentação dos multituberculados foram publicadas por Philip Gingerich, que apresentou evidências de movimento de mastigação para trás em um capítulo do livro *Patterns of Evolution* (Elsevier, 1977); por Zofia e seu colega Peter Gambaryan, que descreveram a musculatura craniana (*Acta Palaeontologica Polonica*, 1995, 40: 45-108); e por David Krause (*Paleobiology*, 1982, 8: 265-313). Em relação à locomoção dos multituberculados, Farish Jenkins e Krause descreveram o tornozelo reversível e a habilidade de escalar árvores (*Science*, 1983, 220: 712-15; *Bulletin of the Museum of Comparative Zoology*, 1983, 150: 199-246); meu orientador de iniciação científica Paul Sereno e Malcolm McKenna descreveram capacidades mais avançadas, para movimentação mais veloz (*Nature*, 1995, 377: 144-47); e Zofia e Gambaryan publicaram outro artigo importante (*Fossils and Strata*, 1996, 36; *Acta Palaeontologica Polonica*, 1997, 42: 13-44).

O multituberculado do Jurássico *Rugosodon* — atualmente o mais antigo fóssil bem-preservado do grupo — foi descrito por Chong-Xi Yuan, Luo e sua equipe (*Science*, 2013, 341: 779-83). O estudo de Greg Wilson sobre a evolução dentária dos multituberculados foi publicado na *Nature* (2012, 483: 457-60), e outro estudo, de David Grossnickle e David Polly, encontrou padrões similares de aumento da diversidade dentária em um conjunto diferente de dados (*Proceedings of the Royal Society, Series B*, 2013, 280: 20132110). Nossa equipe — Zoltán Csiki-Sava, Mátyás Vremir, Meng Jin, Mark Norell e eu — descreveu o *Litovoi* em 2018 (*Proceedings of the National Academy of Sciences [USA]*, 115: 4857-62), um artigo que também fala mais amplamente dos Kogaionidae insulares da Romênia. Em 2021, Luke Weaver — na época estudante de doutorado — liderou uma equipe na descrição da descoberta de um grupo social de multituberculados em Montana (*Nature Ecology & Evolution*, 5: 32-37), um trabalho que, em parte, fez com que recebesse o Prêmio Romer da Sociedade de Paleontologia de Vertebrados.

Uma boa fonte de informações gerais sobre as origens e a evolução das angiospermas é o livro *Early Flowers and Angiosperm Evolution*, de Friis, Crane e Pedersen (Cambridge University Press, 2011). Os fósseis mais antigos em bom estado de vegetação angiospérmica — chamados de *Archaefructus* — foram descritos de Liaoning por Sun *et al.* (*Science*, 2002, 296: 899-904). Importantes referências que consultei sobre as angiospermas primitivas e por que se provaram tão adaptáveis incluíram artigos de Wing e Boucher (*Annual Review of Earth and Planetary Sciences*, 1998, 26: 379-421), Boyce *et al.* (*Proceedings of the Royal Society, Series B*, 2009, 276: 1771-76), Feild *et al.* (*Proceedings of the National Academy of Sciences [USA]*, 2011, 108: 8363-66), Coiffard *et al.* (*Proceedings of the National Academy of Sciences [USA]*, 2012, 109: 20955-59), deBoer *et al.* (*Nature Communications*, 2012, 3: 1221), Chaboureau *et al.* (*Proceedings of the National Academy of Sciences [USA]*, 2014, 111: 14066-70). Um desses paleobotânicos, Kevin Boyce, foi meu professor de pós-graduação na Universidade de Chicago. Alguns anos depois, ele recebeu uma bolsa MacArthur "de gênio"!

O termo "revolução terrestre do Cretáceo" foi cunhado por alguns de meus mais próximos amigos e colegas no campo: Graeme Lloyd, Marcello Ruta, Mike Benton (meus três orientadores de mestrado na Universidade de Bristol) e seus colegas em um artigo sobre a evolução dos dinossauros (*Proceedings of the Royal Society, Series B*, 2008, 275: 2483-90). Discussões com Mike Benton forneceram informações adicionais sobre a revolução, particularmente a evolução dos insetos.

Há vasta literatura sobre a anatomia, função e evolução do molar tribosfênico nos terianos — um tópico complexo que, por necessidade, resumi muito no texto, a fim de não matar todo mundo de tédio com páginas e mais páginas de descrições de cúspides de molares (como tentei fazer no primeiro manuscrito, antes que as canetas vermelhas de meu editor e de minha esposa me colocassem novamente no caminho certo). Dois estudos clássicos são o artigo de 1956 de Bryan Patterson, "Early Cretaceous mammals and the evolution of mammalian molar teeth", publicado em *Fieldiana* (13, 1-105), e o artigo de 1971 de Fuzz Crompton, "The Origin of the Tribosphenic Molar", publicado em *Zoological Journal of the Linnean Society* (50, suplemento 1: 65-87). Mais recentemente, Brian Davis publicou um artigo-chave sobre a origem e a função do molar tribosfênico, que também explica os diferentes padrões de desgaste nos molares "parecidos com os tribosfênicos" dos australofenídeos (*Journal of Mammalian Evolution*, 2011, 18: 227-44), e Julia Schultz e Thomas Martin usaram modelos 3-D para descrever como os molares tribosfênicos mastigavam, em detalhes (*Naturwissenschaften*, 2014, 101: 771-871). Embora eu não forneça detalhes no texto, os molares tribosfênicos — com suas complexas superfícies integradas de corte e moagem — exigem movimentos de mastigação muito precisos para funcionar de maneira adequada. Atualmente, há debate sobre a mecânica das mandíbulas dos primeiros terianos tribosfênicos, e parece que tinham movimentos circulares avançados (Bhullar *et al.*, *Nature*, 2019, 566: 528-32), movimentos laterais avançados (Grossnickle, *Scientific Reports*, 2017, 7: 45094) ou, possivelmente, ambos. A descrição do teriano tribosfênico mais antigo conhecido pelo homem, o *Juramaia*, foi publicada por Zhe-Xi Luo e colegas em 2011 (*Nature*, 476: 442-45).

David Grossnickle publicou vários estudos importantes sobre como a evolução do molar tribosfênico afetou a evolução dos terianos e dos mamíferos em geral. Eles incluem um artigo (escrito com Stephanie Smith e Greg Wilson) que argumenta que a inovação mamífera frequentemente se origina no nicho de insetívoros de pequeno porte (*Trends in Ecology and Evolution*, 2019, 34: 936-49); seu artigo com David Polly sobre a evolução do formato dos dentes e das mandíbulas dos mamíferos ao longo do tempo (*Proceedings of the Royal Society, Series B*, 2013, 280: 20132110); e seu estudo com Elis Newham sobre a diversificação dos terianos tribosfênicos durante e após a revolução terrestre do Cretáceo (*Proceedings of the Royal Society, Series B*, 2016, 283: 20160256; note que eles argumentam que essa diversificação ocorreu após a "revolução", e não necessariamente durante ela). Conheci Dave quando ele participou de nossa equipe de campo no Novo México em 2013, a convite da especialista em multituberculados Anne Weil. Dave fez seu doutorado com Zhe-Xi Luo em Chicago e rapidamente se tornou um importante especialista na evolução dos mamíferos durante o Jurássico e o Cretáceo. Ele também é uma das pessoas mais divertidas e subversivas desse campo (no bom sentido).

Os alicerces genéticos da versatilidade dentária dos terianos tribosfênicos foi estudada por muitos biólogos do desenvolvimento e paleontólogos. Artigos-chave são os de Jernvall *et al.* (*Proceedings of the National Academy of Sciences [USA]*, 2000. 97: 14444-48), Kavanagh *et al.* (*Nature*, 2007, 432: 211-14), Salazar-Ciudad *et al.* (*Nature*, 2010, 464: 583-86) e Harjunmaa *et al.* (*Nature*, 2014, 512: 44-48).

Os efeitos da evolução do molar tribosfênico (e muitas outras inovações dos mamíferos) na estrutura e na ecologia da comunidade foram descritos em um artigo recente de Meng Chen, Caroline Strömberg e Greg Wilson, em *Proceedings of the National Academy of Sciences [USA]* (2019, 116: 9931-40).

Muitos euterianos e metaterianos do Cretáceo foram descritos em anos recentes, indo dos maravilhosos esqueletos de Liaoning aos fragmentários — mas muito importantes — dentes da América do Norte (muitos dos quais foram estudados por Richard Cifelli, Brian Davis e colegas). O problemático *Sinodelphys* de Liaoning foi descrito como o metateriano mais antigo por Luo e colegas (*Science*, 2003, 302: 1934-1940), mas recentemente reinterpretado como euteriano basal por Shundong Bi e sua equipe, em sua descrição de um novo euteriano de Liaoning chamado *Ambolestes* (*Nature*, 2018, 558: 390-95). Um recurso-chave sobre a evolução inicial dos metaterianos é um artigo para o qual contribuí, liderado por Tom Williamson e incluindo Greg Wilson (*ZooKeys*, 2014, 465: 1-76). Ele é a mudança de chave da análise genealógica dos metaterianos do Cretáceo-Paleogeno que Tom e eu publicamos com uma equipe maior (*Journal of Systematic Palaeontology*, 2012, 10: 625-51). Os livros *Mammals from the Age of Dinosaurs* e *In Pursuit of Early Mammals* (já citados) fazem uma grande síntese sobre os euterianos e metaterianos de Gobi, com referências a toda a literatura histórica importante. Mais recentemente, a equipe do Museu Americano publicou várias descrições de importantes espécimes *Deltatheridium*, afirmando sua ligação com os metaterianos (Rougier *et al.*, *Nature*, 1998, 396: 459-63). Outro interessante artigo recente foca em um metateriano norte-americano do fim do Cretáceo, o *Didelphodon*, também um caçador feroz do nicho de animais de pequeno porte (Wilson *et al.*, *Nature Communications*, 2017, 7: 13734).

Os primeiros encontros entre humanos e monotremados (ornitorrincos e equidnas) na Austrália não foram registrados pela história, e os povos aborígenes têm muitos milhares de anos de experiência com esses animais peculiares. Mas os primeiros encontros de europeus com esses animais foram narrados muitas vezes. Baseei minha história no artigo de Brian Hall sobre o ornitorrinco (*BioScience*, 1999, 49: 211-18) e na atraente narrativa de Liam Drew em seu livro *I, Mammal*. Obtive informações sobre John Hunter em muitas fontes on-line, incluindo sua biografia na Wikipédia (sim, até mesmo cientistas pesquisam na Wikipédia às vezes, especialmente para um ponto de entrada em temas que estão fora de sua área imediata). Uma referência mais meticulosa é a biografia de Hunter escrita por Robert Barnes (*An Unlikely Leader: The Life and Times of Captain John Hunter*, Sydney University Press, 2009).

Referências-chave aos fósseis de monotremados e dos australofenídeos da linhagem dos monotremados incluem artigos sobre o *Obdurodon* (Woodburne e Tedford, *American Museum Novitates*, 1975, 2588: 1-11; Archer *et al.*, *Australian Zoologist*, 1978, 20: 9-27; Archer *et al.*, *Platypus and Echidnas*, 1992, Royal Zoological Society of New South Wales; Musser e Archer, *Philosophical Transactions of the Royal Society of London, Series B*, 1998, 353: 1063-79); o *Steropodon* (Archer *et al.*, *Nature*, 1985, 318: 363-66; Rowe *et al.*, *Proceedings of the National Academy of Sciences [USA]*, 2008, 105: 1238-42); *Ausktribosphenos* (Rich *et al.*, *Science*, 1997, 278: 1438-42); o *Ambondro* (Flynn *et al.*, *Nature*, 1999, 401: 57-60); o *Asfaltomylos* (Rauhut *et al.*, *Nature*, 2002, 416: 165-68). Há outro, importante, que não menciono no texto, o *Teinolophos*, batizado pela equipe de Rich e Vickers-Rich em 1999 (*Records of the Queen Victoria Museum*, 106: 1-34) e mais recentemente descrito em detalhes (*Alcheringa*, 2016, 40: 475-501).

Zhe-Xi Luo, Zofia Kielan-Jaworowska e Richard Cifelli publicaram sua análise genealógica, encontrando grupos separados de terianos tribosfênicos no norte e australosfenídeos pseudotribosfênicos no sul, na *Nature* (2001, 409: 53-57). Reconheço aqui que nem todos os especialistas em mamíferos aceitam essa filogenia, e houve argumentos apresentados pela equipe Rich e Vickers-Rich de que algumas das espécies do sul têm parentesco próximo com os terianos e possuem dentes tribosfênicos verdadeiros. As nuances desse debate estão fora do escopo deste livro, mas sinto que a preponderância de evidências está do lado de linhagens separadas no norte e no sul. A origem independente de molares parecidos com os tribosfênicos é apoiada por fósseis espantosos sobre os quais não falo no texto: os chamados mamíferos pseudotribosfênicos, como o *Shuotherium* (Chow e Rich, *Australian Mammalogy*, 1982, 5: 127-42) e o *Pseudotribos* (Luo *et al.*, *Nature*, 2007, 450: 93-97), que têm dentes rudimentares parecidos com os tribosfênicos, com a bacia do talonídeo na frente das cristas do trigonídeo. Esses estranhos mamíferos — que podem ser agrupados aos australosfenídeos do sul na árvore genealógica — são uma forte evidência de que diferentes grupos de mamíferos evoluíram dentes parecidos com os tribosfênicos muitas vezes, de maneira independente. É um caso clássico de evolução convergente: quando pressões ecológicas similares ou outras pressões seletivas levam à evolução independente de estruturas anatômicas de aparência similar (como dentes) em grupos distantemente relacionados.

O crânio do *Vintana* foi descrito por Krause e colegas na *Nature* (2014, 515: 512-17) e mais tarde descrito novamente, em detalhes excepcionais, em uma série de artigos publicados como *Memoir of the Society of Vertebrate Paleontology* em 2014, com contribuições de vários autores. Mais tarde, a equipe de Krause descreveu o *Adalatherium* em um curto relatório (*Nature*, 2020: 581, 421-27) e uma série de artigos em outro *Memoir of the Society of Vertebrate Paleontology* em 2020. Informações mais amplas sobre os *Gondwanatheria* podem ser encontradas em *Mammals from the Age of Dinosaurs* e *In Pursuit of Early Mammals*. O driolestídeo argentino *Cronopio* foi descrito por Rougier e sua equipe (*Nature*, 2011, 479: 98-102).

No parágrafo final do capítulo, declaro que havia diferentes grupos de mamíferos comendo diferentes alimentos no fim do Cretáceo (por exemplo, euterianos insetívoros, multituberculados herbívoros). Isso é verdade — mas nem todos os euterianos eram insetívoros, por exemplo. A maioria dos grupos mencionados exibia ao menos certa diversidade alimentar.

CAPÍTULO 5: DINOSSAUROS MORREM, MAMÍFEROS SOBREVIVEM

Descrevemos o *Kimbetopsalis*, a nova espécie de multituberculados descoberta por Carissa Raymond, em 2016 (Williamson *et al.*, *Zoological Journal of the Linnean Society*, 177: 183-208). As citações que usei no capítulo foram retiradas de minhas notas e gravações de campo, de um comunicado de imprensa da Universidade do Nebraska e da entrevista de Carissa e Tom à National Public Radio. Mais informações sobre os fósseis do Novo México são fornecidas no fim dessa seção.

Há imensa literatura sobre a extinção do fim do Cretáceo. Descrevo como pode ter sido o impacto dos asteroides para os dinossauros e mamíferos na América do Norte em *Ascensão e queda dos dinossauros* e também cito muitas referências pertinentes. A hipótese de que um asteroide causou a extinção foi proposta primeiramente pela equipe de pai e filho Luis e Walter Alvarez e seus colegas (*Science*, 1980, 208: 1095-1108) e também, independentemente, pelo geólogo holandês Jan Smit por volta da mesma época. Walter Alvarez escreveu um fantástico livro de divulgação científica, *T. rex and the Crater of Doom* (Princeton University Press, 1997), que conta como ele descobriu a pegada química do irídio em rochas do fim do Cretáceo que apontava para um asteroide e como, na década seguinte, evidências dessa teoria continuaram a se acumular, até que a cratera de Chicxulub foi descoberta no México, provando definitivamente que um asteroide (ou cometa) atingiu a Terra há mais ou menos 66 milhões de anos. O livro de Walter faz referências a toda a literatura-chave até o momento em que foi escrito.

Ainda há debate sobre se o asteroide causou a extinção dos dinossauros não avícolas e outros animais no fim do Cretáceo. Críticos da teoria do asteroide implicam as erupções vulcânicas na Índia — megavulcões na escala das erupções que causaram extinções no fim do Permiano e do Triássico. Em relação aos dinossauros, liderei uma equipe de paleontólogos que revisou todas as evidências e concluiu decisivamente que o principal culpado foi o asteroide (*Biological Reviews*, 2015, 90: 628-42), uma visão que também abordei em um artigo para a *Scientific American* (dezembro de 2015, 313: 54-59). Um trabalho recente de Pincelli Hull e colegas — uma grande equipe de autores que incluiu meu colega professor na Universidade de Edimburgo Dick Kroon e meus colegas de trabalho de campo Dan Peppe e Jessica Whiteside — argumenta intensamente que o asteroide foi responsável por toda a extinção e que o vulcanismo indiano desempenhou somente um pequeno papel, se algum (*Science*, 2020, 367: 266-72). Um argumento similar foi apresentado por Ale Chiarenza e colegas com base em modelos climáticos e ecológicos (*Proceedings of the National Academy of Sciences [USA]*, 2020, 117: 17084-93). Embora eu duvide que essa seja a última palavra sobre o tema, para mim há pouca dúvida de que, se o impacto do asteroide não tivesse ocorrido, não teria havido extinção, embora o vulcanismo possa ter piorado a extinção ou prolongado a recuperação. Outro estudo recente, publicado enquanto escrevia este capítulo, descobriu que o ângulo em que o asteroide bateu na Terra o tornou ainda mais letal (Collins *et al.*, *Nature Communications*, 2020, 11: 1480).

Bill Clemens era um cavalheiro amável e gentil que conheci nos bate-papos agradáveis das reuniões da Sociedade de Paleontologia de Vertebrados. Ele também foi generoso com seu tempo e sua perícia durante suas comunicações com minha doutoranda Sarah Shelley quando ela escreveu sua tese. Bill publicou numerosos artigos sobre os mamíferos de Hell Creek e das formações Fort Union em Montana. Entre os mais importantes está um capítulo do volume *The Hell Creek Formation and the Cretaceous-Tertiary Boundary in the Northern Great Plains* (*Geological Society of America Special Paper*, 2002, 361: 217-45). Bill e Joseph Hartman escreveram uma revisão da história da coleta de fósseis na Formação Hell Creek que fez parte do volume *Through the End of the Cretaceous in the Type Locality of the Hell Creek Formation in Montana and Adjacent Areas* (*Geological Society of America Special Paper*, 2014, 503: 1-87). No início de sua carreira, Bill escreveu uma *magnum opus* em três partes sobre os mamíferos do fim do Cretáceo na Formação Lance, no Wyoming, que é mais ou menos equivalente, em idade, à Formação Hell Creek; as três partes foram publicadas em *University of California Publications in Geological Sciences*

(1964, 1966 e 1973). Os detalhes estranhos sobre como Bill entrou na mira do Unabomber foram retirados de uma discussão com Anne Weil, cuja admiração por seu orientador de doutorado é profunda. Anne também me contou outra história sobre um estranho encontro com a violência: um dos ranchos em Montana onde Anne e Bill coletaram fósseis era de propriedade do magnata dos cassinos Ted Binion, tristemente assassinado em um incidente muito divulgado em 1998.

Greg Wilson Mantilla e seus alunos e colegas escreveram muitos artigos importantes sobre a evolução dos mamíferos em meio à extinção do fim do Cretáceo em Montana, que revela quem morreu, quem sobreviveu e por quê. Eles incluem artigos nas revistas *Journal of Mammalian Evolution* (2005, 12: 53-75) e *Paleobiology* (2013, 39: 429-69), e no volume de 2014 já citado (*Geological Society of America Special Paper*, 503: 365-92). Greg e colegas descreveram os incríveis novos fósseis de *Didelphodon* em 2016 (*Nature Communications*, 7:13734). Mais recentemente, Greg e Bill fizeram parte de uma equipe liderada por Stephanie Smith, aluna de doutorado de Greg — uma das principais paleontólogas de mamíferos hoje — que, em 2018, descreveu o sítio Z-Line Quarry e de outras localidades do Paleoceno logo após a extinção — estes são os melhores vislumbres das comunidades mamíferas que viveram após o impacto do asteroide (*Geological Society of America Bulletin*, 130: 2000-2014). Em estudos independentes, Longrich e colegas analisaram mamíferos do Cretáceo e do Paleoceno mamíferos em todo o lado oeste da América do Norte (*Journal of Evolutionary Biology*, 2016, 29: 1495-512) e Pires e colegas analisaram as taxas de extinção de multituberculados, metaterianos e euterianos na América do Norte (*Biology Letters*, 2018, 14: 20180458).

Há uma discussão mais detalhada sobre por que os dinossauros morreram no fim do Cretáceo em *Ascensão e queda dos dinossauros*. Credito meu colega Greg Erickson por usar a expressão "mão do homem morto" — emprestada do triste caso de Wild Bill Hickok (que nasceu muito perto de minha cidade natal, Ottawa, no Illinois) — para descrever o azar dos dinossauros quando o asteroide atingiu a Terra.

A história de Cope, da pesquisa Wheeler, de Baldwin e de outras descobertas na bacia de San Juan foi baseada em uma discussão com Tom Williamson e Sarah Shelley e uma série de artigos interessantes do eminente especialista em mamíferos e escritor George Gaylord Simpson, que fez seu próprio trabalho de campo no Novo México, embora focado principalmente em mamíferos mais jovens, do Período Eoceno. Eles incluem obras publicadas em 1948 (*American Journal of Science*, 246: 257-82), 1951 (*Proceedings of the Academy of Natural Sciences of Philadelphia*, 103: 1-21), 1959 (*American Museum Novitates*, 57: 1-22) e 1981 (um capítulo em *Advances in San Juan Basin Paleontology*, University of New Mexico Press). Discuto a "Guerra dos Ossos" entre Cope e Marsh em *Ascensão e queda dos dinossauros*. Há muitas informações adicionais no excelente livro de John Foster *Jurassic West: The Dinosaurs of the Morrison Formation and Their World* (Indiana University Press, 2007).

Cope publicou tantos artigos sobre os mamíferos das "margas de Puerco" que é impossível citar todos aqui. O magistral estudo de Tom Williamson dos mamíferos da Formação Nacimiento, o tema de seu doutorado, publicado em 1996 (*New Mexico Museum of Natural History and Science Bulletin*, 8: 1-141), cita toda a literatura histórica importante. Artigos-chave são o relatório de Cope sobre a pesquisa Wheeler em 1875 (*Annual Report of the Chief of Engineers* for 1875, pp. 61-97), que primeiro falou das "margas de Puerco", vários artigos curtos que ele publicou na *The American Naturalist* durante a década de 1880 e seu longo (para dizer o mínimo) tomo — frequentemente chamado de Bíblia de Cope — publicado em 1884 (*The Vertebrata of the Tertiary Formations of the West*. Livro 1. Report of the U.S. Geological Survey of the Territories [Hayden Survey], pp. 1-1009). Outro estudo crítico dos mamíferos do Novo México foi publicado por W. D. Matthew em 1937 (*Transactions of the American Philosophical Society*, 30: 1-510).

A melhor fonte de informações gerais sobre os mamíferos do Paleoceno, como condilartros, teniodontes e pantodontes é o livro *The Beginning of the Age of Mammals*, escrito pelo eminente paleontólogo de mamíferos Kenneth Rose (Johns Hopkins University Press, 2016). Sarah Shelley completou sua tese de doutorado na Universidade de Edimburgo em 2017 e publicou grande parte dela — uma descrição monográfica do condilartro *Periptychus*, um parente próximo do *Ectoconus*, também do Novo México — em 2018 (*PLoS ONE*, 13[7]: e0200132). Outros capítulos serão publicados em breve! Teniodontes foram estudados de maneira abrangente por Robert Schoch (*Bulletin of the Peabody Museum of Natural History, Yale University*, 1986, 42: 1-307), e Tom Williamson e eu descrevemos fósseis de *Wortmania* do Novo México em 2013 (*PLoS ONE*, 8[9]: e75886). Os pantodontes foram estudados de modo abrangente por Elwyn Simons (*Transactions of the American Philosophical Society*, 1960, 50: 1-99). Tenho alunos de doutorado estudando condilartros (Sofia Holpin, Hans Püschel), teniodontes (Zoi Kynigopoulou) e pantodontes (Paige dePolo), então fique atento às novas publicações!

As placentas dos mamíferos são fascinantes, complexas e dignas de muito mais espaço do que fui capaz de lhes dar no capítulo. O melhor lugar para começar a aprender como elas funcionam e como evoluíram é o livro de Liam Drew *I, Mammal*. Em seu livro *Some Assembly Required*, Neil Shubin traz uma fascinante discussão sobre como as placentas cooptaram DNA de vírus para evitar ser expelidas pela mãe e como as células uterinas da mãe desenvolveram maneiras de permitir que a placenta literalmente invadisse as paredes do útero. Artigos interessantes sobre a evolução da placenta incluem os de Chavan *et al.* (*Placenta*, 2016, 40: 40-51), Wildman *et al.* (*Proceedings of the National Academy of Sciences [USA]*, 2006, 103: 3203-08) e Roberts *et al.* (*Reproduction*, 2016, 152: R179-R189). Zofia Kielan-Jaworowska foi a primeira a relatar a provável presença de ossos epipúbicos nos euterianos do Cretáceo, baseada na descoberta, por sua equipe, das pelves dos euterianos *Barunlestes* e *Zalambdalestes*, com sulcos articulares para um osso epipúbico (*Nature*, 1975, 255: 698-99). Mais tarde, ossos epipúbicos foram encontrados nos euterianos de Gobi *Ukhaatherium* e em uma espécie que provavelmente é o *Zalambdalestes*, por Novacek *et al.* (*Nature*, 1997, 389: 483-86). Minha descrição do ovo como "pacote de cuidados" e da placenta como órgão multitarefas foi inspirada por citações da pesquisadora Kelsey Coolahan em uma entrevista em janeiro de 2020 ao programa de rádio *Pulse*.

Meu grupo de pesquisa publicou vários artigos recentes sobre os cérebros e os sentidos dos mamíferos do Paleoceno. Esse trabalho conduzido por Ornella Bertrand, que era pesquisadora de pós-doutorado em meu laboratório (*Journal of Anatomy*, 2020, 236: 21-49); Joe Cameron, que era estudante de mestrado em meu laboratório (*The Anatomical Record*, 2019, 302: 306-24); e James Napoli, que era estagiário em meu laboratório (*Journal of Mammalian Evolution*, 2018, 25: 179-95). Quando este livro foi para impressão, o estudo de mestrado de Ornella sobre a evolução precoce do cérebro placentário foi aceito para publicação pela *Science!* Entre as mais importantes obras sobre evolução do cérebro dos mamíferos está a pesquisa pioneira de Harry Jerison, mais notadamente seu livro de 1973, *Evolution of the Brain and Intelligence* (Academic Press).

Há vários estudos importantes sobre a evolução do tamanho corporal dos mamíferos durante o Paleoceno, mostrando que eles cresceram em massa após a extinção do fim do Cretáceo. Dois dos mais influentes são artigos do ilustre paleoestatístico John Alroy (*Systematic Biology*, 1999, 48: 107-18) e de Graham Slater, um especialista no uso de modelos estatísticos para estudar tendências evolutivas (*Methods in Ecology and Evolution*, 2013, 4: 734-44). Vários jovens paleontólogos recentemente estudaram vários aspectos da biologia dos mamíferos que mudaram na extinção do fim Cretáceo e início do Paleoceno: David Grossnickle e Elis Newham sobre formatos de molares, relacionados à dieta (*Proceedings of the Royal Society, Series B*, 2016, 283: 20160256), Gemma Benevento sobre o formato da mandíbula, também relacionado à dieta (*Proceedings of the Royal Society, Series B*, 2019, 286: 20190347) e Thomas Halliday sobre características do esqueleto, relacionadas à anatomia geral (*Biological Journal of the Linnean Society*, 2016, 118: 152-68).

CAPÍTULO 6: OS MAMÍFEROS SE MODERNIZAM

Todos os animais que menciono em minha história vieram do sítio de Messel e muitos dos detalhes (como o feto no útero da égua, as características anatômicas dos animais e o que eles comiam) vieram de fósseis reais. Ao escrever essa história, usei a melhor fonte de informação sobre Messel, o livro *Messel: An Ancient Greenhouse Ecosystem*, editado por Krister Smith, Stephan Schall e Jörg Habersetzer (Senckenberg Museum, Frankfurt, 2018), que tem capítulos sobre todos os grupos mamíferos, outros animais (aves, crocodilos, tartarugas etc.), plantas, ambientes e detalhes sobre como o lago foi formado por uma erupção vulcânica e como os gases provavelmente mataram os muitos animais fossilizados. Outras fontes importantes foram o website da Unesco (https://whc.unesco.org/en/list/720/); o artigo de Gerhard Storch na *Scientific American* (1992, 266[2]: 64-69); e o breve artigo de Ken Rose sobre os mamíferos de Messel (*Palaeobiodiversity and Palaeoenvironments*, 2012, 92: 631-47).

Há vários excelentes artigos sobre nossa heroína, a égua *Eurohippus*. Ela foi batizada por Jenz Lorenz Franzen, um dos decanos na pesquisa sobre Messel, em 2006 (*Senckenbergiana Lethaea*, 86: 97-102). Durante muitos anos, até o artigo de Franzen, pensou-se que *Eurohippus* era sinônimo de outro cavalo de Messel, o *Propalaeotherium*. Franzen e seus colegas descreveram um belíssimo esqueleto de *Eurohippus* com um feto no útero em uma série de artigos (*PLoS ONE*, 2015, 10[10]: e0137985; *Palaeobiodiversity and Palaeoenvironments*, 2017, 97: 807-32). Franzen e seus colegas — incluindo Phil Gingerich, que também conhecemos neste capítulo — descreveram o primata *Darwinius* para grande fanfarra internacional (*PLoS ONE*, 4[5]: e5723).

A filogenética dos mamíferos — a construção de suas árvores genealógicas — tem uma longa e convoluta história. Para uma visão geral do conhecimento atual e como chegamos até aqui após muitas décadas de debate, recomendo as seções relevantes do livro de Liam Drew, *I, Mammal*; uma visão geral da genealogia dos mamíferos de Nicole Foley e colegas (*Philosophical Transactions of the Royal Society, Series B*, 2016, 371: 20150140); e um artigo mais detalhado dos relacionamentos entre os mamíferos escrito por Robert Asher — um especialista na evolução inicial dos mamíferos e um escritor fantástico — e publicado em *Handbook of Zoology: Mammalian Evolution, Diversity and Systematics* (DeGruyter, 2018). A famosa árvore genealógica de 1945 de George Gaylord Simpson foi publicada em *Bulletin of the American Museum of Natural History* (85: 1-350), e a árvore posterior de Michael Novacek foi publicada na *Nature* (1992, 356: 121-25). As histórias sobre a vida de Simpson foram retiradas de *Beasts of Eden*, de David Rains Wallace, e você pode ler mais sobre Simpson em uma biografia escrita por Léo Laporte (*George Gaylord Simpson: Paleontologist and Evolutionist*, Columbia University Press, 2000).

Nos últimos 25 anos, houve numerosas árvores genealógicas de mamíferos baseadas em DNA, algumas considerando os mamíferos como um todo, outras focando nos detalhados relacionamentos, no nível das espécies, entre grupos individuais como primatas ou roedores. Os primeiros artigos que estabeleceram a árvore de DNA dos mamíferos — e reconheceram os quatro grupos principais, Afrotheria, Xenarthra, Euarchontoglires e Laurasiatheria — foram publicados por Mark Springer e seus colegas, incluindo Ole Madsen, Michael Stanhope, William Murphy, Stephen O'Brien, Emma Teeling, entre outros. Os mais importantes incluem: Springer *et al.* (*Nature*, 1997, 388: 61-64), Stanhope *et al.* (*Proceedings of the National Academy of Sciences, USA*, 1998, 95: 9967-72), Madsen *et al.* (*Nature*, 2001, 409: 610-14), Murphy *et al.* (*Nature*, 2001, 409: 614-18) e Murphy *et al.* (*Science*, 2001, 294: 2348-51). Pesquisadores recentemente começaram a combinar DNA e características anatômicas para construir árvores com as "evidências totais", mais proeminentemente a genealogia dos placentários publicada por Maureen O'Leary e seus colegas do projeto Mammal Tree of Life, financiado pelo NSF (*Science*, 2013, 339: 662-67). Em minha descrição dos inesperados agrupamentos na árvore de DNA, digo que *Afrotheria* foi "uma união muito incomum que ninguém jamais preveria a partir da anatomia" — o que é verdade, embora se deva notar que o próprio Edward Cope, no fim do século XIX, usou características anatômicas para argumentar que as toupeiras-douradas (agora integrantes conhecidos do grupo *Afrotheria*, com os elefantes e os tenrecos) eram muito diferentes das toupeiras europeias.

As árvores baseadas somente na anatomia estão se tornando menos comuns; uma foi publicada recentemente por Thomas Halliday e colegas, que tentaram desenredar os relacionamentos entre os placentários "arcaicos" do Paleoceno (*Biological Reviews*, 2017, 92: 521-50). Minha equipe, financiada pelo Conselho Europeu de Pesquisa, trabalha de modo independente para tentar usar anatomia e DNA para esclarecer ainda mais essas associações — particularmente o parentesco entre as espécies "arcaicas" e as espécies modernas. Até agora, publicamos resumos dos resultados preliminares, mas a pesquisa ainda está em curso enquanto escrevo. Meu agradecimento especial a meus colegas John Wible e Tom Williamson, que também receberam financiamento para nosso grande projeto através da Fundação Nacional de Ciência. Não perca nossas futuras publicações!

Vasta literatura usa o relógio molecular para prever o momento de origem dos mamíferos placentários como um todo e de seus subgrupos. Cada vez mais, parece que o próprio grupo *Placentalia* se originou no Cretáceo, na época dos dinossauros, e que alguns subgrupos fizeram o mesmo, mas a fase mais significativa de sua evolução ocorreu após o impacto do asteroide, no Paleoceno. No entanto, tudo isso é baseado no relógio molecular, pois ninguém encontrou ainda um fóssil convincente de um placentário do Cretáceo. Pode ser que eles fossem raros; estivessem restritos a certas partes do mundo naquela época; fossem comuns, mas temos dificuldade para reconhecê-los como placentários... ou pode ser que o relógio molecular esteja errado. Para uma boa visão geral desse debate, consulte os artigos de Archibald e Deutschmann (*Journal of Mammalian Evolution*, 2001, 8: 107-24) e Goswami (*EvoDevo*, 2012, 3:18).

O máximo térmico do Paleoceno-Eoceno (PETM em inglês) — o pico de aquecimento global há 56 milhões de anos — tem sido tema de intenso estudo por geólogos, climatologistas, biólogos e muitos outros cientistas. O melhor resumo geral do PETM, suas causas e sua duração é o artigo escrito por Francesca McInerney e Scott Wing (*Annual Review of Earth and Planetary Sciences*, 2011, 39: 489-516). Ele cita todas as obras importantes sobre o PETM até 2011. Pesquisas geológicas e climatológicas mais recentes identificaram, de maneira convincente (na minha opinião), os vulcões do Atlântico Norte e seu magma assador de rochas como culpados (Gutjahr *et al.*, *Nature*, 2017, 548: 573-77; Jones *et al.*, 2019, *Nature Communications*, 10: 5547). Esses novos estudos essencialmente corroboram as hipóteses de Svensen *et al.* (*Nature*, 2004, 429: 542-45) e Storey *et al.* (*Science*, 2007, 316: 587-89), que notaram que o PETM aconteceu na mesma época em que os vulcões estraçalharam o Atlântico Norte. Para uma visão mais popular e poética do PETM, veja o artigo do divulgador de ciência Peter Brannen para a *Atlantic* (agosto de 2018).

O PETM teve inumeráveis efeitos no ambiente. Globalmente, as obscenamente altas temperaturas em terras árticas foram identificadas por Weijers *et al.* (*Earth and Planetary Science Letters*, 2007, 261: 230-38) e Eberle *et al.* (*Earth and Planetary Science Letters*, 2010, 296: 481-86); as temperaturas de latitudes médias foram mensuradas por Naafs *et al.* (*Nature Geoscience*, 2018, 11: 766-71); e as escaldantes temperaturas tropicais foram estudadas por Aze *et al.* (*Geology*, 2014, 42: 739-42).

Na bacia Bighorn do Wyoming, Kraus e Riggins descreveram evidências de ressecamento transitório (*Palaeogeography, Palaeoclimatology, Palaeoecology*, 2007, 245: 444-61); Ross Secord e colegas descreveram em detalhes o aumento de temperatura (*Nature*, 2010, 467: 955-58); e Scott Wing e colegas descreveram as mudanças na flora (*Science*, 2005, 310: 993-96). O registro de mamíferos da bacia Bighorn e como ele respondeu ao PETM têm sido o tema da obra de Philip Gingerich e de muitos de seus alunos. Para uma breve leitura sobre a história de Gingerich, incluindo sua criação menonita no Iowa, veja o artigo de Tom Mueller na edição de agosto de 2010 da *National Geographic*. Em 2006, Gingerich publicou um acessível panorama geral da questão (*Trends in Ecology and Evolution*, 21: 246-53), em seguida a dois artigos mais técnicos que detalhavam como a diversidade e o tamanho corporal dos mamíferos mudaram durante o PETM: um foi liderado por seu aluno William Clyde (Clyde e Gingerich, *Geology*, 1998, 26: 1011-14) e o outro foi escrito por ele mesmo (*Geological Society of America Special Papers*, 2003, 369: 463-78). Gingerich também editou dois volumes importantes sobre a geologia e paleontologia da bacia Bighorn (*University of Michigan Papers on Paleontology*, 1980, 24; *University of Michigan Papers on Paleontology*, 2001, 33).

Importantes artigos sobre as exposições da bacia Bighorn que registram o PETM e a resposta dos mamíferos foram publicados por Gingerich (*University of Michigan Papers on Paleontology*, 1989, 28), Gingerich e seu colega belga Thierry Smith (*Contributions from the Museum of Paleontology*, The University of Michigan, 2006, 31: 245-303) e Kenneth Rose e colegas (*University of Michigan Papers on Paleontology*, 2012, 24). Ross Secord apresentou seu excepcional trabalho sobre o encolhimento dos cavalos durante o PETM na *Science* (2012, 335: 959-62), e o trabalho posterior de Abigail D'Ambrosia e sua equipe descobriu que os mamíferos encolheram de maneira similar durante eventos posteriores de aquecimento global (*Science Advances*, 2017, 3: e1601430). Outros artigos importantes são o que discutem os ambientes florestais da bacia Bighorn durante o Eoceno (Secord *et al.*, *Paleobiology*, 2008, 34: 282-300) e o estudo de longo prazo de Amy Chew sobre os mamíferos do Eoceno na área (*Paleobiology*, 2009, 35: 13-31).

A migração da trindade do PETM — primatas, artiodáctilos e perissodáctilos — durante o pico de temperatura é clara no registro fóssil: esses animais surgem em todos os continentes do norte, essencialmente de forma simultânea. Os primatas foram estudados por Thierry Smith e colegas (*Proceedings of the National Academy of Sciences, USA*, 2006, 103: 11223-27) e por Chris Beard (*Proceedings of the National Academy of Sciences, USA*, 2008, 105: 3815-18). A dispersão geral entre a Ásia e outros continentes foi avaliada por Bowen *et al.* (*Science*, 2002, 295: 2062-65) e Bai *et al.* (*Communications Biology*, 2018, 1: 115), e as faunas europeias são discutidas por Smith *et al.* (*PLoS ONE*, 2014, 9[1]: e86229).

Para mais informações sobre os integrantes da trindade do PETM que se espalharam pelo mundo, recomendo as seguintes fontes.

Primatas: um dos mais agradáveis e acessíveis guias à evolução dos primeiros primatas é um livro do eminente paleontólogo Chris Beard, vencedor do MacArthur Genius Grant (*The Hunt for the Dawn Monkey*, University of California Press, 2004). O primata do PETM *Teilhardina* foi descrito por Ni *et al.* (*Nature*, 2004, 427: 65-68), Rose *et al.* (*American Journal of Physical Anthropology*, 2011, 146: 281-305) e Morse *et al.* (*Journal of Human Evolution*, 2019, 128: 103-31). Outros primatas interessantes mais ou menos da mesma época são o *Cantius* (Gingerich, *Nature*, 1986, 319: 319-21) e o *Archicebus* (Ni *et al.*, *Nature*, 2013, 498: 60-64).

Artiodáctilos: o artiodáctilo pioneiro *Diacodexis* foi batizado por Cope e descrito por Ken Rose, um dos mais respeitados especialistas do mundo na anatomia e evolução dos primeiros primatas (*Science*, 1982, 216: 621-23). Descrições adicionais de sua anatomia pós-crânio foram feitas por Thewissen e Hussain (*Anatomia, Histologia, Embryologia*, 1990, 19: 37-48), e Maëva Orliac e colegas usaram tomografias para descrever seu cérebro (*Proceedings of the Royal Society, Series B*, 2012, 279: 3670-77) e seu ouvido interno (*Journal of Anatomy*, 2012, 221: 417-26).

Perissodáctilos: em muitas publicações mais antigas, o *Sifrhippus* é chamado de *Hyracotherium* — um conhecido gênero de cavalos primitivos que se tornou uma cesta de lixo para muitas espécies distintas, que foram separadas por David Froehlich, que criou o nome *Sifrhippus* (*Zoological Journal of the Linnean Society*, 2002, 134: 141-256). A anatomia do *Sifrhippus* — sob o nome *Hyracotherium* — foi descrita por Wood *et al.* (*Journal of Mammalian Evolution*, 2011, 18: 1-32). Ken Rose e colegas propuseram a provocativa teoria de que os perissodáctilos se originaram na Índia e então se disseminaram pela Ásia quando os dois continentes colidiram no Eoceno (*Nature Communications*, 2011, 5: 5570; *Society of Vertebrate Paleontology Memoir*, 2020, 20: 1-147). A ideia da Índia como "arca de Noé" é intrigante, mas não está claro como os ancestrais dos perissodáctilos teriam chegado a então ilha da Índia, durante o Cretáceo ou o Paleoceno.

Uma das melhores fontes de informação sobre primatas, perissodáctilos, artiodáctilos e outros mamíferos do Eoceno de modo geral é o livro de Don Prothero *Princeton Field Guide to Prehistoric Mammals* (Princeton University Press, 2017), que usei extensivamente. Também útil para as espécies com casco é um livro que Don escreveu com Robert Schoch: *Horns, Tusks, and Flippers* (The Johns Hopkins

University Press, 2002). Ambos trazem copiosas informações sobre os bizarros brontotérios e calicotérios. O melhor recurso técnico sobre os brontotérios é a magistral monografia de Matthew Mihlbachler publicada em *Bulletin of the American Museum of Natural History* (2008, 311: 1-475), que remedia mais de um século de desleixadas descrições e classificações taxonômicas com o grupo e apresenta uma classificação atualizada.

A historiadora Adrienne Mayor conta a história das feras do trovão e outras descobertas de fósseis por nativos americanos em seu livro de 2005 *Fossil Legends of the First Americans* (Princeton University Press) e em um artigo de 2007 (*Geological Society of London, Special Publications*, 273: 245-61).

Os roedores realmente superaram os multituberculados e os levaram à extinção? Ou foi mais uma substituição oportunista? Isso foi analisado usando uma engenhosa abordagem biomecânica pelo jovem paleontólogo Neil Adams durante seu mestrado. O resultado foi publicado em 2019 (*Royal Society Open Science*, 6: 181536). O veredito: talvez. Os roedores têm estresses mais altos sobre os ossos do crânio quando mordem, comparados aos multituberculados, mas são capazes de otimizar a força da mordida, significando que os dois grupos não mastigavam exatamente da mesma maneira e não está claro se um deles era "superior".

A melhor fonte de informação — e de fatos — sobre a viagem de Charles Darwin com o *Beagle* vem do próprio Darwin, em seus livros (ambos citados no texto) *The Voyage of the Beagle* (1839) e *The Origin of Species* (1859). As descobertas de Darwin sobre mamíferos foram revisadas pelo paleontólogo Juan Fernicola e colegas (*Revista de la Asociación Geológica Argentina*, 2009, 64: 147-59) e celebradas para um público mais popular no artigo de David Quammen para a *National Geographic* (fevereiro de 2009). O artigo de Fernicola também consta histórias sobre os povos indígenas da América do Sul entrando em contato com grandes ossos fossilizados.

Os ungulados sul-americanos de Darwin foram revisados recentemente por Darin Croft e colegas (*Annual Review of Earth and Planetary Sciences*, 2020, 48: 11.1-11.32) e são abordados em ambos os livros de Don Prothero, já citados. Informações sobre Richard Owen e sobre os Ameghino foram retiradas do livro de Wallace *Beasts of Eden*. Os estudos sobre "teste de paternidade" ligando-os aos perissodáctilos são baseados em proteínas (Welker *et al.*, *Nature*, 2015, 522: 81-84; Buckley, *Proceedings of the Royal Society, Series B*, 2015, 282: 20142671) e DNA (Westbury *et al.*, *Nature Communications*, 2017, 8: 15951). Deve-se notar que somente dois subgrupos de ungulados de Darwin — notadamente os grupos *Macrauchenia* e *Toxodon* — têm sido submetidos a teste de paternidade, e ainda não está claro se outros subgrupos também estão ligados aos perissodáctilos. A dispersão dos ungulados de Darwin da América do Sul para a Antártida é examinada por Reguero *et al.* (*Global and Planetary Change*, 2014, 123: 400-413).

A fauna mamífera sul-americana insular é habilmente perfilada por Darin Croft em seu livro *Horned Armadillos and Rafting Monkeys* (Indiana University Press, 2016). As visões de George Gaylord Simpson foram apresentadas em seu livro *Splendid Isolation* (Yale University Press, 1980). Artigos importantes sobre os esparassodontes incluem os de Argot (*Zoological Journal of the Linnean Society*, 2004, 140: 487-521), Forasiepi (*Monografías del Museo Argentino de Ciencias Naturales*, 2009, 6: 1-174), Goswami *et al.* (*Proceedings of the Royal Society, Series B*, 2011, 278: 1831-39), Prevosti *et al.* (*Journal of Mammalian Evolution*, 2013, 20: 3-21), Croft *et al.* (*Proceedings of the Royal Society, Series B*, 2017, 285: 20172012), Muizon *et al.* (*Geodiversitas*, 2018, 40: 363-459) e Janis *et al.* (*PeerJ*, 2020, 8:e9346). O último artigo usa análise biomecânica para argumentar que o "dentes-de-sabre marsupial" *Thylacosmilus* não usava os caninos da mesma maneira que um verdadeiro felino dentes-de-sabre, pois atuavam mais como ferramentas para abrir barrigas que para dilacerar gargantas. Marcas de mordida de esparassodontes em ossos de ungulados de Darwin foram descritas por Tomassini *et al.* (*Journal of South American Earth Sciences*, 2017, 73: 33-41).

A improvável, mas verdadeira história de primatas e roedores indo de jangada da África para a América do Sul, é tratada em vários artigos importantes. Mariano Bond e colegas descrevem o macaco do Novo Mundo mais antigo, o *Perupithecus*, na América do Sul do Eoceno (*Nature*, 2015, 520: 538-41). Stunningly, Seifert e colegas recentemente descreveram uma segunda linhagem de primatas da América do Sul, também aninhados no interior do grupo africano, que podem ter ido de jangada para oeste, de modo independente dos macacos do Novo Mundo (*Science*, 2020, 368: 194-97). Os jangadeiros caviomorfos são discutidos por Antoine *et al.* (*Proceedings of the Royal Society, Series B*, 2012, 279: 1319-26). O imenso roedor *Josephoartigasia* — imagine um porquinho-da-índia do tamanho de certos carros! — é examinado por Rinderknecht e Blanco (*Proceedings of the Royal Society, Series B*, 2008, 275: 923-28) e Millien (*Proceedings of the Royal Society, Series B*, 2008, 275: 1953-55). Antes de roedores e primatas irem da África para a América do Sul, eles precisaram viajar da Ásia (ou Europa) para a África, o que é discutido por Sallam *et al.* (*Proceedings of the National Academy of Sciences, USA*, 2009, 106: 16722-27), Jaeger *et al.* (*Nature*, 2010, 467: 1095-98) e Chris Beard em seu livro já citado.

CAPÍTULO 7: MAMÍFEROS RADICAIS

O título do capítulo foi inspirado por uma exposição de mesmo nome no Museu Americano de História Natural, sob curadoria de um integrante da minha banca de doutorado, o muito admirado especialista em mamíferos John Flynn.

O capítulo dá destaque a elefantes, morcegos e baleias. Há muitas fontes para leituras adicionais em cada grupo, expandidas abaixo. O mais atraente recurso geral, que cobre a evolução dos três grupos, é o livro de Don Prothero *Princeton Field Guide to Prehistoric Mammals* (Princeton University Press, 2017). Para mais informações sobre a história evolutiva e os relacionamentos em cada grupo, o capítulo de Robert Asher no livro *Handbook of Zoology: Mammalian Evolution, Diversity and Systematics* (já citado) é uma excelente síntese.

Elefantes: Emmanuel Gheerbrant e seus colegas publicaram vários artigos sobre sua sequência transicional de fósseis de elefante, mostrando como eles cresceram com o tempo. Eles incluem obras sobre o *Eritherium* (*Proceedings of the National Academy of Sciences, USA*, 2009, 106: 10717-21), *Phosphatherium* (*Nature*, 1996, 383: 68-70) e *Daouitherium* (*Acta Palaeontologica Polonica*, 2002, 47: 493-506). Gheerbrant também descreveu fósseis de afrotérios primitivos, na linhagem ancestral na direção dos elefantes e outras espécies modernas, incluindo o *Ocepia* (*PLoS ONE*, 2014, 9: e89739) e o *Abdounodus* (*PLoS ONE*, 2016, 11: e0157556), e fez um trabalho importante sobre a origem dos embritópodes, um grupo extinto que inclui o bizarro *Arsinoitherium* de chifres enormes (*Current Biology*, 2018, 28: 2167-73). Em relação a outros afrotérios extintos, três artigos mostram muito bem os estranhos tipos corporais e o grande tamanho dos pré-históricos híraces (Schwartz *et al.*, *Journal of Mammalogy*, 1995, 76: 1088-99; Rasmussen e Simmons, *Journal of Vertebrate Paleontology*, 2000, 20: 167-76; Tabuce, *Palaeovertebrata*, 2016, 40: e1-12). Um ponto final sobre os afrotérios, em nome da clareza: embora pareçam africanos endêmicos, eles supostamente tiveram um ancestral que veio de outro lugar durante o fim do Cretáceo ou início do Paleoceno e, desse modo, é possível que esses afrotérios primitivos estivessem presentes — e talvez abundantes — em outros continentes antes de ficarem restritos à África.

Minha discussão sobre o tamanho corporal dos elefantes ao longo do tempo — incluindo as estimativas para as espécies individuais — foi baseada em um importante artigo de Asier Larramendi (*Acta Palaeontologica Polonica*, 2016, 61: 537-74). O artigo resume as evidências de estimativas maciças para o *Palaeoloxodon*, admitidamente baseadas na extrapolação de fósseis fragmentários. O artigo também discute o tamanho dos rinocerontes do Eoceno-Oligoceno como o *Paraceratherium* e como esses animais se comparavam aos maiores elefantes. De minha leitura desse e outros artigos, acho que (ainda) não podemos dizer com certeza se eram elefantes como o *Palaeoloxodon* ou rinocerontes como o *Paraceratherium* que detinham o título de "maiores animais de todos os tempos", mas não importa: eles eram mais ou menos do mesmo tamanho, e esse tamanho era monstruoso.

Minha discussão sobre a evolução do tamanho corporal dos mamíferos e como ela chegou ao auge durante a transição Eoceno-Oligoceno foi informada por dois artigos-chave do mesmo grupo de pesquisa, liderados por Felisa Smith (*Science*, 2010, 330: 1216-19) e Juha Saarinen (*Proceedings of the Royal Society of London Series B*, 2014, 281: 20132049), mais uma espécie de refutação do primeiro artigo feita por Roland Sookias e colegas (*Biology Letters*, 2012, 8: 674-77).

Para mais informações sobre como os dinossauros chegaram a tamanhos monstruosos e quais características de sua anatomia permitiram isso, leia meu livro *Ascensão e queda dos dinossauros* e as muitas referências citadas nele, incluindo o importante trabalho de Martin Sander e colegas (*Biological Reviews*, 2011, 86: 117-55). Para informações sobre o cérebro dos elefantes e como eles aumentaram ao longo do tempo, consulte o estudo de Julien Benoit e sua equipe (*Scientific Reports*, 2019, 9: 9323).

Morcegos: quando se trata de morcegos, Nancy Simmons e colegas descreveram o mais antigo e primitivo morcego fossilizado, o *Onychonycteris*, em um artigo de capa da *Nature* (2008, 451: 818-21). Mais tarde, eles publicaram detalhes sobre sua garganta e ouvidos (*Nature*, 2010, 466: E8-E9, em resposta ao artigo de Vesekla *et al.* citado a seguir) e sobre suas asas e estilo de voo, em um artigo liderado por Lucila Amador (*Biology Letters*, 2019, 15: 20180857). Nancy foi coautora de uma interessante síntese sobre as origens dos morcegos, liderado por seu colega Gregg Gunnell (*Journal of Mammalian Evolution*, 2005, 12: 209-46), e Nancy e Jonathan Geisler publicaram uma monografia histórica sobre a genealogia dos morcegos no *Bulletin of the American Museum of Natural History* (1998, 235: 1-182).

Outros importantes fósseis de morcegos do Eoceno incluem o *Icaronycteris* do oeste dos Estados Unidos (Jepsen, *Science*, 1966, 1333-39), o *Australonycteris* da Austrália (Hand *et al.*, *Journal of Vertebrate Paleontology*, 1994, 14: 375-81), o *Tanzanycteris* da Tanzânia (Gunnell *et al.*, *Palaeontologica Electronica*, 2003, 5[3]:1-10), um espécime do início do Eoceno da Argélia (Ravel *et al.*, *Naturwissenschaften*, 2011, 98: 397-405), várias espécies da Índia (Smith *et al.*, *Naturwissenschaften*, 2007, 94: 1003-09) e espécimes de Portugal (Tabuce *et al.*, *Journal of Vertebrate Paleontology*, 2009, 29: 627-30). Os morcegos de Messel, na Alemanha, são descritos no livro *Messel: An Ancient Greenhouse Ecosystem* (já citado) e em dois artigos de Jörg

Habersetzer e colegas (*Naturwissenschaften*, 1992, 79: 462-66; *Historical Biology*, 1994, 8: 235-60).

Há rica literatura sobre o voo dos morcegos. Uma das melhores referências sobre como os morcegos voam e como o voo se tornou possível através de seus esqueletos e do formato de suas asas é uma monografia histórica de Norberg e Rayner (*Philosophical Transactions of the Royal Society Series B*, 1987, 316: 335-427). A velocidade de 160 km/h que mencionei foi registrada por McCracken e colegas (*Royal Society Open Science*, 2016, 3: 160398). Karen Sears e colegas publicaram um importante estudo sobre como as asas dos morcegos se desenvolvem em um embrião e o que isso significa para a forma como evoluíram (*Proceedings of the National Academy of Sciences, USA*, 2006, 103: 6581-86).

Também há rica literatura sobre a ecolocalização dos morcegos. Artigos acessíveis incluem os de Arita e Fenton (*Trends in Ecology and Evolution*, 1997, 12: 53-58), Speakman (*Mammal Review*, 2001, 31: 111-30) e Jones e Teeling (*Trends in Ecology and Evolution*, 2006, 21: 149-56). Mike Novacek demonstrou como o tamanho da cóclea está relacionado com a ecolocalização (*Nature*, 1985, 315: 140-41) e Nina Veselka e sua equipe demonstraram como a conexão entre ossos da garganta e ossos do ouvido está relacionada à ecolocalização (*Nature*, 2010, 463: 939-42). Outros autores focaram em como a ecolocalização evoluiu nos morcegos, informados pela árvore genealógica dos morcegos modernos e pela distribuição de diferentes tipos de ecolocalização entre as espécies modernas; os principais são Emma Teeling e seus colegas (*Nature*, 2000, 403: 188-92) e Mark Springer e sua equipe (*Proceedings of the National Academy of Sciences, USA*, 2001, 98: 6241-46). Teeling — que, como Nancy Simmons, é vista universalmente como importante especialista em morcegos — liderou um estudo histórico sobre os relacionamentos genealógicos entre os morcegos de hoje, usando o teste de paternidade baseado em DNA (*Science*, 2005, 307: 508-84).

Aprendi muito sobre os morcegos-vampiros, particularmente sobre seus estilos de caça e como seus cérebros estão sintonizados a seus ritmos respiratórios, em artigos de Gröger e Weigrebe (*BMC Biology*, 2006, 4: 18) e Schmidt *et al.* (*Journal of Comparative Physiology A*, 1991, 168: 45-51). O factoide sobre quanto sangue de vaca uma colônia de vampiros ingere em um ano veio da National Geographic (https://www.nationalgeographic.com/animals/mamíferos/c/common-vampire-morcego/).

Baleias: há enorme, ampla e profunda literatura sobre as baleias, explicando como elas evoluíram de ancestrais com pernas e como os mamíferos mais radicais de todos se movem, alimentam, reproduzem, relacionam e comunicam hoje. Para um relato veloz e em primeira pessoa do passado, presente e futuro das baleias, recomendo enfaticamente o livro de divulgação científica de Nick Pyenson, *Spying on Whales* (2018, Viking). Nick é curador do Smithsonian e aparentemente já fez de tudo no campo do estudo das baleias, de escavar e descrever fósseis a dissecar baleias modernas e monitorar baleias vivas para estudar seus padrões de migração e mergulho. Carl Zimmer, um autor de divulgação científica sem par, escreveu um livro focado, em parte, em como as baleias passaram de caminhar para nadar, chamado *At the Water's Edge* (Simon & Schuster, 1999). Mais recentemente, Hans Thewissen escreveu um relato semitécnico, semipessoal sobre a evolução das baleias e suas descobertas de fósseis, chamado *The Walking Whales* (University of California Press, 2019), e Annalisa Berta escreveu um livro semitécnico mais geral sobre todos os mamíferos marinhos, chamado *Return to the Sea* (University of California Press, 2012). Os paleontólogos Felix Marx, Olivier Lambert e Mark Uhen se reuniram para escrever um fantástico panorama semitécnico da história evolutiva das baleias, *Cetacean Paleobiology* (Wiley-Blackwell, 2016).

Antes de continuarmos com as baleias, uma digressão. Se quiser uma leitura não convencional, confira *The Stones of the Pyramids*, de Dietrich e Rosemary Klemm, que delineia de que rochas as pirâmides de Gizé e outros monumentos egípcios foram construídos (De Gruyter, 2010).

Quando se trata de evolução das baleias — e de como caminhantes se tornaram nadadoras —, há vários artigos gerais que contam bem essa história. Os principais entre eles são os ensaios de Hans Thewissen e E. M. Williams (*Annual Review of Ecology, Evolution, and Systematics*, 2002, 33: 73-90); Hans Thewissen, Lisa Noelle Cooper e colegas (*Evolution: Education and Outreach*, 2009, 2: 272-88); Sunil Bajpai e colegas (*Journal of Biosciences*, 2009, 34: 673-86); Mark Uhen (*Annual Review of Earth and Planetary Sciences*, 2010, 38: 189-219); John Gatesy e colegas (*Molecular Phylogenetics and Evolution*, 2013, 66: 479-506); e Nick Pyenson (*Current Biology*, 2017, 27: R558-R564). Esses artigos também dissertam sobre o DNA e outras evidências moleculares ligando as baleias aos artiodáctilos e a história dessa pesquisa, com citações das principais fontes literárias. Embora quisesse que fosse minha, a frase "Bambi se transformou em Moby Dick" foi inspirada pela manchete do artigo de Ian Sample no *Guardian*, falando sobre a descoberta do *Indohyus* (no qual também aprendi detalhes sobre a descoberta dos fósseis de *Indohyus*).

Dois artigos publicados quase simultaneamente anunciaram a descoberta do tálus com polias duplas em artiodáctilos que é a marca registrada das baleias do Eoceno: um de Thewissen e colegas (*Nature*, 2001, 413: 277-81) e um de Philip Gingerich e colegas (*Science*, 2001, 293: 2239-42).

Quero ser muito claro sobre uma potencial armadilha de meu estilo narrativo. Quando falo sobre baleias de transição, posso dar a impressão de que um único *Indohyus* saiu da água e que esse indivíduo foi o ancestral das baleias. Da mesma maneira, posso dar a impressão de que o *Indohyus* evoluiu e se tornou o *Pakicetus*, que evoluiu e se tornou o *Ambulocetus*, que evoluiu e se tornou o *Rodhocetus*, que evoluiu e se tornou as baleias de hoje. Essas coisas não são estritamente verdadeiras. Em relação ao primeiro ponto, deve ter havido uma população de *Indohyus* (e/ou espécies próximas) vivendo na Índia insular, e essa população começou a fazer experimentos sobre viver na água. Em relação ao segundo ponto, os fósseis que mencionei no texto formam galhos sucessivos na árvore genealógica da linhagem das baleias. Essas espécies não foram estritamente ancestrais uma das outras, sendo os fósseis que os paleontólogos encontraram até agora, que são elos de uma corrente muito maior que deve incluir muitas espécies que ainda não encontramos. Além disso, as espécies que destaco são membros de grupos mais amplos: *Indohyus* é parte dos Raoellidae, *Pakicetus* é parte dos Pakicetidae, *Ambulocetus* é parte dos Ambulocetidae, *Rodhocetus* é parte dos Protocetidae e *Basilosaurus* é parte dos Basilosauridae. São esses *grupos* — e um grupo chamado Remingtonocetidae, que não discuto no texto — que formam a série de passos ancestrais na linhagem das baleias. As espécies que abordo no texto são os melhores exemplos desses grupos: são conhecidas a partir dos melhores fósseis e foram sujeitadas aos estudos mais intensivos, então são as mais fáceis de perfilar. Consequentemente, os fósseis que menciono *representam* os estágios progressivos pelos quais os ancestrais parecidos com cervos das baleias passaram ao se tornarem nadadores cada vez melhores. Cada um deles é uma pista que revela parte da história; é seu arranjo passo a passo na árvore genealógica, na linhagem das baleias, que fornece a direcionalidade da história, mesmo que essas espécies específicas não formem uma cadeia ancestral-descendente em sentido estrito. Quem sabe que outros elos da cadeia ainda serão encontrados?

Eis as fontes mais essenciais para a cadeia de espécies transacionais que levaram às baleias:

Indohyus: A. Ranga Rao descreveu os primeiros fósseis desse mamífero em 1971 (*Journal of the Geological Society of Índia*, 12: 124-34). Hans Thewissen e colegas mais tarde descreveram um novo material fóssil que revelou um elo com as baleias (*Nature*, 2007, 250: 1190-94), e esses fósseis foram então descritos em mais detalhes por Lisa Noelle Cooper, Thewissen e colegas em 2012 (*Historical Biology*, 24: 279-310). A equipe de Thewissen incluía os colegas indianos Sunil Bajpai e B. N. Tiwari.

Pakicetus: Phil Gingerich e colegas descreveram o *Pakicetus* pela primeira vez na *Science* (1983, 220: 403-6). S. I. Madar descreveu o esqueleto do *Pakicetus* em mais detalhes (*Journal of Paleontology*, 2007, 81: 176-200).

Ambulocetus: Hans Thewissen e colegas descreveram o *Ambulocetus* na *Science* (1994, 263: 210-12) e mais tarde publicaram uma descrição abrangente de seu esqueleto (*Courier Forsch.-Inst. Senckenberg*, 1996, 191: 1-86). Em 2016, Konami Ando e Shin-ichi Fujiwara publicaram um importante estudo argumentando, com base na anatomia pós-crânio, que o *Ambulocetus* nadava bem e caminhava mal e provavelmente passava a maior parte do tempo na água (*Journal of Anatomy*, 229: 768-77). Sunil Bajpai e Gingerich descreveram outro ambulocetídeo importante, o *Himalayacetus*, que, com aproximadamente 52,5 milhões de anos, é atualmente a baleia mais velha conhecida no registro fóssil, significando que a transição terra-água ocorreu por volta dessa época (*Proceedings of the National Academy of Sciences USA*, 1998, 95: 15464-68).

Protocetídeos: Phil Gingerich e colegas descreveram o *Rodhocetus* em 1994 (*Nature*, 368: 844-47). O especialista belga em baleias Olivier Lambert — com quem coeditei, durante alguns anos, a revista *Acta Palaeontologica Polonica* — descreveu o paquicetídeo *Peregocetus* do Peru em um fascinante artigo de 2019 na *Current Biology* (29: 1352-59), que discute a questão da distribuição das baleias primitivas e sua migração de modo mais amplo. O artigo teve muitos outros autores do Peru, Itália e França, um time global estudando baleias globais. Há muitos textos sobre as habilidades auditivas das baleias na parte paquicetídeo-ambulocetídeo-protocetídeo da árvore genealógica, mais notadamente artigos de Thewissen e Hussain (*Nature*, 1993, 361: 444-45), Nummella *et al.* (*Nature*, 2004, 430: 776-78) e Mourlam e Orliac (*Current Biology*, 2017, 27: 1776-81).

Basilosaurus e as baleias de Wadi al-Hitan: o *Basilosaurus* tem uma história fascinante, descoberto pela primeira vez no sul dos Estados Unidos na década de 1830 e batizado, com um nome que significa "lagarto-rei" porque parecia uma serpente do mar. Foi nosso vilão, Richard Owen, que primeiro se deu conta de que o animal era uma baleia primitiva, e não um réptil, mas, pelas regras da nomenclatura zoológica, o nome *Basilosaurus* teve de ser mantido. Essa história é contada por David Rains Wallace em *Beasts of Eden* e por Don Prothero e Robert Schoch em *Horns, Tusks, & Flippers* (ambos já citados). Gingerich liderou uma equipe que descreveu as pernas e as patas dos espécimes egípcios do *Basilosaurus* em 1990 (*Science*, 249: 154-57). Em 1992, Gingerich publicou uma criteriosa monografia das baleias de Wadi al-Hitan e de outras baleias egípcias do Eoceno, documentando meticulosamente onde espécimes individuais foram encontrados tanto geograficamente quanto na sequência estratigráfica das rochas do Eoceno (*University of Michigan Papers on Paleontology*, 30: 1-84). Manja Voss liderou uma equipe de autores (incluindo Gingerich e colegas egípcios) descrevendo um espantoso fóssil de *Dorudon* dentro de um *Basilosaurus* (*PLoS ONE*, 2019, 14: e0209021). O artigo de Tom Mueller na edição de agosto de 2010 da *National Geographic* é um evocativo retrato de divulgação científica das baleias de Wadi al-Hitan e da obra de Gingerich.

Importantes referências sobre o início da evolução dos odontocetos incluem artigos sobre as três espécies mencionadas pelo nome no texto: *Cotylocara* (Geisler *et al.*, *Nature*, 2004, 508: 383-86), *Echovenator* (Churchill *et al.*, *Current Biology*, 2016, 26: 2144-49) e *Livyatan* (Lambert *et al.*, *Nature*, 2010, 466: 105-8). Além disso, outros importantes estudos sobre aspectos da biologia dos odontocetos incluem um estudo sobre a origem e a evolução inicial da ecolocalização pelo paleontólogo em início de carreira Travis Park e seus colegas (*Biology Letters*, 2016, 12: 20160060) e artigos sobre a evolução do enorme cérebro dos odontocetos por Lori Marino e colegas (*The Anatomical Record*, 2004, 281A: 1247-55; *PLoS Biology*, 2007, 5: e139).

Importantes referências sobre o início da evolução dos misticetos incluem artigos sobre as duas espécies mencionadas pelo nome no texto: *Mystacodon* (Lambert *et al.*, *Current Biology*, 2017, 27: 1535-41) e *Llanocetus* (Mitchell, *Canadian Journal of Fisheries and Aquatic Sciences*, 1989, 46: 2219-35; Fordyce e Marx, *Current Biology*, 2018, 28: 1670-76), além das espécies-chave *Maiabalaena*, que não tinha nem dentes nem barbas nos maxilares (Peredo *et al.*, *Current Biology*, 2018, 28: 3992-4000). Além disso, outros importantes estudos sobre aspectos da biologia dos misticetos incluem artigos sobre a origem e a evolução inicial das nadadeiras (Peredo et al., *Frontiers in Marine Science*, 2017, 4: 67; Hocking *et al.*, *Biology Letters*, 2017, 13: 20170348; ver também uma hipótese diferente em Demere *et al.* [*Systematic Biology*, 2008, 57: 15-37] e Geisler *et al.* [*Current Biology*, 2017, 27: 2036-42]) e sobre suas habilidades auditivas (Park *et al.*, *Proceedings of the Royal Society, Series B*, 2017, 284: 20162528).

Minhas principais fontes para os talentos biológicos das baleias-azuis e sobre a evolução do gigantismos dos misticetos incluem artigos sobre o desmame e o tamanho dos filhotes de baleia-azul (Lockyer, *FAO Fisheries Series*, 1981, 3: 379-487. Mizroch *et al.*, *Marine Fisheries Review*, 1984, 46: 15-19); alimentação e consumo de krill (Goldbogen *et al.*, *Journal of Experimental Biology*, 2011, 214: 131-46; Fossette *et al.*, *Ecology and Evolution*, 2017, 7: 9085-97); e evolução do tamanho corporal (Slater *et al.*, *Proceedings of the Royal Society, Series B*, 2017, 284: 20170546; Goldbogen *et al.*, *Science*, 2019, 366: 1367-72). O debate proposto por Nick Pyenson sobre a evolução do tamanho dos misticetos em seu livro *Spying on Whales* e em seu artigo de 2017 na *Current Biology* (já citado) é claro, interessante e fascinante.

CAPÍTULO 8: MAMÍFEROS E MUDANÇAS CLIMÁTICAS

Minha história fictícia sobre o apocalipse das cinzas na savana americana foi baseado em fósseis preservados nos leitos fósseis de Ashfall (as várias espécies, a posição de seus esqueletos nas cinzas e as doenças observáveis em seus ossos), na geologia do sítio (as diferentes camadas de cinzas, sua espessura e propriedades e o que elas dizem sobre a sequência de eventos) e uma divertida conversa com dois de meus colegas vulcanólogos em Edimburgo, Eliza Calder e Isla Simmons.

As melhores fontes de informação sobre os fósseis de Ashfall foram escritas pelo cientista que os descobriu, Mike Voorhies. Particularmente informativos são os artigos: *Research Reports of the National Geographic Society* (1985, 19: 671-88), o com Joseph Thomasson sobre as gramíneas fossilizadas preservadas na boca e entre as costelas dos rinocerontes (*Science*, 1979, 206: 331-33), o no *University of Nebraska State Museum, Museum Notes* (1992, 81: 1-4) e o capítulo que escreveu com S. T. Tucker e colegas para o livro *Geologic Field Trips along the Boundary between the Central Lowlands and Great Plains* (*Geological Society of America Field Guide*, 2014, 36). O website dos leitos fósseis de Ashfall também é uma fonte de informação (https://ashfall.unl.edu/), assim como um artigo de Terri Cook na *Earth Magazine* em 2017. A idade dos depósitos de Ashfall e o trabalho de detetive geológico traçando sua fonte a uma erupção em Yellowstone, Idaho, são discutidos por Smith *et al.* (*PLoS ONE*, 2018, 13: e0207103).

Usei várias referências para descrever a biologia, os comportamentos, as dietas e a estrutura de manada dos rinocerontes de Ashfall. As principais foram os artigos de Alfred Mead (*Paleobiology*, 2000, 26: 689-706), Matthew Mihlbachler (*Paleobiology*, 2003, 29: 412-28), Nicholas Famoso e Darren Pagnac (*Transactions of the Nebraska Academy of Sciences*, 2011, 32: 98-107) e meus colegas de campo no Novo México Bian Wang e Ross Secord (*Palaeogeography, Palaeoclimatology, Palaeoecology*, 2020, 542: 109411). Também há um fascinante resumo de conferência de D. K. Beck sobre as patologias dos rinocerontes de Ashfall, causadas por envenenamento pelas cinzas (*Geological Society of America Abstracts with Programs*, 1995, 27: 38).

Há muitas obras sobre a mudança de estufa para geladeira na transição Eoceno--Oligoceno, o que a causou, quão severa ela foi em diferentes partes do mundo e como as mudanças de temperatura afetaram a precipitação e outros aspectos do clima. A melhor referência sobre como o clima da Terra mudou nos últimos 66 milhões de anos, após o asteroide, foi publicada na *Science* em 2020 por Thomas Westerhold e colegas, incluindo Dick Kroon, de Edimburgo (369: 1383-87). O artigo inclui diagramas fáceis de seguir das temperaturas ao longo do tempo, indicando as principais mudanças e mostrando quando a Terra estava nas fases de estufa, geladeira e freezer (note que eles dividiram o que chamei de estufa em estufas mais e menos rigorosas). Outras referências-chave sobre o Eoceno-Oligoceno são artigos de DeConto e Pollard (*Nature*, 2003, 421: 246-49), Cox *et al.* (*Nature*, 2005, 433: 53-57), Scher e Martin (*Science*, 2006, 312: 428-30), Zanazzi *et al.* (*Nature*, 2007, 445: 639-42), Liu *et al.* (*Science*, 2009, 323: 1187-90), Katz *et al.* (*Science*, 2011, 332: 1076-79) e Spray *et al.* (*Paleoceanography and Paleoclimatology*, 2019, 34: 1124-38).

Há muita literatura sobre a disseminação dos prados durante o Oligoceno e o Mioceno, grande parte de autoria de Caroline Strömberg e colegas. Dois dos resumos gerais mais úteis e fáceis de ler são o artigo de Caroline na revista *Annual Review of Earth and Planetary Sciences* (2011, 39: 517-44) e um artigo para o qual ela contribuiu na *Science*, liderado por Erika Edwards (2010, 328: 587-91). A tese de doutorado de Caroline sobre os prados e a coevolução dos mamíferos na América do Norte foi publicada em vários artigos-chave (*Palaeogeography, Palaeoclimatology, Palaeoecology*, 2004, 207: 239-75; *Proceedings of the National Academy of Sciences [USA]*, 2005, 102: 11980-84; *Paleobiology*, 2006, 32: 236-58) e, com colegas, ela também estudou os prados na Turquia (*Palaeogeography, Palaeoclimatology, Palaeoecology*, 2007, 250: 18-49) e na América do Sul (*Nature Communications*, 2013, 4:1478), incluindo um estudo na América do Sul liderado por sua doutoranda Regan Dunn (*Science*, 2015, 347: 258-61). Caroline e seus colaboradores indianos, liderados por Vandana Prasad, descreveram fitólitos de gramíneas do fim do Cretáceo na *Science* (2005, 310: 1177-80). Alguns detalhes da carreira e das pesquisas iniciais de Caroline foram retirados de uma biografia da Sociedade de Paleontologia de Vertebrados anunciando seu Prêmio Romer.

Os efeitos da evolução dos prados nos mamíferos e o desenvolvimento dos hipsodentes em resposta foram estudados durante muitos anos pela eminente paleontóloga Christine Janis, com uma equipe de colegas. O melhor e mais abrangente resumo do tema foi escrito por Christine e John Damuth, e esse artigo foi a fonte da analogia com o lápis que usei, com as estatísticas sobre quanta sujeira abrasiva os pastadores modernos consomem e quão rapidamente seus dentes se desgastam (*Biological Reviews*, 2011, 86: 733-58). Esse artigo é, em muitos aspectos, uma suíte a um histórico panorama que Christine publicou com Mikael Fortelius no mesmo jornal em 1988 (63: 197-230). Christine também fez parte de uma equipe, liderada por

Borja Figueirido, que examinou como a evolução dos mamíferos esteve relacionada ao clima nos últimos 66 milhões de anos (*Proceedings of the National Academy of Sciences [USA]*, 2019, 116: 12698-03), e de outra equipe, liderada por Phillip Jardine, que analisou padrões de evolução da hipsodontia em cavalos e outros mamíferos de dentes altos na savana americana (*Palaeogeography, Palaeoclimatology, Palaeoecology*, 2012, 365-66: 1-10). A evolução da hipsodontia em mamíferos sul-americanos foi analisada por Rodrigues *et al.* (*Proceedings of the National Academy of Sciences [USA]*, 2014, 114: 1069-74). O relacionamento entre a hipsodontia e o desgaste dos dentes — e a notável descoberta de que o desgaste associado à pastagem surgiu em cavalos muito antes da hipsodontia — foi tema de um brilhante artigo de 2011 na *Science*, de autoria de Matthew Mihlbachler e colegas (331: 1178-81). O relacionamento entre pastagem, hipsodontia e complexidade do esmalte do dente foi esclarecido por Nicholas Famoso e colegas (*Journal of Mammalian Evolution*, 2016, 23: 43-47), e a evolução dos mamíferos corredores nas savanas foi discutida por David Levering e equipe (*Palaeogeography, Palaeoclimatology, Palaeoecology*, 2017, 466: 279-86).

George Gaylord Simpson contou a história da Grande Transformação em *Horses: The Story of the Horse Family in the Modern World and through Sixty Million Years of History* (Oxford University Press, 1951). A autoridade moderna da pesquisa sobre cavalos na América do Norte é Bruce MacFadden, da Universidade da Flórida. Ele publicou seu próprio livro sobre a evolução dos cavalos, *Fossil Horses: Systematics, Paleobiology, and Evolution of the Family Equinae* (Cambridge University Press, 1992), com muitos artigos, incluindo uma breve, mas influente, revisão na *Science* em 2005 (307: 1728-20). Outras obras-chave incluem sua monografia de 1984 sobre os cavalos do Mioceno e Plioceno (*Bulletin of the American Museum of Natural History*, 179: 1-196), um artigo de 1988 com Richard Hulbert sobre a genealogia dos primeiros cavalos e a radiação explosiva dos pastadores do Mioceno (*Nature*, 336: 466-68), um estudo sobre as dietas e ecologias de cavalos durante seus últimos dias de glória no fim do Mioceno e início do Plioceno (*Science*, 1999, 283: 824-27) e belos resumos sobre a evolução dos mamíferos pastadores (*Trends in Ecology and Evolution*, 1997, 12: 182-87; *Annual Review of Ecology and Systematics*, 2000, 31: 33-59).

Não foram somente os pastadores que prosperaram no Mioceno! Christine Janis, John Damuth e Jessica Theodor escreveram uma provocativa série de artigos demonstrando que os comedores de folhas também se diversificaram — e, na verdade, eram mais diversos que em ambientes similares hoje (*Proceedings of the National Academy of Sciences [USA]*, 2000, 97: 7899-904; *Palaeogeography, Palaeoclimatology, Palaeoecology*, 2004, 207: 371-98). Quando se trata de predadores perseguindo todos aqueles pastadores e comedores de folhas, minhas fontes-chave foram estudos do assunto feitos pelo renomado especialista em mamíferos carnívoros Blaire van Valkenburgh (*Annual Review of Earth and Planetary Sciences*, 1999, 27: 463-93; *Paleontological Society Papers*, 2002, 8: 267-88). Um intrigante estudo de Figueirido e sua equipe demonstrou que os mamíferos que comiam carne ainda eram majoritariamente predadores de emboscada ou de perseguição que podiam perseguir sua presa por uma curta distância durante os tempos da savana americana, e foi apenas recentemente, durante a Era do Gelo, que os predadores de perseguição de longa distância evoluíram (*Nature Communications*, 2015, 6: 7976). E não podemos esquecer dos pequenos mamíferos! Joshua Samuels e Samantha Hopkins delinearam esplendidamente sua evolução nos prados em um artigo de 2017 (*Global and Planetary Change*, 149: 36-52).

A seção sobre Riversleigh e a evolução da fauna marsupial da Austrália se basearam em literatura e em discussões com Mike Archer e Robin Beck. Mike e seus colegas Sue Hand e Hank Godthelp escreveram um livro sobre Riversleigh em 1994 (*Riversleigh: The Story of Animals in Ancient Rainforests of Inland Australia*, Reed Books) — e precisam escrever outro para nos contar sobre suas descobertas recentes! Outros resumos gerais muito importantes incluem um capítulo sobre a ascensão dos marsupiais australianos liderado por Karen Black, uma das muitas doutorandas de Mike no livro de 2012 *Earth and Life* (editado por John Talent e publicado pela Springer) e um capítulo que Rob escreveu para o *Handbook of Australasian Biogeography* in 2017 (329-66). Rob também liderou dois importantes artigos sobre os primeiros marsupiais australianos no Eoceno (*PLoS ONE*, 2008, 3: e1858; *Naturwissenschaften*, 2012, 99: 715-29). Também devo mencionar a divertida série de artigos de Mike para a *Nature Australia*, que cobre tantas das descobertas em Riversleigh e a história geral da evolução dos marsupiais; ele realmente precisa atualizá-los e combiná-los em um livro de divulgação científica.

Mike, Sue, Hank, Rob e seus muitos compatriotas de Riversleigh — Derrick Arena, Marie Attard, Tim Flannery, Julien Louys, Anna Gillespie, Kenny Travouillon, Steve Wroe e muitos outros — publicaram vários artigos de pesquisa sobre os fósseis de Riversleigh. Os que consultei para escrever o capítulo incluem artigos sobre as florestas úmidas de Riversleigh (Travouillon *et al.*, *Palaeogeography, Palaeoclimatology, Palaeoecology*, 2009, 276: 24-37; Travouillon *et al.*, *Geology*, 2012, 40[6]: e273); a idade da fauna de Riversleigh e sua divisão em quatro zonas do Oligoceno ao Mioceno (Arena *et al.*, *Lethaia*, 2016, 49: 43-60; Woodhead *et al.*, *Gondwana Research*, 2016, 29: 153-67); a preservação dos fósseis de Riversleigh em cavernas (Arena *et al.*, *Sedimentary Geology*, 2014, 304: 28-43); a diversidade geral dos mamíferos de Riversleigh (Archer *et al.*, *Alcheringa*, 2006, 30:S1: 1-17); e o fóssil da ameixa Burdekin em Riversleigh (Rozefelds *et al.*, *Alcheringa*, 2015, 39: 24-39).

Para informações sobre mamíferos específicos de Riversleigh que mencionei no texto, por favor siga as seguintes referências: o gigantesco escalador de árvores e parente do vombate *Nimbadon* (Black *et al.*, *Journal of Vertebrate Paleontology*, 2010, 30: 993-1011); o lobo-da-tasmânia carnívoro *Nimbacinus* (Attard *et al.*, *PLoS ONE*, 2014, 9[4]: e93088); os ferozes leões-marsupiais (Gillespie *et al.*, *Journal of Systematic Palaeontology*, 2019, 17: 59-89); os cangurus primitivos (Kear *et al.*, *Journal of Paleontology*, 2007, 81: 1147-67; Black *et al.*, *PLoS ONE*, 2014, 9[11]: e112705); o potencialmente carnívoro rato-canguru *Ekaltadeta* (Archer e Flannery, *Journal of Paleontology*, 1985, 59: 1331-49; Wroe *et al.*, *Journal of Paleontology*, 1998, 72: 738-51); os coalas primitivos (Louys *et al.*, *Journal of Vertebrate Paleontology*, 2009, 29: 981-92; Black *et al.*, *Gondwana Research*, 2014, 25: 1186-201); a toupeira marsupial da floresta úmida *Naraboryctes* (Archer *et al.*, *Proceedings of the Royal Society, Series B*, 2011, 278: 1498-506; Beck *et al.*, *Memoirs of Museum Victoria*, 2016, 74: 151-71); o comedor de caracóis com dentes de martelo *Malleodectes* (Arena *et al.*, *Proceedings of the Royal Society, Series B*, 2011, 278: 3529-33; Archer *et al.*, *Scientific Reports*, 2016, 6: 26911); e o próprio "Coisodonta", que atende pelo nome científico de *Yalkaparidon* (Archer *et al.*, *Science*, 1988, 239: 1528-31; Beck, *Biological Journal of the Linnean Society*, 2009, 97: 1-17).

CAPÍTULO 9: MAMÍFEROS DA ERA DO GELO

A história dos escravizados de Stono e sua descoberta de mamutes é contada por Adrienne Mayor, a principal historiadora de encontros antigos e indígenas com fósseis, em seu livro *Fossil Legends of the First Americans* (Princeton University Press, 2005) e um artigo que ela escreveu em 2014 para a revista *Wonders & Marvels*. Ela também forneceu informações durante uma conversa por e-mail. Seu livro é excelente e cobre muitas informações sobre as descobertas de fósseis por nativos americanos e como eles interpretaram os ossos gigantes que encontraram — incluindo o caso de Big Bone Lick.

A obsessão por mamutes de Thomas Jefferson está bem documentada, em muitas obras históricas e científicas. É possível ler o discurso de Jefferson em 1797 sobre *Megalonyx*, pois ele foi publicado como artigo de pesquisa (*Transactions of the American Philosophical Society*, 1799, 4: 246-60). Enquanto escrevo esta passagem, em meados de janeiro de 2021, imagino quão improvável seria que nosso atual vice-presidente, Mike Pence, publicasse um artigo científico. Talvez Buffon esteja correto sobre a degenerescência americana? Outras fontes importantes sobre Jefferson incluem dois artigos do paleontólogo do início do século XX Henry Fairfield Osborn (*Science*, 1929, 69: 410-13; *Science*, 1935, 82: 533-38). Osborn era um supremacista branco, então você não encontrará menção às pessoas escravizadas de Stono nessas obras. Também recolhi informações sobre Jefferson, Buffon, Lewis, Clark e mamutes em várias reportagens, incluindo os de Richard Conniff na revista *Smithsonian*, Cara Giaimo na *Atlas Obscura*, Phil Edwards na *Vox*, Emily Petsko na *Mental Floss* e Keith Thomson na *American Scientist*, juntamente com o website de Monticello, que tem informações sobre a coleção de fósseis de Jefferson. Finalmente: muito obrigado a Ted Daeschler, da Filadélfia, por me mostrar os ossos de *Megalonyx* quando eu era aluno de pós-graduação.

Grande parte de meu conhecimento sobre a topografia glacial do Illinois vem de aulas que tive com Joe Jakupcak no ensino médio, suplementadas por incontáveis conversas com ele ao longo dos anos. O Illinois State Geological Survey (ISGS) tem muitas referências sobre a Era do Gelo em Illinois, indo de seu website (https://isgs.illinois.edu/outreach/geology-resources) à série *Field Trip Guidebooks*. Nela, os guias mais relevantes para a história contada aqui são o 1986B (sobre minha cidade natal, Ottawa), 1995C (sobre a área Streator-Pontiac, no sul de Ottawa) e 2002A (sobre a área de Hennepin, no leste de Ottawa — uma viagem que fiz no ensino médio, com o sr. Jakupcak). Outros fatos e números dessa seção foram retirados do Boletim do ISGS de 1942 (número 66), *Geology and Mineral Resources of the Marseilles, Ottawa, and Streator Quadrangles*, e o relatório de uma pesquisa geológica realizada nos Estados Unidos sobre a hidrogeologia do condado de LaSalle County (Scientific Investigations Report 2016-5154). A moraina no sul de Ottawa, aliás, é a moraina Farm Ridge, às vezes chamada de moraina Grand Ridge, em homenagem ao vilarejo agrícola Grand Ridge, que fica em seu topo.

Uma das melhores, mais belamente ilustradas e mais palatáveis sínteses sobre a Era do Gelo e sua megafauna é o livro *End of the Megafauna* (W.W. Norton & Company, 2019), de Ross MacPhee. Juntamente com as deslumbrantes ilustrações da megafauna em seus ambientes, o livro inclui mapas da cobertura glacial durante o último avanço glacial (chamado de avanço glacial do Wisconsin na América do Norte; as geleiras chegaram ao centro de Illinois, mas, em períodos glaciais anteriores, os mantos de gelo foram ainda mais para o sul), mapas da estepe dos mamutes e de outros biomas da Era do Gelo e diagramas mostrando as mudanças de temperatura e volume de gelo ao longo do tempo.

Importantes recursos sobre o clima da Era do Gelo incluem obras de Zhang *et al.* sobre os níveis de dióxido de carbono ao longo do tempo (*Philosophical Transactions of the Royal Society, Series A*, 2013, 371: 20130096), Sarnthein *et al.* sobre como as mudanças na circulação do oceano Atlântico alimentaram as calotas de gelo (*Climate of the Past*, 2009, 5: 269-83), Bailey *et al.* sobre o início do avanço da calota de gelo polar sobre a América do Norte (*Quaternary Science Reviews*, 2013, 75: 181-94) e Spray *et al.* sobre o cronograma de formação da calota de gelo no hemisfério norte (*Paleoceanography and Paleoclimatology*, 2019, 34: 1124-38). As últimas pesquisas sobre os ciclos celestiais e como eles controlam os pulsos glaciais — o que é um pouco mais complicado que a analogia musical que fiz no texto — podem ser encontradas no artigo de Bajo *et al.* na *Science* (2020, 367: 1235-39). Há vários ciclos celestiais, que são tecnicamente chamados de ciclos de Milankovitch: excentricidade (a forma da órbita da Terra em torno do Sol), obliquidade (a inclinação do eixo da Terra) e precessão (o giro sobre o eixo da Terra). Bajo *et al.* descobriram que a obliquidade, em particular, foi uma grande impulsionadora do início e da duração das glaciações, com contribuições dos outros ciclos.

O artigo de Haley O'Brien sobre o gnu africano com cabeça abobadada *Rusingoryx* foi publicado em *Current Biology* (2016, 26: 503-6) e informações adicionais podem ser encontradas no artigo de Tyler Faith e colegas (*Quaternary Research*, 2011, 75: 697-707). Christine Janis e colegas escreveram um intrigante artigo sobre as habilidades saltadoras — ou falta delas — nos gigantescos cangurus australianos da Era do Gelo (*PLoS ONE*, 2014, 9[10]: e109888).

Os mamutes são fonte infinita de fascinação e, consequentemente, de literatura. Uma boa visão geral pode ser encontrada no livro de Adrian Lister e Paul Bahn *Mammoths: Giants of the Ice Age* (University of California Press, 2007) e o livro de Lister de nome similar, *Mammoths: Ice Age Giants* (Natural History Museum, 2014). Outros relatos muito interessantes podem ser encontrados nos livros de Jordi Agustí e Mauricio Antón *Mammoths, Sabertooths, and Hominids* (Columbia University Press, 2002); de Don Prothero *Princeton Field Guide to Prehistoric Mammals* e de Prothero e Schoch *Horns, Tusks, and Flippers*, ambos já citados.

Os caçadores de mamutes malucos da Sibéria foram perfilados no livro de Helen Pilcher *Bring Back the King* (Bloomsbury, 2016) e na reportagem dela para a revista *Science Focus* da BBC; o assunto também é tratado na matéria de Sabrina Weiss para a *Wired* e numa exposição da Radio Free Europe na qual o fotógrafo Amos Chapple acompanhou uma equipe pela trilha do marfim. No caso de a caçada moderna aos mamutes parecer romântica, não se iluda. Ela é perigosa, polui o meio ambiente e é ilegal. Além disso, há o argumento — com o qual concordo — de que vender presas de mamute mantém o mercado de marfim vivo, promovendo a caça ilegal dos últimos elefantes africanos e indianos.

O genoma completo do mamute-lanoso foi publicado por Eleftheria Palkopoulou e colegas na *Current Biology* em 2015 (25: 1395-1400). Mais tarde no mesmo ano, Vincent Lynch e colegas publicaram um artigo na *Cell Reports* descrevendo dois genomas adicionais de mamutes, que usaram para identificar mudanças genéticas relacionadas ao hábitat frio e ao estilo de vida no gelo (12: 217-28). Então, quando eu terminava o capítulo, um estudo sensacional de Tom van der Valk *et al.* relatou DNA de mamutes com mais de 1 milhão de anos — um recorde (*Nature*, 2021, 591: 265-69)! Esses estudos genéticos se seguem a uma década de trabalho sobre o DNA dos mamutes. Outros artigos-chave ao longo dos anos, progredindo em sequência, são os de Poinar *et al.* (*Science*, 2006, 311: 392-94), Krause *et al.* (*Nature*, 2006, 439: 724-27), Rogaev *et al.* (*PLoS Biology*, 2006, 4[3]: e73), Gilbert *et al.* (*Proceedings of the National Academy of Sciences [USA]*, 2008, 105: 8327-32), Miller *et al.* (*Nature*, 2008, 456: 387-90), Debruyne *et al.* (*Current Biology*, 2008, 18: 1320-26), Campbell *et al.* (*Nature Genetics*, 2010, 42: 536-40; descrevendo as mutações de hemoglobina adaptadas ao frio), Rohland *et al.* (*PLoS Biology*, 2011, 8[12]: e1000564; que também descreve DNA de mastodontes); Enk *et al.* (*Genome Biology*, 2011, 12: R51; que apresenta evidências de cruza entre mamutes-lanosos e mamutes-columbianos).

Os pelos dos mamutes foram tema de obras descritivas e genéticas. Em 2006, Römpler e colegas identificaram um gene nuclear que indicou pelos de diferentes cores (*Science*, 313: 62). Mais tarde, Claire Workman e sua equipe analisaram 47 mamutes, analisaram seu DNA e descobriram que a combinação genética que fazia com que seus pelos fossem mais claros era excepcionalmente rara (*Quaternary Science Reviews*, 2011, 30: 2304-08). Usando uma estratégia diferente em 2014, Silvana Tridico e colegas examinaram no microscópio mais de quatrocentos pelos de várias múmias de mamutes e descreveram um caleidoscópio de cores diferentes, incluindo grandes distinções de cor entre a pelagem superficial interna (*Quaternary Science Reviews*, 2014, 68-75).

Adrian Lister — especialista em mamutes do Museu de História Nacional em Londres — publicou um catálogo de artigos sobre a evolução e as migrações do mamute-lanoso. Dois deles, especialmente úteis para escrever o capítulo, foram sua revisão de 2005 da evolução dos mamutes na Eurásia (*Quaternary International*, 126-128: 49-64) e seu empolgante artigo de 2015 na *Science* sobre as múltiplas migrações dos mamutes para a América do Norte (350: 805-9).

Sobre o tema das vidas sociais e das manadas de mamutes, as pegadas canadenses discutidas no texto foram descritas por McNeill *et al.* (*Quaternary Science Reviews*, 2005, 24: 1253-59). Sobre o tema do crescimento e da alimentação dos filhotes de mamutes, Metcalfe *et al.* usaram isótopos de dentes e ossos para demonstrar que as mães alimentavam os filhotes com leite por ao menos três anos (*Palaeogeography, Palaeoclimatology, Palaeoecology*, 2010, 298: 257-70). Muito do que sabemos sobre a reprodução, a infância e a criação de filhotes dos mamutes veio de uma espetacular múmia congelada da Sibéria, de 1 mês de idade, chamada Lyuba. Os detalhes de sua descoberta são contados com entusiasmo na reportagem de capa da *National Geographic* de maio de 2009, escrito por Tom Mueller. Artigos-chave sobre Lyuba incluem os de van Geel *et al.* sobre sua dieta e seu conteúdo estomacal (*Quaternary Science Reviews*, 2011, 30: 3935-46), Fisher *et al.* sobre sua morte e preservação (*Quaternary International*, 2012, 255: 94-105) e Rountrey *et al.* sobre seu desenvolvimento e temporada de nascimento (*Quaternary International*, 2012, 255: 106-205).

O *Smilodon* e outros tigres-dentes-de-sabre são, como os mamutes, tema de infinita fascinação e pesquisa. Três das melhores visões gerais são o livro de Alan Turner e Mauricio Antón *The Big Cats and Their Fossil Relatives* (Columbia University Press, 1997), o livro de Antón *Sabertooth* (Indiana University Press, 2013) e *Smilodon: The Iconic Sabertooth* (Johns Hopkins University Press, 2018), um volume de artigos técnicos editados por Lars Werdelin, Gregory McDonald e Christopher Shaw. Uma bela síntese dos depósitos do Rancho La Brea em Los Angeles pode ser encontrado na coleção de artigos editada por John Harris, *La Brea and Beyond: The Paleontology of Asphalt-Preserved Biotas* (*Natural History Museum of Los Angeles County Science Series*, 2015, 42: 1-174). Minhas estatísticas sobre o tamanho corporal do *Smilodon* foram retiradas de Christiansen e Harris (*Journal of Morphology*, 2005, 266: 369-84).

Embora o foco de minha narrativa fosse o próprio *Smilodon*, ele faz parte de uma família mais ampla de dentes-de-sabre, a Machairodontinae. O parentesco dessa família com os felinos modernos foi esclarecido por estudos genéticos do *Smilodon* e outros, em uma série de artigos incluindo os de Janczewski *et al.* (*Proceedings of the National Academy of Sciences [USA]*, 1992, 89: 9769-73), Paijmans *et al.* (*Current Biology*, 2017, 27: 3330-36) e dois artigos de Ross Barnett e colegas (*Current Biology*, 2005, 15: R589-R590; *Current Biology*, 2020, 30: 1-8). Barnett escreveu um livro fascinante sobre a evolução e extinção da megafauna na Grã-Bretanha: *The Missing Lynx* (Bloomsbury, 2019). A evolução e distribuição do *Smilodon* na América do Sul foi explorada por Manzuetti *et al.* (*Quaternary Science Reviews*, 2018, 180: 57-62).

Como os tigres-dentes-de-sabre usavam seus caninos para caçar e matar? Essa pergunta fascina paleontólogos há gerações, consequentemente gerando muita pesquisa. Em primeiro lugar, a caverna no Texas com ossos de mamute em um covil de dentes-de-sabre foi descrita por Marean e Ehrhardt (*Journal of Human

Evolution, 1995, 29: 515-47). De modo mais geral, Blaire Van Valkenburgh liderou um intrigante artigo sobre os grandes predadores da Era do Gelo, como o *Smilodon*, que seriam capazes de se alimentar das crias dos maiores animais da megafauna, como os mamutes (*Proceedings of the National Academy of Sciences [USA]*, 2016, 113: 862-67). Evidências isotópicas de que o *Smilodon* preferia espécies das florestas e lobos-terríveis dos prados foram apresentadas por Larisa DeSantis e colegas (*Current Biology*, 2019, 29: 2488-95). DeSantis é líder em usar análise isotópica para estudar as dietas e os hábitos de vertebrados fossilizados e há muito admiro seu trabalho em misturar paleontologia e química.

Dois artigos excelentes usaram modelos computadorizados para estudar a mordida do *Smilodon*: um estudo de McHenry *et al.* que se tornou referência, usando técnicas empregadas por engenheiros (*Proceedings of the National Academy of Sciences [USA]*, 2007, 104: 16010-15) e um estudo mais recente de Figueirido *et al.* (*Current Biology*, 2018, 28: 3260-66). As duas obras diferem em alguns detalhes; por exemplo, o primeiro estudo argumenta que o *Smilodon* tinha uma mordida e um crânio excepcionalmente fracos e o segundo defende um crânio mais forte que podia suportar uma pressão maior. De qualquer modo, ambos concordam que a perfuração de um dentes-de-sabre (tecnicamente, a "mordida cisalhadora de um canino") provavelmente era a maneira como o *Smilodon* matava. Um artigo de Julie Meachen-Samuels e Blaire Van Valkenburgh descreveu evidências de membros dianteiros particularmente fortes e robustos no *Smilodon* — evidência de que seus braços eram usados para conter a presa antes que a mordida de sabre desse o *coup de grâce* (*PLoS ONE*, 2010, 5[7]: e11412).

As vidas difíceis, os ossos patológicos e os dentes quebrados do *Smilodon* foram descritos por Van Valkenburgh e Hertel (*Science*, 1993, 261: 456-59), Rothschild e Martin (em *The Other Saber-Tooths*, editado por Naples, Martin e Babiarz, Johns Hopkins University Press, 2011) e Brown *et al.* (*Nature Ecology & Evolution*, 2017, 1: 0131). Chris Carbone e colegas descreveram evidências da socialização do *Smilodon* em um artigo de 2009 (*Biology Letters*, 5: 81-85), o que instigou uma série de réplicas e tréplicas discutindo se essas evidências eram fortes ou não. A informação sobre os hióideos e o rugido do *Smilodon* foi retirada de uma reportagem de John Pickrell na *Scientific American*, citando uma pesquisa em andamento de Christopher Shaw, apresentada na reunião anual de 2018 da Sociedade de Paleontologia de Vertebrados e publicada como resumo nas atas da reunião.

A família *Smilodon* fossilizada — mãe e dois filhotes — foi descrita por Ashley Reynolds, Kevin Seymour e David Evans, que, como eu, é nominalmente um pesquisador de dinossauros, embora se envolva com muitas coisas (*iScience*, 2021, 101916). O cronograma e o padrão do crescimento dos dentes do *Smilodon* foram enumerados por Wysocki *et al.* (*PLoS ONE*, 2015, 10[7]: e0129847) e o robusto esqueleto dos jovens foi descrito por Long *et al.* (*PLoS ONE*, 2017, 12[9]: e0183175).

Uma das coisas que mais lamento por ter de reduzir este livro a um volume palatável foi o fato de não poder dedicar mais atenção aos lobos-terríveis — caninos fossilizados icônicos e monstruosos, que ficaram famosos por causa da série *Game of Thrones*. Sim, garanto que eles existiram. Eu os menciono brevemente no capítulo, como contrapartes dos tigres-dentes-de-sabre de La Brea. Na verdade, seus ossos são mais numerosos que os ossos do *Smilodon* nos poços de piche de Los Angeles. Os lobos-terríveis estiveram entre os primeiros predadores de perseguição bem-sucedidos, um assunto mencionado no último capítulo e nos artigos de Blaire Van Valkenburgh e Borja Figueirido citado nas referências do capítulo 8. Enquanto escrevia o capítulo, um espantoso novo estudo sobre a genética dos lobos-terríveis foi publicado: ocorre que eles foram um grupo antigo e nativo de lobos norte-americanos, e não parentes próximos dos lobos-cinzentos e dos coiotes de hoje, cujos ancestrais colonizaram o continente num passado mais recente (Perri *et al.*, *Nature*, 2021, 591: 87-91).

Os mamutes-anões da ilha Wrangel — os últimos e mais estranhos integrantes da megafauna — e seus bizarros genomas foram estudados por Nyström *et al.* (*Proceedings of the Royal Society, Series B*, 2010, 277: 2331-37), Rogers e Slatkin (*PLoS Genetics*, 2017, 13[3]: e1006601) e Arppe *et al.* (*Quaternary Science Reviews*, 2019, 222: 105884).

CAPÍTULO 10: MAMÍFEROS HUMANOS

A caçada de mamutes que inicia o capítulo não é apenas pura ficção, ela foi baseada em duas descobertas de esqueletos de mamutes perto de Kenosha, no Wisconsin, e nos sítios de Hebior e Schaefer. Esses esqueletos de mamute estavam marcados por cortes e cunhas causados por ferramentas de pedra, algumas das quais foram encontradas perto dos ossos. Os sítios, suas idades e ambientes e a evidência de interação humanos-mamutes foram descritos por Overstreet e Kolb (*Geoarchaeology*, 2003, 18: 91-114) e Joyce (*Quaternary International*, 2006, 142-143: 44-57).

Detalhes sobre a vida notável e as realizações científicas de Leigh Van Valen foram resumidos em um tocante obituário feito por alguns de seus ex-alunos, publicado na revista científica *Evolution* (Liow *et al.*, 2011, doi:10.1111/j.1558-5646.2011.01242.x). Reuni outras informações de minhas próprias memórias dele em Chicago, de uma conversa com Christian Kammerer e de obituários publicados no *New York Times* (por Douglas Martin em 2010) e pela Universidade de Chicago

Van Valen e Robert Sloan descreveram e batizaram o *Purgatorius* em seu artigo de 1965 para a *Science* (150: 743-45) e, muito mais tarde, Van Valen o descreveu (e outros plesiadapiformes) em detalhes em uma de suas publicações próprias, *Evolutionary Monographs* (15: 1-79). É nesse último artigo que ele delineia por que identificou o *Purgatorius* e outros plesiadapiformes como primatas primitivos, com base no formato de suas cúspides; seu raciocínio não ficara claro em seu artigo mais curto de 1965, ao menos não para aqueles que (como eu) não eram iniciados nos termos da década de 1960 para cúspides e cristas. Outras obras importantes sobre o próprio *Purgatorius* incluem artigos sobre a mandíbula e material dentário por Bill Clemens (*Science*, 1974, 184: 903-5; *Bulletin of Carnegie Museum of Natural History*, 2004, 36: 3-13); estudos dos que eram os espécimes conhecidos mais antigos quando comecei a escrever o capítulo, de Saskatchewan, escritos por Richard Fox e Craig Scott (*Journal of Paleontology*, 2011, 85: 537-48; *Canadian Journal of Earth Sciences*, 2016, 53: 343-54); um estudo sobre o que se tornou o espécime conhecido mais antigo quando revisei o capítulo, de Montana, escrito por Greg Wilson, Stephen Chester, Bill Clemens e colegas (*Royal Society Open Science*, 2021, 8: 210050); e o artigo de Stephen com colegas, incluindo Bill Clemens, descrevendo os ossos do tornozelo que mostram que ele era um escalador habilidoso (*Proceedings of the National Academy of Sciences [USA]*, 2015, 112: 1487-92).

O grande insight de Leigh foi que o *Purgatorius* — que viveu logo após a extinção do fim do Cretáceo — era um plesiadapiforme primitivo e, portanto, um primata primitivo. Paleontólogos anteriores haviam reconhecido o elo entre plesiadapiformes posteriores e primatas, incluindo James Gidley (*Proceedings of the US National Museum*, 1923, 63: 1-38) e nosso recorrente filogeneticista de mamíferos, George Gaylord Simpson (*American Museum Novitates*, 1935, 817: 1-28; *United States National Museum Bulletin*, 1937, 169: 1-287; *Bulletin of the American Museum of Natural History*, 1940, LXXVII: 185-212).

Mary Silcox publicou muito material sobre os plesiadapiformes e os primeiros primatas. Seu doutorado em 2001, na Universidade Johns Hopkins, incluiu uma ampla análise filogenética que corroborou as hipóteses anteriores de Van Valen, Gidley e Simpson, de que os plesiadapiformes eram primatas. Note que alguns autores, incluindo Christopher Beard e Xijun Ni, argumentaram que alguns plesiadapiformes poderiam estar mais próximos dos dermópteros (os "lêmures-voadores") que dos primatas. Mary e Sergi López-Torres revisaram esses debates em sua magistral e prazerosa revisão das origens e da evolução inicial dos primatas, publicada em 2017 na *Annual Review of Earth and Planetary Sciences* (45: 113-37). Ela também colaborou com Gregg Gunnell em um estudo mais detalhado da taxonomia, anatomia e evolução plesiadapiforme, publicado como capítulo do livro *Evolution of Tertiary Mammals of América do Norte: Volume 2* (Cambridge University Press, 2008) e então uma revisão posterior (*Evolutionary Anthropology*, 26: 74-94, 2017). Ela publicou seu trabalho sobre a evolução do cérebro primata primitivo em *Proceedings of the National Academy of Sciences (USA)* em 2009 (106: 10987-92). A isso se seguiu outro importante estudo sobre o cérebro dos plesiadapiformes, de Maeva Orliac e colegas (*Proceedings of the Royal Society, Series B*, 2014, 281: 20132792).

Outros importantes estudos sobre plesiadapiformes mencionados no texto são as descrições do esqueleto do *Torrejonia*, descoberto por Tom Williamson e seus filhos Ryan e Taylor (Chester *et al.*, *Royal Society Open Science*, 2017, 4: 170329); a descrição de Jonathan Bloch e Doug Boyer do *Carpolestes*, do Eoceno, com dedos compridos e hálux opositores (*Science*, 2002, 298: 1606-10); e o artigo de Bloch (com Mary, Doug Boyer e Eric Sargis) sobre a locomoção e a filogenia dos plesiadapiformes no Paleoceno (*Proceedings of the National Academy of Sciences [USA]*, 2007, 104: 1159-64). Embora todos os plesiadapiformes genuínos sejam, portanto, do Paleoceno ou mais jovens, filogenias de primatas baseadas em DNA sugerem uma origem no Cretáceo (ver, por exemplo, Springer *et al.*, *PLoS ONE*, 2012, 7[11]: e49521).

A evolução, diversificação e dispersão dos lêmures é fascinante. Gregg Gunnell e colegas apresentaram evidências de múltiplas dispersões para Madagascar (*Nature Communications*, 2018, 9: 3193), que Ali e Huber demonstraram ser possíveis por conta das correntes em direção a leste sugeridas por modelos da circulação dos oceanos naquela época (*Nature*, 2010, 463: 653-56).

Fontes interessantes sobre a evolução dos primatas em todo o mundo durante o Oligoceno incluem estudos sobre a Europa (Köhler e Moyà-Solà, *Proceedings of the National Academy of Sciences [USA]*, 1999, 96: 14664-67); Ásia (Marivaux *et al.*, *Science*, 2001, 294: 587-91; Marivaux *et al.*, *Proceedings of the National Academy of Sciences [USA]*, 2005, 102: 8436-41; Ni *et al.*, *Science*, 2016, 352: 673-77); África (Stevens *et al.* *Nature*, 2013, 497: 611-14); e Oriente Médio (Zalmout *et al.* *Nature*, 2010, 466: 360-64). A questão dos macacos do Novo Mundo e sua falta de dispersão para o norte é discutida por Bloch *et al.* (*Nature*, 2016, 533: 243-46).

A evolução inicial dos antropoides e parentes próximos foi revisada por Williams *et al.* (*Proceedings of the National Academy of Sciences [USA]*, 2010, 107: 4797-4804). A divergência entre chimpanzés e humanos e sua complexa natureza e cronograma são discutidas por Kumar *et al.* (*Proceedings of the National Academy of Sciences [USA]*, 2005, 102: 18842-47) e Patterson *et al.* (*Nature*, 2006, 441: 1103-08). O genoma dos chimpanzés foi sequenciado integralmente em 2005 e é extremamente similar ao nosso (Mikkelsen *et al.*, *Nature*, 431: 69-87). As origens mais profundas do bipedismo no estilo humano — ou, ao menos, seu início vacilante — entre os antropoides é tema de muita discordância. Indico aos leitores os artigos de Thorpe *et al.* (*Science*, 2007, 316: 1328-31) e Böhme *et al.* (*Nature*, 2019, 575: 489-93).

Este não é um livro sobre humanos! É um livro sobre todos os mamíferos, incluindo humanos, e é por isso que só dediquei um capítulo aos hominídeos. Há *imensa* literatura sobre o início da evolução humana, então me aterei a livros e artigos essenciais que me ajudaram a modelar a narrativa.

Para começar, quero dizer que há vários excelentes livros atuais sobre a evolução humana, entre eles *Fossil Men*, de Kermit Pattison (William Morrow, 2020), que narra o trabalho de Tim White e Berhane Asfaw na Etiópia e do qual retirei a história de Gadi e sua descoberta do *Ardipithecus*; *Sediments of Time*, de Meave Leakey (Houghton Mifflin Harcourt, 2020), uma autobiografia da antes herdeira e agora matriarca da grande dinastia paleoantropológica Leakey; *The World Before Us*, de Tom Higham (Viking, 2021), que delineia meticulosamente o cronograma das origens e migrações humanas e como sabemos disso com base em evidências de DNA e datação de rochas; *The Origin of Our Species* (Allen Lane, 2011) e *Lone Survivors* (Melia, 2012), de Chris Stringer, do Museu de História Natural, um grande divulgador da paleoantropologia; e *Almost Human*, de Lee Berger e John Hawkes (National Geographic, 2017). O editor da *Nature* e excelente escritor Henry Gee fornece uma visão geral leve e divertida da evolução humana em seu livro *A (Very) Short History of Life on Earth* (St. Martin's Press, 2021). Para uma visão ligeiramente mais iconoclasta da evolução inicial de antropoides e humanos, confira *Ancient Bones* (Greystone Books, 2020), de Madelaine Böhme. Também recomendo qualquer coisa escrita por Kate Wong na *Scientific American*, a principal jornalista sobre as origens humanas e uma de minhas editoras favoritas.

O que se segue são referências importantes sobre os primeiros hominíneos mencionados no texto, sua biologia e evolução e seu mundo.

Ardipithecus: o livro de Kermit Pattison (já citado) é uma magnífica obra jornalística que explica em detalhes a descoberta e a importância do *Ardipithecus*. Tim White, Gen Suwa e Berhane Asfaw deram à espécie o nome de *ramidus*, com base na descoberta inicial de dentes por Gadi (que recebeu o crédito como "encontrado por Gada Hamed na quarta-feira, 29 de dezembro de 1993"), na *Nature* em 1994 (371: 306-12). Inicialmente, eles colocaram a *ramidus* no gênero *Australopithecus*, mas, no ano seguinte, a designaram para o novo gênero *Ardipithecus*, em uma curta suíte na

Nature (375: 88). O esqueleto do *Ardipithecus* — que foi encontrado perto dos dentes originais de Gadi, mas pertence a um indivíduo diferente — foi descrito em detalhes em uma edição especial da *Science*, publicada em 2 de outubro de 2009 (vol. 326).

Australopithecus: a descoberta do esqueleto Lucy é contada com entusiasmo nos livros de Donald Johanson da série Lucy, que começou a ser publicada em 1981. Johanson e Tim White descreveram cientificamente o esqueleto Lucy em um artigo de 1979 na *Science* (203: 321-30). As pegadas mencionadas no texto são os famosos rastros Laetoli, descobertos pela eminente Mary Leakey em meados da década de 1970. O cérebro do *Australopithecus* foi estudado por Phillip Gunz e colegas em 2020 (*Science Advances*, 6: eaaz4729). Outros artigos importantes sobre o *Australopithecus*, sua idade e origem e as muitas espécies designadas ao gênero incluem os de Leakey *et al.* (*Nature*, 1995, 376: 565-71; *Nature*, 1998, 393: 62-66), Asfaw *et al.* (*Science*, 1999, 284: 629-35), White *et al.* (*Nature*, 2006, 440: 883-89), Berger *et al.* (*Science*, 2010, 328: 195-204), Haile-Selassie *et al.* (*Nature*, 2015, 521: 483-88; *Nature*, 2019, 573: 214-19).

Outros hominíneos primitivos anteriores ao *Homo*: uma síntese das muitas espécies humanas que coexistiram no Plioceno é fornecida por Haile-Selassie *et al.* (*Proceedings of the National Academy of Sciences [USA]*, 2016, 113: 6364-71) e um comentário de Fred Spoor na *Nature* acompanhando o artigo de Haile-Selassie *et al.* (2015) já citado; ambos contêm linhas do tempo úteis que mostram quando cada espécie humana vivera. Os ambientes em que viveram esses primeiros hominíneos — e a questão das florestas encolhendo e dos prados crescendo — foram examinados por Cerling *et al.* (*Nature*, 2011, 476: 51-56). Os hominíneos consumidores de alimentos duros citados no texto são os "australopitecíneos robustos", usualmente designados ao gênero *Paranthropus*. Meave Leakey e sua equipe descreveram o *Kenyanthropus* de rosto achatado em 2001 (*Nature*, 410: 433-40). As mais antigas ferramentas de pedra foram encontradas perto desses homininis, embora seja difícil provar que eles, e não outra espécie humana primitiva, foram os criadores (Harmand *et al.*, *Nature*, 2015, 521: 310-15). As marcas de corte em ossos mais antigas são ligeiramente mais velhas e foram descritas por McPherron *et al.* (*Nature*, 2010, 466: 857-860). Note que distinguir entre cortes feitos por humanos e mordidas de animais pode ser difícil, levando ao debate sobre as marcas descritas por McPherron *et al.* e outros (ver, por exemplo, Sahle *et al.*, *Proceedings of the National Academy of Sciences [USA]*, 2017, 114: 13164-69). A origem do consumo de carne e como ele mudou o jogo para os hominíneos é elucidada por Zink e Lieberman (*Nature*, 2016, 531: 500-503). A diversidade dos ambientes africanos habitados pelos primeiros hominínis é discutida por Mercader *et al.* (*Nature Communications*, 2021, 12:3).

Homo primitivo: A evolução do *Homo* primitivo é descrita por Antón *et al.* (*Science*, 2014, 345: 6192). Atualmente, os mais antigos fósseis conhecidos de nosso gênero, *Homo*, têm 2,8 milhões de anos, vieram da Etiópia e foram descritos por Brian Villmoare e colegas (*Science*, 2015, 347: 1352-55). Todavia, os fósseis conhecidos mais antigos frequentemente subestimam a data real de origem de uma espécie. Meu aluno de doutorado Hans Püschel liderou um estudo — que também incluiu seu irmão Thomas, um destacado especialista em evolução humana, e minha pesquisadora de pós-doutorado Ornella Bertrand — que usou técnicas estatísticas para prever que o *Homo* mais provavelmente divergiu por volta de 3,3 milhões de anos atrás, e talvez até 4,3 milhões de anos atrás (*Nature Ecology & Evolution*, 2021, 5, 808-19). Os ambientes dos primeiros fósseis *Homo* foram delineados por Erin DiMaggio e sua equipe (*Science*, 2015, 347: 1355-59) e, mais tarde, por Zeresenay Alemseged e colegas (*Nature Communications*, 2020, 11: 2480).

Homo erectus: a natureza violenta dos primeiros humanos é tema de um interessante artigo de Gomez *et al.* (*Nature*, 2016, 538: 233-37), que usa métodos filogenéticos para colocar os humanos no contexto mais amplo dos animais, demonstrando que viemos de uma parte particularmente violenta da árvore genealógica. Para mais informações sobre como os humanos começaram a manipular fogo, consulte Gowlett (*Philosophical Transactions of the Royal Society, Series B*, 2016, 371: 20150164). As belas ferramentas de pedra do *Homo erectus* são do tipo acheuliano. Informações sobre a locomoção e a sociabilidade do *Homo erectus* são abordadas por Hatala *et al.* (*Scientific Reports*, 2016, 6: 28766). Evidências de miscigenação entre o *Homo erectus* e o *Australopithecus* (e também o *Paranthropus*!) no sul da África são apresentadas por Herries *et al.* (*Science*, 2020, 368: eaaw7293). Os fósseis asiáticos mais antigos de *Homo* foram descritos por Zhu *et al.* (*Nature*, 2018, 559: 608-12) e o fóssil de cerca de 750 mil anos do homem de Beijing foi determinado com clareza por Shen *et al.* (*Nature*, 2009, 458: 198-200). Os mais antigos fósseis *Homo* das Filipinas foram descritos por Ingicco *et al.* (*Nature*, 2018, 557: 233-37); o *Homo luzonensis* foi descrito por Détroit *et al.* (Nature, 2019, 568: 181-86); e o *Homo floresiensis* foi descrito por Brown *et al.* (*Nature*, 2004, 431: 1055-61) e em muitos artigos subsequentes; sua idade foi acuradamente determinada por Sutikna *et al.* (*Nature*, 2016, 532: 366-69). Fósseis anteriores parecidos com o *floresiensis*, de mais ou menos 700 mil anos, encontrados em Flores, foram descritos por van den Bergh *et al.* (*Nature*, 2016, 534: 245-48). As melhores indicações é de que tanto Flores quanto Luzon estavam longe o bastante da costa do Sudeste Asiático e separadas por águas suficientemente profundas para exigirem uma jornada pela água mesmo durante épocas de baixo nível do mar na Era do Gelo. Embora me pareça mais plausível que os primeiros *Homo* tenham construído embarcações, é possível que eles tenham viajado passivamente sobre jangadas de vegetação após tempestades, como os macacos do Novo Mundo que cruzaram o Atlântico.

Note-se que, apesar das evidências correntes, parece que o *Homo erectus* foi o primeiro hominíneo a deixar a África. No entanto, nosso registro fóssil é pobre e novas descobertas ocorrem rapidamente. Pode ser que hominíneos anteriores tenham se aventurado para fora da África e até mesmo penetrado profundamente a Ásia. Quem pode saber o que mais descobertas revelarão?

Homo sapiens: os fósseis mais antigos conhecidos de nossa espécie, *Homo sapiens*, vieram do Marrocos e foram descritos por Hublin *et al.* (*Nature*, 2017, 546: 289-92) e sua idade determinada por Richter *et al.* (*Nature*, 2017, 546: 293-96). Nosso conceito sobre as origens do *sapiens* está ficando cada vez mais complicado, e ideias mais antigas sobre nossa espécie ter se separado claramente das outras espécies *Homo* foram substituídas por um modelo de rede pan-africano no qual as populações trocaram genes e características até que o plano corporal moderno do *sapiens* fosse fixado. Pode ser difícil de entender — para mim também, pois estou acostumado a pensar sobre as características anatômicas dos fósseis, e não sua variação genética. Para mais informações, por favor consulte os excelentes ensaios de Eleanor Scerri e colegas (*Trends in Ecology & Evolution*, 2018, 33: 582-94; *Nature Ecology & Evolution*, 2019, 3: 1370-72), Chris Stringer (*Philosophical Transactions of the Royal Society, Series B*, 2016, 371: 20150237), dois de Chris Stringer e Julia Galway-Witham nos quais eles alternam a autoria principal (*Nature*, 2017, 546: 212-14; *Science*, 2018, 360: 1296-98), uma grande revisão da evolução do *Homo* nos últimos milhões de anos por Galway-Witham, Stringer e James Cole (*Journal of Quaternary Science*, 2019, 34: 355-78) e uma revisão das origens humanas modernas publicada enquanto eu escrevia o capítulo (Bergström *et al.*, 2021, *Nature* 590: 229-37).

Os primeiros *Homo sapiens* e seus parentes *Homo* próximos migraram por toda a África e pela região do Mediterrâneo (Oriente Médio, Cáucaso, partes da Europa). Timmermann e Friedrich exploraram como essas migrações provavelmente foram motivadas pelo clima (*Nature*, 2016, 538: 92-95). Os mais antigos fósseis relatados de *Homo sapiens* na Europa, vindos da Grécia, foram descritos por Katerina Harvati e colegas (*Nature*, 2019, 571: 500-504). Como sempre, a relevância desses fósseis se resume à datação, como lembrou meu colega Huw Groucutt, e a idade bastante avançada (cerca de 210 mil anos) dos fósseis gregos precisa ser corroborada por outras descobertas. Mas não há dúvida de que, entre 120 e 100 mil anos atrás, alguns *Homo sapiens* saíram da África. Outros artigos importantes mostrando que os primeiros *Homo sapiens* europeus e seus parentes *Homo* mais próximos migraram por volta da mesma época incluem os de Grun *et al.* (*Nature*, 2020, 580: 372-75) e Hublin *et al.* (*Nature*, 2020, 581: 299-302). Neandertais, denisovanos e *Homo sapiens* divergiram de um ancestral *Homo* comum, o mais provavelmente entre 550 e 765 mil anos atrás (ver Prüfer *et al.*, *Nature*, 2014, 505: 43-49; Meyer *et al.*, *Nature*, 2016, 531: 504-7). Esse ancestral pode ter sido de uma espécie como *Homo antecessor* ou *Homo heidelbergensis* ou um parente muito próximo; recentemente, proteínas do *Homo antecessor*, *Homo erectus*, *Homo sapiens*, neandertais e denisovanos foram comparadas para construir uma árvore genealógica (Welker *et al.*, *Nature*, 2020, 580: 235-38). Embora essa parte de nossa árvore genealógica seja extremamente convoluta, está claro que as várias espécies de *Homo* estavam se movendo e interagindo. O cérebro grande e globular do *Homo sapiens* não parece ser apenas uma parte-chave de nosso plano corporal específico, mas talvez tenha ajudado a promover avanços em nossa produção de ferramentas e cognição. A evolução do cérebro do *Homo sapiens* é narrada por Simon Neubauer e colegas (*Science Advances*, 2018, 4: eaoo5961). Informações sobre a evolução cognitiva humana foram retiradas de um ensaio do importante antropólogo Richard Klein (*Evolutionary Anthropology*, 2000, 28: 179-88) e de uma revisão de McBrearty e Brooks (*Journal of Human Evolution*, 2000, 39: 453-563). Meus colegas paleoantropólogos Huw Groucutt, Bob Patalano e Eleanor Scerri explicaram que ideias outrora populares sobre uma súbita "revolução cognitiva" agora estão ultrapassadas (e eram baseadas amplamente no registro arqueológico europeu). Os registros africanos mostram que diferentes grupos de *Homo sapiens* primitivos desenvolveram avanços em tecnologia e poder cerebral à moda de um mosaico, ao longo de dezenas de milhares de anos, e eles se aglutinaram quando as populações de *sapiens* se expandiram, migraram e se misturaram. Um grande exemplo de registro africano de avanços simbólicos e tecnológicos, vindo do Quênia, foi apresentado por Shipton *et al.* (*Nature Communications*, 2018, 9: 1832).

Para aqueles interessados em quando e como o *Homo sapiens* povoou as Américas do Norte e do Sul após atravessar a ponte terrestre de Bering, o recente ensaio de Michael Waters é uma excelente leitura (*Science*, 2019, 365: eeat5447). Tradicionalmente, uma data por volta de 15 mil anos atrás é considerada a época na qual o *sapiens* cruzou a ponte terrestre, mas tem havido várias pistas tentadoras de humanos mais antigos nas Américas, na forma tanto de fósseis quanto de artefatos. Dois artigos sugerindo que os humanos chegaram antes, entre 20 e 30 mil anos atrás, foram publicados em 2020 (Ardelean *et al.*, *Nature*, 584: 87-92; Becerra-Valdivia e Higham,

Nature, 584: 93-97). Esse ativo debate tem importantes implicações para a questão de se os humanos causaram ou não a extinção dos mamíferos da megafauna, já que grande parte dele trata da cronologia das migrações e dos assentamentos humanos (ver a seguir). Um dos últimos artigos sobre quando os humanos chegaram à Austrália — talvez 65 mil anos atrás — é um estudo de Clarkson *et al.* (*Nature*, 2017, 547: 306-10). Uma revisão das migrações do *Homo sapiens* para a Ásia — incluindo evidências de incursões anteriores à grande onda "para fora da África" de entre 50 e 60 mil anos atrás — foi escrita por Bae *et al.* (*Science*, 2017, 358: eaai9067).

Neandertais: enquanto eu escrevia, um livro fantástico sobre os neandertais foi publicado por Rebecca Wragg Sykes, *Kindred* (Bloomsbury, 2020). O livro reúne tudo que você precisa saber sobre esses primos *Homo* próximos com os quais nos miscigenamos. Outras referências relevantes a especificidades mencionadas em meu texto são artigos sobre as origens dos neandertais (Arsuaga *et al.*, *Science*, 2014, 344: 1358-63), suas construções nas cavernas (Jaubert *et al.*, *Nature*, 2016, 534: 111-14) e sua arte e uso de pigmentos nas cavernas (Roebroeks *et al.*, *Proceedings of the National Academy of Sciences [USA]*, 2012, 109: 1889-1984; Hoffmann *et al.*, *Science*, 2018, 359: 912-15; Hoffmann *et al.*, *Science Advances*, 2018, 4: eaar5255).

Denisovanos: a existência desses parentes quase-*sapiens* foi reconhecida em 2010 por David Reich, Svante Pääbo e colegas (*Nature*, 468: 1053-60). Reich, um eminente especialista na genética das antigas populações de *Homo* e como extrair essa informação de fósseis e materiais arqueológicos, escreveu em livro em 2018 sobre o tema (*Who We Are and How We Got Here*, Pantheon). Denny — o híbrido denisovano e neandertal — foi descrito em 2018 por Viviane Slon, Pääbo e sua equipe (*Nature*, 561: 113-16). A idade dos espécimes da caverna de Denisova foi explicada por Douka *et al.* (*Nature*, 2019, 565: 640-44). Outros artigos importantes sobre o DNA dos denisovanos, a estrutura de sua população e como seus genes sobrevivem em populações asiáticas de *Homo sapiens* hoje incluem estudos de Meyer *et al.* (*Science*, 2012, 338: 222-26), Huerta-Sánchez *et al.* (*Nature*, 2014, 512: 194-97), Malaspinas *et al.* (*Nature*, 2016, 538: 207-14), Chen *et al.* (*Nature*, 2019, 569: 409-12), Massilani *et al.* (*Science*, 2020, 370: 579-83) e Zhang *et al.* (*Science*, 2020, 370: 584-87).

Estudos referenciais sobre a genética do moderno *Homo sapiens* e como DNA neandertal e denisovano permanecem em nosso genoma foram publicados pelo Simons Genome Diversity Project em 2016 (Mallick *et al.*, *Nature*, 538: 201-6) e Pagani *et al.* (*Nature*, 2016, 538: 238-42). Para uma revisão de fácil leitura das migrações e miscigenações humanas ao longo do tempo e como elas podem ser traçadas por análises de DNA antigo, veja o ensaio para a *Nature* de Rasmus Nielsen e colegas

(2017, 541: 302-10). Quando se trata de uma leitura agradável e provocativa sobre a grande história do *Homo sapiens*, gostei de *Sapiens* (Vintage, 2015), de Yuval Noah Harari, embora não possa garantir a precisão de suas discussões sobre o início da arqueologia humana e não o tenha usado como fonte para o capítulo.

A extinção da megafauna é habilmente tratada por Ross MacPhee em seu livro *End of the Megafauna* (W.W. Norton & Company, 2019), que cita a literatura mais importante sobre o tema. Revisões excelentes e palatáveis sobre o tema são os artigos de Anthony Barnosky e colegas (*Science*, 2004, 306: 70-75) e Paul Koch e Barnosky (*Annual Review of Ecology, Evolution, and Systematics*, 2006, 37: 215-50).

Paul Martin apresentou sua ideia de *blitzkrieg* em um artigo de 1973 na *Science* (179: 969-74) e a detalhou em seu popular livro *Twilight of the Mammoths* (University of California Press, 2005). Alguns paleontólogos e ecólogos responderam dizendo ser a mudança climática a causa das extinções. Isso foi bem articulado em um ensaio de 2013 de Stephen Wroe e colegas (incluindo nosso velho amigo Michael Archer, do capítulo 8) publicado na revista científica *Proceedings of the National Academy of Sciences (USA)* (110: 8777-81) e um artigo posterior à elaboração do capítulo (Stewart *et al.*, *Nature Communications*, 2021, 12: 965). Para uma revisão equilibrada e crítica do tema, confira o ensaio de David Meltzer (*Proceedings of the National Academy of Sciences [USA]*, 2020, 117: 28555-63).

Os estudos mais recentes, de uma perspectiva global, apresentam fortes evidências de que os humanos foram a causa principal das extinções, que, em alguns casos, foram exacerbadas por mudanças climáticas durante a última transição glacial-interglacial (Sandom *et al.*, *Proceedings of the Royal Society, Series B*, 2014, 281: 20133254; Bartlett *et al.*, *Ecography*, 2016, 39: 152-61; Araujo *et al.*, *Quaternary International*, 2017, 431: 216-22). Estudos mais focados em massas de terra particulares também identificaram os humanos como o principal fator das extinções, incluindo aquelas na Austrália e localidades próximas (Rule *et al.*, *Science*, 2012, 335: 1483-86; Johnson *et al.*, *Proceedings of the Royal Society, Series B*, 2016, 283: 20152399; Saltré *et al.*, *Nature Communications*, 2016, 7: 10511) e na América do Sul (Barnosky *et al.*, *Quaternary International*, 2010, 217: 10-29; Metcalf *et al.*, *Science Advances*, 2016, 2: e1501682; Polis *et al.*, *Science Advances*, 2019, 5: eaau4546). O brilhante estudo sobre como os humanos podem ter aumentado extinções iniciadas por mudanças de temperatura no Holoártico do norte foi publicado por Cooper *et al.* (*Science*, 2015, 349: 602-6).

Sobre a domesticação, a cientista e grande divulgadora científica Alice Roberts escreveu um livro, *Tamed* (Hutchinson, 2017), que perfila dez importantes espécies domesticadas, incluindo cães, bois e cavalos e cultivos agrícolas fundamentais. Obras importantes sobre a domesticação dos cães incluem artigos de Ní Leathlobhair *et al.* (*Science*, 2018, 361: 81-85) e Perri *et al.* (*Proceedings of the National Academy of Sciences [USA]*, 2021, 118: e2010083118). Os números que cito em relação à porcentagem de mamíferos domesticados na biomassa da Terra vieram de Bar-On *et al.* (*Proceedings of the National Academy of Sciences [USA]*, 2018, 115: 6506-11).

Sobre o tema da clonagem de mamutes, recomendo o livro de Beth Shapiro *How to Clone a Mammoth* (Princeton University Press, 2015) e o livro de Helen Pilcher *Bring Back the King* (Bloomsbury, 2016), com a seção sobre clonagem no livro de Ross MacPhee (já citado).

EPÍLOGO: FUTUROS MAMÍFEROS

Os números sobre as extinções de mamíferos nos últimos 125 mil anos e extinções previstas para o futuro vieram de um estudo de Tobias Andermann e colegas (*Science Advances*, 2020, 6: eabb2313). Os números das taxas de extinção de mamíferos antigos e atuais vêm de um estudo de Gerardo Ceballos e sua equipe (*Science Advances*, 2015, 1: e1400253). A previsão de que metade da diversidade de 125 mil anos atrás irá desaparecer caso todos os mamíferos atualmente ameaçados entrem em extinção veio de um estudo de Felisa Smith e colegas (*Science*, 2018, 360: 310-13). Esse estudo também explora as tendências de tamanho corporal nas extinções de mamíferos e prevê que as futuras comunidades de mamíferos serão mais homogêneas e repletas de roedores e que os maiores mamíferos do futuro podem ser as vacas domesticadas. As taxas de recuperação dos mamíferos se as extinções pararem hoje são discutidas por Davis *et al.* (*Proceedings of the National Academy of Sciences [USA]*, 2018, 115: 11262-67) e as previsões sobre como serão as comunidades de mamíferos do futuro (dica: tomadas por generalistas insetívoros pequenos, de vida curta e reprodução rápida, como roedores) são feitas por Cooke *et al.* (*Nature Communications*, 2019, 10: 2279). Os padrões de migração dos mamíferos e as mudanças climáticas são detalhados em um artigo de Silvia Pineda-Munoz e sua equipe (*Proceedings of the National Academy of Sciences [USA]*, 2021, 118(2): e1922859118).

Outros estudos úteis e interessantes sobre como as atividades humanas tiveram impacto sobre as comunidades e ecossistemas de mamíferos são artigos de Faurby e Svenning (*Diversity and Distributions*, 2015, 21: 1155-66), Boivin *et al.* (*Proceedings of the National Academy of Sciences [USA]*, 2016, 113: 6388-96), Lyons *et al.* (*Nature*, 2016, 529: 80-83), Smith *et al.* (*Quaternary Science Reviews*, 2019, 211: 1-16), Tóth *et al.* (*Science*, 2019, 365: 1305-08) e Enquist *et al.* (*Nature Communications*, 2020, 11: 699).

Há imensa literatura sobre as mudanças climáticas e de temperatura e como os humanos as causam. Em geral, indico aos leitores interessados os relatórios do Painel Intergovernamental das Nações Unidas sobre Mudanças Climáticas, que podem ser acessados em https://www.ipcc.ch/. As projeções de aumento de temperatura nos próximos séculos e comparações com os climas do Plioceno e Eoceno vêm de artigos de Burke *et al.* (*Proceedings of the National Academy of Sciences [USA]*, 2018, 115: 13288-93) e Westerhold *et al.* (*Science*, 2020, 369: 1383-87).

A sexta extinção é o tema do livro de mesmo título de Elizabeth Kolbert, vencedor do Pulitzer (Henry Holt and Company, 2014), e de uma excelente revisão de Anthony Barnosky e colegas (*Nature*, 2011, 471: 51-57). Também é abordada em detalhes por Peter Brannen em seu livro *The Ends of the World* (Ecco, 2017), do qual retirei a analogia de colapso da malha energética. Você pode notar que não usei o termo *Antropoceno* em minha narrativa. Esse nome formal foi proposto para a subdivisão da escala de tempo geológico durante a qual os humanos tiveram impacto significativo sobre o planeta. Mas, no fim das contas, não acho que as atividades humanas deixarão muitas marcas no registro rochoso. Foi um dos artigos de Brannen na *Atlantic*, intitulado "The Arrogance of the Anthropocene" (2019), que me convenceu de modo definitivo.

Finalmente, em nome da acuidade, devo declarar que sei por que os Chicago Bears receberam esse nome. É porque, no início, muitos times profissionais de futebol americano recebiam um nome similar ao time de basquete de sua cidade, então os Bears foram nomeados em referência aos Chicago Cubs. Como fã do White Sox que frequentou um colégio de South Side e vem de uma longa linhagem de famílias suburbanas do sul, isso me fere. Durante muitos anos, achei que a espécie humana seria extinta antes que os Cubs vencessem outra Série Mundial, mas, infelizmente... 2016.

ÍNDICE

C

S

U

Este livro foi composto na tipografia Adobe
Garamond Pro, em corpo 12/15,5, e impresso
em papel off-white no Sistema Cameron da
Divisão Gráfica da Distribuidora Record.